ÉLÉMENTS

DE GÉOMÉTRIE

DU MÊME AUTEUR

Leçons élémentaires d'Algèbre et de Trigonométrie, rédigées conformément aux programmes des lycées et aux programmes du baccalauréat ès sciences et du baccalauréat ès lettres, 2e édition. 1 vol. in-18 jésus, broché. , 3 fr. »

Leçons de Cosmographie, rédigées d'après les programmes officiels du baccalauréat ès sciences et du baccalauréat ès lettres. 1 vol. in-18 jésus, avec figures intercalées dans le texte et planches gravées sur acier. 4e édition, revue et corrigée, brochée. . . . . 2 fr. 50

Leçons d'Arithmétique, rédigées conformément aux programmes officiels du baccalauréat ès sciences et du baccalauréat ès lettres. . . . . 2 fr. »

ANGERS, IMP. BURDIN ET Cie, RUE GARNIER, 4.

ÉLÉMENTS

DE

GÉOMÉTRIE

SUIVIS D'UN

TRAITÉ ÉLÉMENTAIRE ET PRATIQUE

DE LEVÉ DES PLANS, D'ARPENTAGE ET DE NIVELLEMENT

PAR

L'ABBÉ M. REYDELLET.

SEPTIÈME ÉDITION

Entièrement refondue et mise en harmonie
avec les programmes officiels du baccalauréat ès-lettres,
du baccalauréat ès sciences et des écoles du Gouvernement

PAR

L'ABBÉ P. REBOUL

LICENCIÉ ÈS SCIENCES MATHÉMATIQUES
PROFESSEUR AU COLLÈGE ECCLÉSIASTIQUE DE BELLEY.

PARIS

LIBRAIRIE CH. DELAGRAVE

15, RUE SOUFFLOT, 15

1885

AVERTISSEMENT

Pour être en harmonie avec l'enseignement actuel et pour répondre aux exigences des nouveaux programmes, la géométrie de l'abbé Reydellet, dont six éditions ont établi le mérite et le succès, demandait des améliorations que la mort n'a pas permis à l'auteur de réaliser. C'est cette tâche que nous avons entreprise, soutenu dans ce travail par la bienveillance de l'autorité diocésaine [1] qui, toujours empressée à développer les études, donne ses encouragements aux efforts même les plus modestes.

Sans parler des théorèmes nombreux que nous avons ajoutés ou modifiés dans le cours de l'ouvrage, afin que cette édition puisse s'adresser non seulement aux aspirants au baccalauréat ès lettres, et au baccalauréat ès sciences, mais encore aux candidats aux différentes écoles du gouvernement, nous signalerons les additions suivantes :

GÉOMÉTRIE PLANE.

1o Des grandeurs commensurables et incommensurables.

[1]. Mgr Soubiranne, évêque de Belley.

2° Étude des rapports des distances d'un point, mobile sur la ligne qui joint deux points fixes, à ces deux points.

3° Calcul des diagonales d'un quadrilatère inscrit en fonction des côtés.

Calcul de la hauteur, de la médiane, de la bissectrice, etc. d'un triangle, toujours en fonction des côtés.

Dans le calcul de la bissectrice, la méthode employée est analogue à la méthode suivie habituellement pour la médiane. C'est pourquoi, nous nous sommes écarté du procédé ordinaire qui consiste à utiliser le cercle circonscrit au triangle.

De la considération des expressions algébriques précédentes nous avons tiré quelques lieux géométriques importants dans la résolution de certaines questions.

4° Notions sur les polygones étoilés et spécialement sur le décagone étoilé, ce qui donne une interprétation géométrique des solutions négatives fournies par l'algèbre.

5° Quelques développements sur les polygones réguliers et sur le nombre π terminent la géométrie plane.

GÉOMÉTRIE DANS L'ESPACE.

1° Étude complète du trièdre supplémentaire.

2° Volume du tronc de pyramide, tant de première espèce que de seconde espèce, déduit du calcul.

3° Étude de la symétrie d'après un théorème de Bravais. Ce théorème permet de rendre pour ainsi dire palpables les différentes propositions sur la symétrie.

4° Théorème de Guldin, d'après une méthode fondée sur l'aire d'un triangle en fonction des coordonnées de ses sommets.

5° La question des triangles sphériques a été traitée avec beaucoup plus d'étendue que dans les éditions précédentes.

6° Le huitième livre qui traite des courbes usuelles : ellipse, parabole, hyperbole, hélice, a subi des modifications profondes. On nous permettra de faire remarquer l'uniformité de la méthode avec laquelle nous établissons les propriétés des coniques. Dans ce huitième livre, l'ellipse a été envisagée en second lieu, comme projection du cercle ; ce qui nous a permis de parler des diamètres conjugués et de l'aire de l'ellipse. De même aussi, la parabole a été envisagée en second lieu, comme la limite d'une ellipse dont l'un des foyers s'éloigne à l'infini.

Enfin, nous terminons le huitième livre par l'étude des sections coniques d'après la méthode de Dandelin, afin de répondre aux exigences du programme de l'École militaire de Saint-Cyr.

Le but que nous nous sommes proposé, en traitant avec étendue ce dernier livre, a été de faciliter, sans transitions brusques, le passage de l'élève du cours de Mathématiques élémentaires, dans le cours de Mathématiques spéciales, où les coniques sont étudiées d'après les procédés de Descartes.

Belley, le 8 décembre 1884.

P. REBOUL.

AVIS

1° *Les paragraphes non exigés des candidats au baccalauréat ès sciences sont mentionnés au bas des pages.*

2° *Les paragraphes et les numéros non exigés des candidats au baccalauréat ès lettres sont, à la table des matières, marqués d'un astérisque.*

PREMIÈRE PARTIE

GÉOMÉTRIE (THÉORIE)

ÉLÉMENTS
DE GÉOMÉTRIE

DÉFINITIONS PRÉLIMINAIRES

1. On appelle *corps* tout ce qui occupe une place déterminée dans l'espace.

La portion de l'espace occupée par un corps se nomme *volume* de ce corps; sa *surface* est ce qui le termine, ce qui le sépare de l'espace environnant.

On appelle *ligne* la partie commune à deux surfaces qui se pénètrent, et *point* la partie commune à deux lignes qui se coupent.

L'espace occupé par un corps peut être considéré comme étendu en trois sens principaux ou en trois *dimensions* qu'on nomme ordinairement *longueur*, *largeur* et *épaisseur*. Une surface a deux dimensions, une ligne n'en a qu'une seule, et un point n'en a aucune.

Les volumes, les surfaces, les lignes se désignent sous le nom commun de *figures*.

2. Deux figures sont *égales* lorsque superposées, c'est-à-dire lorsque placées l'une sur l'autre, elles coïncident exactement.

3. On distingue trois espèces de lignes : 1° la *ligne droite* qui est le plus court chemin d'un point à un autre ; 2° la *ligne brisée* ou *polygonale* qui est composée de plusieurs portions de lignes droites distinctes ; 3° la *ligne courbe* qui n'est ni droite, ni composée de portions de lignes droites.

On peut aussi la considérer comme la limite vers laquelle tend une ligne brisée dont les éléments sont infiniment nombreux et infiniment petits. Un point géométrique en mouvement nous offre l'exemple d'une courbe ; si l'on considère le chemin qu'il a suivi, ce chemin s'appelle la *trajectoire* du point.

En géométrie, on indique un point par une lettre, une ligne droite par deux lettres affectées à deux de ses points.

4. Entre deux points donnés on ne peut mener qu'une seule ligne droite. Il résulte de là que, *si deux points d'une ligne droite coïncident avec deux points d'une autre, ces deux lignes droites se confondent dans toute leur étendue.*

5. La plus simple de toutes les surfaces est le *plan* dont une glace polie peut donner l'idée. Le plan est une surface telle que la ligne droite qui joint deux quelconques de ses points y est contenue tout entière.

On donne le nom de *figures planes* à celles qui sont tracées sur un plan.

6. On appelle *angle* la figure formée par les deux droites AB et AC partant d'un même point A suivant des directions différentes.

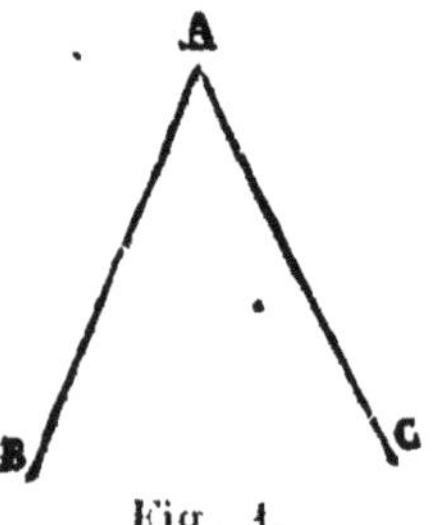

Fig. 1.

Le point A est le *sommet* de l'angle, les droites AB, AC en sont les *côtés*.

On désigne un angle par la lettre de son sommet, s'il est seul en ce point ;

dans le cas contraire, on le désigne toujours par trois lettres, en ayant soin de placer celle de son sommet au milieu. Ainsi, on dit : angle A ou angle BAC.

On a une idée très nette de l'angle, sous le rapport de la grandeur, en supposant que l'un des côtés, AC par exemple, coïncidant d'abord avec l'autre côté AB, tourne autour du point A, comme une branche de compas autour de sa charnière. Dans cette rotation, le côté mobile AC fait avec le côté fixe AB un angle de plus en plus grand. Il résulte de ce mode de génération que la grandeur d'un angle est indépendante de la longueur de ses côtés.

L'angle est donc une grandeur d'une nature toute particulière qui dépend uniquement de l'écartement de ses côtés. Pour le mesurer, on se servira d'un angle pris comme unité, mais arbitraire du reste comme toutes les unités.

Soit IOK cet angle unité. Pour mesurer l'angle BAC, par exemple, après avoir fait coïncider les sommets O et A, on amènera le côté OI sur le côté AB, et OIK prendra la position BAD. On fera tourner l'angle BAD autour de AD comme axe et on l'amènera dans la position DAD', et ainsi de suite, jusqu'à ce que le côté de l'angle unité coïncide avec le côté AC. Dans le cas actuel nous dirons que l'angle BAC a 3 pour mesure. Si, dans l'opération précédente, le côté de l'angle unité ne coïncidait pas avec AC, pour achever la mesure de l'angle, on prendrait pour unité la septième, la dixième, etc., partie de l'angle OIK et l'on aura une valeur de plus en plus approchée de l'angle BAC.

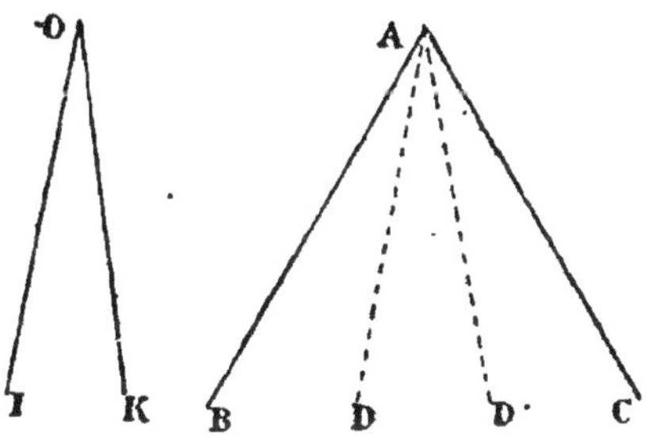

Fig. 2.

7. Deux angles sont *égaux* lorsque, leurs sommets coïncidant, on peut aussi faire coïncider leurs côtés.

8. Deux angles ABC, CBD sont dits *adjacents* lors-

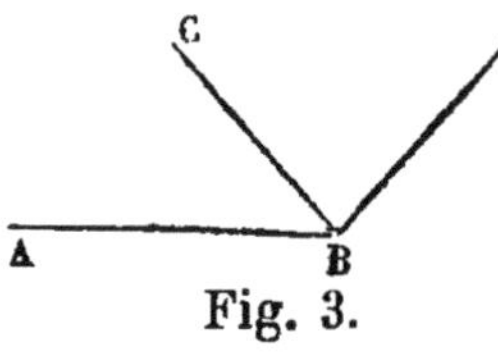

Fig. 3.

qu'ils ont le même sommet B, un côté commun BC et que les deux autres côtés BA, BC sont situés de part et d'autre du côté commun.

9. On dit qu'une droite AB (*fig.* 4) est *perpendicu-*

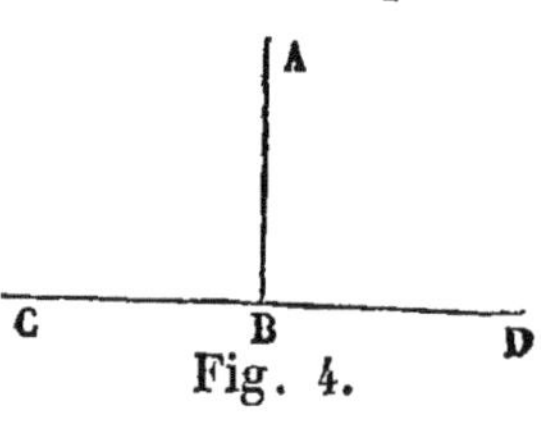

Fig. 4.

laire sur une droite CD, lorsque les deux angles adjacents CBA, ABD qu'elle forme avec celle-ci, sont égaux.

Si, au contraire, les deux angles adjacents CBA, ABD (*fig.* 5) sont inégaux, la droite AB est *oblique* à CD.

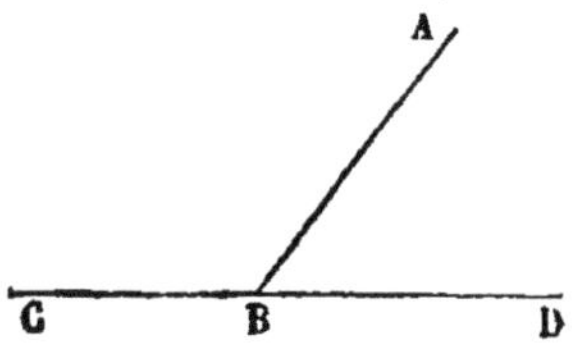

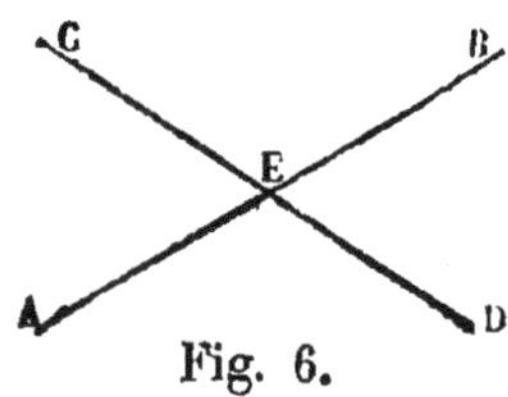

Fig. 5.

L'intersection B des deux lignes est appelée *pied* de la perpendiculaire ou de l'oblique.

10. On nomme *angle droit*, l'angle formé par deux lignes droites perpendiculaires l'une sur l'autre. Tout angle plus petit qu'un angle droit est *aigu*; il est dit *obtus* quand il est, au contraire, plus grand qu'un angle droit.

Deux angles dont la somme vaut un angle droit sont dits *complémentaires*, *supplémentaires* quand leur somme vaut deux angles droits.

Fig. 6.

11. Deux angles AEC, BED sont dits *opposés par le sommet* quand les côtés de l'un sont les prolongements des côtés de l'autre.

12. On nomme *bissectrice* d'un angle la droite qui divise cet angle en deux parties égales.

13. Nous terminerons ces notions préliminaires en définissant encore quelques mots qui sont fréquemment employés en mathématiques.

Toute *proposition* consiste dans une *hypothèse* et une *conclusion* qui en découle soit immédiatement, soit à l'aide d'un raisonnement appelé *démonstration*.

Un *axiome* est une proposition évidente par elle-même.

Un *théorème* est une proposition à démontrer.

Un *lemme* est une proposition préliminaire destinée à faciliter la démonstration d'un théorème.

Un *corollaire* est la conséquence qui découle d'un ou de plusieurs théorèmes déjà établis.

Un *problème* est une question à résoudre en s'appuyant sur des théorèmes connus.

14. Une proposition *réciproque* d'une autre est une proposition dans laquelle on suppose ce qu'on a démontré dans la première, pour démontrer ce qu'on avait supposé d'abord. Ainsi, la proposition, *si, dans un triangle, deux côtés sont égaux, les angles opposés à ces côtés sont égaux*, a pour réciproque, *si, dans un triangle, deux angles sont égaux, les côtés opposés à ces angles sont égaux*.

15. Ces définitions préliminaires étant données, dans le I⁰ʳ livre de géométrie plane on s'occupera des figures formées par deux lignes qui se coupent, c'est-à-dire des angles, des figures formées par trois lignes qui se coupent, mais limitées à leurs points d'intersection, c'est-à-dire des *triangles*, des figures formées par quatre ou plusieurs lignes qui se coupent, également limitées à leurs points d'intersection, c'est-à-dire des *quadrilatères* ou des *polygones*. Ce premier livre a donc pour objet la ligne droite.

LIVRE PREMIER

DE LA LIGNE DROITE

---

§ Ier. Des angles.

16. Lorsque deux lignes AB, CD (*fig*. 6) se coupent, on peut d'abord considérer la partie de la figure située au-dessus de AB, on a alors les deux angles adjacents AEC, CEB. Ces angles peuvent devenir égaux, de là le théorème suivant :

Théorème.

17. *Par un point pris sur une droite, on peut élever une perpendiculaire à cette droite, et on ne peut en élever qu'une.*

Supposons, en effet, que la droite OC, d'abord couchée sur AB, tourne autour du point O en s'éloignant de AO. Cette droite formera avec AB deux angles adjacents dont l'un AOC, d'abord très petit, ira constamment en augmentant, et l'autre COB, d'abord très grand, ira, au contraire, en diminuant sans cesse jusqu'à devenir nul, ce qui arrivera lorsque CO coïncidera avec la partie OB de la droite AB. Mais, puisque l'angle AOC, qui était d'abord plus petit que COB, devient plus grand que ce dernier, il y a nécessairement une position OD de la droite mobile CO pour laquelle les deux

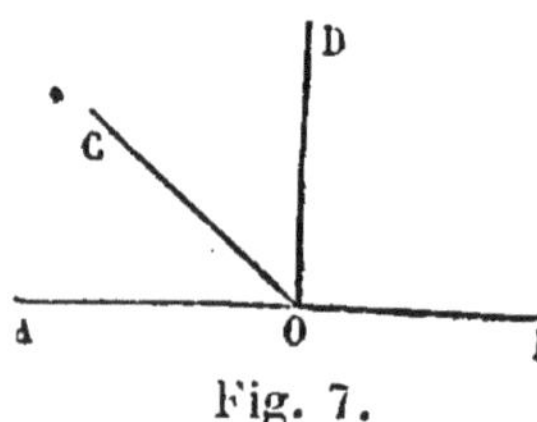

Fig. 7.

angles sont égaux, et il est évident qu'il n'y en a qu'une seule. Donc alors seulement OD est perpendiculaire sur AB (9) : donc par un point O, pris sur une droite AB, on peut élever une perpendiculaire à cette droite et on ne peut en élever qu'une seule.

18. REMARQUE. — On doit remarquer le procédé très simple employé ci-dessus pour démontrer l'existence d'une droite faisant avec une autre deux angles égaux. Il consiste à donner une méthode pour construire cette droite. C'est ce procédé que l'on emploiera fréquemment en géométrie pour démontrer qu'une chose est possible.

19. COROLLAIRE I. — *Tous les angles droits sont égaux.*

Soient CD perpendiculaire sur AB, GH perpendiculaire sur EF, nous aurons ACD = EGH = DCB = HGF.

Portons, en effet, la droite EF sur la droite AB et plaçons le point G sur le point C ; alors GH, perpendiculaire sur la droite EF, devient perpendiculaire sur la droite AB au point C

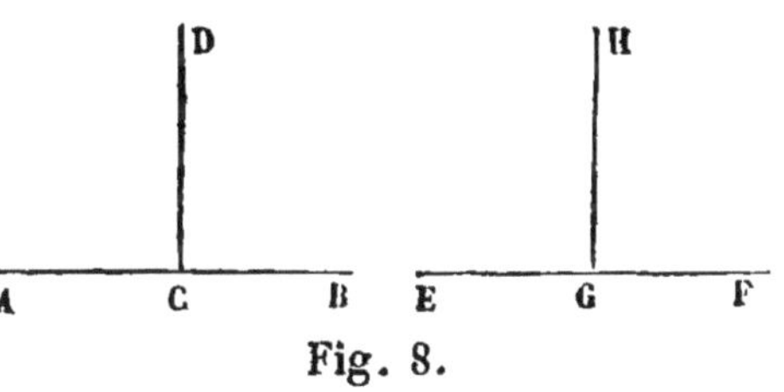

Fig. 8.

et coïncide avec CD, puisque par le point C on ne peut élever qu'une seule perpendiculaire sur la droite AB : donc les angles ACD et EGH, DCB et HGF sont égaux.

20. COROLLAIRE II. — *Deux angles qui ont le même complément ou le même supplément sont égaux.*

Soient, en effet (en prenant comme unité de mesure, l'angle droit), α, β, deux angles supplémentaires d'un même troisième γ.

Par définition on a :

$$\alpha = 2 - \gamma, \quad \beta = 2 - \gamma;$$

deux quantités égales à une même troisième sont égales entre elles, on en conclut : $\alpha = \beta$.

On démontrerait d'une manière analogue l'égalité de deux angles complémentaires d'un même troisième.

Revenons maintenant à la figure formée par deux lignes qui se coupent, en considérant seulement la partie de la figure située au-dessus de l'une d'entre elles.

Théorème.

21. *Lorsqu'une droite* CD *en rencontre une autre* AB *elle fait avec celle-ci deux angles adjacents* ACD, DCB *dont la somme est égale à deux angles droits.*

En effet, élevons CK perpendiculaire sur AB ; la somme des deux angles ACD, DCB est évidemment égale à la somme des deux angles ACK, KCB. Or ces deux derniers sont droits ; donc la somme des deux angles adjacents ACD, DCB est égale à deux angles droits.

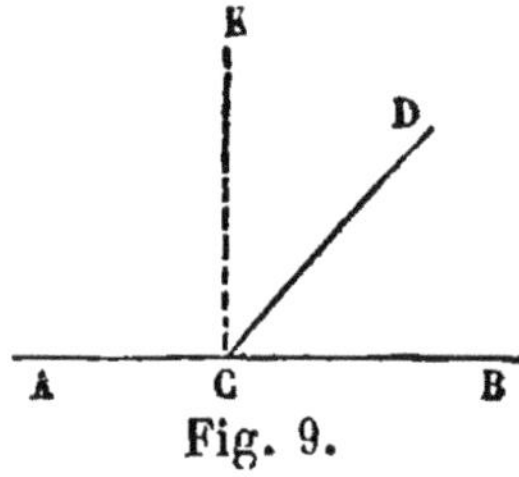
Fig. 9.

22. Corollaire I. — *La somme de tous les angles* ACD, DCE, ECF... *formés autour d'un point et du même côté d'une droite* AB, *est égale à deux angles droits.*

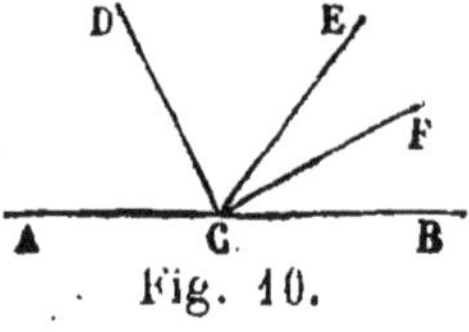
Fig. 10.

La somme des deux angles ACF, FCB, est évidemment égale à la somme de tous les angles ACD, DCE, ECF... ; or ACF + FCB égale deux angles droits.

23. Corollaire II. — *La somme de tous les angles* AOB, BOC, COD..., *qu'on peut former autour d'un point* O *dans un plan, est égale à quatre angles droits.*

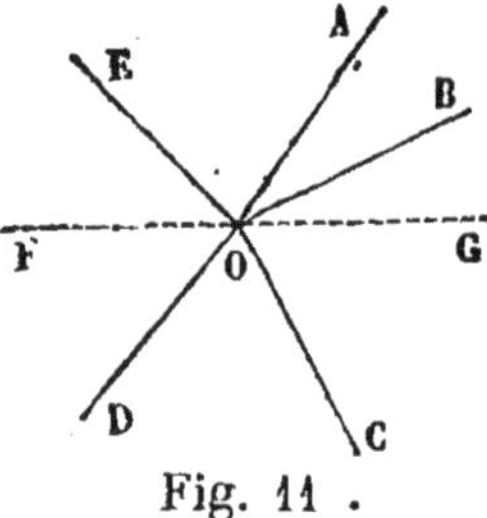
Fig. 11 .

Car, si par le point O nous menons une droite quelconque FG, la somme des angles formés au-dessus de cette droite vaut deux angles droits ; il en est de même de la somme des angles formés au-dessous.

24. COROLLAIRE III. — Les bissectrices de deux angles adjacents dont les côtés extérieurs sont en ligne droite, forment un angle droit.

Soient AOC, COB, les deux angles adjacents ; ox, oy les bissectrices de ces angles ; je dis que l'angle $x\,o\,y$ est droit.

En effet, si l'on représente par α et β les deux angles COx, COy, les angles

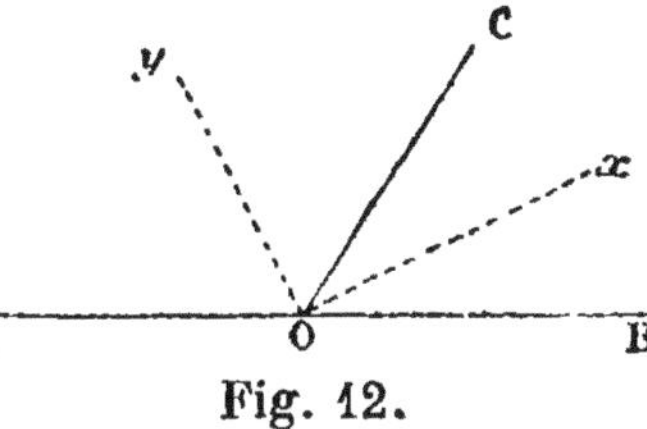

Fig. 12.

COB et COA devront se représenter par $2\,\alpha$ et $2\,\beta$.

En vertu du théorème précédent on a :

$$2\alpha + 2\beta = 2,$$

d'où

$$\alpha + \beta = 1,$$

c'est-à-dire que xoy est droit.

25. — RÉCIPROQUEMENT. *Si la somme de deux angles adjacents* ABC, ABD, *est égale à deux angles droits, les côtés extérieurs* BC, BD *sont le prolongement l'un de l'autre.*

Si BD n'est pas le prolongement de BC, soit BD′ son prolongement : En vertu du théorème précédent, CBD′ étant une ligne droite, l'angle ABD′ est supplément de l'angle CBA.

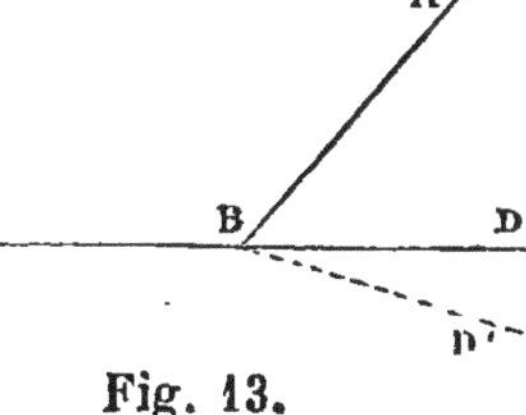

Fig. 13.

Par hypothèse ABD est supplément du même angle CBA. Donc (17. Corol. II), les angles ABD, ABD′ sont

3.

égaux, ce qui indique que BD′ se confond avec BD; en d'autres termes, BD est le prolongement de CB.

Considérons maintenant la figure formée par deux lignes qui se coupent.

Théorème.

26. *Deux angles* AOD, COB, *opposés par le sommet, sont égaux.*

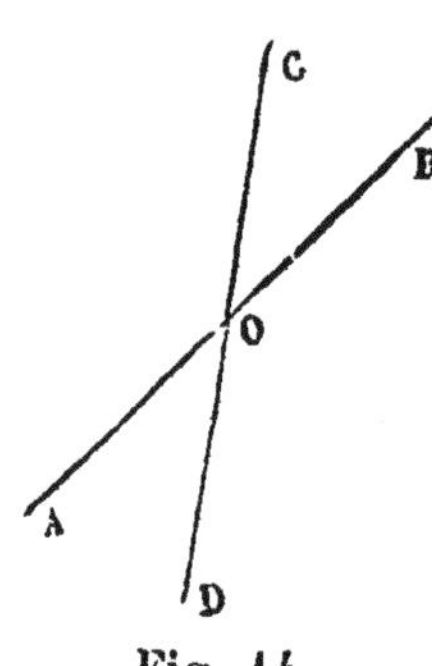

Fig. 14.

En effet, AB étant une ligne droite, l'angle AOC est supplémentaire de l'angle COB (21); pareillement, DC étant une ligne droite, le même angle AOC est aussi supplémentaire de l'angle AOD; donc les deux angles AOD, COB qui ont le même supplément, sont égaux (20). — Nous démontrerions de même l'égalité des deux angles AOC, BOD.

27. Corollaire I. — Lorsque une droite CD est perpendiculaire sur une droite AB, réciproquement AB est perpendiculaire sur CD.

En effet, par définition, les angles COA, COB étant égaux entre eux, les angles AOD, DOB le sont en vertu du théorème précédent. Les quatre angles formés autour du point O sont donc égaux entre eux, c'est-à-dire que AOC = AOD, ou bien que AB est perpendiculaire sur CB.

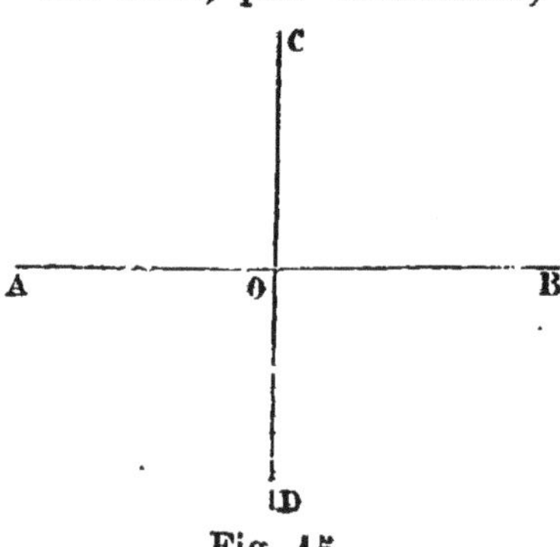

Fig. 15.

De ce que les angles AOD, BOD sont égaux, on peut remarquer que lorsque une droite OC est perpendiculaire sur une autre, son prolongement OD est également perpendiculaire sur cette autre.

28. CorollAire I. — *Les bissectrices de deux angles opposés par le sommet, sont dans le prolongement l'une de l'autre.*

Soient les bissectrices Ox, Ox' des angles COB, AOD opposés par le sommet, je dis que xOx' est une ligne droite. Prolongeons Ox, l'angle DOx'' égale l'angle COx, c'est-à-dire la moitié de l'angle COB ou de son égal AOD. Donc DOx'' $= DOx'$, ce qui exige que Ox'' se confonde avec Ox'.

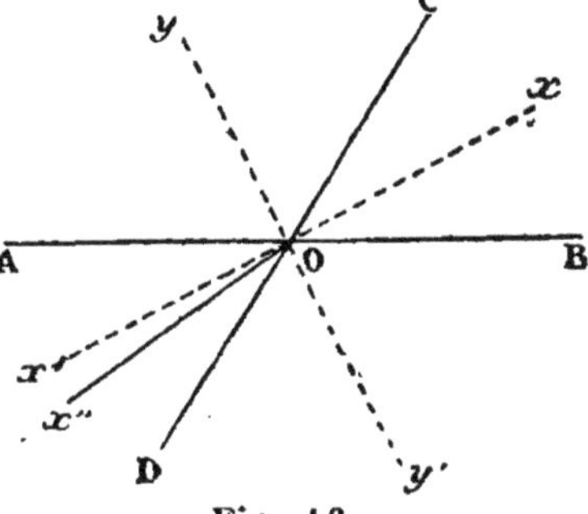

Fig. 16.

Il résulte de ce corollaire que les bissectrices de quatre angles déterminés par deux droites AB, CD, forment deux droites xx', yy' perpendiculaires entres elles, car d'après le corollaire III du th. 21, les angles xOy, xOy' sont droits; c'est-à-dire que xx' est perpendiculaire sur yy'.

§ II. Des triangles.

29. Un *triangle* est une figure plane limitée par trois droites qui se coupent deux à deux. Les droites sont les *côtés* du triangle; les angles formés par deux côtés consécutifs et les sommets de ces angles sont les *angles* et les *sommets* du triangle.

On nomme triangle *équilatéral* celui qui a ses trois côtés égaux; le triangle qui n'a que deux côtés égaux s'appelle *isocèle*; le triangle *scalène* est celui qui a les trois côtés inégaux. Dans un triangle isocèle, le côté qui n'est pas égal aux deux autres s'appelle *base* et le sommet opposé à la base porte spécialement le nom de *sommet*.

Lorsque l'un des angles d'un triangle est droit, ce triangle est dit *rectangle*, et le côté opposé à l'angle droit s'appelle *hypoténuse*.

Dans un triangle, il y a donc six éléments : trois côtés et trois angles ; mais l'on conçoit facilement que ces éléments ne sont pas indépendants les uns des autres ; ainsi un triangle est entièrement déterminé lorsque l'on donne deux côtés et l'angle compris. Cette remarque conduit naturellement à traiter les trois questions suivantes :

Des cas d'égalité de deux triangles quelconques et des relations qui existent entre les trois côtés, ou entre deux côtés et les deux angles opposés d'un même triangle.

De la simplification de ces cas d'égalité, lorsque les triangles sont rectangles.

Des relations qui existent entre les trois angles d'un triangle quelconque.

Des cas d'égalité de deux triangles et des relations entre les trois côtés d'un même triangle.

30. Deux triangles sont égaux :

1° Lorsqu'ils ont un angle égal compris entre deux côtés égaux chacun à chacun ;

2° Lorsqu'ils ont un côté égal adjacent à deux angles égaux chacun à chacun ;

3° Lorsqu'ils ont les trois côtés égaux chacun à chacun.

Théorème.

31. *Deux triangles* ABC, DEF *sont égaux lorsqu'ils ont un angle égal compris entre deux côtés égaux chacun à chacun.*

Supposons l'angle A égal à l'angle D et les côtés AB, AC égaux respectivement au côtés DE, DF ; les triangles ABC, DEF sont égaux.

Portons, en effet, le triangle DEF sur le triangle ABC et faisons coïncider le côté DE avec le côté égal AB, en plaçant le point D sur le point A et le point E sur le point B. L'angle

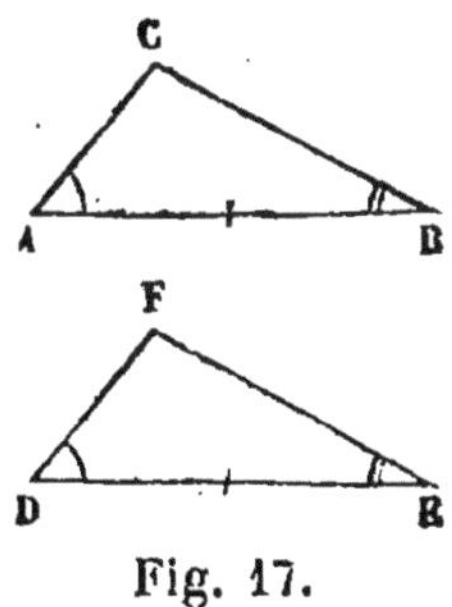

Fig. 17.

D étant égal à l'angle A, le côté DF prend alors la direction du côté AC, et comme ces côtés sont supposés égaux, le point F tombe sur le point C ; les côtés BC, EF ayant les mêmes extrémités se confondent, et les triangles ABC, DEF coïncident dans toute leur étendue ; donc ils sont égaux.

Théorème.

32. *Deux triangles ABC, DEF sont égaux quand ils ont un côté égal adjacent à deux angles égaux chacun à chacun.*

Supposons les angles A et B égaux respectivement aux angles D et E, et le côté AB égal au côté DE ; les triangles ABC, DEF sont égaux.

Portons, en effet, le triangle DEF sur le triangle ABC, et faisons coïncider le côté DE avec le côté égal AB, en plaçant le point D sur le point A et le point E sur le point B. L'angle D étant égal à l'angle A, le côté DF prend alors la direction du côté AC ; de même, l'angle E étant égal à l'angle B, le côté EF prend la direction du côté BC. Par suite, le point F, commun aux deux droites DF, EF, vient se placer sur l'intersection

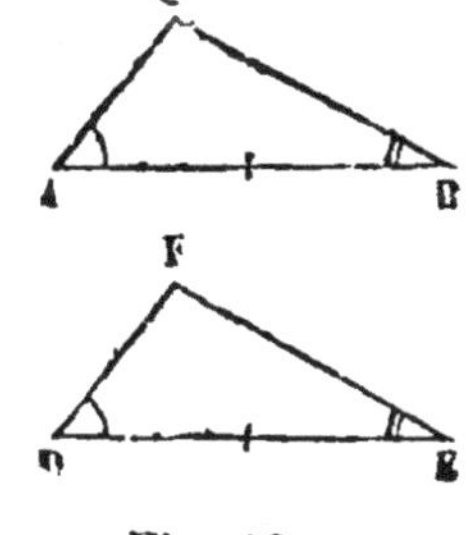

Fig. 18.

C des deux droites AC, BC et les triangles ABC, DEF coïncident dans toute leur étendue; donc ils sont égaux.

Théorème.

33. *Deux triangles* ABC, DEF *sont égaux lorsqu'ils ont les trois côtés égaux chacun à chacun.*

Ce théorème repose sur les quatre lemmes suivants dont le premier donnera les relations entre les trois côtés d'un même triangle.

LEMME I. — *Dans tout triangle, un côté est plus petit que la somme des deux autres et plus grand que leur différence.*

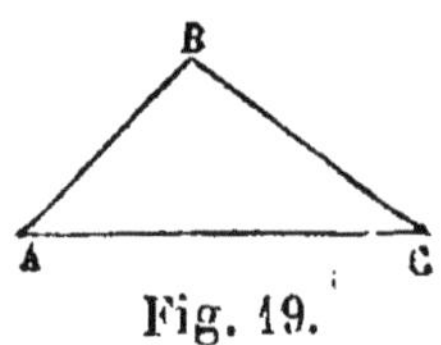
Fig. 19.

Soit, en effet, le triangle ABC; la droite AC est, par définition, plus petite que la ligne brisée AB + BC qui joint les deux mêmes points A et C; donc

$$AC < AB + BC.$$

Je dis que l'on a encore :

$$AC > AB - BC$$

en supposant

$$AB > BC.$$

Comme ci-dessus, la droite AB est le plus court chemin du point A au point B. Donc :

$$AB < AC + BC.$$

Si, des deux membres de cette inégalité, nous retranchions BC, nous obtenons la suivante :

$$. \ AB - BC < AC$$

ou, ce qui est la même chose,

$$AC < AB - BC.$$

Remarque. — Du lemme précédent on peut conclure que avec trois droites quelconques, il n'est pas toujours possible de former un triangle; il faut que chacune d'elles soit plus petite que la somme des deux autres, ou en procédant plus rapidement que la plus grande d'entre elles soit inférieure à la somme des deux autres.

Ainsi avec les trois longueurs 8, 6, 1 il n'est pas possible de former un triangle.

Les deux conditions énoncées dans le lemme précédent relativement à un seul côté sont nécessaires, on verra dans le 2e livre qu'elles sont suffisantes.

Lemme II. — *Si deux triangles ont un côté commun, et si de plus le sommet de l'un tombe à l'intérieur de l'autre, la ligne enveloppée est plus courte que l'enveloppante.*

Prolongeons la droite BD jusqu'à sa rencontre en E avec la droite AC; les deux triangles BAE, DEC donnent :

$$BD + DE < AB + AE,$$

et

$$DC < DE + EC.$$

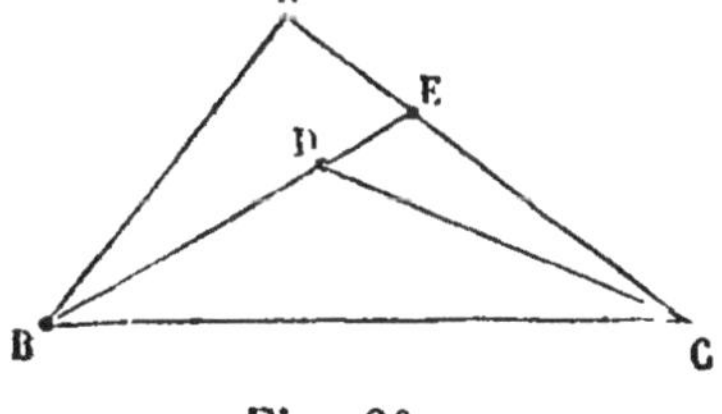

Fig. 20.

Ajoutant ces deux inégalités membre à membre et supprimant les parties communes aux deux membres, nous avons

$$BD + DC < AB + AC.$$

Lemme III. — *Si deux triangles ont un côté commun, et si, de plus, le sommet de l'un tombe à l'extérieur de l'autre, la somme des lignes qui ne se coupent pas est plus petite que la somme des lignes qui se coupent.*

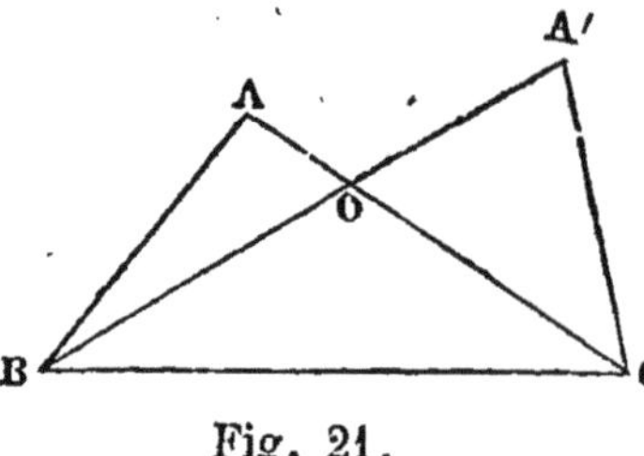

Fig. 21.

Soient deux triangles ABC, A′BC qui ont un côté commun BC, le sommet A′ de l'un tombe en dehors de l'autre, je dis que l'on a :

$$BA + CA' < BA' + CA.$$

En effet, les triangles ABO, CA′O donnent

$$AB < AO + BO'$$
$$CA' < CO + OA'.$$

Ajoutant ces inégalités membre à membre, et remarquant que $AO + OC = AC$ et que $BO + O'A' = BA'$, on arrive à l'inégalité demandée.

LEMME IV. — *Si deux triangles ont deux côtés égaux chacun à chacun, et de plus, si l'angle compris du premier est plus grand que l'angle compris du second, le troisième côté du premier est plus grand que le troisième côté du second.*

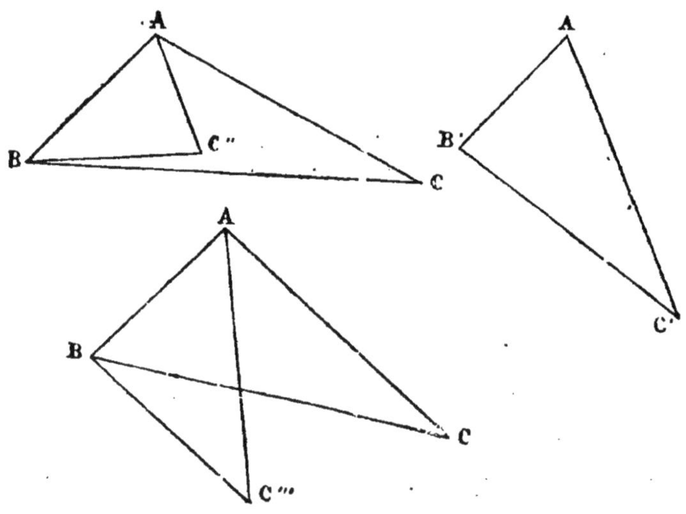

Fig. 22.

Soient, ABC, A'B'C' deux triangles dans lesquels on a par hypothèse

$$AB = A'B'$$
$$AC = A'C'$$
$$A > A';$$

je dis que l'on a :

$$BC > B'C'.$$

En effet, transportons le triangle A'B'C' sur le triangle ABC, de manière à faire coïncider les deux côtés égaux AB, A'B'; l'angle A étant plus grand que l'angle A', le côté A'C' prend une direction dans l'intérieur de l'angle A; ceci posé, il peut se présenter trois cas :

1° Le sommet C' tombe en C" dans l'intérieur du triangle ABC : En vertu du lemme II on a

$$AC'' + BC'' < AC + BC,$$

or,

$$AC'' = A'C' = AC, \quad \text{donc} \quad BC'' < BC,$$

ou,

$$B'C' < BC \quad \text{puisque} \quad BC'' = B'C'.$$

2° Le sommet C' tombe sur la ligne BC, entre les deux points B et C, alors le lemme est évident.

3° Le sommet C' tombe en C"', à l'extérieur du triangle. En vertu du lemme III, on a :

$$AC + BC''' < AC''' + BC,$$

or,

$$AC''' = A'C' = AC, \quad \text{donc} \quad BC''' < BC,$$

ou,

$$B'C' < BC, \quad \text{puisque} \quad BC''' = B'C'.$$

Réciproquement. Si les côtés AB, AC, du triangle ABC sont égaux aux côtés A'B', A'C' du triangle A'B'C'; si de plus le troisième côté BC du premier est plus grand que le troisième côté B′C′ du second, l'angle A est plus grand que l'angle A′.

Car, si A était plus petit que A′, en vertu du lemme III, on aurait BC $<$ B′C′, ce qui est contre l'hypothèse. De même, si A $=$ A′, en vertu du premier cas d'égalité des triangles, on aurait : BC $=$ B′C′, ce qui est également contre l'hypothèse.

Ces lemmes étant établis, il est facile de démontrer le théorème en question.

En effet, les côtés AB, AC du triangle ABC étant respectivement égaux aux côtés DE, DF du triangle DEF, les angles compris A et D ne peuvent différer qu'autant que

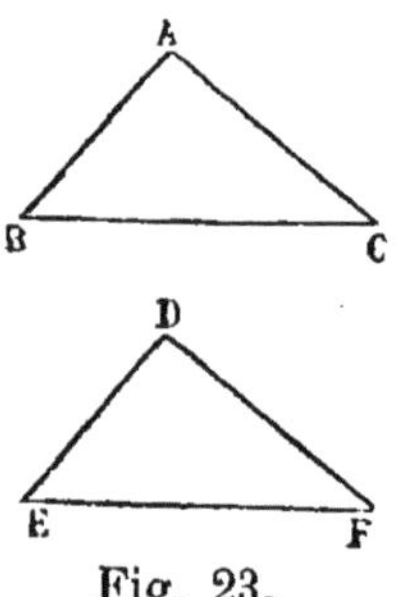

Fig. 23.

les côtés opposés BC et EF diffèrent eux-mêmes; or, par hypothèse, ces côtés sont égaux; donc l'angle A égale l'angle D; alors les triangles ABC, DEF, ayant un angle égal compris entre deux côtés égaux chacun à chacun sont égaux.

34. REMARQUE. — Dans tous les cas d'égalité des triangles, deux côtés égaux coïncidant, les angles opposés coïncident; de là cette proposition : *dans deux triangles égaux, les angles égaux sont opposés aux côtés égaux, et réciproquement.*

Relation entre deux côtés d'un triangle et les deux angles opposés.

Cette relation est la suivante : Dans tout triangle au plus grand côté est opposé le plus grand angle, et n'est qu'une conséquence du théorème suivant :

Théorème.

35. *Dans un triangle isocèle* ABD, *les angles* B *et* D *opposés aux côtés égaux* AB, AD *sont égaux, et réci-proquement.*

Joignons, en effet, le sommet A au milieu C de la base BD ; les deux triangles ABC, ACD ainsi formés ont leurs trois côtés égaux, sa-voir : le côté AC commun, les côtés AB, AD égaux par hypothèse et les côtés BC, CD égaux par construction, puisque le point C est le milieu de la base BD ; donc ces deux triangles sont égaux ;

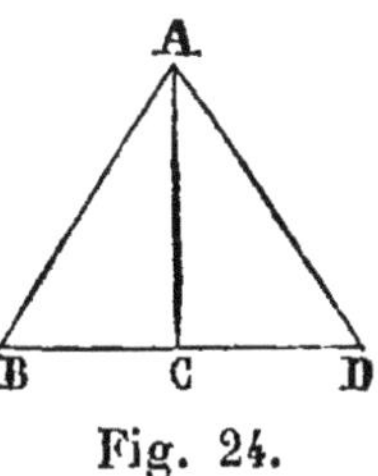

Fig. 24.

donc les angles B et D opposés au côté commun AC sont égaux (34).

36. Corollaire I. — De l'égalité des triangles ABC, ACD, résulte celle des angles adjacents ACB, ACD ; donc (9) AC est perpendiculaire sur BD ; donc *la ligne qui joint le sommet d'un triangle isocèle au milieu de la base est perpendiculaire sur cette base.*

37. Corollaire II. — De l'égalité des mêmes triangles ABC, ACD, on conclut encore celle des angles BAC, CAD ; donc AC *est bissextrice de l'angle au sommet.*

38. Corollaire III. — *Un triangle équilatéral est équiangle,* c'est-à-dire, *a ses angles égaux,* puisqu'ils sont opposés à des côtés égaux.

39. Réciproquement. *Si, dans un triangle* ABC, *deux angles* B *et* C *sont égaux, les côtés* AB, AC *opposés à des angles sont aussi égaux, et le triangle est isocèle.*

Considérons, en effet, un second-triangle A′B′C′, repro-duction exacte du premier, et portons-le sur ABC, *en le renversant,* de manière que le point B′ tombe sur le point C et le point C′ sur le point

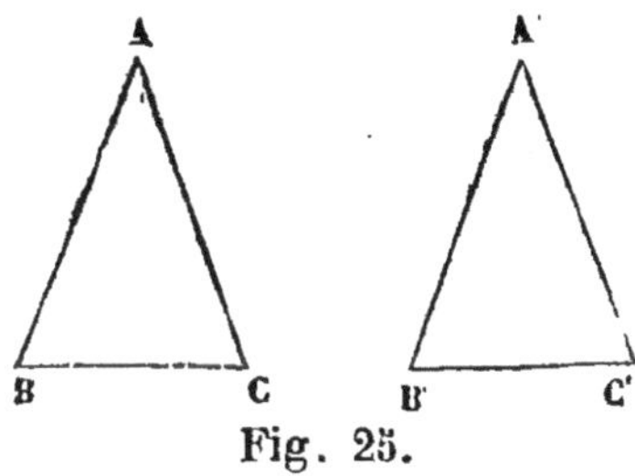

Fig. 25.

B ; le côté C′B′ coïncide alors avec son égal BC. L'angle C′ étant égal à l'angle C et, par suite, à l'angle B, le côté C′A′ prend la direction du côté BA ; de même, l'angle B′ étant égal à l'angle B et, par suite, à l'angle C, le côté B′A′ prend la direction CA. Le point A′, commun aux deux droites C′A′, B′A′ vient se placer sur l'intersection A des deux droites BA, CA et les deux triangles ABC, A′B′C′ coïncident. Puisque le côté A′B′, qui est égal à AB, recouvre exactement le côté AC, nous pouvons conclure que AB et AC sont égaux.

40. Corollaire. — *Un triangle équiangle est équilatéral.* En effet, les côtés de ce triangle sont égaux, puisqu'ils sont opposés à des côtés égaux.

Théoréme.

41. *Dans tout triangle* ABC, *le plus grand côté est opposé au plus grand angle, et réciproquement.*

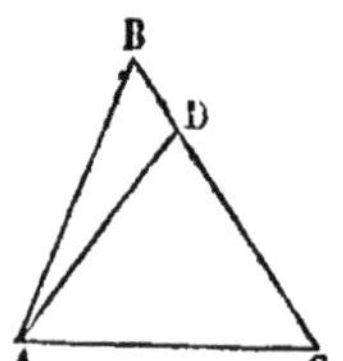

Fig. 26.

Supposons l'angle A plus grand que l'angle C ; le côté BC opposé au premier angle est plus grand que le côté AB opposé au second.

Faisons, en effet, au point A, sur le côté AC, un angle DAC égal à l'angle ACB. Le triangle ACD est isocèle (39) et les côtés AD, CD, opposés aux angles égaux, sont égaux ; mais le triangle ABD donne

$$AD + BD > AB,$$

ou, en remarquant que AD = CD et que CD + BD = BC,

$$BC > AB.$$

42. Réciproquement, *si le côté* BC *est plus grand que le côté* AB, *l'angle* A *opposé au côté* BC *sera aussi plus grand que l'angle* C *opposé au côté* AB.

Car, si l'angle A était plus petit que l'angle C, le côté BC devrait, d'après ce que nous venons de dire, être plus petit que le côté AB, ce qui est contre l'hypothèse ; et si l'angle A égalait l'angle C, le triangle ABC serait isocèle (39), et, par conséquent, le côté BC égalerait le côté AB, ce qui est encore contre l'hypothèse.

Simplification des cas d'égalité lorsque les deux triangles donnés sont rectangles.

Cette simplification repose sur la théorie des perpendiculaires et des obliques que nous allons exposer.

Des perpendiculaires et des obliques.

Théorème.

43. *D'un point O pris hors d'une droite AB, on peut toujours abaisser une perpendiculaire sur cette droite et on ne peut en abaisser qu'une.*

1° On peut du point O, abaisser une perpendiculaire sur la ligne AB.

Faisons tourner la partie supérieure du plan autour de la ligne AB, le point O vient s'appliquer en O'. Relevons le plan, afin de le placer dans sa position primitive, et joignons OO'; la ligne OO' est perpendiculaire à AB. En effet, si nous rabattons de nouveau la figure, en la faisant tourner autour de AB, le point O vient en O', et le point P étant sur l'axe, ne bouge pas ; par conséquent les angles APO et APO' coïncidant sont égaux ;

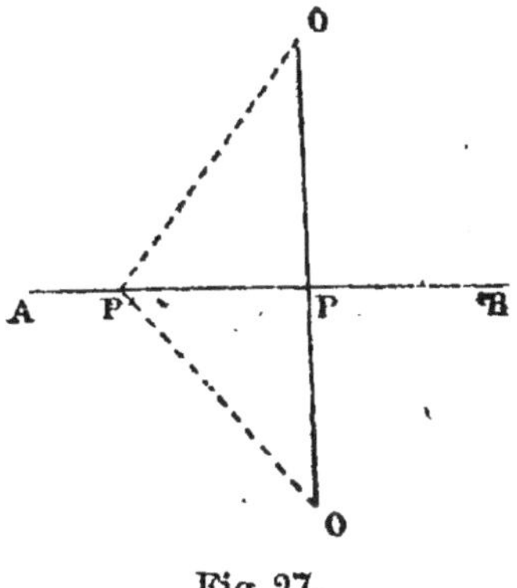

Fig 27.

donc AB est perpendiculaire sur OO' et réciproquement OO' est perpendiculaire sur AB.

2° On ne peut abaisser du point O, qu'une seule perperpendiculaire sur AB.

En effet, si par un procédé différent de celui que nous venons d'employer, il était possible d'abaisser une seconde perpendiculaire OP', prolongeons OP d'une quantité PO' égale à elle-même. Les deux triangles OPP', O'PP' sont égaux, comme ayant un angle égal compris entre deux côtés égaux chacun à chacun; donc les deux angles OP'P, O'P'P sont égaux.

Or, le premier est droit par hypothèse, donc le second l'est aussi, et leur somme vaut deux droits.

Mais ces deux angles ont un côté commun PP', par conséquent les côtés extérieurs P'O, P'O', sont en ligne droite, ce qui est absurde, puisque OO' est déjà une ligne droite, et que par deux points on ne peut faire passer qu'une droite.

Théorème.

44. *Si d'un point pris hors d'une droite, on mène une perpendiculaire et différentes obliques :*

1° La perpendiculaire est plus courte que l'oblique.

2° Deux obliques qui s'écartent également du pied de la perpendiculaire sont égales.

3° Deux obliques qui s'écartent inégalement du pied sont inégales, et celle qui s'écarte le plus est la plus longue.

1° Soit A le point pris hors de la droite EF, de ce point on mène la perpendiculaire AB et l'oblique AC, je dis que l'on a :

$$AB < AC.$$

En effet, prolongeons la perpendiculaire AB d'une quantité égale BD et joignons CD; les deux triangles CAB, CDB ont les côtés AB, DB égaux par construction, le côté BC commun et les angles ABC, DBC égaux comme droits; donc ils sont égaux; donc le côté AC opposé à l'angle ABC égale CD opposé à l'angle DBC. Or, la ligne droite ABD est plus petite que la ligne brisée ACD

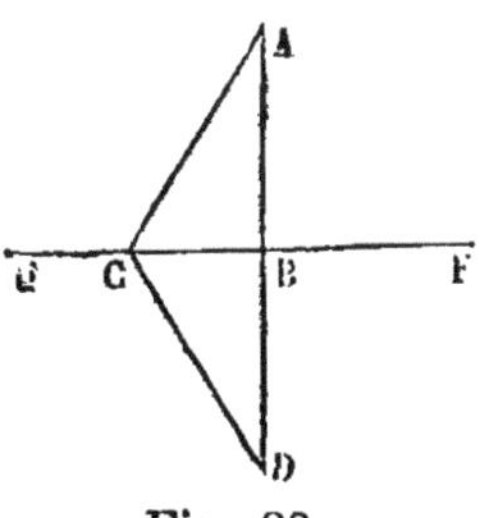

Fig. 28.

qui joint les deux mêmes points A et D; donc AB, moitié de AD, est plus petit que AC, moitié de ACD.

45. Corollaire. — *La perpendiculaire mesure la plus courte distance d'un point à une ligne.*

2° Si nous supposons égales les longueurs BC, BG, les deux triangles ABC, ABG, ayant de plus le côté AB commun et les angles ABC, ABG égaux comme angles droits, sont égaux et l'oblique AC égale l'oblique AG.

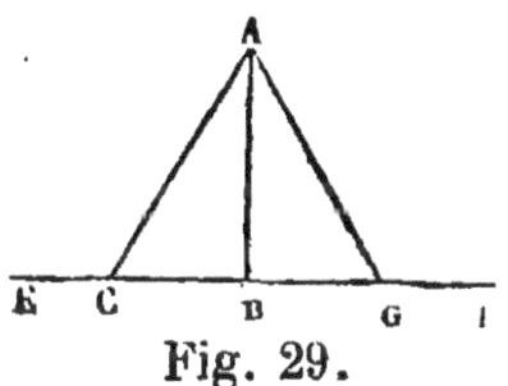

Fig. 29.

3° Prolongeons AB d'une longueur égale BD et joignons AH, DH. Les droites AH, DH sont égales comme obliques s'écartant également du pied de la perpendiculaire HB menée du point H sur AD; pour la même raison AC égale CD. Mais la ligne brisée enveloppante ACD est plus longue que la ligne enveloppée AHD; donc AC, moitié de la première, est plus longue que AH, moitié de la seconde.

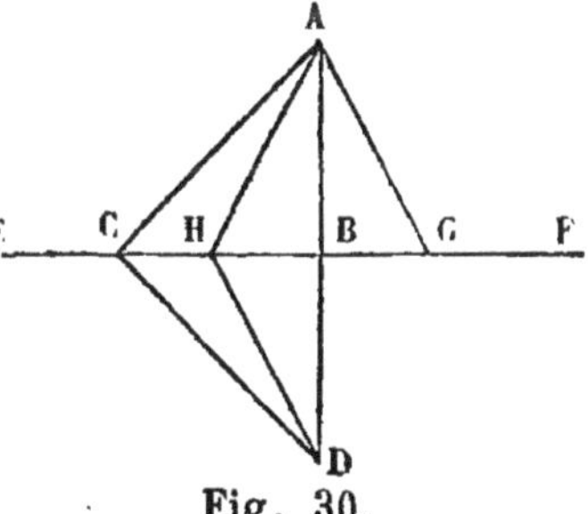

Fig. 30.

Si les deux obliques AC, AG étaient situées de côtés différents par rapport à la perpendiculaire AB, nous prendrions une longueur BH égale à BG et, en joignant AH, nous rentrerions dans le cas précédent.

46. Réciproquement. 1° *Si une droite mesure la plus courte distance d'un point à une ligne, cette droite est perpendiculaire à la ligne.*

2° *Si deux obliques à une même droite, issues d'un même point, sont égales, elles s'écartent également du pied de la perpendiculaire abaissée du point.*

3° *Si deux obliques à une même droite issues d'un même point sont inégales, elles s'écartent inégalement du pied de la perpendiculaire abaissée du point, et la plus longue est celle qui s'écarte le plus.*

Ces réciproques sont des conséquences immédiates du principe suivant :

Lorsque dans une proposition, en faisant toutes les hypothèses possibles, on arrive à des conclusions essentiellement différentes, les réciproques de ces propositions sont vraies.

Théorème.

47. *Si, sur le milieu d'une droite AB, on élève une perpendiculaire : 1° tous les points de cette perpendiculaire seront équidistants des extrémités A et B de la droite; 2° tout point situé hors de la perpendiculaire sera inégalement éloigné de ces extrémités.*

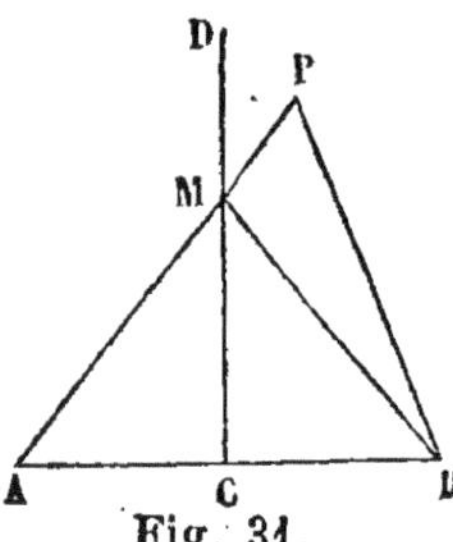

Fig. 31.

Soit M un point quelconque de la perpendiculaire; puisque le point C est le milieu de la droite AB, les obliques AM, BM s'écartent également du pied de la perpendiculaire; donc (44) elles sont égales.

En second lieu, soit un point extérieur P; joignons PA, PB et MB; le triangle PMB donne.

$$PB < MP + MB.$$

Mais MB égale MA; donc

$$PB < MP + MA,$$

ou plus simplement

$$PB < PA.$$

48. Remarque I. — On appelle *lieu géométrique* une série de points qui ont une propriété commune et qui en jouissent seuls. La perpendiculaire élevée sur le milieu d'une droite est donc le *lieu géométrique des points également distants des extrémités de cette droite.*

49. Remarque II. — Si une droite CD passe par deux points C et D équidistants des extrémités d'une autre droite AB, elle est perpendiculaire sur le milieu de cette dernière; car, si par le milieu de la droite A on élève une perpendiculaire, elle passe par les points C et D et, par conséquent, la droite CD coïncide avec elle.

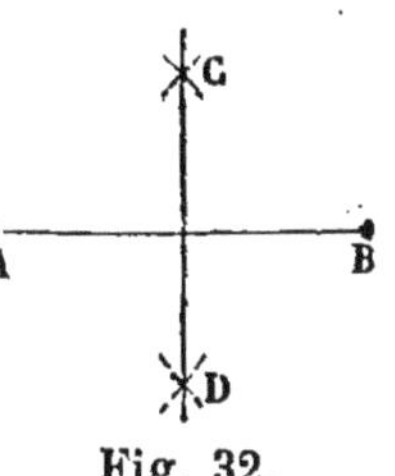

Fig. 32.

Cas d'égalité des triangles rectangles.

Théorème.

50. *Deux triangles rectangles sont égaux lorsqu'ils ont l'hypoténuse égale et un côté de l'angle droit égal.*

Supposons l'hypoténuse AC égale à l'hypoténuse DF et le côté AB égal au côté DE; les triangles ABC, DEF sont égaux.

Portons, en effet, le triangle DEF sur le triangle ABC, et faisons coïncider le côté DE avec le côté égal AB, en plaçant le point D sur le point A et le point E sur le point B. Les angles B et E étant égaux comme angles droits, le côté EF

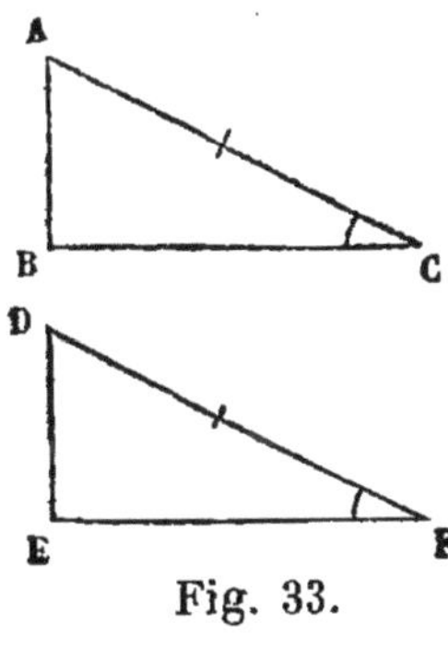

Fig. 33.

prend alors la direction du côté BC et les hypoténuses sont des obliques à la même droite BC, égales et partant du même point A ; donc elles s'écartent également du pied de la perpendiculaire AB, et, par suite, le point F tombe sur le point C. Les triangles ABC, DEF coïncidant dans toute leur étendue, sont donc égaux.

51. *Deux triangles rectangles, qui ont l'hypoténuse égale et un angle aigu égal, sont égaux.*

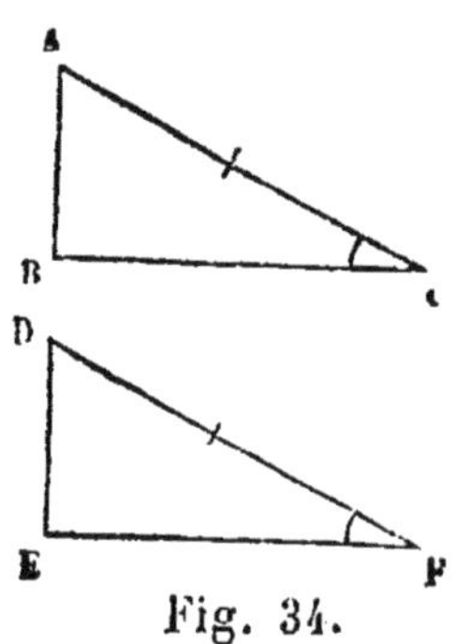

Fig. 34.

Supposons l'hypoténuse AC égale à l'hypoténuse DF et l'angle A égal à l'angle D ; les triangles ABC, DEF sont égaux.

Portons, en effet, le triangle DEF sur le triangle ABC et faisons coïncider l'hypoténuse DF avec l'hypoténuse égale AC, en plaçant le point D sur le point A et le point F sur le point C. L'angle D étant égal à l'angle A, le côté DE prend alors la direction du côté AB et les côtés BC, EF sont des perpendiculaires abaissées du même point C sur la même droite AB ; donc elles se confondent (43), et les triangles ABC, DEF coïncidant dans toute leur étendue, sont égaux.

Théorème.

52. *Un point quelconque M de la bissectrice d'un angle BAC est équidistant des côtés de cet angle.*

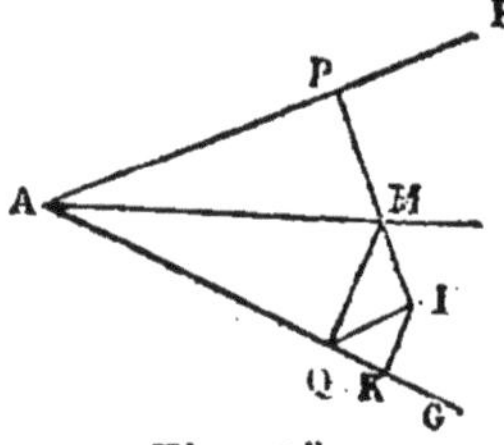

Fig. 35.

Du point M abaissons MP, MQ respectivement perpendiculaires sur AB et sur AC ; les deux triangles rectangles APM, AQM ont l'hypoténuse AM commune, et les angles

MAP, MAQ égaux comme moitiés de l'angle BAC; donc (51) ils sont égaux et, par suite, MP égale MQ.

53. RÉCIPROQUEMENT. — *Tout point situé hors de la bissectrice, est inégalement distant des deux côtés de l'angle.*

Soient I un point situé hors de la bissectrice, IK, IP, les perpendiculaires abaissées de ce point sur les côtés de l'angle BAC.

Du point M, intersection de la perpendiculaire IP et de la bissectrice, abaissons la perpendiculaire MQ sur AC, et joignons QI : le triangle QIK donne :

$$IK < QI, \quad (1)$$

puisque IK est une perpendiculaire et IQ une oblique.

Mais le triangle QIM donne :

$$IQ < IM + QM$$

ou

$$IQ < IM + MP,$$

puisque

$$MQ = MP$$

si dans l'inégalité (1), nous remplaçons QI par IM + MP, c'est-à-dire par IP, on a *a fortiori*

$$IK < IP.$$

Relation entre les trois angles d'un triangle.

Cette relation repose sur la théorie des lignes parallèles, que nous allons exposer.

Des parallèles.

54. Deux droites sont dites *parallèles* quand, situées dans un même plan, elles ne peuvent se rencontrer, à quelque distance qu'on les prolonge.

La théorie des parallèles repose sur un *postulatum* ou proposition qu'on admet comme évidente, mais qu'on désirerait pouvoir démontrer. Nous adoptons pour postulatum la proposition suivante :

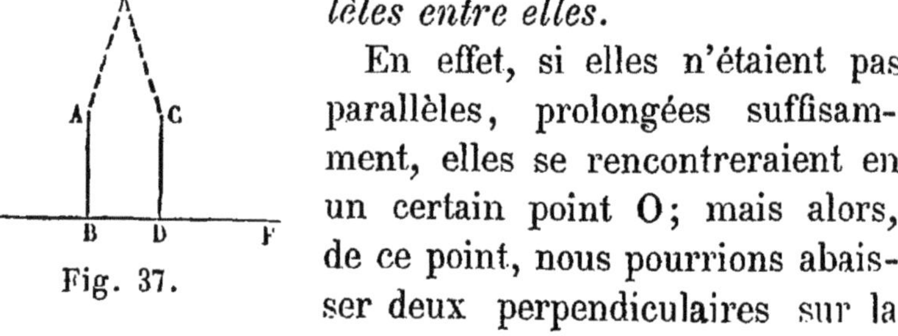
Fig. 36.

Par un point donné C, on ne peut mener qu'une seule parallèle CD à une droite donnée AB.

Théorème.

55. *Deux droites* AB, CD *perpendiculaires à une même troisième* EF, *sont parallèles entre elles.*

En effet, si elles n'étaient pas parallèles, prolongées suffisamment, elles se rencontreraient en un certain point O; mais alors, de ce point, nous pourrions abaisser deux perpendiculaires sur la droite EF, ce qui est impossible (43).

Fig. 37.

Théorème.

56. *Par un point pris hors d'une droite, on peut mener une parallèle à cette droite, mais on ne peut en mener qu'une.*

Soient AB la droite, et O le point donné, du point O

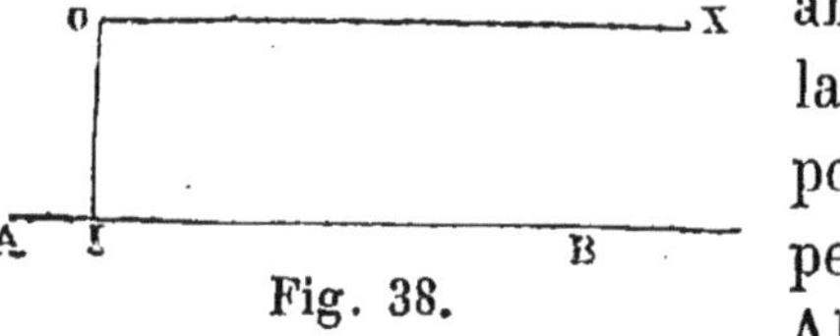
Fig. 38.

abaissons la perpendiculaire OI sur AB et par le point O menons OX perpendiculaire à OI, OX et AB sont parallèles comme perpendiculaires à la même droite OI.

Un autre procédé ne peut fournir une deuxième parallèle, par le point O, en vertu du postulatum, on ne peut mener qu'une parallèle à AB.

57. Corollaire. — Si une droite A rencontre une autre droite B, elle rencontre aussi les parallèles B′, B″ … etc. Si A ne rencontrait pas B′, par le point d'intersection des lignes A et B, on pourrait mener deux parallèles à la même droite B′. Même raisonnement pour B″, B‴ … etc.

Théorème.

58. *Lorsque deux droites* AE, BC *sont parallèles, toute perpendiculaire* AD *à l'une d'elles* BC *est aussi perpendiculaire à l'autre* AE.

Menons, en effet, par le point A une perpendiculaire à la droite AD; elle est, d'après le théorème précédent, parallèle à la droite BC. Mais, par un point A, on ne peut mener qu'une seule parallèle à une droite; donc cette perpendiculaire se confond avec AE; en d'autres termes,

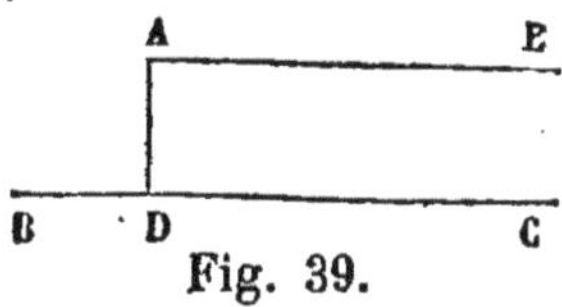

Fig. 39.

AE est perpendiculaire à AD et, réciproquement, AD perpendiculaire à la droite BC est aussi perpendiculaire à la droite AE.

59. Corollaire. — *Deux droites parallèles à une même troisième sont parallèles entre elles.*

Car si les deux droites se rencontraient, par le point de rencontre, on pourrait mener deux parallèles à une même droite, ce qui est encore contre le postulatum d'Euclide.

DÉFINITIONS.

60. Lorsque deux droites AB, CD sont coupées par une sécante MN, elles forment, avec cette dernière, aux points d'intersection, 4 angles aigus et 4 angles obtus qui ont reçu les noms suivants :

2.

Les angles aigus 2 et 3 et les angles obtus 6 et 8, situés dans l'intérieur des deux lignes AB, CD, de part et d'autre

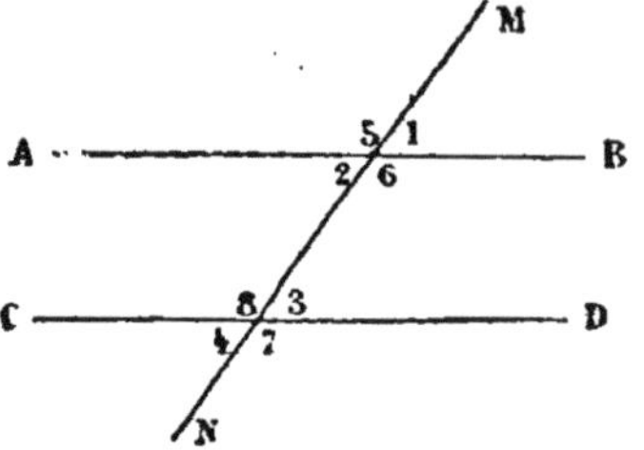

Fig. 40.

de la séance MN, mais non adjacents, s'appellent *angles alternes-internes*.

Les angles aigus 1 et 4 et les angles obtus 5 et 7 situés en dehors des lignes AB, CD, de part et d'autre de la sécante MN, mais non adjacents, sont dits *alternes-externes*.

Les angles aigus 2 et 4, 1 et 3, et les angles obtus 5 et 8, 6 et 7, situés l'un en dehors, l'autre à l'intérieur des lignes AB, CD, du même côté de la sécante MN, mais non adjacents, sont appelés *angles correspondants*.

Les angles 8 et 2, 6 et 3 sont appelés *angles intérieurs d'un même côté*.

Théorème.

61. *Lorsque deux parallèles sont coupées par une sécante EF : 1° les angles alternes-internes, 2° les angles alternes-externes, 3° les angles correspondants, sont égaux, 4° les angles intérieurs sont supplémentaires.*

1° Du milieu O de la partie GH de la sécante comprise entre les deux parallèles, abaissons OK perpendiculaire sur la droite AB; elle le sera aussi sur sa parallèle

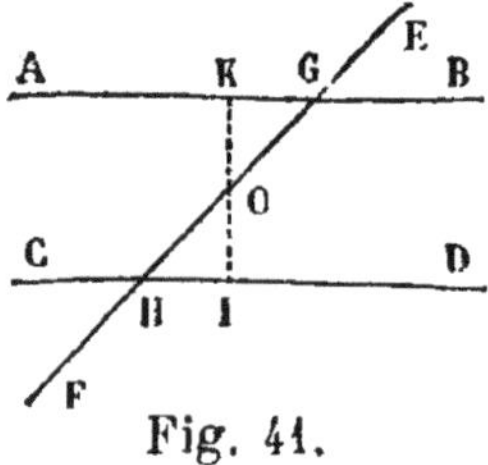

Fig. 41.

CD (58). Les deux triangles rectangles OGK, OIH ont l'hypoténuse égale, puisque O est le milieu de GH, ils ont de plus un angle aigu égal, puisque les angles en O sont opposés par le sommet; donc ils sont égaux (51). De l'égalité de ces deux triangles résulte l'égalité de leurs angles, OGK, OHI : ce sont les *alternes-internes aigus*. Les *alternes-internes obtus* sont égaux entre eux comme supplémentaires des alternes-internes aigus (20).

2º Les angles *alternes-externes aigus* opposés par le sommet aux angles alternes-internes aigus, sont égaux entre eux; il en est de même de leurs supplémentaires, les angles alternes-externes obtus.

3º Les angles *correspondants aigus* et les angles *correspondants obtus* sont égaux comme supplémentaires d'angles égaux (20).

4º *Les angles intérieurs sont supplémentaires, par l'angle 3 égale l'angle 2 supplémentaire de l'angle 6.*

Théorème.

62. RÉCIPROQUEMENT, *lorsque deux droites* AB, CD *coupées par une sécante* EF *forment des angles :* 1º *alternes-internes, ou* 2º *alternes-externes, ou* 3º *correspondants égaux, elles sont parallèles.*

En effet (fig. 41), par le point G, menons GA' parallèle à CD, cette ligne doit faire avec EF, un angle A'GH $=$ GHD, d'après le théorème précédent; or, par hypothèse GHD $=$ AGH; donc les deux angles A'GH, et AGH sont égaux, ce qui exige que GA' se confonde avec GA; en d'autres termes, AB et CD sont parallèles.

Dans l'hypothèse de deux angles alternes-externes égaux, un raisonnement tout à fait analogue au précédent prouverait le parallélisme des deux lignes AB et CD.

63. Ce théorème, sur l'égalité des angles alternes-internes et alternes-externes formés par deux parallèles, joint au théorème réciproque, donne la solution des questions suivantes :

1° *Deux parallèles comprises entre deux parallèles sont égales.*

Soient les deux parallèles AA′, BB′ comprises entre les

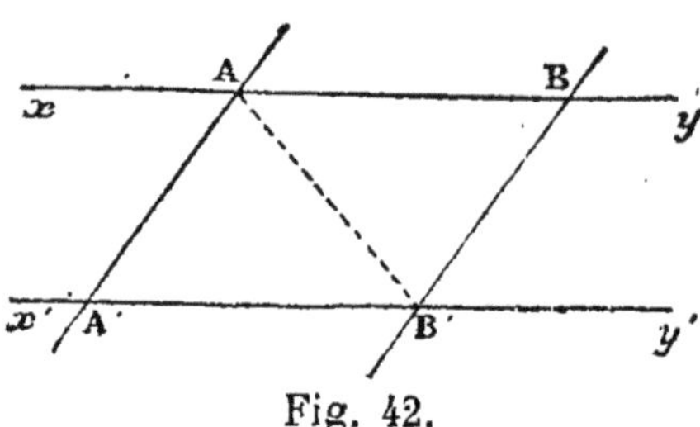

Fig. 42.

deux parallèles xy, $x'y'$, je dis que l'on a : AA′ = BB′.

En joignant les deux points A′ et B′, nous formons deux triangles AA′B′, AB′B qui sont égaux en vertu du 2ᵉ cas de l'égalité de deux triangles, à savoir AB′ ligne commune, A′AB′ = AB′B comme alternes-internes, et AB′A′ = BAB′ pour la même raison ; par conséquent AA′ = BB′. Si les deux lignes AA′, BB′ étaient perpendiculaires en A et en B à $x'y'$, elles ne cesseraient pas d'être parallèles, et de plus les longueurs AA′, BB′ mesureraient les distances des points A et B à $x'y'$, ou des points A′, B′, à xy, ce que l'on exprime en disant que *deux parallèles sont partout équidistantes.*

2° *Deux lignes, l'une perpendiculaire, l'autre oblique à une même troisième, se rencontrent.*

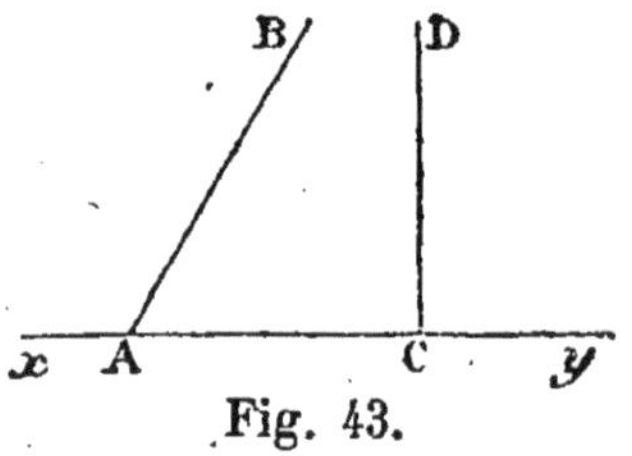

Fig. 43.

Soient les deux lignes CD, AB, l'une perpendiculaire, l'autre oblique à la même troisième xy, je dis qu'elles se rencontrent. Car la somme des angles intérieurs BAC + DCA est inférieure à deux droits.

3° *Deux lignes respectivement perpendiculaires à deux autres qui se coupent, se coupent.*

Soient AB, CD, deux lignes perpendiculaires aux deux droites II′, KK′ qui se coupent ; je dis que AB rencontre CD. Joignons les deux points I et K ; la somme des angles intérieurs CIK + AKI est inférieure évidemment à deux droits, donc les deux lignes AB et CD ne sont pas parallèles, c'est-à-dire que ces deux droites se coupent.

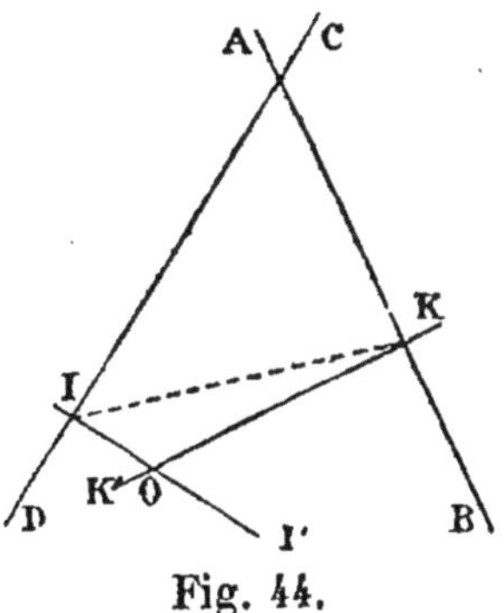

Fig. 44.

4° Deux angles qui ont leurs côtés parallèles sont égaux ou supplémentaires : 1° égaux, si les côtés sont parallèles chacun à chacun et dirigés dans le même sens ou en sens contraire ; 2° supplémentaires, si deux des côtés sont dirigés dans le même sens et les deux autres en sens contraire.

Soient d'abord les deux angles ABC, DEF qui ont leurs côtés parallèles et dirigés dans le même sens ; ces angles sont égaux. En effet, les angles DEF, DOC sont égaux comme correspondants par rapport aux parallèles BC, KF et à la sécante DE ; les angles ABC, DOC sont aussi égaux comme correspondants par rapport aux parallèles AB, DE et à la sécante BC ; donc les angles ABC, DEF, égaux chacun au même troisième DOC, sont égaux entre eux.

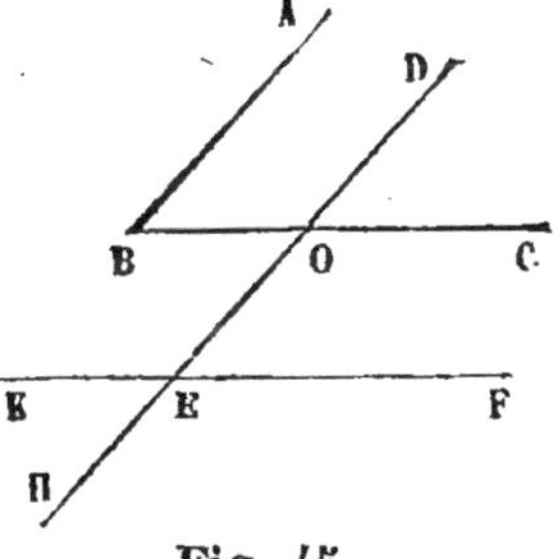

Fig. 45.

Considérons les deux angles ABC, KEH dont les côtés sont parallèles, mais dirigés en sens contraire : l'angle KEH égal à son opposé par le sommet DEF l'est par là même à l'angle ABC.

Enfin, l'angle DEK, supplémentaire de l'angle DEF,

l'est aussi de l'angle égal ABC (20). Mais les côtés parallèles AB, DE sont dirigés dans le même sens, et les deux autres, BC, EK en sens contraire.

5° Deux angles qui ont leurs côtés perpendiculaires chacun à chacun sont égaux ou supplémentaires : 1° égaux, s'ils sont tous deux aigus ou tous deux obtus ; 2° supplémentaires, si l'un est aigu et l'autre obtus.

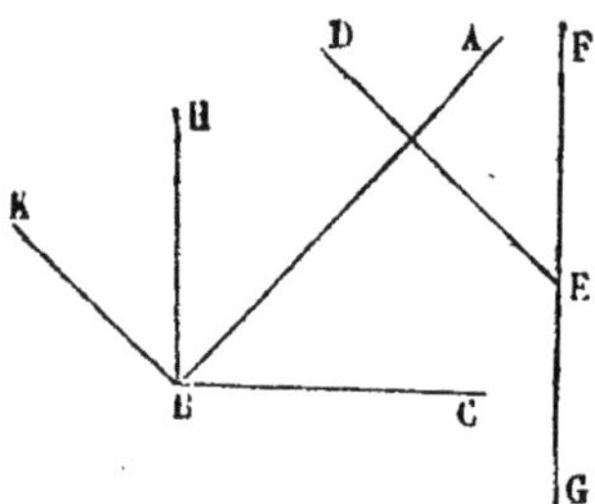

Fig. 46.

Soient ABC, DEF deux angles de même espèce, aigus par exemple, dont les côtés sont perpendiculaires chacun à chacun; ces angles sont égaux. En effet, par le sommet B de l'angle ABC, menons BK perpendiculaire au côté AB et BH perpendiculaire au côté BC: ces perpendiculaires sont (55) respectivement parallèles aux côtés DE et EF de l'angle DEF et de plus dirigées dans le même sens; donc (63 4e) l'angle KBH égale l'angle DEF. Mais les angles KBH, ABC qui ont le même complément ABH sont égaux (20); donc les angles DEF et ABC, égaux au même troisième KBH, le sont aussi entre eux.

Soient maintenant les deux angles ABC, DEG dont l'un est aigu et l'autre obtus. Ce dernier est supplémentaire de l'angle aigu DEF; donc il l'est aussi de l'angle ABC, égal à l'angle DEF.

<h3 align="center">Théorème.</h3>

64. *La somme des trois angles d'un triangle ABC est égale à deux angles droits.*

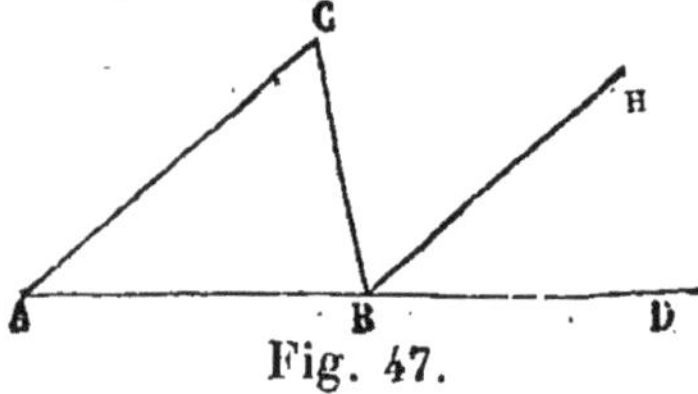

Fig. 47.

Prolongeons le côté AB suivant BD et, par le sommet B, menons la droite BH parallèle au côté opposé AC.

Les angles CBH, ACB sont égaux comme alternes-internes par rapport aux parallèles AC, BH et à la sécante BC; les angles DBH, BAC sont aussi égaux comme correspondants par rapport aux mêmes parallèles et à la sécante AD. Les deux angles A et C du triangle sont donc égaux aux deux angles DBH, CBH; or ces derniers, avec le troisième angle ABC, font autour du point B, et d'un même côté de la droite AD, une somme égale à deux angles droits (21); donc aussi la somme des trois angles du triangle est égale à deux angles droits.

65. Corollaire I. — *Dans tout triangle, il ne peut y avoir qu'un seul angle droit et à plus forte raison qu'un seul angle obtus.*

66. Corollaire II. — *Dans tout triangle rectangle, les angles aigus sont complémentaires.*

67. Corollaire III. — *Quand on connaît deux angles d'un triangle, ou plus simplement leur somme, on obtient le troisième en retranchant cette somme de deux angles droits.*

68. Corollaire IV. — *L'angle extérieur CBD formé par le côté BC avec le prolongement de AB est égal à la somme des angles intérieurs BAC, ACB qui ne lui sont pas adjacents.*

69. Cette étude du triangle, dans laquelle nous avons parlé de l'égalité de deux triangles quelconques, des relations qui existent entre les trois côtés d'un même triangle, ou entre deux côtés et deux angles opposés; de la simplification des cas d'égalité lorsque les deux triangles donnés sont rectangles et enfin des relations qui existent entre les trois angles d'un triangle, nous la terminerons par l'examen de deux lignes importantes dans un triangle, à savoir : la hauteur et la bissectrice.

70. Lemme. *Les trois perpendiculaires élevées sur*

les milieux des côtés d'un triangle concourent en un même point.

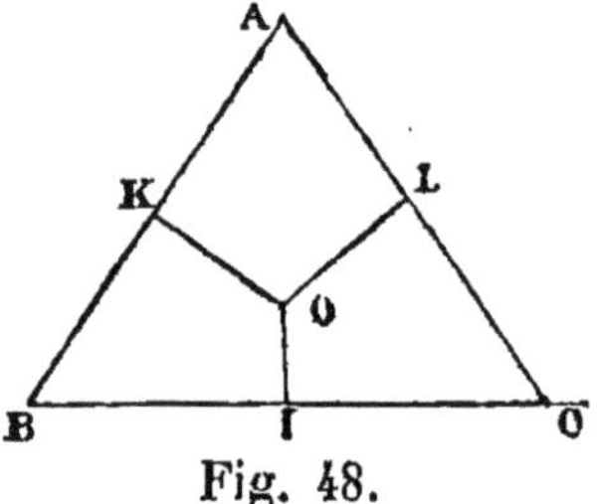

Fig. 48.

Par les milieux K et L des côtés AB, AC élevons deux perpendiculaires. Nous savons qu'elles se coupent en un point O.

Le point O appartenant à la perpendiculaire élevée sur le milieu de AB est, en vertu d'un théorème (47) équidistant des points A et B. Pour la même raison, le point O appartenant à la perpendiculaire élevée sur le milieu de AC est équidistant des points A et C. Le point O est donc équidistant des points B et C; en vertu du même théorème, il appartient à la perpendiculaire élevée sur le milieu de BC, ce qui démontre le lemme énoncé.

Théorème.

71. *Les trois hauteurs d'un triangle concourent en un même point.*

On appelle *hauteur* d'un triangle la perpendiculaire abaissée d'un sommet sur le côté opposé.

Ceci posé, soit ABC le triangle donné; par les trois sommets menons des parallèles aux côtés opposés, nous formons un second triangle MNP, dans lequel A, B, C sont les milieux des côtés, comme il est facile de s'en assurer pour A, par exemple.

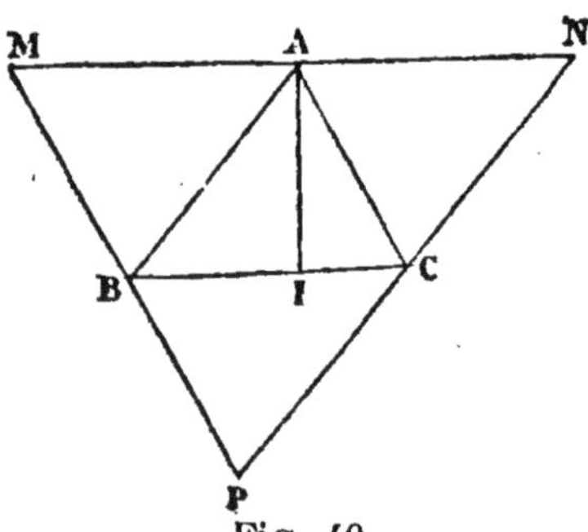

Fig. 49.

En effet, ABCN est, par construction, un parallélogramme, donc BC = AN; de même ACBM est aussi un parallélogramme, donc BC = AM; par conséquent AN =

AM, c'est-à-dire que A est le milieu de MN. Or, les perpendiculaires élevées sur les milieux des côtés du triangle MNP, étant aussi perpendiculaires sur les côtés du triangle ABC, qui sont des parallèles aux côtés du triangle MNP, se confondent en direction avec les hauteurs. Comme, d'après le lemme précédent, les perpendiculaires concourent en un même point, il en est de même pour les hauteurs.

Théorème.

72. *Les trois bissectrices d'un triangle concourent en un même point.*

Les bissectrices des angles B et C se coupent en un point O. Le point O appartenant à la bissectrice de l'angle B est équidistant des côtés BC et BA, le point O, appartenant à la bissectrice de l'angle C, est équidistant des côtés CB et CA. Le point O est donc équidistant des côtés AB et AC ; en vertu d'un théorème, il appartient à la bissectrice de l'angle A, ce qui démontre la proposition.

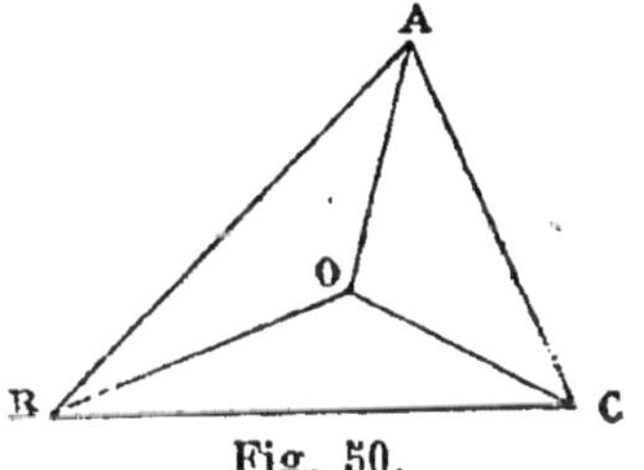

Fig. 50.

§ III. Des polygones et des parallélogrammes.

73. Définitions. — On appelle *polygone* une figure plane déterminée par des lignes droites qui se coupent deux à deux. Ces lignes sont les *côtés* du polygone ; leurs intersections en sont les *sommets*. L'ensemble des côtés forme le *contour* ou *périmètre* du polygone.

La ligne qui joint deux sommets non consécutifs se nomme *diagonale*.

Un polygone est dit *convexe*, lorsque en prolongeant un côté quelconque, la figure est entièrement rejetée d'un même côté de cette ligne prolongée. Dans le cas contraire, il est dit *concave*. Il faut remarquer que un polygone convexe ne peut être rencontré en plus de deux points par une droite. En effet, si une droite rencontrait un polygone convexe, en trois points, soient A, B, C, ces trois points. Prolongeons le côté qui passe au point B. Cette ligne prolongée, par hypothèse, ne passant pas aux points A et C, laissera le point A au-dessus et l'autre au-dessous, ce qui est contraire à la définition du polygone convexe.

Les polygones se distinguent par le nombre de leurs côtés; le plus simple de tous est le *triangle*. Le polygone de 4 côtés se nomme *quadrilatère*, le *pentagone* en a 5, l'*hexagone* 6; puis viennent l'*heptagone*, l'*octogone*, l'*ennéagone*, le *décagone*, etc.

Parmi les quadrilatères, on distingue :

1° Le *trapèze* dont deux côtés seulement sont parallèles (*fig.* 51);

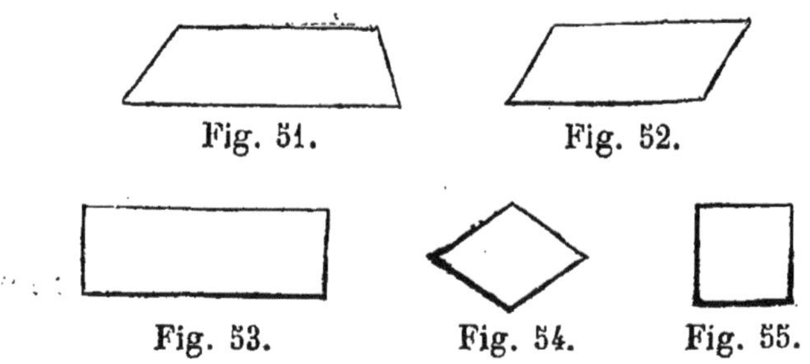

Fig. 51.   Fig. 52.

Fig. 53.   Fig. 54.   Fig. 55.

2° Le *parallélogramme* ou *rhombe* dont les côtés opposés sont parallèles (*fig.* 52);

3° Le *rectangle* ou parallélogramme dont les angles sont droits (*fig.* 53);

4° Le *losange* ou parallélogramme dont les quatre côtés sont égaux, mais les angles quelconques (*fig.* 54) ;

5° Le *carré* ou parallélogramme dont les angles sont droits et les quatre côtés égaux (*fig.* 55).

Théorème.

74. *La somme des angles d'un polygone est égale à autant de fois deux angles droits qu'il a de côtés moins deux.*

Menons les diagonales AC, AD, AH ; nous décomposons ainsi le polygone ABCDHK en autant de triangles qu'il a de côtés moins deux. La somme des angles de chacun de ces triangles est égale à deux angles droits ; et, comme la somme des angles de tous les triangles est évidemment égale à la somme des angles du polygone,

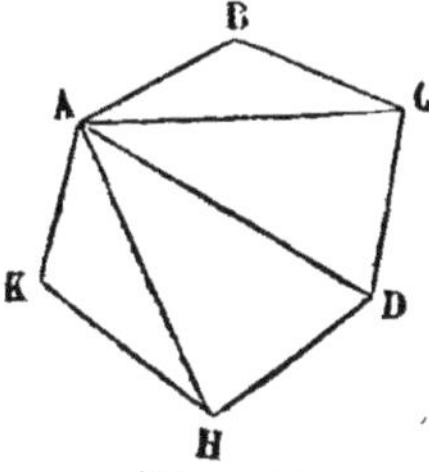

Fig. 56.

on peut conclure que la somme des angles de ce dernier vaut autant de fois deux angles droits qu'il a de côtés moins deux.

75. Corollaire. *La somme des angles d'un quadrilatère est égale à quatre angles droits.*

En effet, d'après le théorème précédent, n étant le nombre des côtés du polygone, la somme des angles vaut $2(n-2)$; dans le cas du quadrilatère, $n = 4$, et la somme devient $2(4-2)$ ou 4.

76. Corollaire. *La somme des angles extérieurs d'un polygone convexe quelconque égale quatre droits*

Soient, A, B, C... les angles intérieurs du polygone, α, β, γ... les angles extérieurs, n, le nombre des côtés du polygone.

D'après la définition de l'angle extérieur on a :

$$\alpha = 2 - A$$

$$\beta = 2 - B$$
$$\gamma = 2 - C$$

d'où

$$\alpha + \beta + \gamma + \ldots = 2n - (A + B + C + \ldots)$$

or

$$A + B + C + \ldots = 2n - 4$$

on a donc :

$$\alpha + \beta + \gamma + \ldots = 2n - (2n - 4) = 4.$$

77. REMARQUE. Dans le théorème précédent, nous avons supposé le polygone convexe; si le polygone avait été concave, ou comme on le dit, offrant des *angles rentrants*, le théorème aurait encore été vrai, pourvu que l'on remplace chaque angle rentrant par l'excès de 4 droits sur cet angle. On peut, en effet, toujours décomposer le polygone en autant de triangles qu'il y a de côtés moins deux.

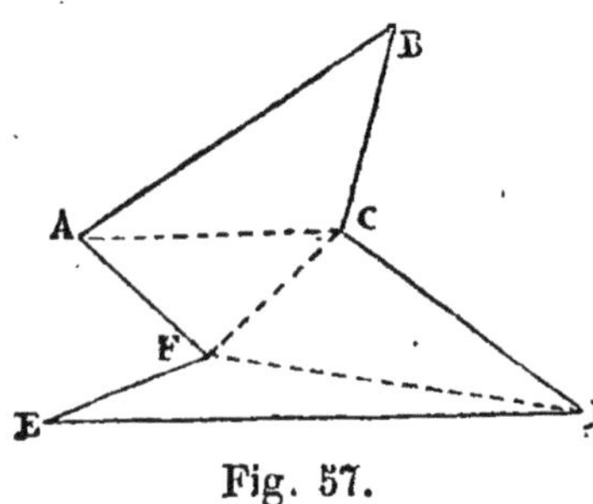

Fig. 57.

Soit le polygone concave ABCDEF, avec les *deux* côtés BA et BC, en menant la diagonale AC, on détache un premier triangle ABC; avec le côté AF et les deux diagonales CA et CF, on détache un deuxième triangle CAF.

Avec chaque côté et deux diagonales on formera toujours un triangle, mais pour former le dernier triangle il faudra employer *deux côtés*.

En résumé, on formera autant de triangles qu'il y a de côtés moins deux; la somme des angles vaudra donc autant de fois deux droits qu'il y a de côtés moins deux. Dans cette évaluation, il faut bien remarquer que les angles rentrants C et F, sont mesurés par 4-(BCD) et 4-(AFE).

Enfin, la distinction des polygones, en polygones convexes et concaves permet de généraliser un lemme du théorème 33.

Théorème.

78. *Une ligne polygonale convexe est plus petite que toute ligne enveloppante quelconque.*

Soit ABCDE, une ligne polygonale convexe, enveloppée par une ligne quelconque *abcde*.

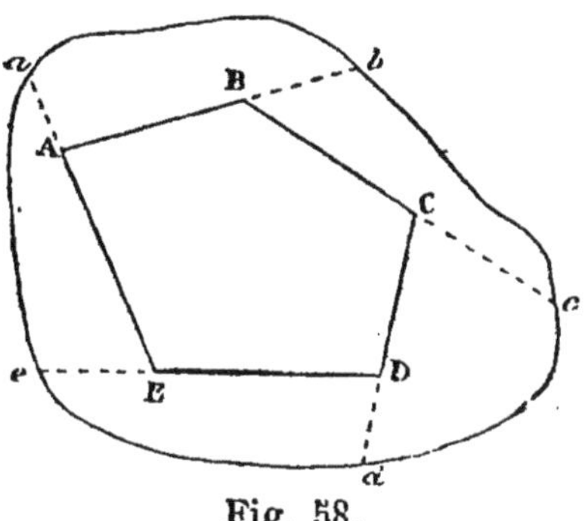

Fig. 58.

Supposons un mobile partant du point A, et parcourant le polygone dans le sens ABC.., prolongeons les chemins AB, BC, CD..., dans le sens du mouvement, ce qui donne les points *a*, *b*, *c*, la ligne droite étant le plus court chemin d'un point à un autre, on a les inégalités suivantes :

$$AB + Bb < Aa + ab$$
$$BC + Cc < Bb + bc$$
$$CD + Dd < Cc + cd$$
$$DE + Ee < Dd + de$$
$$EA + Aa < Ee + ea$$

En ajoutant ces inégalités et en supprimant les parties communes à chacun des membres, on a :

$$AB + BC + CD + DE + EA < ab + bc + cd + dc + ea$$

Du parallélogramme.

79. Dans un parallélogramme, il y a à considérer, les côtés, les angles et les diagonales, de là les trois théorèmes suivants, pour lesquels les réciproques sont vraies.

Théorème.

80. *Dans un parallélogramme ABCD, les côtés opposés sont égaux.*

Menons la diagonale AC; les deux triangles ABC,

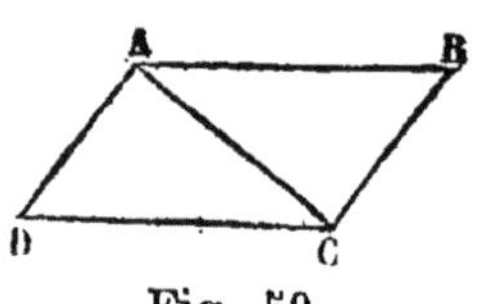
Fig. 59.

ACD sont égaux, car ils ont le côté AC commun, les angles ACD, CAB égaux comme alternes-internes par rapport aux parallèles AB, CD et à la sécante AC; les angles CAD, ACB aussi égaux comme alternes-internes par rapport aux parallèles AD, BC et à la même sécante AC. Donc le côté AB opposé à l'angle ACB égale le côté CD opposé à l'angle CAD, et le côté BC opposé à l'angle BAC égale le côté AD opposé à l'angle ACD.

81. Réciproquement, *si dans un quadrilatère ABCD les côtés opposés sont égaux, ils sont aussi parallèles et la figure est un parallélogramme.*

Menons la diagonale AC; les deux triangles ACD, ABC sont égaux, car ils ont les trois côtés égaux; savoir,

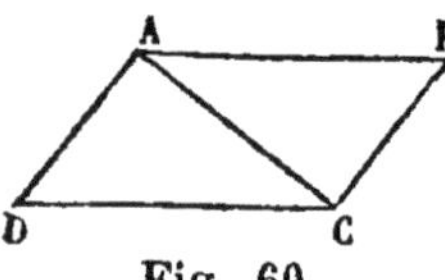
Fig. 60.

le côté AC commun et les côtés AB et CD; AD et BC égaux, par hypothèse; donc (34) l'angle BAC égale l'angle ACD. Or ces angles sont alternes-internes par rapport à la sécante AC et aux lignes AB, CD; donc (62) ces lignes sont parallèles. Par une raison semblable, AD est parallèle à BC; donc le quadrilatère ABCD est un parallélogramme.

82. Réciproquement. *Si, dans un quadrilatère ABCD, deux côtés opposés AD, CB sont égaux et parallèles, les deux autres AB, CD sont aussi égaux et parallèles et la figure est un parallélogramme.*

Menons encore la diagonale AC (*fig.* 60); les deux triangles ACD, ABC sont égaux, car ils ont un angle égal compris entre deux côtés égaux chacun à chacun, savoir, les côtés AD, BC égaux, par hypothèse, le côté AC commun et les angles BAC, ACD égaux comme alternes-internes par rapport aux parallèles AB, CD et à la sécante AC; donc (34) l'angle CAD égale l'angle ACB. Mais ces angles sont alternes-internes par rapport à la sécante AC et aux droites AD, BC; donc (62) ces lignes sont parallèles et le quadrilatère est un parallélogramme.

Théorème.

83. *Dans un parallélogramme* ABCD :

1° Les angles opposés sont égaux.

2° Les angles adjacents sont supplémentaires.

Les angles A et C sont égaux, comme ayant leurs côtés parallèles et dirigés en sens contraire ; il en est de même des angles opposés B et D.

Les angles adjacents A et D sont supplémentaires, comme ayant leurs côtés parallèles et dirigés l'un dans un sens et l'autre dans un autre sens. Il en est de même de deux angles adjacents quelconques tels que A et B par exemple.

84. Réciproquement. *Si dans un quadrilatère* ABCD, *les angles opposés sont égaux, la figure est un parallélogramme.*

Soit le quadrilatère ABCD, dans lequel $A = C$ et $B = D$. On sait que la somme des angles vaut 4 droits, c'est-à-dire que l'on a :

$$A + B + C + D = 4$$

ou

$$2A + 2B = 4$$

et en simplifiant :

$$A + B = 2$$

Les angles A et B dont la somme vaut deux droits, ont position d'angles intérieurs situés d'un même côté de la sécante AB ; par conséquent, en vertu d'une réciproque, AD est parallèle à BC.

On démontrerait de même le parallélisme des deux lignes AB et DC. Le quadrilatère est donc formé par quatre lignes parallèles, par conséquent c'est un parallélogramme.

85. RÉCIPROQUEMENT. *Si dans un quadrilatère, les angles adjacents sont supplémentaires, la figure est un parallélogramme.*

Les angles A et B étant supplémentaires, AD et BC sont parallèles.

A et D étant supplémentaires, AB et CD sont parallèles ; la figure est donc un parallélogramme.

Théorème.

86. *Dans un parallélogramme les diagonales se coupent mutuellement en deux parties égales.*

Comparons les triangles AEB, CED : ils ont les côtés AB, CD égaux comme côtés opposés d'un parallélogramme, les angles BAE, DCE égaux comme alternes-internes par rapport aux parallèles AB, CD et à la sécante AC ; par une

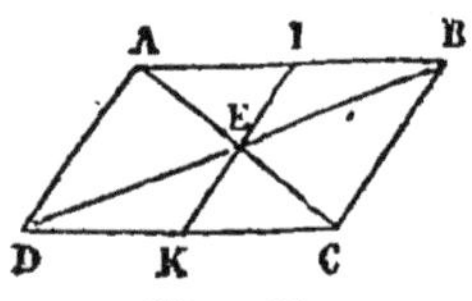

Fig. 61.

raison semblable, les angles ABE, CDE sont aussi égaux. Donc (32) ces deux triangles sont égaux et le côté AE opposé à l'angle ABE égale le côté EC opposé à l'angle CDE ; de même le côté BE égale le côté DE.

87. RÉCIPROQUEMENT. *Si dans un quadrilatère les*

diagonales se coupent en parties égales, la figure est un parallélogramme.

En effet, les triangles AEB, DEC sont égaux, comme ayant un angle égal compris entre deux côtés égaux; par conséquent, les deux angles ABD, BDC sont égaux; comme, de plus, ces angles ont position d'alternes-internes, les deux lignes AB et DC sont parallèles.

On démontrerait d'une manière analogue le parallélisme des deux lignes AD et BC. Le quadrilatère en question, étant formé par quatre lignes parallèles deux à deux, est un parallélogramme.

88. Remarque. Le point E est le centre de figure du parallélogramme. On entend par *centre de figure*, un point qui partage en deux parties égales une sécante quelconque de la figure, sécante passant par ce point. Ceci posé, menons une ligne quelconque IK par le point E, les deux triangles IBE, KED sont égaux, comme ayant un côté égal adjacent à deux angles égaux; donc EI = EK, c'est-à-dire que E est un centre de figure.

89. Nous terminerons cette étude du parallélogramme par quelques considérations sur un parallélogramme ayant ses angles droits, parallélogramme qui prend alors le nom de *rectangle*; sur un parallélogramme ayant ses côtés égaux que l'on appelle alors *losange*, et enfin sur un parallélogramme ayant ses angles droits et ses côtés égaux, c'est le *carré*. De là les théorèmes suivants :

Théorème.

90. *Dans un rectangle les diagonales sont égales.*

Considérons, en effet, les deux triangles ABC, BAD : ils ont chacun un angle droit A et B, compris entre deux côtés égaux chacun à chacun, savoir le

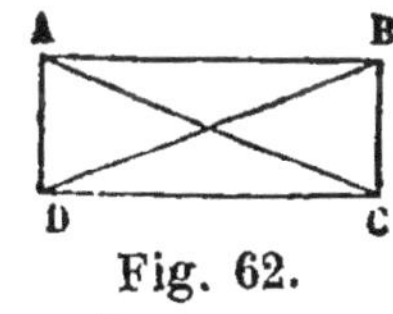

Fig. 62.

3.

côté AB commun et les côtés AD, BC égaux, comme côtés opposés d'un parallélogramme; donc ils sont égaux et AC égale BD.

91. Réciproquement. *Si dans un parallélogramme les diagonales sont égales, la figure est un rectangle.*

En effet, les deux triangles ABC, ABD sont égaux, comme ayant les trois côtés égaux et par conséquent les deux angles ABC et BAD sont égaux. Comme leur somme vaut deux droits, ils sont donc droits; les angles D et C du parallélogramme le sont aussi. Les angles du parallélogramme étant droits, la figure est un rectangle.

Théorème.

92. *Dans un losange les diagonales se coupent à angles droits.*

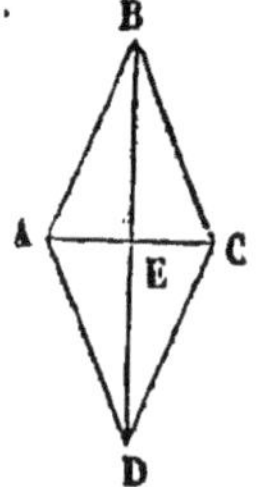

Fig. 63.

En effet, le côté AB égale le côté BC par définition; le triangle ABC est donc isocèle; de plus, le point E est le milieu de AC, puisque le losange est un parallélogramme; or, dans un triangle isocèle, la ligne qui joint le sommet au milieu de la base est perpendiculaire sur cette base (36).

93. Réciproquement. *Si dans un parallélogramme les diagonales se coupent à angles droits, la figure est un losange.*

La figure étant un parallélogramme, le point E est milieu de AC, et par suite les deux côtés BA et BC sont égaux comme obliques s'écartant également du pied de la perpendiculaire.

L'égalité des côtés BA et BC entraîne l'égalité des quatre côtés, puisque dans un parallélogramme les côtés opposés sont égaux.

Théorème.

94. *Dans un carré, les diagonales sont égales et se coupent à angles droits.*

Puisque le carré est à la fois un rectangle et un losange. Pour la même raison, la réciproque est vraie.

EXERCICES SUR LE PREMIER LIVRE[1]

---

1. Lorsque quatre angles adjacents valent ensemble quatre angles droits, si le premier est égal au troisième et le deuxième au quatrième, les côtés de ces angles sont deux à deux en ligne droite.

2. La somme des lignes qui joignent un point pris dans l'intérieur d'un triangle aux trois sommets est moindre que la somme des trois côtés du triangle, et plus grande que la moitié de cette somme.

3. Si l'on prolonge les côtés BA, CA d'un triangle ABC de quantités AB′, CA′ qui leur soient respectivement égales et qu'on trace la droite B′C′: 1° les milieux des lignes BC, B′C′ et le sommet A sont en ligne droite; 2° le dernier de ces trois points divise la distance des deux autres en parties égales.

4. Si, dans un triangle, la droite qui joint un sommet au milieu du côté opposé est perpendiculaire sur ce côté, le triangle est isocèle.

5. Si, dans un triangle, la droite qui partage un angle en deux parties égales est perpendiculaire sur le côté opposé, le triangle est isocèle.

6. Les perpendiculaires abaissées des sommets d'un triangle équilatéral sur les côtés opposés sont égales.

7. Les perpendiculaires abaissées des extrémités de la base d'un triangle isocèle sur les côtés opposés sont égales.

---

[1] Pour la plupart des exercices placés à la fin de chaque livre, consulter les *Solutions raisonnées des problèmes énoncés dans les éléments de géométrie d'A. Amiot.* Paris, librairie Ch. Delagrave).

8. Si, dans un triangle, la droite qui partage un angle en deux parties égales partage aussi le côté opposé en deux parties égales, le triangle est isocèle.

9. La somme des perpendiculaires, abaissées d'un point quelconque de la base d'un triangle isocèle sur les deux autres côtés, est constante.

10. La somme des perpendiculaires, abaissées d'un point pris à l'intérieur d'un triangle équilatéral sur les côtés, est constante.

11. Si, par les sommets d'un triangle, on mène des parallèles aux côtés opposés, elles déterminent un nouveau triangle quadruple du premier.

12. La somme des angles que l'on fait à l'extérieur d'un polygone, en prolongeant tous ses côtés dans le même sens, est égale à quatre angles droits.

13. Le parallélogramme que l'on forme en menant par les extrémités de chaque diagonale d'un quadrilatère des parallèles à l'autre diagonale est double de ce quadrilatère.

14. Toute droite passant par le point d'intersection des diagonales d'un parallélogramme est divisée par ce point en deux parties égales, et elle divise à son tour le parallélogramme en deux parties égales.

15. Deux parallélogrammes sont égaux lorsqu'ils ont un angle égal compris entre deux côtés égaux chacun à chacun.

LIVRE DEUXIÈME

LE CERCLE ET LA MESURE DES ANGLES

95. DÉFINITIONS. — On nomme *circonférence* une courbe plane dont tous les points sont également distants d'un point intérieur appelé *centre*.

Le *cercle* est la surface renfermée dans la circonférence.

On dit quelquefois *cercle* pour *circonférence;* pour ne pas faire confusion, il suffit de se rappeler que le cercle est une surface tandis que la circonférence est une ligne.

96. Toute droite CA qui va du centre à la circonférence s'appelle *rayon*. Toute ligne qui passe par le centre et qui est terminée de part et d'autre à la circonférence se nomme *diamètre*.

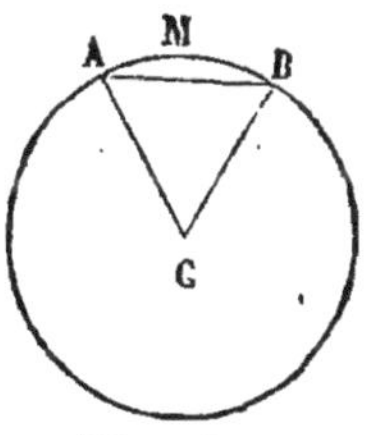

Fig. 64.

En vertu de la définition du cercle, tous les rayons sont égaux ainsi que tous les diamètres, qui sont doubles du rayon.

97. Une portion de la circonférence, telle que AMB, se nomme *arc*. La droite AB qui joint les extrémités A et B de l'arc est une *corde*. On dit que la corde AB *sous-tend* l'arc AMB.

98. On appelle *segment* la portion du cercle comprise entre un arc et la corde qui le sous-tend. Ex. :

ABMA. Le *secteur* est la partie ACB du cercle comprise entre l'arc AMB et les deux rayons CA, CB menés aux extrémités de cet arc.

99. L'angle ACB (*fig.* 64) dont le sommet est au centre du cercle se nomme *angle au centre*. Celui qui a son sommet sur la circonférence et qui est formé par deux cordes est un angle *inscrit :* tel est l'angle BAE (fig. 65).

100. On appelle *sécante* une ligne AB qui coupe la circonférence en deux points A et B.

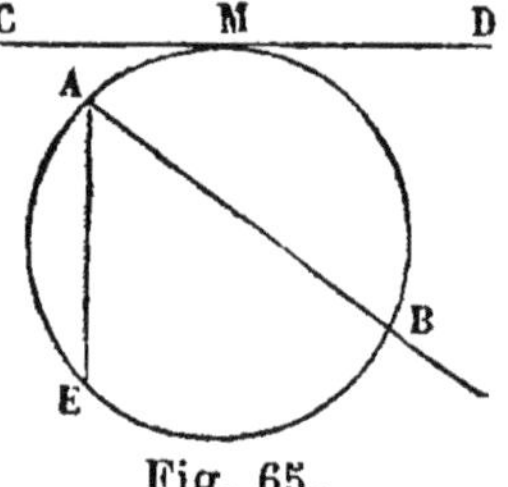
Fig. 65.

La *tangente* est la ligne qui n'a qu'un point de commun avec la circonférence : telle est la ligne CD. Le point commun M s'appelle *point de contact*.

Deux circonférences sont *tangentes* l'une à l'autre quand elles n'ont qu'un point de commun.

101. Ces définitions étant données, nous nous occuperons dans le second livre de géométrie : 1° des figures formées par une circonférence et une sécante, c'est-à-dire des arcs et des cordes. Nous examinerons le cas particulier où la sécante devient tangente; 2° des figures formées par une circonférence et deux sécantes parallèles; 3° des figures formées par deux cercles situés sur le même plan; 4° enfin, de la mesure des angles à l'aide des arcs correspondants.

§ I. Des arcs et des cordes.

102. Lorsqu'une droite rencontre une circonférence, elle ne peut la rencontrer en plus de deux points.

Car si A, B, C étaient trois points communs à une

droite et à une circonférence de centre O, d'après
la définition de la circonférence, OA, OB, OC consti-
tueraient trois obliques égales issues du même point, ce
qui est impossible, puisque les trois points A, B, C ne
peuvent être équidistants du pied de la perpendiculaire
abaissée du point O sur la droite ABC.

Théorème.

103. *Tout diamètre* AB *divise la circonférence et
le cercle en deux parties égales.*

Si nous faisons tourner autour du
diamètre AB la partie AMB du cercle,
jusqu'à ce qu'elle s'applique sur la
partie ANB, tous les points de la ligne
AMB devront coïncider avec ceux de
la ligne ANB, sans quoi il y aurait,
dans l'une ou dans l'autre, des points inégalement éloignés du centre, ce qui est contre la définition du cercle.

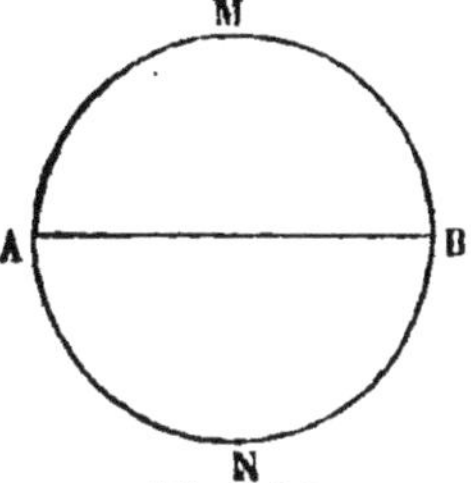
Fig. 66

104. REMARQUE. — 1° *Toute corde* AB *est plus petite
que le diamètre* AD.

Menons le rayon CB; dans le triangle
ACB nous avons (33. lemme 1er):

$$AB < AC + CB.$$

Mais CA et CB sont deux rayons qui
valent un diamètre; par conséquent,

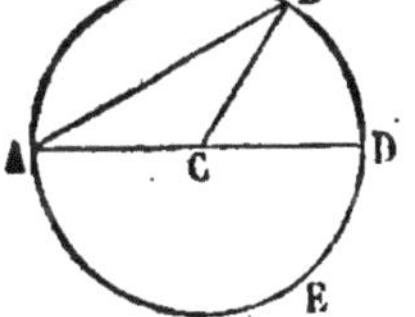
Fig. 67.

$$AB < AD.$$

2° Toute corde partage la circonférence en deux arcs
inégaux, l'un plus petit, l'autre plus grand qu'une
demi-circonférence. Mais, à moins d'une mention ex-
presse, lorsque nous parlerons d'un arc sous-tendu par
une corde, il s'agira toujours du plus petit des deux.

Théorème.

105. *Dans un même cercle ou dans des cercles égaux, des arcs égaux sont sous-tendus par des cordes égales, et réciproquement.*

Soient le cercle CA égal au cercle OF, et l'arc AEB

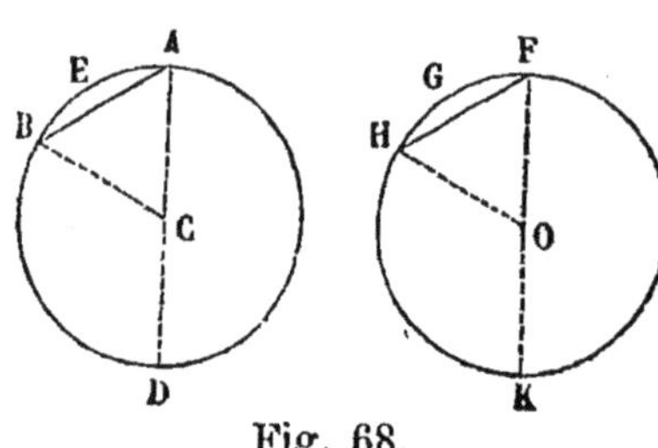

Fig. 68.

égal à l'arc FGH ; les cordes AB, FH qui sous-tendent ces arcs, sont égales. En effet, superposons les deux cercles en plaçant le centre C de l'un sur le centre O de l'autre et le point A sur le point F ; alors les deux circonférences coïncident et les arcs AEB, FGH étant égaux, le point B s'applique sur le point H. Donc les cordes AB, FH, ayant leurs extrémités communes, sont égales.

106. RÉCIPROQUEMENT, *si les cordes* AB, FH *sont égales, les arcs qu'elles sous-tendent sont égaux.* Car, si nous menons les rayons CA, CB, OF, OH, les triangles CAB, OFH, ont leurs trois côtés égaux chacun à chacun, et sont, par conséquent, égaux ; donc l'angle CAB opposé au côté CB égale l'angle OFH opposé au côté OH. Cela posé, appliquons le centre O du cercle OF sur le centre C du cercle CA et le point F sur le point A ; alors les circonférences coïncident et, à cause de l'égalité des angles OFH et CAB, la corde FH prend la direction de la corde AB et le point H tombe sur le point B ; donc les arcs FGH, AEB sont égaux.

Théorème.

107. *Dans un même cercle ou dans des cercles égaux, le plus grand arc est sous-tendu par la plus grande corde, et réciproquement.*

Soit l'arc AMC plus grand que l'arc AMB; la corde AC est plus grande que la corde AB.

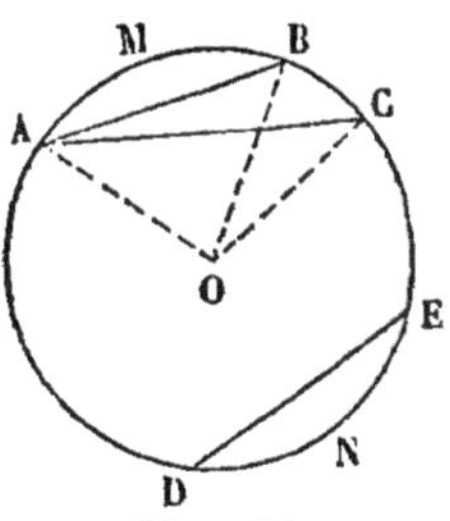
Fig. 69.

En effet, menons les rayons OA, OB, OC; les côtés OA, OB du triangle OAB sont égaux, comme rayons d'un même cercle, aux côtés OA, OC du triangle OAC. Mais l'angle AOC de ce dernier est plus grand que l'angle AOB; donc (33, lemme IV) le troisième côté AC de l'un est plus grand que le troisième côté AB de l'autre.

108. RÉCIPROQUEMENT, *si la corde AC est plus grande que la corde AB, l'arc AMC est aussi plus grand que l'arc AMB.*

En effet, si l'arc AMC était égal à l'arc AMB, la corde AC égalerait la corde AB (105), ce qui est contre l'hypothèse; si l'arc AMC était plus petit que l'arc AMB, d'après ce que nous venons de dire, la corde AC serait plus petite que la corde AB, ce qui est encore contre l'hypothèse.

109. REMARQUE. — Si nous avions deux arcs tels que AMC, DNE, nous prendrions, à partir du point A, un arc AMB égal à l'arc DNE et nous rentrerions dans le cas examiné.

Théorème.

110. *Tout diamètre ED, perpendiculaire sur une corde AB, divise cette corde et l'arc sous-tendu en deux parties égales.*

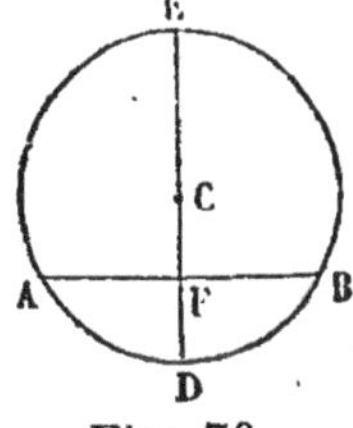
Fig. 70.

Replions, en effet, autour du diamètre ED la partie EAD du cercle jusqu'à ce qu'elle s'applique sur la partie EBD; les angles en F étant droits, AF prend la direction FB; et, puisque la demi-circonférence EAD se confond avec la demi-circonférence EBD (103), le point A tombe sur le point B et nous avons

$$AF = FB; \text{ arc } AD = \text{arc } BD.$$

111. Corollaire. — *Toute perpendiculaire, élevée sur le milieu d'une corde, passe par le centre du cercle.*

Car cette perpendiculaire doit passer par tous les points équidistants des extrémités de la corde (48) et, par conséquent, par le centre du cercle.

112. Remarque. — Cette propriété de la perpendiculaire, élevée sur le milieu d'une corde, fournit le moyen de trouver le centre d'un cercle ou d'un arc donné. Il suffit de prendre, sur ce cercle ou sur cet arc, trois points quelconques et de les joindre par des droites. L'intersection des perpendiculaires, élevées sur les milieux de ces droites, détermine le centre du cercle ou de l'arc.

Théorème.

113. *Par trois points* A, B, C, *non en ligne droite :* 1° *on peut toujours faire passer une circonférence de cercle;* 2° *on ne peut en faire passer qu'une.*

1° Joignons AB, BC et, sur les milieux D et E de ces

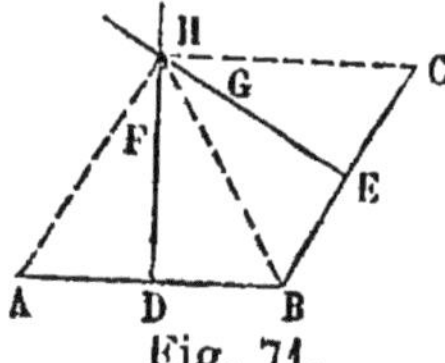

droites, élevons les perpendiculaires DF et EG. Remarquons d'abord que ces perpendiculaires se rencontrent; car, si elles étaient parallèles, les lignes BA, BC, menées par le même point B perpendiculairement à ces parallèles, seraient le prolongement l'une de l'autre (58), ce qui est contre l'hypothèse.

Fig. 71.

Ceci posé, le point H, où les perpendiculaires se rencontrent, appartenant à la droite DF, est également distant des points A et B (47); de même, appartenant à la droite EG, il est aussi également distant des points B et C; il est donc également distant des trois points A, B, C. De plus, c'est le seul point qui jouisse de cette propriété, car tout autre est extérieur au moins à l'une des droites DF, EG, et, par suite, inégalement distant des points A, B, C.

La circonférence décrite du point H comme centre avec le rayon AH passe donc par les trois points A, B, C; et c'est la seule, puisqu'il n'y a que le point H qui soit également distant des trois points A, B, C.

114. Corollaire. — *Deux circonférences qui ont trois points communs coïncident.*

Théorème.

115. *Dans un même cercle ou dans des cercles égaux : 1° deux cordes égales sont également distantes du centre; 2° de deux cordes inégales, la plus grande est la plus rapprochée du centre.*

1° Soient les cordes égales AB, CD; du centre O abaissons sur ces cordes les perpendiculaires OH, OK qui les divisent en deux parties égales (110) et menons les rayons OB, OD. Les triangles rectangles OBH, ODK sont égaux, car ils ont les hypoténuses OB, OD égales comme rayons d'un même cercle, et

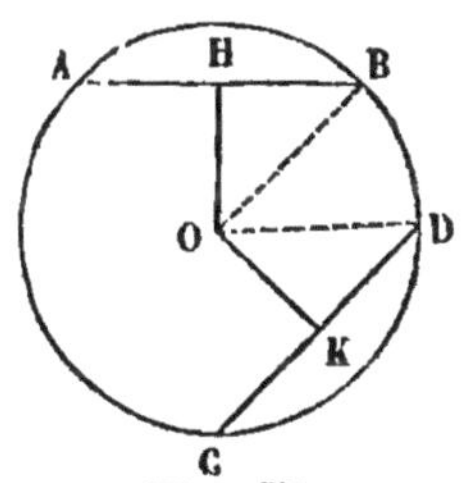

Fig. 72.

les côtés BH, DK égaux comme moitiés des cordes égales AB, CD; donc le troisième côté OH du triangle OBH égale le troisième côté OK du triangle ODK. Mais OH, OK mesurent la distance au centre des cordes AB, CD; donc deux cordes égales sont également distantes du centre.

2° Soient maintenant les deux cordes inégales BG,

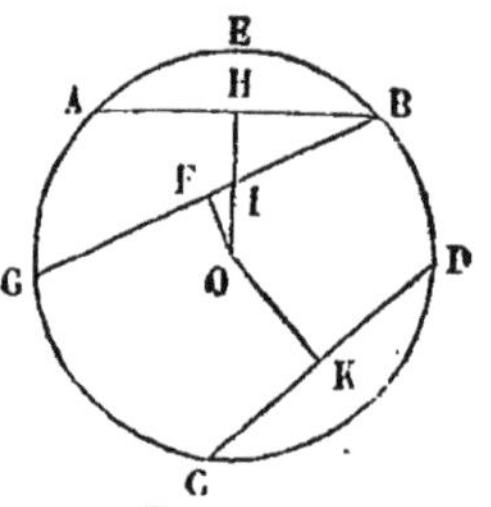

Fig. 73.

CD et supposons BG plus grande que CD. Sur l'arc BEG plus grand que l'arc CD (107), prenons un arc BEA égal à l'arc CD et tirons la corde BA. Les cordes BA, CD sont égales et, par suite, également distantes du centre; la question est donc ramenée à démontrer que la corde BG est plus rapprochée du centre que la corde BA.

Cela posé, menons les perpendiculaires OF, OH qui mesurent les distances au centre des cordes BA, BG. La perpendiculaire OF est plus petite que l'oblique OI et, à plus forte raison, que OH : donc, de deux cordes inégales, la plus grande est la plus rapprochée du centre. Les réciproques sont vraies, en vertu du principe énoncé au n° 46.

Théorème.

116. *La tangente est perpendiculaire à l'extrémité du rayon qui va du centre au point de contact.*

Soit BD une tangente. Tout point E de cette tangente,

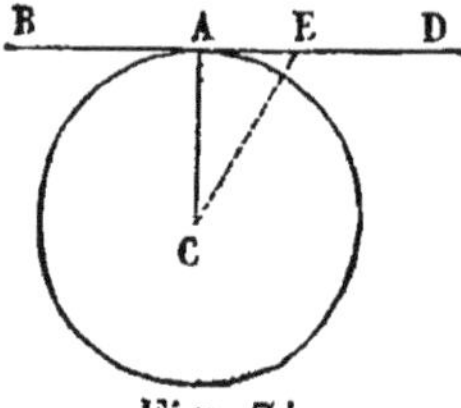

Fig. 74.

autre que le point A, sera placé hors de la circonférence et, par conséquent, plus éloigné du centre du cercle que le point de contact A. Donc le rayon CA est la plus courte ligne que l'on puisse mener du centre à la tangente; donc (45) il est perpendiculaire à cette ligne.

117. RÉCIPROQUEMENT, *toute perpendiculaire BD à l'extrémité d'un rayon CA, est tangente à la circonférence.*

Prenons, en effet, sur cette perpendiculaire, un point E autre que le point A; la ligne oblique CE étant plus longue que la perpendiculaire CA, le point E se trouve

en dehors de la circonférence; donc la ligne BD n'ayant
que le point A qui lui soit commun avec la circonférence, est tangente à cette circonférence.

118. REMARQUES. — 1° On appelle en général *tan-*
gente à une courbe C, en un point
M, la limite BT des positions que
prend une sécante, MM′, qui
tourne au tour du point M de la
courbe, jusqu'à ce que le second
point d'intersection vienne se confondre avec le premier nommé
point de contact.

Si la courbe ne peut être rencontrée en plus de deux points par

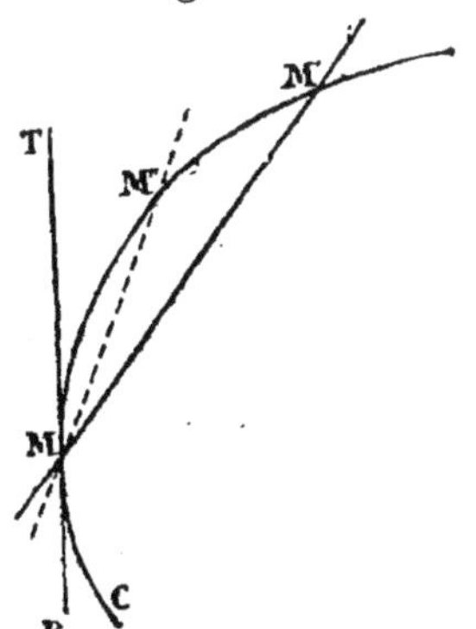

Fig. 75.

une droite, comme nous l'avons démontré pour le cercle
(102), il est évident que lorsque les deux points d'intersection de la sécante seront réunis en un seul, la droite
n'aura plus qu'un point de commun avec la courbe, et
nous pourrons définir la tangente, une droite qui n'a
qu'un point de commun avec la courbe.

Cette définition a l'avantage de mettre en lumière la
corrélation de certains théorèmes, qui paraissaient dis-
tincts, et de les démontrer avec une grande rapidité.
Donnons un exemple.

En s'appuyant sur la définition générale de la tangente à une courbe, on peut démontrer le théorème 116.
« La tangente est perpendiculaire à l'extrémité du rayon
qui va du centre au point de contact. » Soit MM′ une
sécante au cercle de centre O, joignons les deux points
M, M′ au centre. Nous formons un triangle isocèle
MOM′; α et ω désignant les angles M′MO et MOM′, on
a la relation : $2\,\alpha + \omega = 2$.

Si la sécante tourne autour du point M, jusqu'à deve-

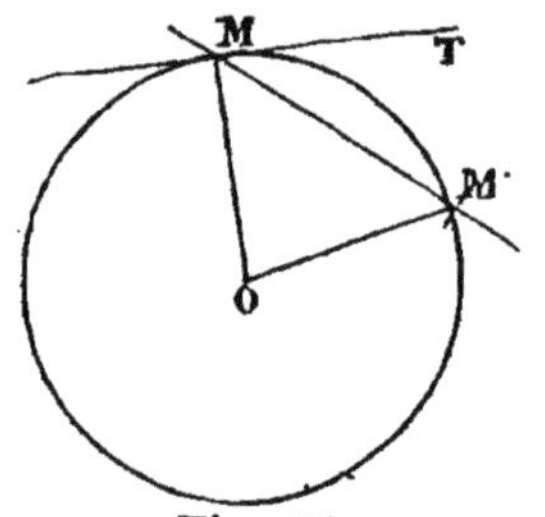

Fig. 76.

nir tangente, l'angle ω devient nul, l'angle α devient l'angle TMO, et par suite la relation précédente devient 2. TMO $= 2$ ou TMO $= 1$. (C. q. f. d.)

Enfin, cette définition générale permet encore de définir ce que l'on entend par *courbe convexe* ou *arc convexe*. On dit qu'une courbe ou un arc de courbe est convexe, lorsque cette courbe ou cet arc a tous ses points d'un même côté de chacune de ses tangentes. Il résulte du n° 117, que lé cercle est une courbe convexe.

2° On appelle *normale*, en un point d'une courbe, la perpendiculaire élevée par ce point à la tangente menée par ce même point. Si la courbe considérée est un cercle, la normale passe évidemment au centre. Si l'on voulait mener une normale à un cercle par un point extérieur ou intérieur, il suffirait, par conséquent, de joindre ce point au centre du cercle.

La considération de la normale a une certaine importance, parce que c'est sur cette normale que se trouve le plus court chemin d'un point au cercle.

Soit A un point extérieur au cercle de centre O,

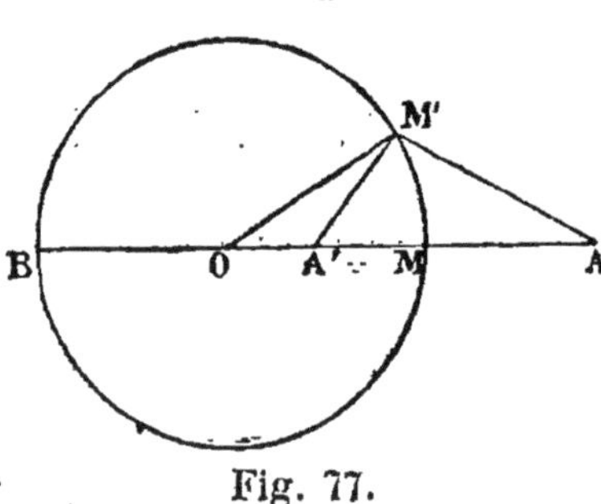

Fig. 77.

je mène la normale AO, AM se trouve être le plus court chemin du point A à la circonférence. En effet, joignons un autre point M' de cette circonférence aux deux points O et A, le triangle AOM' donne

$$AM + MO < AM' + OM',$$

mais $OM = OM'$ comme rayons d'un même cercle, donc :

$$AM < AM'.$$

AM s'appelle la distance du point A au cercle. De même aussi, c'est sur cette même normale que se compte la plus grande distance du point A à la circonférence; car le même triangle AOM' donne :

$$AM' < AO + OM';$$

mais

$$OM' = OB,$$

donc

$$AM' < AB.$$

Si le point A avait été en A' dans l'intérieur du cercle, des considérations analogues conduiraient aux mêmes conclusions. Supposons en effet A' dans l'intérieur et joignons un point M' de la circonférence aux points A' et O; on forme un triangle A'OM' qui donne :

$$OM' < A'M' + OA';$$

mais

$$OA' = OM - A'M.$$

L'inégalité précédente devient :

$$OM' < A'M' + OM - A'M.$$

Ajoutons A'M aux deux membres, puisque $OM' = OM$

$$A'M < A'M'. \qquad\qquad \text{C. Q. F. D.}$$

§ II. Des arcs et des cordes parallèles.

Théorème.

119. *Deux sécantes parallèles* DE, BC *interceptent sur la circonférence des arcs égaux* BD, CE.

Menons le diamètre AH perpendiculaire sur la sécante

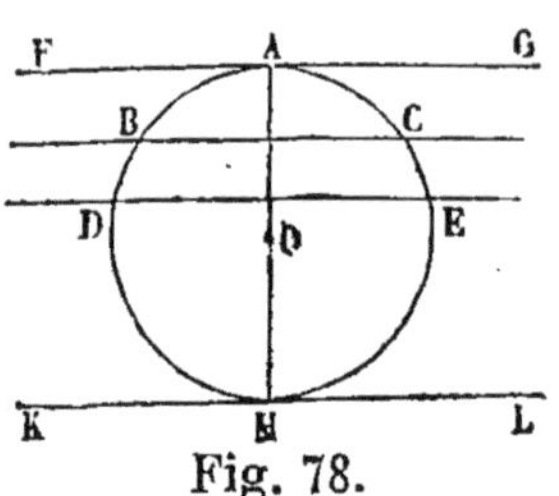

Fig. 78.

DE, il l'est aussi sur sa parallèle BC (58). Mais (110) ce diamètre divise en deux parties égales chacun des arcs DAE, BAC; donc

$$AD = AE \text{ et } AB = AC,$$

et, par suite, en retranchant membre à membre ces deux égalités,

$$AD - AB = AE - AC,$$

c'est-à-dire,

$$BD = CE.$$

Si l'une des parallèles était la tangente FG, le diamètre AH, mené au point de tangence A, serait perpendiculaire sur la tangente ainsi que sur sa parallèle BC; donc l'arc BAC serait divisé en deux parties égales, et l'arc AB serait égal à l'arc AC.

Enfin, si les deux parallèles étaient les tangentes FG, KL, le diamètre qui leur serait perpendiculaire passerait par les deux points de contact (116) et l'arc ADH serait évidemment égal à l'arc AEH.

§ III. Contact et intersection de deux circonférences.

120. Lorsque deux circonférences sont tracées sur un même plan, elles ne peuvent occuper, l'une par rapport à l'autre, que cinq positions différentes : 1° elles peuvent se couper; 2° elles peuvent se toucher intérieurement; 3° se toucher extérieurement; 4° elles peuvent être extérieures l'une à l'autre; 5° être intérieures.

Théorème.

121. *Lorsque deux circonférences ont un point*

*commun en dehors de la ligne des centres, elles en
ont un second symétrique relativement à cette ligne.*

Soient O, O' deux circonférences, qui ont un point
commun M, situé au-dessus
de la ligne des centres OO';
je dis que le point M' symétrique de M relativement à
la ligne OO' (c'est-à-dire,
situé sur la perpendiculaire
abaissée du point M sur OO'
et à une distance M'I = MI.)
appartient également aux
deux circonférences.

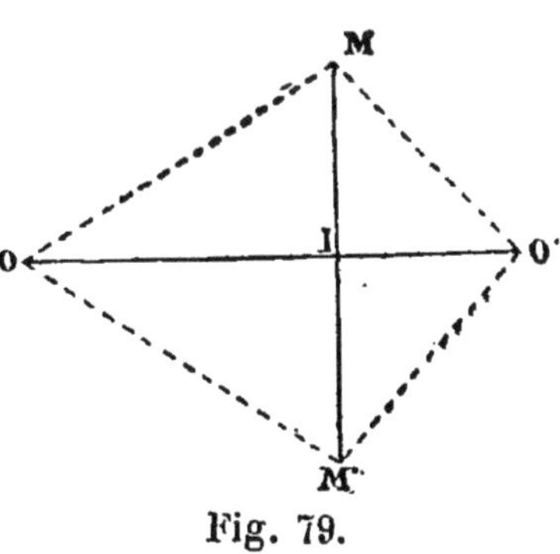

Fig. 79.

OM' et OM sont deux obliques, qui s'écartent par hypothèse également du point I pied de la perpendiculaire;
ces deux obliques sont par conséquent égales, donc OM'
est un rayon de la circonférence O, et le point M' appartient à cette même circonférence.

Même démonstration pour prouver que M' appartient
à la circonférence de centre O'

122. Corollaire. — *Lorsque deux circonférences
se coupent en deux points M et M', le second point
d'intersection est le point M' symétrique de M relativement à la ligne des centres.*

Car deux circonférences ne peuvent avoir trois points
communs sans coïncider, donc :

1° *Lorsque deux circonférences se coupent, la ligne
qui joint les centres est perpendiculaire sur le milieu
de la corde commune.*

2° *Si les deux circonférences deviennent tangentes,
le point de contact est sur la ligne des centres.*

Les deux points symétriques sont alors réunis en un
seul.

Théorèmes.

123. 1° *Quand deux circonférences se coupent, la distance des centres est plus petite que la somme des rayons et plus grande que leur différence.*

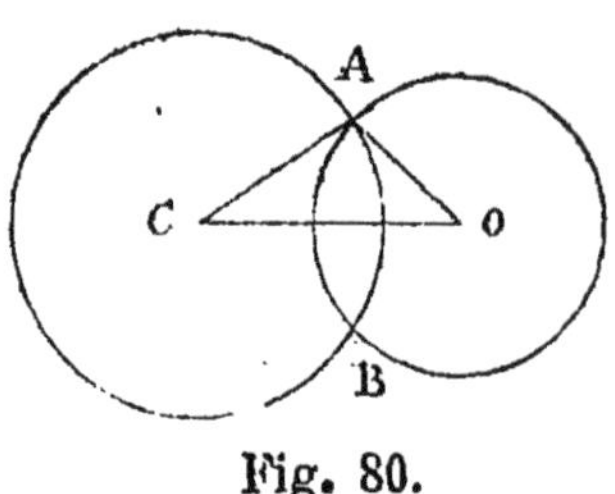

Fig. 80.

En joignant CA, OA, nous formons le triangle CAO, dans lequel nous avons la ligne des centres CO plus petite que CA + OA et plus grande que CA — OA (33 lemme 1ᵉʳ).

2° *Quand deux circonférences se touchent intérieurement, la distance des centres est égale à la différence des rayons.*

Le point de contact A (*fig.* 81) étant sur la ligne des centres, nous avons évidemment

$$CO = CA - OA.$$

3° *Lorsque deux circonférences se touchent extérieu-*

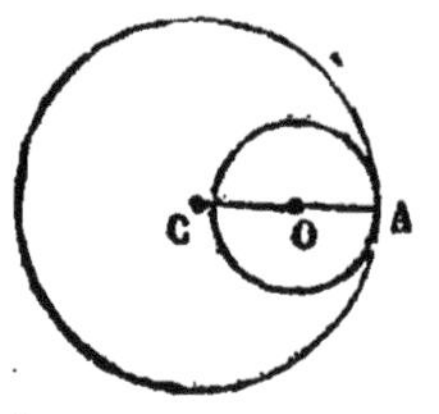

Fig. 81.

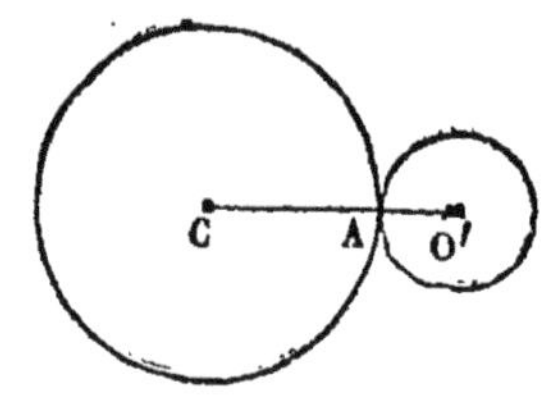

Fig. 82.

rement, la distance des centres est égale à la somme des rayons.

Car, le point de contact A (*fig.* 82) étant encore sur la ligne des centres, nous avons évidemment

$$CO = CA + OA.$$

4° *Lorsque deux circonférences sont extérieures,*

la distance des centres est plus grande que la somme des rayons.

En effet, la ligne CO, qui joint les centres, coupe les circonférences, l'une au point A et l'autre au point B; elle se compose donc des deux rayons CA, OB et de la partie AB qui sépare les deux points A et B, de sorte que nous avons

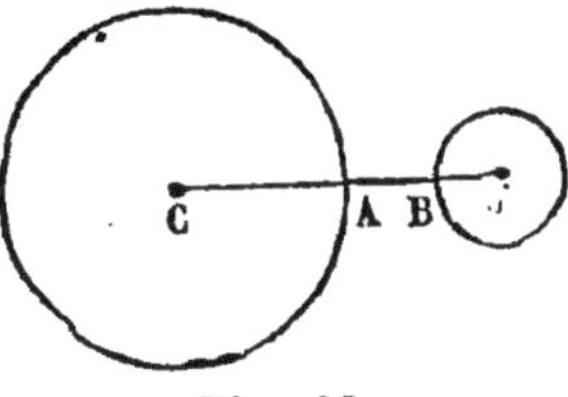

Fig. 83.

$$CO > CA + OB.$$

5° *Lorsque deux circonférences sont intérieures, la distance des centres est plus petite que la différence des rayons.*

En effet, la ligne CO, qui joint les centres, rencontre les deux circonférences l'une au point A, l'autre au point B; elle est égale à la différence des rayons diminuée de la distance des deux points A et B; nous avons donc

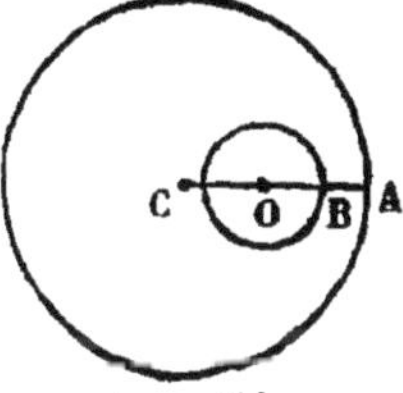

Fig. 84.

$$CO < CA - OB.$$

124. REMARQUE. — Les réciproques des cinq propositions précédentes sont vraies et se démontrent toutes de la même manière; par exemple, si la distance des centres est plus petite que la somme des rayons et plus grande que leur différence, les deux circonférences se coupent; car, si elles étaient intérieures ou extérieures, la distance des centres serait plus petite que la différence des rayons ou plus grande que leur somme; si elles étaient tangentes, la distance des centres serait égale ou à la somme ou à la différence des rayons.

Ce raisonnement n'est du reste que le développement du principe énoncé au n° 46.

§ IV. **Mesure des angles.**

NOTIONS SUR LES GRANDEURS COMMENSURABLES
ET INCOMMENSURABLES,
SUR LES NOMBRES COMMENSURABLES
ET INCOMMENSURABLES.

125. Pour mesurer une grandeur, on cherche une commune mesure entre cette grandeur et une autre bien connue, mais arbitraire du reste, appelée *unité*. Si l'unité est contenue 8 fois dans la grandeur, la mesure de la grandeur est représentée par le nombre entier 8.

Si l'unité ayant été partagée en 5 parties égales, par exemple, la grandeur contient 4 de ces parties, la mesure de la grandeur est représentée par la fraction $\frac{4}{5}$. Dans l'un ou l'autre cas, la grandeur est dite *commensurable*, c'est-à-dire qu'elle a une commune mesure avec l'unité.

Mais souvent la grandeur et l'unité n'admettent pas de commune mesure, c'est-à-dire qu'il n'existe pas de grandeur, si petite qu'elle soit, contenue en nombre exact de fois dans la grandeur et dans l'unité. Dans ce cas, on dit que la grandeur est *incommensurable*, et on l'évalue alors d'une manière approximative. Partageons, à cet effet, l'unité en 100 parties égales, et supposons que la grandeur en question en contienne 87 plus un reste inférieur à $\frac{1}{100}$, la grandeur étant plus grande que $\frac{87}{100}$, mais plus petite que $\frac{88}{100}$, sera représentée par l'une ou l'autre de ces fractions avec une erreur moindre que $\frac{1}{100}$.

Si l'on avait partagé l'unité en mille parties égales on aurait obtenu la mesure de la grandeur avec une erreur moindre que $\frac{1}{1000}$.

En continuant ainsi, on aurait évalué la grandeur avec une erreur moindre que $\frac{1}{10000}$, que $\frac{1}{100000}$, et ainsi de suite.

Le nombre fractionnaire qui mesure une grandeur incommensurable, avec une approximation aussi grande qu'on veut s'appelle un *nombre incommensurable*.

Les racines carrées des nombres qui ne sont pas des carrés parfaits donnent naissance à des nombres incommensurables.

1° Soit N un nombre qui n'est pas un carré parfait, par hypothèse; il n'existe pas un nombre entier qui élevé au carré reproduise N.

2° Il n'existe pas une fraction (que l'on peut toujours supposer irréductible) qui, élevée au carré, reproduise N. Car si cela était on aurait :

$$N = \left(\frac{a}{b}\right)^2 = \frac{a^2}{b^2}.$$

Or, en vertu des principes de l'arithmétique, $\frac{a^2}{b^2}$ est aussi une fraction irréductible, on aurait donc un nombre entier égal à une fraction irréductible, ce qui est absurde.

3° Mais on peut trouver deux fractions $\frac{a}{b}, \frac{a+1}{b}$, qui diffèrent entre elles, d'une quantité aussi petite qu'on veut, $\frac{1}{b}$ (b étant très grand) et dont les carrés comprennent N.

En effet, le nombre entier Nb^2 tombe entre deux carrés parfaits, a^2 et $(a+1)^2$, en sorte que les trois nombres : a^2, Nb^2, $(a+1)^2$ sont rangés par ordre de grandeur.

Divisons-les par b^2, les trois grandeurs :

$$\frac{a^2}{b^2}, \ N, \ \frac{(a+1)^2}{b^2}.$$

seront rangées par ordre de grandeur.

4.

Chacun des nombres fractionnaires $\frac{a}{b}, \frac{a+1}{b}$, dont la différence est aussi petite qu'on veut, et dont les carrés comprennent le nombre donné N, est ce que l'on appelle la racine approchée de M; dans la pratique on la désigne par le symbole $\sqrt{N}$.

126. Calcul des nombres incommensurables. — Les nombres incommensurables n'étant pas autre chose que des nombres fractionnaires approchés, dans les calculs on les soumet aux règles connues sur les nombres fractionnaires.

Le résultat sera évidemment un nombre fractionnaire approché, représentant avec une approximation aussi grande que l'on voudra une grandeur en général incommensurable.

Exemple. — Soit à faire le produit de deux nombres incommensurables, $\sqrt{2}$ par $\sqrt{5}$.

Prenons les deux nombres par défaut, on a un produit trop petit.

Prenons les deux nombres par excès, on a un produit trop grand.

Ces deux produits diffèrent entre eux, d'une quantité aussi petite qu'on voudra; ils comprennent donc une grandeur qui sera ainsi représentée avec une approximation indéfinie.

127. Au lieu de comparer une grandeur avec l'unité généralement adoptée; on a souvent besoin de la comparer avec une autre grandeur (évidemment de la même espèce).

Dans ce cas, on prend la seconde pour unité, et l'on appelle *rapport*, d'une grandeur à une autre, le nombre qui exprime combien de fois la première contient d'unités ou de parties aliquotes de l'unité. Si la première grandeur contient 3 fois la seconde, le rapport de ces deux grandeurs est 3.

Si la première grandeur contient 2 fois une partie aliquote de la seconde, un septième par exemple, le rapport de ces deux grandeurs est $\frac{2}{7}$, et $\frac{2}{7}$ est dit la mesure de la première grandeur relativement à la seconde.

Si les deux grandeurs avaient été mesurées avec l'unité généralement adoptée, pour avoir leur rapport, il aurait suffi de diviser entre eux les deux nombres obtenus.

En effet,

1° Les deux grandeurs sont exprimées par des nombres entiers 3 et 4, par exemple.

Dire que la seconde grandeur est exprimée par le nombre 4, c'est dire que l'unité vaut $\frac{1}{4}$ de cette deuxième grandeur. Comme d'un autre côté, la première grandeur vaut 3 fois l'unité, on peut conclure que cette première grandeur vaut les $\frac{3}{4}$ de la seconde ; en d'autres termes, le rapport des deux grandeurs en question est $\frac{3}{4}$, et est représenté par le quotient des nombres entiers 3 et 4.

2° Les deux grandeurs sont exprimées par des nombres fractionnaires $\frac{3}{4}$ et $\frac{5}{7}$.

Dire que la seconde grandeur est exprimée par la fraction $\frac{5}{7}$, c'est dire que l'unité vaut la $\frac{7}{5}$ de cette deuxième grandeur. Comme d'un autre côté, la première grandeur vaut les $\frac{3}{4}$ de l'unité, on peut conclure que cette première grandeur vaut les $\frac{3}{4}$ des $\frac{7}{5}$ de la seconde, c'est-à-dire $\frac{3}{4} \times \frac{7}{5}$ ou $\frac{3}{4} : \frac{5}{7}$. Le rapport est donc égal au quotient des deux fractions $\frac{3}{4}$ et $\frac{5}{7}$.

128. Remarque. — Le rapport de deux grandeurs est un nombre abstrait qui ne varie pas avec les unités employées pour mesurer les grandeurs proposées.

Théorème.

129. *Dans un même cercle ou dans des cercles*

égaux : 1° des angles au centre égaux interceptent sur la circonférence des arcs égaux; 2° à des arcs égaux correspondent des angles au centre égaux.

1° Soit l'angle ACB égal à l'angle A'C'B' si nous menons les cordes AB, A'B', les triangles ABC, A'B'C' sont égaux

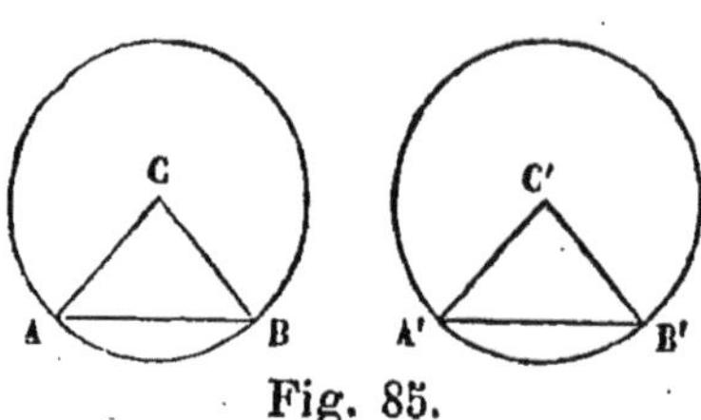

Fig. 85.

comme ayant un angle égal compris entre deux côtés égaux chacun à chacun, savoir : les angles ACB, A'C'B' égaux par hypothèse, et les côtés CA, CB respectivement égaux aux côtés C'A', C'B' comme rayons de cercles égaux; donc le troisième côté AB du premier est égal au troisième côté A'B' du second; mais des cordes égales sous-tendent des arcs égaux : donc, dans un même cercle ou dans cercles égaux, les angles au centre égaux interceptent sur la circonférence des arcs égaux.

2° Soit l'arc AB égal à l'arc A'B'; les triangles ABC, A'B'C' sont égaux, car ils ont leurs trois côtés égaux chacun à chacun, savoir : les côtés CA, CB respectivement égaux aux côtés C'A', C'B' comme rayons de cercles égaux, et les côtés AB' A'B' égaux comme cordes soustendant des arcs égaux; donc l'angle ACB égale l'angle A'C'B'; donc à des arcs égaux correspondent des angles au centre égaux.

Théorème.

130. *Dans un même cercle ou dans des cercles égaux, le rapport de deux angles au centre est le même que celui des arcs interceptés entre leurs côtés.*

Soient AB, A'B' deux arcs inégaux, et supposons qu'ils admettent une commune mesure, c'est-à-dire qu'un certain arc AD soit contenu dans un nombre exact de fois dans l'un et dans l'autre, par exemple 3 fois dans l'arc AB et 5 fois dans l'arc A'B'. Les deux arcs sont entre eux comme les nombres 3 et 5 et nous avons l'égalité

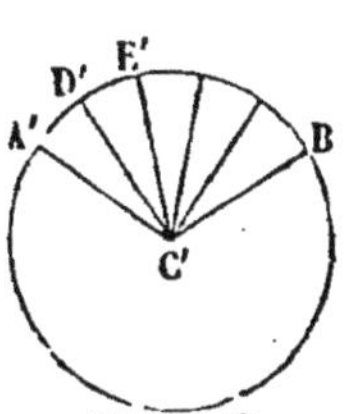

$$\frac{AB}{A'B'} = \frac{3}{5}. \qquad (1)$$

Fig. 86.

Joignons aux centres C et C' les points de division des arcs AB, A'B'; les arcs AD, DE..., et A'D', D'E'..., étant égaux, les angles au centre ACD, DCE..., et A'C'D', D'C'E'..., qui interceptent ces arcs sont aussi égaux; donc l'angle BCD est contenu dans les angles ACB, A'C'B', le même nombre de fois que l'arc AD dans les arcs AB, A'B', c'est-à-dire 3 fois dans ACB, et 5 fois dans A'C'B'; nous avons donc encore

$$\frac{ACB}{A'C'B'} = \frac{3}{5}. \qquad (2)$$

Or, dans les égalités (1) et (2), nous avons deux quantités $\frac{AB}{A'B'}$ et $\frac{ACB}{A'C'B'}$ égales à une même troisième $\frac{3}{5}$: elles le sont aussi entre elles : donc

$$\frac{AB}{A'B'} = \frac{ACB}{A'C'B'}.$$

REMARQUE. — Le raisonnement que nous venons de faire aurait été le même, quelque petite qu'eût été la commune mesure AD; nous pouvons donc le regarder comme général.

131. Mesure des angles. — Mesurer une grandeur, c'est chercher son rapport à l'unité de même espèce, c'est-à-dire, c'est chercher combien de fois elle contient cette unité.

Nous venons de voir que le rapport des angles au centre est le même que celui des arcs interceptés; la mesure des angles peut donc être ramenée à la mesure des arcs. Si nous prenons pour unité d'arc un certain arc et, pour unité d'angle, l'angle au centre correspondant à cette unité d'arc, la mesure d'un angle quelconque, c'est-à-dire son rapport à l'unité d'angle, est égale à la mesure de l'arc intercepté entre ses côtés, c'est-à-dire au rapport de cet arc à l'unité d'arc, ce qu'on exprime en disant qu'*un angle au centre a pour mesure l'arc compris entre ses côtés.*

Pour exprimer plus facilement en nombre les arcs et, par suite, les angles qui leur correspondent, on a divisé la circonférence en 360 parties égales nommées *degrés*. Chaque degré se subdivise en 60 *minutes*, chaque minute en 60 *secondes*. On énonce la valeur d'un angle en disant combien l'arc correspondant contient de degrés, de minutes et de secondes. Ainsi, si l'arc intercepté par les côtés d'un angle au centre est de 18 degrés 32 minutes 24 secondes, cette mesure de l'arc est celle de l'angle; elle s'écrit $18° 32' 24''$. Les arcs plus petits qu'une seconde s'évaluent par des fractions décimales de seconde.

Deux diamètres perpendiculaires l'un sur l'autre partageant la circonférence en quatre parties égales ou *quadrans*, un angle droit vaut 90°.

Théorème.

132. *Un angle inscrit a pour mesure la moitié de l'arc compris entre ses côtés.*

Il peut se présenter plusieurs cas :

1° Soit l'angle inscrit BAC dont le côté AB passe par le centre O du cercle. Si nous menons le diamètre DE parallèle au côté AC, l'angle au centre BOD et l'angle A sont égaux comme correspondants, et l'arc BD, mesure de l'angle BOD, est aussi la mesure de l'angle A. Il suffit donc de

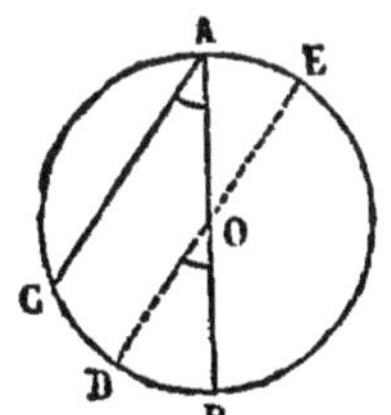

Fig. 87.

démontrer que l'arc BD est la moitié de l'arc BC. Or les angles BOD, AOE opposés par le sommet étant égaux, l'arc AE égale l'arc BD (129); de plus, à cause des parallèles AC, DE, l'arc AE égale aussi l'arc CD (119). Les arcs BD, CD, égaux au même troisième AE, le sont donc entre eux et, par suite, l'arc BD est la moitié de l'arc BC.

2° Supposons le centre compris dans l'angle BAC. Si nous menons le diamètre AK, nous partageons cet angle en deux autres BAK, CAK dont l'un des côtés passe par le centre du cercle. Or, l'angle BAK a pour mesure la moitié de l'arc BK, et l'angle CAK a pour mesure la moitié de l'arc

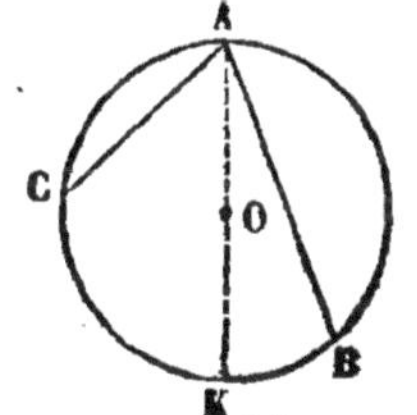

Fig. 88.

CK; donc leur somme BAB a pour mesure la moitié de l'arc BK, plus la moitié de l'arc CK, c'est-à-dire la moitié de l'arc BC.

3° Supposons le centre du cercle situé en dehors de l'angle BAC. Si nous menons le diamètre AK, nous formons l'angle CAK, et l'angle donné BAC égale l'angle CAK, moins l'angle BAK. Or l'angle CAK a pour mesure la moitié de l'arc CK et l'angle BAK, la moitié de l'arc BK; donc l'angle BAC,

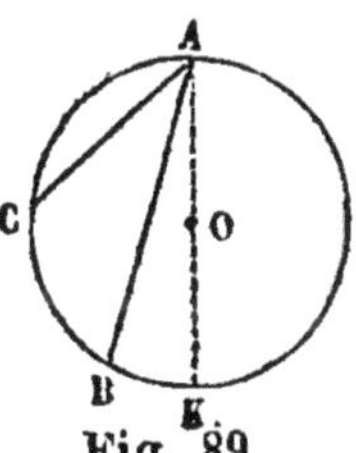

Fig. 89.

différence des angles CAK, BAK, a pour mesure la

moitié de l'arc CK moins la moitié de l'arc BK, c'est-à-dire la moitié de l'arc BC.

4° Enfin, considérons l'angle BAC formé par une tangente A et une corde AB et menons la droite BD parallèle à la tangente AC; les angles BAC, ABD sont égaux comme alternes internes par rapport à la sécante AB et aux parallèles AC, BD; de plus les

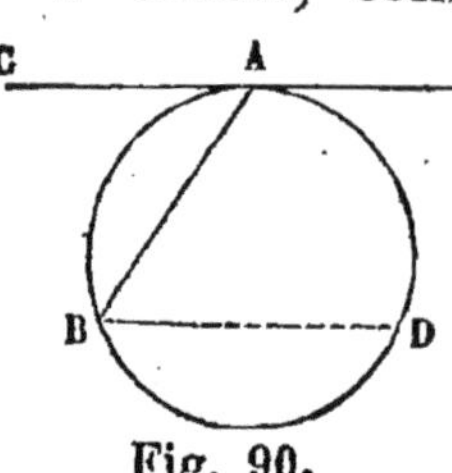

Fig. 90.

arcs interceptés par ces parallèles sont égaux (119). Or l'angle inscrit ABD a pour mesure la moitié de l'arc AD ou la moitié de l'arc égal AB; donc aussi l'angle BAC.

133. Corollaire I. — *Tous les angles* ACB, ADB, AEB, *inscrits dans un même segment sont égaux*. Car ils ont tous pour mesure la moitié du même arc AB.

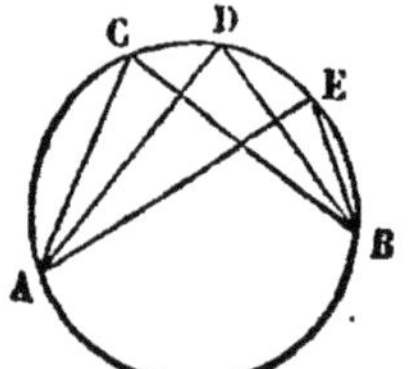

Fig. 91.

134. Corollaire II. — *Les angles inscrits dans un demi-cercle, c'est-à-dire ceux dont les côtés passent par les extrémités d'un même diamètre, sont des angles droits,* puisqu'ils ont pour mesure le quart de la circonférence ou 90°.

135. Corollaire III. — *Les angles opposés d'un quadrilatère inscrit sont supplémentaires.* En effet, l'angle inscrit B a pour mesure la moitié de l'arc ADC compris entre ses côtés, et l'angle inscrit opposé D, la moitié de l'arc ABC. La somme de ces deux angles a donc pour mesure la

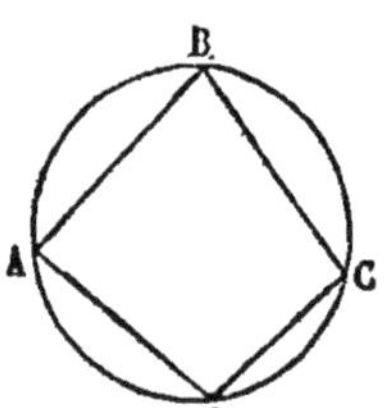

Fig. 92.

moitié de la somme des arcs ADC, ABC, c'est-à-dire la moitié de la circonférence; donc ils sont supplémentaires.

Théorème.

136. *L'angle* BAC, *dont le sommet est dans l'intérieur d'un cercle, a pour mesure la moitié de l'arc* BC *compris entre ses côtés, plus la moitié de l'arc* DE *compris entre les prolongements des mêmes côtés.*

Menons par le point E une parallèle EF au côté AC; les angles BAC, BEF sont égaux, comme correspondants. Mais l'angle BEF est un angle inscrit qui a pour mesure la moitié de l'arc BF, c'est-à-dire la moitié de l'arc BC, plus la moitié de l'arc CF ou de l'arc DE, puisque les parallèles EF, DC interceptent sur la

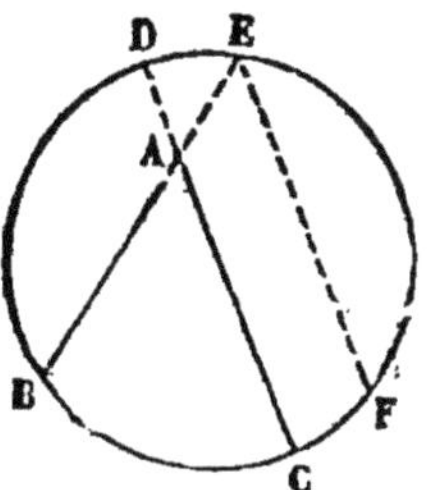

Fig. 93.

circonférence des arcs CF, DE égaux (119); donc l'angle BAC, égal à l'angle BEF, a aussi pour mesure la moitié de l'arc BC, plus la moitié de l'arc DE.

Théorème.

137. *L'angle* BAC, *formé par deux sécantes qui se coupent hors du cercle, a pour mesure la moitié de la différence des arcs* BC *et* DE *compris entre ses côtés.*

Menons par le point E une parallèle EF au côté AB; les angles BAC, CEF sont égaux, comme correspondants. Mais l'angle CEF est un angle inscrit qui a pour mesure la moitié de l'arc CF, c'est-à-dire la moitié de l'arc BC moins la moitié de l'arc BF ou de l'arc DE, puisque les parallèles AB, EF interceptent sur la circonférence des arcs égaux (119). L'angle BAC égal à l'angle CEF a donc aussi la même mesure.

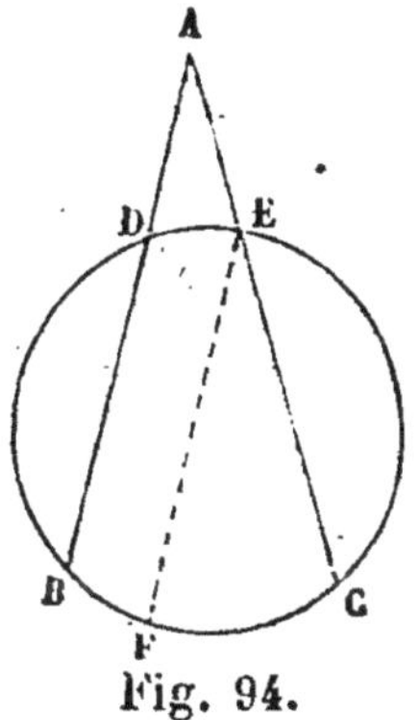

Fig. 94.

138. Corollaire I. — *Le lieu des points d'où l'on voit une droite fixe AB sous un angle donné α, est un arc de cercle passant par les points A et B.*

En effet (fig. 91). Sur AB construisons un triangle ABE dans lequel la somme des deux angles EAB et EBA est supplémentaire de l'angle donné α; et par les trois points A, B, E, faisons passer une circonférence, le segment ACDEB, est comme on le dit, capable de l'angle α. Ce segment est le lieu cherché, puisque un angle dont les côtés passent par les points A et B est plus grand que α, en vertu du théorème 136, si le sommet est dans l'intérieur du segment, et est plus petit, en vertu du théorème 137, si le sommet est à l'extérieur.

139. Corollaire II. — *Si dans un quadrilatère convexe ABCD, deux opposés B et D, sont supplémentaires, le quadrilatère est inscriptible.*

En effet (fig. 92). Si l'on fait passer une circonférence par les points A, B, C, le segment ADC étant le lieu des points d'où l'on voit la ligne AC, sous un angle supplémentaire de l'angle B, la circonférence doit passer par le quatrième point D, en d'autres termes, le quadrilatère donné est inscriptible.

Problèmes sur la ligne droite et le cercle.

140. Dans les constructions graphiques, lorsqu'il s'agit de tracer avec précision les figures sur le papier, on se sert de quelques instruments que nous allons d'abord décrire.

141. Règle. — Le tracé des lignes droites se fait avec la *règle* ou petite planche, ordinairement en bois, dont les côtés sont bien en ligne droite.

Pour vérifier une règle on l'appuie sur deux points A et B assez éloignés, et on tire une ligne en faisant glisser, le long de son bord, la pointe d'un crayon ou celle d'un tire-ligne; puis retournant la règle bout pour

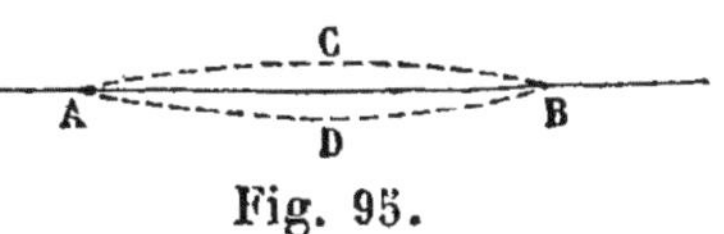
Fig. 95.

bout, c'est-à-dire plaçant à gauche l'extrémité qui était à droite et réciproquement, mais de manière que la même face s'appuie toujours sur le papier, on trace une nouvelle ligne entre les deux mêmes points. Si la règle est droite, les deux lignes ainsi tracées doivent se confondre; dans le cas contraire, elles diffèrent l'une de l'autre : telles seraient les lignes ACB, ADB.

142. Compas. — Les circonférences ou les arcs de cercle se décrivent à l'aide du *compas*. C'est un instrument formé de deux branches réunies par un axe et terminées par des pointes d'acier. Les branches peuvent s'écarter l'une de l'autre à volonté; l'ouverture ou la distance qui sépare les deux pointes est le rayon du cercle.

143. Équerre. — L'*équerre* est un triangle rectangle, en bois ou en métal, qui sert à tracer des perpendiculaires et des parallèles. Pour que cet instrument soit plus aisé à manier, on y pratique une ouverture circulaire qu'on nomme *œil* de l'équerre.

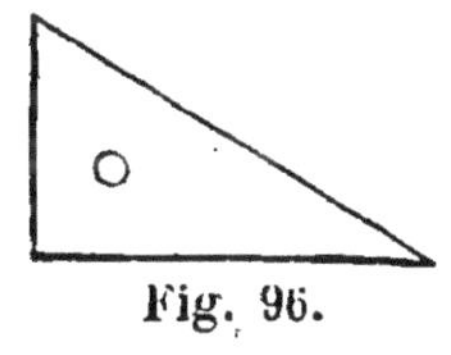
Fig. 96.

Avant de se servir d'une équerre, il importe de la vérifier, c'est-à-dire de reconnaître si le plus grand de ses angles est droit. Voici comment on s'y prend pour faire cette vérification. Avec un rayon arbitraire CA, on décrit une demi-circonférence ADB et, en joi-

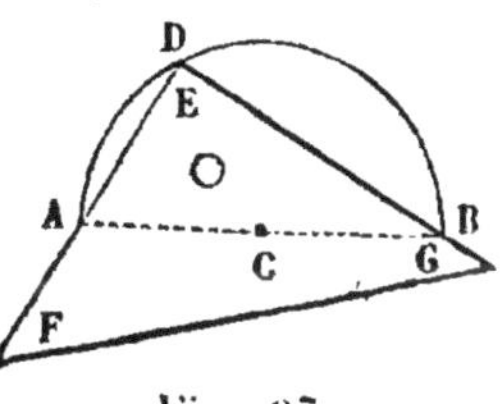
Fig. 97.

gnant un point D de cette demi-circonférence aux extrémités du diamètre AB, on a l'angle droit inscrit ADB. On applique ensuite le plus grand angle FEG de l'équerre sur l'angle ADB, de manière que le sommet E coïncide avec le sommet D et le côté EF avec le côté DA. Si alors le côté EG de l'équerre prend la direction du côté DB, l'angle FEG est égal à l'angle droit ADB et l'équerre est bonne; elle est fausse, dans le cas contraire.

144. Rapporteur. — Enfin, pour mesurer et construire des angles sur le papier, on emploie le *rapporteur*. C'est un demi-cercle MPN de corne transparente ou de

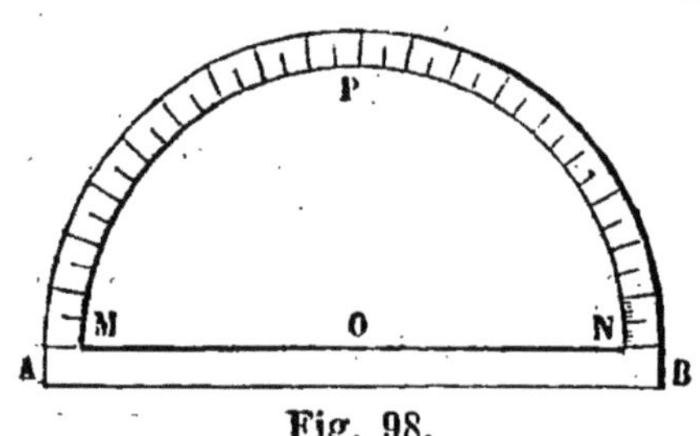

Fig. 98.

cuivre évidé. Le bord, qui est d'une largeur arbitraire, se nomme *limbe* de l'instrument et est divisé en 180 parties égales ou degrés. La ligne AB, dont les extrémités sont les limites de la graduation, est un diamètre; on la nomme *ligne de foi*. En son milieu se trouve une légère échancrure O qui indique le centre de l'instrument. Quand celui-ci est de corne transparente, le centre est marqué par un petit trou et on trace de plus sur sa surface les rayons de 10 en 10 degrés.

Pour mesurer un angle avec le rapporteur, on

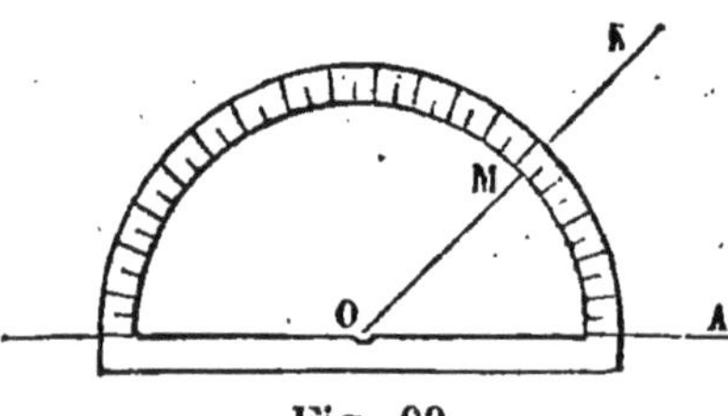

Fig. 99.

place le centre de l'instrument au sommet de l'angle en ·O et la ligne de foi sur l'un des côtés OA. Le second côté

OK traverse alors le limbe et le coupe en un point **M**;
le chiffre qui est marqué en ce point indique le nombre
de degrés que contient l'angle mesuré.

Problème.

145. *Au point* N *d'une droite* MN *faire un angle*
égal à l'angle donné ABC.

Du point B comme centre, avec une ouverture de

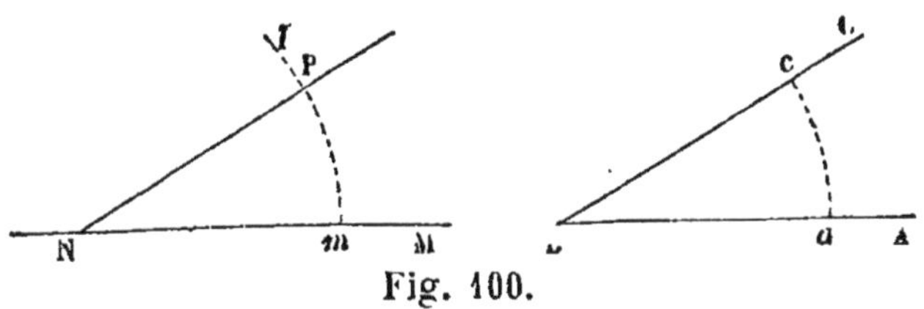

Fig. 100.

compas arbitraire B*a*, décrivons un arc de cercle *ac*;
puis du point N, avec la même ouverture de compas,
décrivons l'arc indéfini *mp*, sur lequel nous prendrons,
à partir du point *m*, une partie *m*P $=$ *ac* : en joignant
PN nous aurons l'angle demandé. En effet, les arcs *ac*,
*m*P appartiennent à des cercles égaux, puisqu'ils ont
été décrits avec le même rayon; mais, dans des cercles
égaux, à des arcs égaux correspondent des angles au
centre égaux; donc l'angle PN*m* égale l'angle CBA.

146. Usage du rapporteur. — Plaçons le centre du
rapporteur au point N et donnons à la ligne de foi la
direction MN; puis, lisant sur le limbe le nombre de
degrés de l'angle donné, marquons avec la pointe d'un
crayon la division correspondante P. Après avoir enlevé
le rapporteur, nous tracerons avec la règle la droite NP
et nous aurons l'angle demandé.

Problème.

147. *Étant donnés deux côtés* A *et* B *d'un triangle*

et l'angle C qu'ils comprennent, construire le triangle.

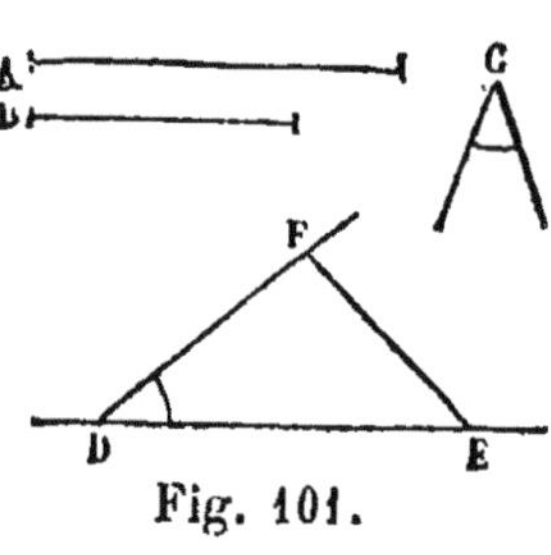

Fig. 101.

Menons une ligne indéfinie DE et faisons sur elle un angle EDF égal à l'angle donné C; puis prenons, sur les côtés de cet angle, des longueurs DE, DF respectivement égales aux côtés donnés A et B. En joignant EF, nous avons le triangle demandé.

Problème.

148. *Étant donnés un côté C d'un triangle et les deux angles adjacents A et B, construire le triangle.*

Menons une droite indéfinie DE et prenons sur elle une longueur DE égale au côté donné C; puis faisons aux points D et E des angles respectivement égaux aux angles donnés A et B; les côtés DF, EF de ces angles se coupent en un point F et DEF est le triangle demandé.

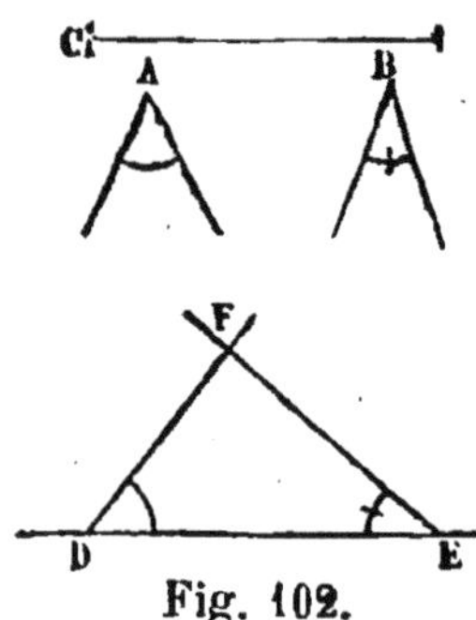

Fig. 102.

Remarquons que le triangle n'est possible qu'autant que la somme des deux angles donnés est plus petite que deux angles droits.

Problème.

149. *Étant donnés les trois côtés A, B, C d'un triangle, construire le triangle.*

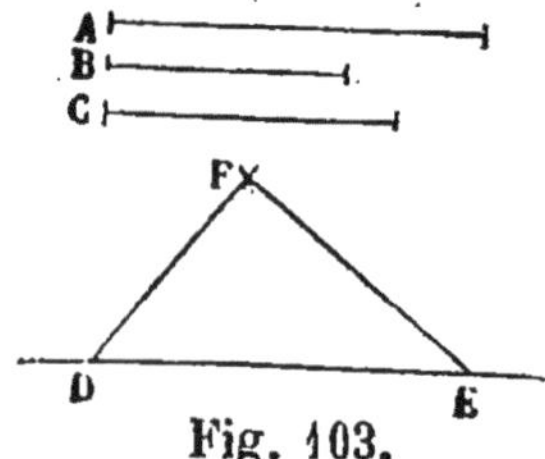

Fig. 103.

Menons une ligne indéfinie DE et prenons sur elle une longueur DE égale au côté donné A; puis, du point D comme centre avec un rayon égal au côté B, décrivons un arc de cercle ; du point E comme centre avec un rayon égal au troisième côté C, décrivons un autre arc de cercle qui coupe le premier en un point F ; en joignant DF, EF, nous avons le triangle demandé DEF.

150. REMARQUE. Pour la possibilité du triangle, il faut et il suffit que les arcs décrits des points D et E comme centres puissent se couper, ce qui exige que le côté A soit plus petit que la somme des deux autres et plus grand que leur différence.

Problème.

151. *Étant donnés deux côtés* A, B, *d'un triangle, et l'angle* C *opposé au côté* A, *construire le triangle.*

Faisons un angle GDF égal à l'angle donné C ; sur le côté DG de cet angle, pre- nons une longueur DE égale au côté B et, du point E comme centre avec un rayon égal au côté A, décrivons un arc de cercle. Si le côté A est plus grand que le côté B, cet arc de cercle coupe la droite DF en

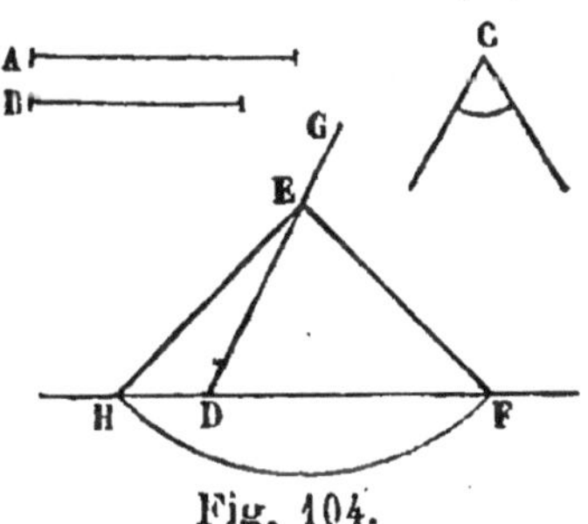

Fig. 104.

deux points F et H situés de part et d'autre du sommet D de l'angle GDF ; des deux triangles DEF, DEH formés en joignant EF, EH, le premier satisfait seul à toutes les conditions de la question ; car il a l'angle et les deux côtés donnés, tandis que l'angle EDH du second n'est que le supplément de l'angle C. Le problème n'admet donc qu'une solution, lorsque le côté A est plus grand que le côté B.

Supposons, en second lieu, le côté A égal au côté B. Il faut alors, pour la possibilité du triangle, que l'angle

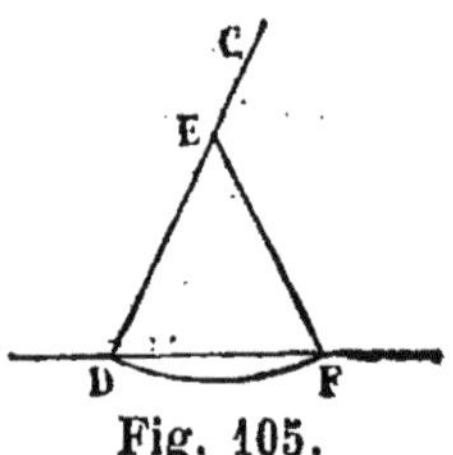

Fig. 105.

donné C soit aigu, puisque l'angle opposé au côté B doit être égal à l'angle C. Dans cette hypothèse, l'arc de cercle décrit du point E comme centre, avec un rayon égal au côté A, passe par le point D et le triangle isocèle DEF est la seule solution de la question.

Supposons, enfin, le côté A plus petit que le côté B; il faut encore, pour la possibilité du triangle, que l'angle donné C soit aigu, puisque l'angle opposé au côté B

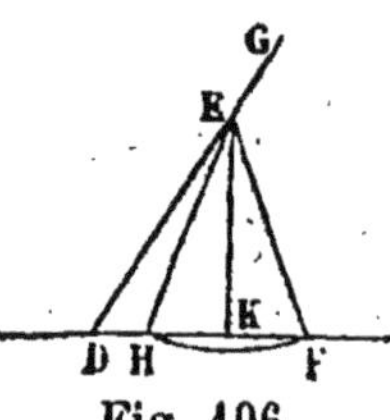

Fig. 106.

doit être plus grand que l'angle C (42). L'arc de cercle décrit du point E comme centre, avec un rayon égal au côté A, coupe la droite DF en deux points F et H situés du même côté du sommet D de l'angle GDF, ou il est tangent à cette droite, au point K, ou il ne la rencontre pas, selon que le côté A, supposé moindre que le côté B, est plus grand que la perpendiculaire EK, ou égal à cette perpendiculaire, ou plus petit qu'elle. Dans le premier cas, le problème admet deux solutions qui sont les triangles DEF, DEH; dans le second cas, il n'en admet qu'une, le triangle rectangle DEK; il n'en admet aucune, dans le troisième cas.

Problème.

152. *Par un point O, pris sur une droite BC, élever une perpendiculaire à cette droite.*

Déterminons d'abord, sur la droite donnée, deux points B et C équidistants du point O, en décrivant de ce dernier comme centre un arc de cercle qui coupe la droite BC; puis, des points B et C comme centres avec une

ouverture de compas plus grande
que BO, décrivons deux arcs de
cercle qui se coupent en un point D;
joignons OD, et nous avons la
perpendiculaire demandée.

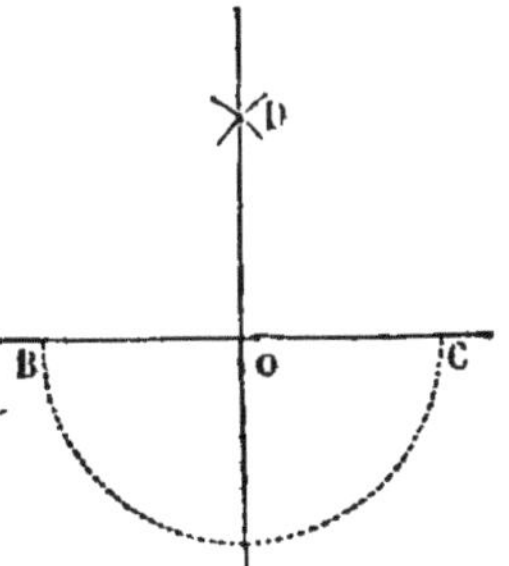
Fig. 107.

En effet, la ligne OD, ayant
deux de ses points O, et D équidistants des points B et C, est
perpendiculaire sur le milieu de BC (49), elle est, par
conséquent, la perpendiculaire demandée.

153. Usage de l'équerre. — Plaçons le sommet de
l'angle droit de l'équerre au point
O et faisons coïncider l'un des côtés de cet angle avec la droite BC;
en tirant une ligne le long du
second côté, nous avons la perpendiculaire demandée. Mais, pour
opérer ainsi, il faut avoir préalablement vérifié son équerre et
s'être assuré qu'elle est exacte.

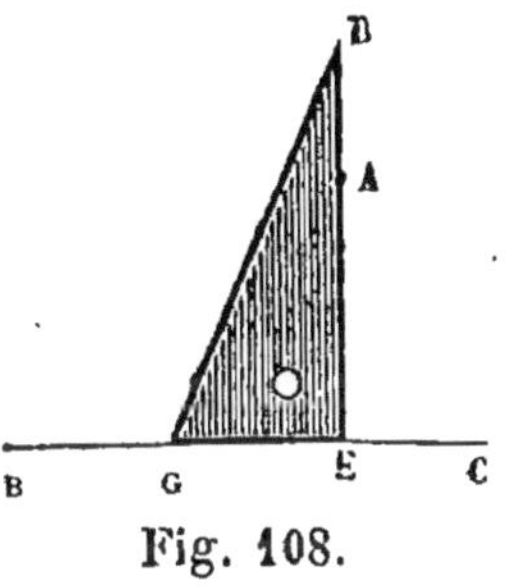
Fig. 108.

Problème.

154. *Du point O, pris hors d'une droite BC, abaisser une perpendiculaire sur cette droite.*

Du point donné O avec un rayon suffisamment grand,
décrivons un arc de cercle qui
coupe la droite en deux points B
et C. De ces deux points comme
centres, avec un même rayon, décrivons deux arcs de cercle qui
se coupent au point D; en joignant
OD nous avons la perpendiculaire
demandée.

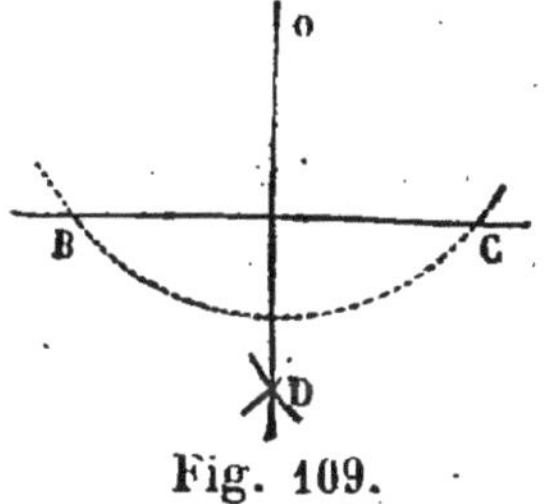
Fig. 109.

5.

En effet, les points O et D étant équidistants des points B et C, OD est perpendiculaire sur le milieu de la droite BC (49), elle est, par conséquent, la perpendiculaire demandée.

155. Usage de l'équerre. — Plaçons l'un des côtés de l'angle droit de l'équerre sur la ligne BC ; puis faisons-la glisser sur cette ligne jusqu'à ce que l'autre rencontre le point O. Alors le sommet A de l'angle droit de l'équerre sera le pied de la perpendiculaire.

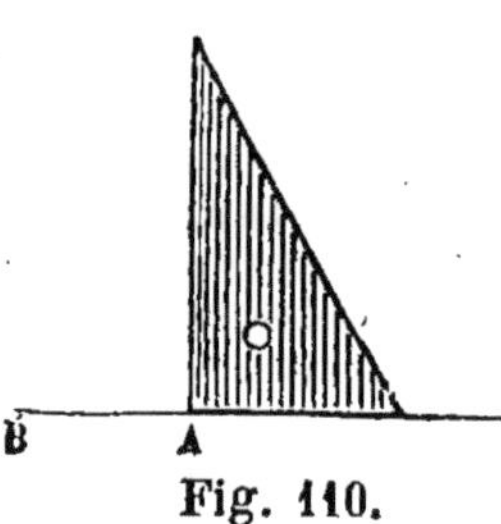

Fig. 110.

Problème.

156. *Élever une perpendiculaire* BD *à l'extrémité d'une droite* AB *qu'on ne peut prolonger.*

D'un point quelconque O, pris au-dessus de la droite AB, décrivons, avec un rayon OB, une circonférence qui coupe la ligne donnée au point C et menons le diamètre CD ; en joignant BD, nous avons la perpendiculaire demandée.

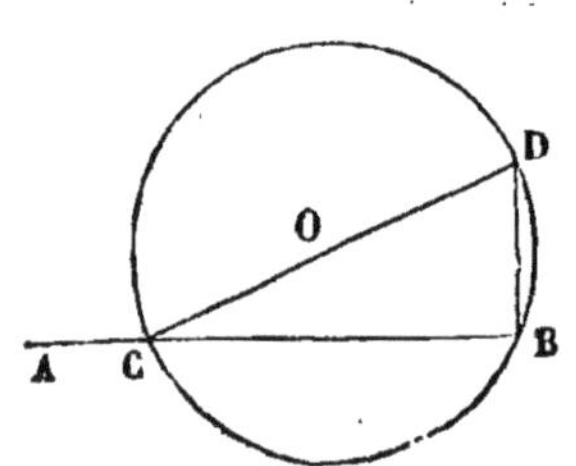

Fig. 111.

En effet, l'angle inscrit CBD est droit, puisque ses côtés passent par les extrémités d'un même diamètre (134) ; donc BD est perpendiculaire sur la droite AB.

On abrège la construction en opérant avec l'équerre, comme dans le problème précédent.

Problème.

157. *Par un point* A, *mener une parallèle à une droite* BC.

Du point A comme centre et avec un rayon suffisant, décrivons un arc indéfini qui coupe la droite BC au point C et, de ce point avec le même rayon, décrivons un second arc AB. Portons sur le premier, à partir du point

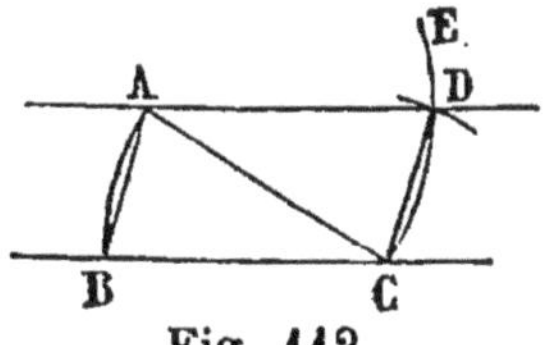
Fig. 112.

C, une corde CD égale à la corde AB; en joignant, AD nous avons la parallèle demandée.

En effet, dans le quadrilatère ABCD, les côtés opposés AD, BC sont égaux comme rayons de cercles égaux et les côtés opposés AB, CD égaux comme cordes égales; la figure est donc un parallélogramme (81) et, par suite, AD est parallèle à la droite BC.

158. Usage de l'équerre. — Après avoir placé sur la ligne BC l'hypoténuse DE de l'équerre, appuyons sur son côté DK une règle MN et faisons glisser l'instrument le long de cette règle immobile, jusqu'à ce que son hypoténuse rencontre le point A; en menant une droite D′E′ le long de cette hypoténuse, nous avons la

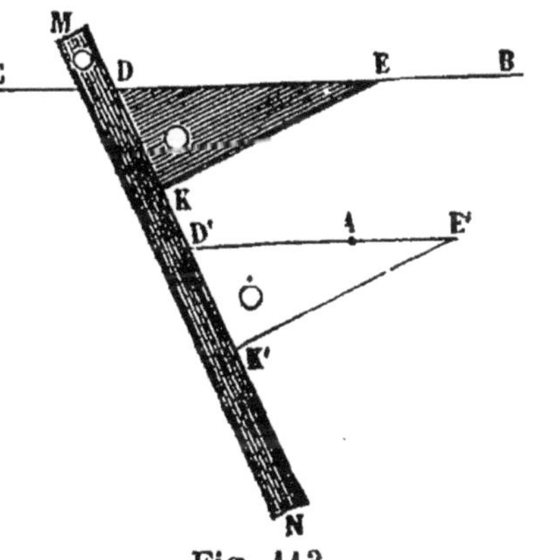
Fig. 113.

parallèle demandée. Car les angles correspondants EDK, E′D′K′ étant égaux entre eux, les droites BC, D′E′ sont parallèles (62).

Problème.

159. *Diviser une droite* AB *en deux parties égales.* Des extrémités A et B de la droite AB et avec une

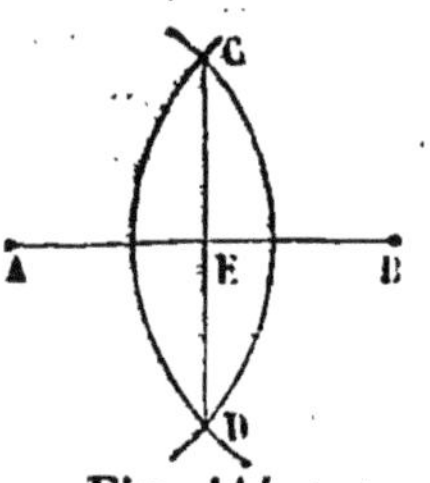

Fig. 114.

ouverture de compas plus grande que sa moitié, décrivons deux arcs de cercle qui se coupent au-dessous de cette droite. La ligne CD qui joint les deux points d'intersection partage AB en deux parties égales.

En effet, les points C et D étant équidistants des points A et B, la droite CE est perpendiculaire sur le milieu de la droite AB (49).

Problème.

160. *Diviser un arc, un angle en deux parties égales.*

Soit BGC l'arc donné; menons la corde BC et, sur le milieu de cette corde, élevons la perpendiculaire DE. Cette perpendiculaire passe par le centre de l'arc (111); elle est, par conséquent, un rayon perpendiculaire sur une corde et elle divise l'arc sous-tendu BGC en deux parties égales (110).

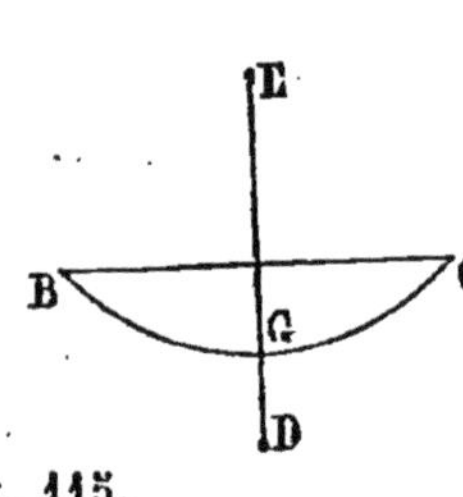

Fig. 115.

Soit maintenant l'angle BAC; du sommet A comme centre, décrivons l'arc BC; puis abaissons le rayon AD perpendiculaire sur la corde BC; il divise l'arc et, par suite, l'angle en deux parties égales (110).

Problème.

161. *Par un point donné A, mener une tangente à un cercle.*

PREMIER CAS. — Le point A (*fig.* (116) est sur la circonférence. Menons le rayon CA et, par l'extrémité A de ce rayon, élevons une perpendiculaire AD; cette perpendiculaire est la tangente demandée (117).

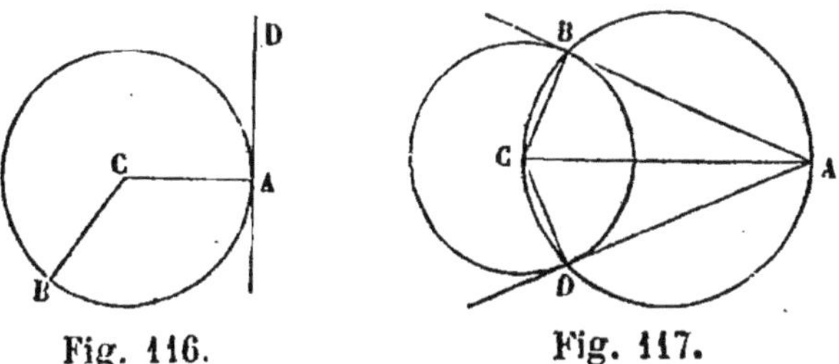

Fig. 116.   Fig. 117.

DEUXIÈME CAS. — Le point donné est hors du cercle.

Joignons le point donné A (*fig.* 117) au centre C cercle et sur AC, comme diamètre, décrivons une circonférence qui coupe celle du cercle donné aux deux points B et D. Les lignes AB, AD sont des tangentes.

En effet, si nous menons les rayons CB, CD, les angles inscrits CBA, CDA sont des angles droits, puisque leurs côtés passent par les extrémités d'un même diamètre (134), donc les lignes AB, AD perpendiculaires aux extrémités B et D des rayons AB, BD sont tangentes au cercle (117).

162. REMARQUE. Les deux triangles ABC, ADC sont rectangles en B et D, ont l'hypoténuse commune et le côté CD = CB. Donc ils sont égaux et, par suite, les tangentes menées d'un point extérieur à un cercle sont égales et la bissectrice de leur angle passe au centre du cercle.

Problème.

163. *Mener une tangente extérieure commune à deux cercles.*

Du centre O de l'un des deux cercles et avec une ouverture de compas égale à la différence des rayons OA, CB, décrivons une circonférence; par le centre C de

l'autre cercle menons une tangente CD à cette circonférence. Joignons le centre O au point de contact

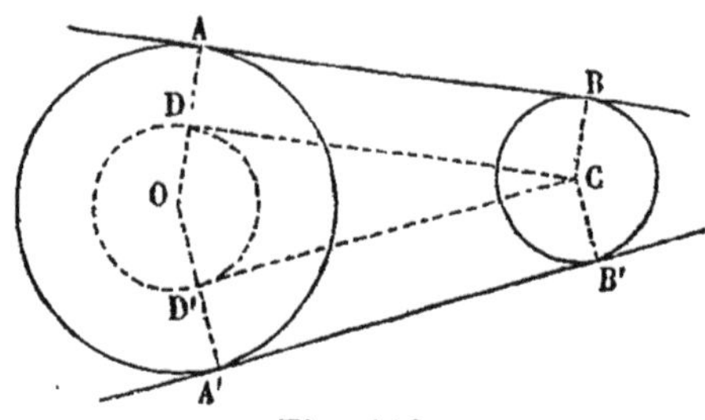

Fig. 118.

D et prolongeons le rayon OD jusqu'en A ; enfin, par
ce point A, menons la droite AB perpendiculaire au
rayon OA ; cette perpendiculaire est la tangente demandée.

En effet, la droite AB perpendiculaire à l'extrémité du
rayon OA est tangente au cercle O ; elle l'est aussi au
cercle C : car si, par le centre C, nous menons une parallèle CB au rayon OA, les côtés opposés CB, AD du
rectangle ABCD sont égaux ; CB est donc un rayon
du cercle C et la droite AB est encore perpendiculaire
à l'extrémité de ce rayon.

Le problème admet deux solutions AB, A'B', puisque
par le point C nous pouvons mener deux tangentes différentes au cercle de rayon OD.

Problème.

164. *Mener une tangente intérieure commune à
deux cercles.*

Du centre O de l'un des cercles donnés et avec une
ouverture de compas égale à la somme des rayons OE,
CF, décrivons une circonférence ; du centre C de l'autre
cercle menons une tangente CG à cette circonférence ;

joignons le point de contact G au centre O, et par le point E où la ligne GO rencontre la circonférence du cercle donné, menons la droite EF perpendiculaire au rayon OE ; nous aurons la tangente demandée.

En effet, la droite EF, perpendiculaire à l'extrémité

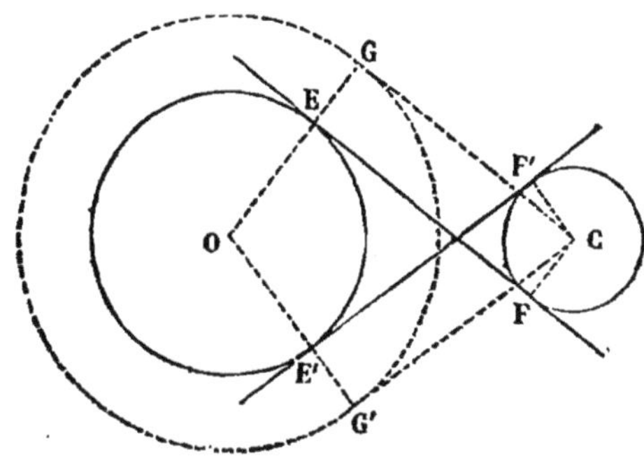

Fig. 119.

du rayon OE, est tangente au cercle O ; elle l'est aussi au cercle C : car si, par le centre C, nous menons une parallèle CF au rayon EG, les côtés opposés CF, EG du rectangle EGFC sont égaux ; CF est donc un rayon du cercle C et la droite EF est encore perpendiculaire à l'extrémité de ce rayon.

Le problème admet aussi deux solutions EF, E'F', puisque, du point C, nous pouvons mener deux tangentes différentes au cercle de rayon OG.

Remarque. Si S est le point d'intersection des deux tangentes AB, A'B' ; d'après la remarque 162, les deux droites SC, SO sont des bissectrices de l'angle ASA', donc les trois points S, C, O, sont en ligne droite ; en d'autres termes, les deux tangentes AB, A'B' se coupent en un même point sur la ligne des centres. La même remarque s'applique aux tangentes intérieures EF, E'F'.

Problème.

165. *Sur une droite donnée* AB, *décrire un segment de cercle capable de l'angle donné* K, *c'est-à-dire un segment de cercle tel que tous les angles qui y sont inscrits soient égaux à l'angle donné* K.

Faisons au point B un angle ABE égal à l'angle donné K; puis élevons BD perpendiculaire sur la droite BE et CD perpendiculaire sur le milieu de la droite AB. Du point de rencontre D de ces deux perpendiculaires comme centre et avec BD comme rayon, décrivons une circonférence; le segment de cercle demandé sera AMB.

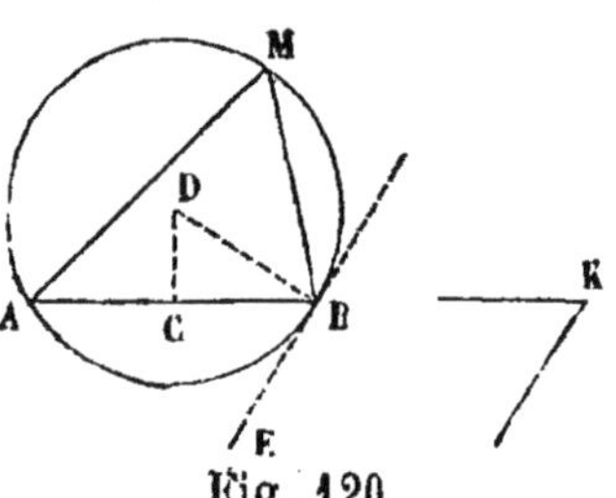

Fig. 120.

En effet, la droite BE est une tangente, puisqu'elle est perpendiculaire à l'extrémité du rayon BD; or l'angle ABE formé par une tangente et une corde, a pour mesure la moitié de l'arc AB (132, 4°); d'ailleurs, l'angle inscrit AMB a aussi pour mesure la moitié de l'arc AB; par conséquent, l'angle AMB égal à l'angle ABE, l'est aussi à l'angle K. Il en est de même de tous les angles inscrits dans le segment de cercle AMB.

166. Remarque. — Si l'angle donné était un angle droit, le segment de cercle cherché serait le demi-cercle décrit sur la droite AB comme diamètre.

Problème.

167. *Inscrire un cercle dans un triangle.*

Un cercle est dit inscrit dans un triangle, lorsque les côtés du triangle sont tangents à la circonférence. Pour résoudre ce problème, il suffit de mener les bissectrices des angles A et B, le point O d'intersection est équidistant des trois côtés; et OP, perpendiculaire abaissée du point O sur le côté AB, est le rayon du cercle.

Si l'on avait mené les bissectrices des angles extérieurs A et B, on aurait eu un second point O′ équidistant du côté AB et des deux côtés AB, BC prolongés, O′ est donc le

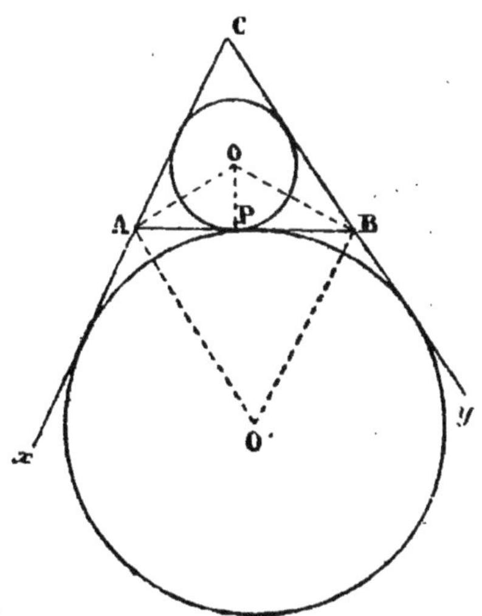

Fig. 121.

centre d'un second cercle appelé *cercle ex-inscrit*.

En menant de même la bissectrice des angles extérieurs A, C, et C, B, on aurait eu deux nouveaux centres O″ et O‴. Étant donné un triangle, il existe donc quatre circonférences tangentes aux côtés, une est dite inscrite, les trois autres sont dites ex-inscrites.

EXERCICES SUR LE SECOND LIVRE

1. Si deux arcs d'une même circonférence sont égaux, leurs cordes et les droites qui joignent en croix les extrémités de ces arcs se coupent sur le même diamètre.

2. Quel est le lieu géométrique des milieux des cordes d'une circonférence, égales à une droite donnée?

3. Tracer par un point donné une circonférence qui soit tangente à une droite donnée en un point donné.

4. Tracer par deux points donnés une circonférence qui soit

tangente à une parallèle à la droite qui passe par les points donnés.

5. Si, par l'un des points d'intersection de deux circonférences, on mène une parallèle à la ligne qui joint leurs centres, la somme des cordes interceptées sur cette parallèle est double de la distance des centres.

6. Décrire une circonférence qui passe par un point donné et soit tangente à une circonférence donnée en un point donné.

7. Décrire une circonférence qui passe par deux points donnés et coupe une circonférence donnée de manière que la corde commune soit parallèle à une droite donnée.

8. Quel est le lieu géométrique des milieux des cordes interceptées par une circonférence sur toutes les sécantes qu'on peut mener par un point donné?

9. Si, par l'un des points d'intersection de deux circonférences, on mène une sécante, elle coupe ces circonférences en deux autres points dont les tangentes font un angle constant.

10. La somme des côtés opposés d'un quadrilatère circonscrit à un cercle est égale à la somme des deux autres côtés.

11. Les tangentes menées aux extrémités d'une corde forment avec celle-ci un triangle isocèle.

12. Construire un triangle isocèle, connaissant sa base et un angle adjacent.

13. Construire un triangle isocèle, connaissant sa base et sa hauteur.

14. Construire un triangle isocèle, connaissant ses deux côtés égaux et un angle à la base.

15. Construire un triangle isocèle, connaissant sa base et l'angle au sommet.

16. Construire un triangle rectangle, connaissant l'hypoténuse et un côté de l'angle aigu.

17. Construire un triangle rectangle, connaissant l'hypoténuse et un côté de l'angle droit.

18. Construire un triangle, connaissant un angle, l'un des côtés adjacents et la longueur de la droite qui joint le milieu de ce côté au sommet opposé.

19. Construire un triangle, connaissant deux côtés et la longueur de la droite qui joint le milieu de l'un d'eux au sommet opposé.

20. Construire un triangle, connaissant un côté, un des angles adjacents et la longueur de sa bissectrice.

21. Construire un triangle, connaissant un angle, un des côtés adjacents et la somme ou la différence des deux autres côtés.

22. Construire un parallélogramme, connaissant un angle et les deux côtés adjacents.

23. Construire un parallélogramme, connaissant les deux diagonales et l'angle qu'elles font.

24. Construire un losange, connaissant ses diagonales.

25. Construire un triangle, connaissant sa base, sa hauteur et la ligne qui joint le milieu de la base au sommet opposé.

26. Construire un triangle, connaissant deux angles et l'une des trois hauteurs.

27. Construire un trapèze, connaissant tous ses côtés.

28. Décrire, avec un rayon donné, une circonférence tangente à deux droites données.

29. Décrire une circonférence tangente aux trois côtés d'un triangle.

30. Chacun des segments déterminés par la circonférence inscrite dans un triangle est égal au demi-périmètre du triangle diminué du côté non adjacent.

31. Le diamètre du cercle inscrit dans un triangle rectangle est égal à l'excès de la somme des côtés de l'angle droit sur l'hypoténuse.

32. Le milieu de l'hypoténuse d'un triangle rectangle est également distant des trois sommets.

LIVRE TROISIÈME

LIGNES PROPORTIONNELLES. — FIGURES SEMBLABLES.

___

Notions préliminaires.

168. Nous croyons utile de rappeler ici quelques-unes des propriétés des proportions dont nous ferons souvent usage dans ce qui va suivre.

Un rapport s'indique comme une division. Ainsi le rapport de a à b s'écrit $\dfrac{a}{b}$.

Le premier terme d'un rapport s'appelle *antécédent*, et le second *conséquent*. On donne encore le nom de *numérateur* au premier terme et celui de *dénominateur* au second.

Une *proportion* est l'expression de l'égalité de deux rapports. Ainsi $\dfrac{a}{b} = \dfrac{c}{d}$ est une proportion; on l'énonce : a est à b comme c est à d.

Les deux termes a et d, placés aux extrémités, s'appellent les *extrêmes*; les deux termes b et c, placés au milieu, se nomment les *moyens*.

169. Propriété fondamentale des proportions. — *Dans toute proportion, le produit des extrêmes est égal au produit des moyens.*

Soit, en effet, la proportion

$$\frac{a}{b} = \frac{c}{d};$$

si nous multiplions les deux termes du premier rapport par d et les deux termes du second par b, ce qui
ne change pas leur valeur, puisque ces rapports sont
des fractions ordinaires, il vient

$$\frac{a \times d}{b \times d} = \frac{c \times b}{d \times b'};$$

nous obtenons ainsi deux fractions qui ont le même
dénominateur; donc, puisqu'elles sont égales, il faut que
leurs numérateurs soient égaux, c'est-à-dire que nous
ayons

$$a \times d = c \times b.$$

RÉCIPROQUEMENT. Si le produit de deux nombres est
égal au produit de deux autres, ces quatre nombres
forment une proportion.

En effet, soient a, b, c, d, quatre nombres tels que :

$$ad = bc.$$

Divisons les deux membres de cette égalité par le
produit bd, on aura :

$$\frac{ad}{bd} = \frac{bc}{bd'}$$

et en simplifiant :

$$\frac{a}{b} = \frac{c}{d}. \qquad \text{C. Q. F. D.}$$

Il faut remarquer que les deux facteurs d'un même
produit occupent les extrêmes ou les moyens.

170. Il suit de là que nous pouvons faire subir aux termes d'une proportion tous les changements qui n'altèrent pas l'égalité entre le produit des extrêmes et le produit des moyens. Ainsi, nous pourrons intervertir l'ordre des extrêmes ou celui des moyens, mettre les extrêmes à la place des moyens, et réciproquement.

171. La propriété fondamentale, que nous venons d'établir, permet de calculer le quatrième terme d'une proportion dont les trois autres sont connus. Soit, en effet, la proportion

$$\frac{a}{b} = \frac{c}{x};$$

le produit des extrêmes étant égal à celui des moyens, nous avons

$$a \times x = b \times c;$$

d'où nous tirons

$$x = \frac{b \times c}{a}.$$

Le quatrième terme d'une proportion dont les trois autres sont connus s'appelle *quatrième proportionnelle*.

172. Une *moyenne proportionnelle* entre deux quantités est une troisième quantité qui forme à elle seule les deux termes moyens d'une proportion dont les extrêmes sont les deux quantités données. Ainsi la moyenne proportionnelle entre a et b est une quantité x satisfaisant à la relation

$$\frac{a}{x} = \frac{x}{b}.$$

Si nous égalons le produit des extrêmes à celui des moyens, il vient

$$x^2 = a \times b,$$

et, en extrayant la racine carrée des deux membres de cette dernière égalité,

$$x = \sqrt{a \times b};$$

d'où nous voyons qu'une moyenne proportionnelle entre deux quantités peut se définir : *une troisième quantité dont le carré égale le produit des deux autres,* ou encore, *une troisième quantité égale à la racine carrée du produit des deux autres.*

Théorème.

173. *Dans une suite de rapports égaux, la somme des antécédents est à la somme des conséquents, comme un antécédent est à son conséquent.*

Soit la suite des rapports égaux

$$\frac{a}{b} = \frac{c}{d} = \frac{e}{f} = \dots\dots;$$

si nous représentons par q leur valeur commune, nous avons

$$\frac{a}{b} = q ; \frac{c}{d} = q ; \frac{e}{f} = q\dots\dots;$$

égalités d'où nous tirons

$$a = b \times q ;\ c = d \times q ;\ e = f \times q\dots.$$

Ajoutant ces dernières membre à membre, il vient

$$a + c + e + \dots\dots = b \times q + d \times q + f \times q + \dots\dots,$$

ou, en mettant q en facteur, c'est-à-dire, en écrivant qu'il multiplie la somme $b + d + f + \dots\dots$

$$a + c + e + \dots = (b + d + f + \dots) \times q;$$

d'où nous tirons, en divisant les deux membres par $b + d + f + \dots,$

$$\frac{a + c + e + \dots}{b + d + f + \dots} = q = \frac{a}{b} = \frac{c}{d} = \dots$$

Théorème.

174. *Si l'on multiplie deux proportions terme à terme, les produits forment une nouvelle proportion.*

Soient les deux proportions

$$\frac{a}{b} = \frac{c}{d} \quad \text{et} \quad \frac{e}{f} = \frac{q}{h};$$

en multipliant ces égalités membre à membre, nous trouvons

$$\frac{a \times e}{b \times f} = \frac{c \times q}{d \times h};$$

et, si les termes de la seconde proportion étaient respectivement égaux à ceux de la première,

$$\frac{a^2}{b^2} = \frac{c^2}{d^2},$$

c'est-à-dire que, *si quatre quantités sont en proportion, leurs carrés forment aussi une proportion.* Il en est évidemment de même de leurs cubes et, en général, de leurs puissances semblables.

175. Les propriétés que nous venons d'établir pour les proportions sont vraies, quelles que soient les grandeurs que l'on considère. Quand ces grandeurs sont des lignes, le rapport de deux d'entre elles n'est autre chose que le rapport des nombres qui expriment leurs longueurs mesurées avec une même unité.

DÉFINITIONS.

176. LIGNES PROPORTIONNELLES. — Des lignes sont dites *proportionnelles* entre elles lorsque, comparées deux à deux, elles forment des rapports égaux.

Une *moyenne proportionnelle* entre deux lignes est une troisième ligne telle que le carré du nombre qui exprime sa mesure soit égal au produit des nombres qui expriment la mesure des deux autres.

Une *quatrième proportionnelle* à trois lignes est une ligne telle qu'elle occupe le quatrième rang dans une proportion dont les trois autres font partie.

177. Figures semblables. — Deux triangles et, en général, deux polygones sont *semblables* quand ils ont leurs angles égaux chacun à chacun et leurs côtés homologues proportionnels.

Dans des polygones semblables on nomme côtés *homologues* ceux qui ont des positions correspondantes, c'est-à-dire, qui sont adjacents à des angles égaux ; il est facile de voir que, dans les triangles semblables, les côtés homologues sont opposés aux angles égaux.

§ I. Des lignes proportionnelles.

178. Considérons sur une ligne indéfinie XY, deux points fixes A, B, et examinons les variations du rapport des distances d'un point mobile I sur cette ligne aux deux points fixes, le point se mouvant dans le sens XY. O étant le milieu de la ligne AB, le point I peut avoir quatre positions différentes.

1º Le point mobile est à gauche du point A.

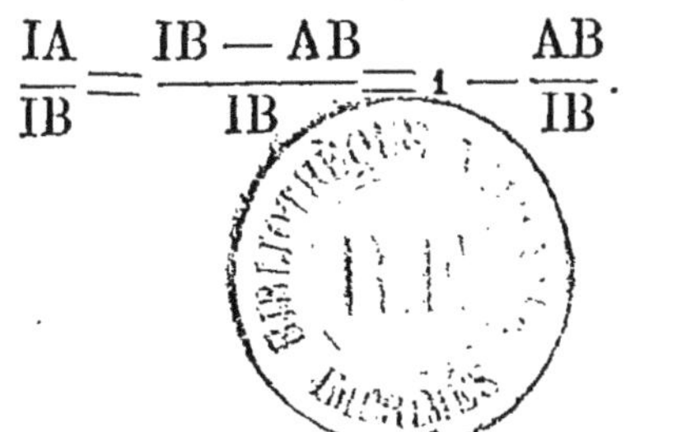

Fig. 122.

Le rapport des distances aux points A et B est

$$\frac{IA}{IB} = \frac{IB - AB}{IB} = 1 - \frac{AB}{IB}.$$

Si le point I est très éloigné, la fraction $\dfrac{AB}{IB}$ d'abord très voisine de zéro, augmente à mesure que le point I se rapproche de A, et lorsque I et A se confondent $\dfrac{AB}{IB} = I$. Donc le rapport $\dfrac{IA}{IB}$ varie de 1 à 0.

2° Le point mobile est à droite de A, mais à gauche de O. La fraction $\dfrac{I'A}{I'B}$, d'abord égale à zéro augmente, puisque le numérateur augmente et que le dénominateur diminue, et lorsque le point I' est en O, le rapport est égal à 1. Donc le rapport $\dfrac{I'A}{I'B}$ varie d'une manière continue de O à 1.

3° Le point mobile est à droite de O, mais à gauche de B. La fraction $\dfrac{I''A}{I''B}$ augmente toujours. Enfin lorsque I'' et B se confondent, ce rapport tend vers l'infini. Donc le rapport $\dfrac{I''A}{I''B}$ varie d'une manière continue de 1 à ∞.

4° Le point mobile est à droite de B. Le rapport des distances aux deux points A et B est

$$\frac{I'''A}{I'''B} = \frac{I'''B + AB}{I'''B} = 1 + \frac{AB}{I'''B}.$$

A B étant une quantité fixe et I'''B variant de O à ∞, la fraction $\dfrac{AB}{I'''B}$ varie de ∞ à O. Donc le rapport $\dfrac{I'''A}{I'''B}$ varie de ∞ à 1.

En résumé : si l'on considère sur une ligne indéfinie XY, deux points fixes A et B; il existe toujours deux points et deux points seulement, tels que le rapport des distances aux deux points fixes, soit égal à un rapport donné; ces deux points sont tous les deux à gauche du point O milieu de AB, mais l'un à droite et l'autre à gauche du point A, en supposant le rapport donné plus petit que 1; ces deux points sont tous les deux à droite du point O, mais l'un à droite et l'autre à gauche du point B, en supposant le rapport donné supérieur à 1.

179. REMARQUE. Le point I′ divise la droite donnée en deux segments *additifs*, par extension le point I est dit aussi diviser AB en deux segments appelés, segments *soustractifs*; alors, on dit que les deux points I et I′ divisent *harmoniquement* la droite AB, ou bien sont *les conjugués harmoniques* par rapport à la droite AB.

Il est facile de voir que l'on peut aussi dire que A et B sont les conjugués harmoniques par rapport à la droite II′ attendu que la proportion $\dfrac{\text{IA}}{\text{IB}} = \dfrac{\text{I′A}}{\text{I′B}}$ peut s'écrire :

$$\frac{\text{AI}}{\text{AI′}} = \frac{\text{BI}}{\text{BI′}},$$

Théorème.

180. *Toute parallèle à l'un des côtés d'un triangle divise les deux autres en parties proportionnelles.*

Soit DE parallèle au côté BC; nous devons avoir

$$\frac{\text{AD}}{\text{BD}} = \frac{\text{AE}}{\text{CE}}$$

Supposons, en effet, qu'une commune mesure AF soit contenue 3 fois dans AD et 2 fois dans BD; ces deux lignes sont entre elles comme les nombres 3 et 2, c'est-à-dire que nous avons

$$\frac{\text{AD}}{\text{BD}} = \frac{3}{2}. \qquad (1).$$

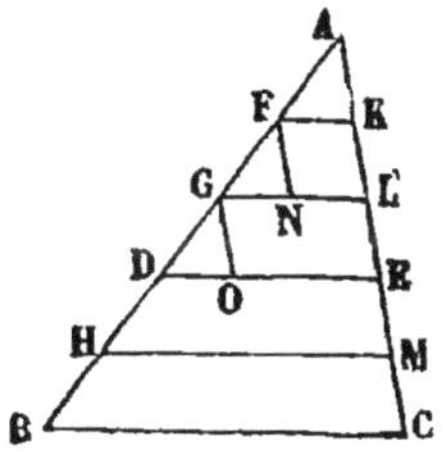

Fig. 123.

Par les points de division du côté AB menons des parallèles au côté BC ; ces parallèles partagent aussi le côté AC en parties égales. Car, si par les points F, G, D... nous menons des parallèles au côté AC, nous formons une série de triangles AFK, FGN, GDO... qui sont tous égaux entre eux comme ayant un côté égal adjacent à deux angles égaux ; par exemple, le côté AF du premier est égal, par construction, au côté FG du second ; l'angle FAK égale l'angle GFN, son correspondant par rapport aux parallèles AC, FN et à la sécante AB ; et l'angle AFK égale l'angle FGN, aussi son correspondant par rapport à la même sécante AB et aux parallèles FK, GL. Tous ces triangles étant égaux, les côtés AK, FN, GO... sont égaux entre eux. D'ailleurs, FN égale KL comme parallèles comprises entre parallèles ; de même GO égale LE.... ; donc le côté AC est divisé en 5 parties égales comme le côté AB. Or AE contient 3 de ces parties et EC en contient 2 ; nous avons donc

$$\frac{AE}{CD} = \frac{3}{2}. \qquad (2).$$

Dans les proportions (1) et (2) les rapports $\frac{AD}{BD}$, $\frac{AE}{CE}$, étant égaux au même troisième $\frac{3}{2}$, sont égaux entre eux ; donc enfin

$$\frac{AD}{BD} = \frac{AE}{CE}.$$

181. Corollaire. — La même figure nous montre que les rapports $\frac{AD}{AB}$, $\frac{AE}{AC}$ sont tous deux égaux au rapport $\frac{3}{5}$;

ils le sont donc entre eux et constituent la proportion

$$\frac{AD}{AB} = \frac{AE}{AC}.$$

182. Remarque. — La propriété que nous venons de démontrer, ayant lieu quelque petite que soit la commune mesure des longueurs AD, BD, subsiste dans tous les cas.

183. Réciproquement, *si les côtés* AB, AC *d'un triangle* ABC, *sont divisés en parties proportionnelles par une droite* DE, *cette droite est parallèle au troisième côté* BC.

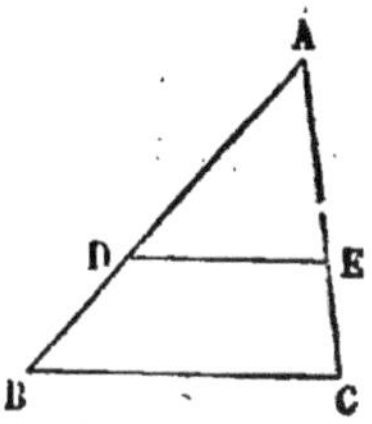

En effet, la parallèle, menée par le point D au côté BC devant, d'après le théorème précédent, diviser le côté AC en parties proportionnelles aux longueurs AD, BD, c'est-à-dire de la même manière

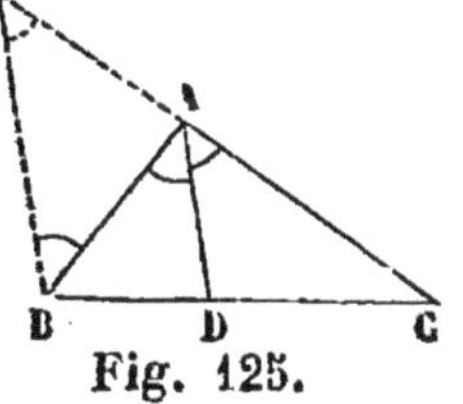
Fig. 124.

que la droite DE, passe nécessairement par le point E (178) et, par suite, la droite DE se confond avec elle.

Théorème.

184. *La bissectrice* AD *de l'angle* A *d'un triangle* ABC *divise le côté* BC *opposé à cet angle en deux parties* BD, CD *proportionnelles aux côtés adjacents* AB, AC, *et réciproquement.*

Par l'extrémité B de l'un des côtés AB, AC de l'angle A, menons à la bissectrice AD une parallèle qui rencontre en un point E l'autre côté prolongé. La droite AD étant parallèle au côté BE, le triangle BCE donne (180).

Fig. 125.

$$\frac{BD}{CD} = \frac{AE}{AC}. \qquad (1).$$

6.

Or le triangle ABE est isocèle : en effet, l'angle ABE égale l'angle BAD, son alterne-interne par rapport aux parallèles AD, BE et à la sécante AB ; il égale aussi l'angle CAD, puisque ce dernier est, comme l'angle BAD, la moitié de l'angle total BAC ; d'ailleurs, l'angle CAD égale lui-même l'angle AEB, son correspondant par rapport aux parallèles AD, BE et à la sécante EC. Les angles ABE, AEB, égaux tous deux au même angle CAD, le sont dès lors entre eux, et les côtés AB, AE, opposés à ces angles, sont aussi égaux. Si donc nous remplaçons la longueur AE par la longueur égale AB, la proportion (1) devient

$$\frac{BD}{CD} = \frac{AB}{AC}.$$

Théorème.

185. *La bissectrice* AD *de l'angle* BAC′ *extérieur au triangle* ABC *détermine, sur le prolongement du côté opposé* BC, *un point* D *dont les distances aux extrémités* C *et* B *de ce côté sont proportionnelles aux côtés adjacents* AC, AB.

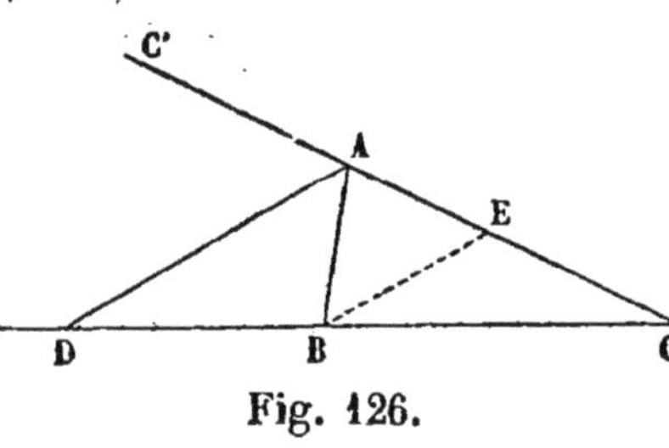

Fig. 126.

Par l'extrémité B de l'un des côtés AB, de l'angle BAC′ extérieur au triangle ABC menons à la bissectrice AD une parallèle qui rencontre en un point E l'autre côté prolongé. La droite BE étant parallèle au côté AD, le triangle ACD donne (180)

$$\frac{CD}{BD} = \frac{AC}{AE}.$$

Or, le triangle ABE est isocèle : en effet, l'angle ABE

égale l'angle BAD, son alterne-interne par rapport aux parallèles AD, BE et à la sécante AB ; il égale aussi l'angle DAC', puisque ce dernier est, comme l'angle BAD, la moitié de l'angle total BAC' ; d'ailleurs, l'angle DAC' égale lui-même l'angle AEB, son correspondant par rapport aux parallèles AD, BE et à la sécante EC'. Les angles ABE. AEB, égaux tous deux au même angle DAC', le sont, par conséquent, entre eux et les côtés AB, AE opposés à ces angles sont aussi égaux. Si donc nous remplaçons la longueur AE par la longueur égale AB, la proportion précédente devient

$$\frac{CD}{BD} = \frac{AC}{AB}.$$

186. RÉCIPROQUEMENT. *Si une droite issue du sommet de l'angle d'un triangle divise le côté opposé en deux segments additifs ou soustractifs proportionnels aux cotés adjacents, cette droite est la bissectrice de l'angle considéré ou de l'angle supplémentaire.* Les droites en question déterminent sur le côté AB du triangle deux points I et I', conjugués harmoniques par rapport à AB ; d'après ce qui a été dit au n° 178, ces deux points étant au nombre de deux seulement, se confondent avec les points déterminés par la bissectrice de l'angle et par la bissectrice de l'angle supplémentaire, points qui divisent harmoniquement la base AB.

187. COROLLAIRE. *Le lieu des points, dont les distances à deux points donnés* A *et* B *sont entre elles dans un rapport donné* $\frac{m}{n}$, *est une circonférence qui a pour diamètre la distance des points conjugués harmoniques par rapport à* AB.

Soient A, B les deux points fixes donnés et I, I' les

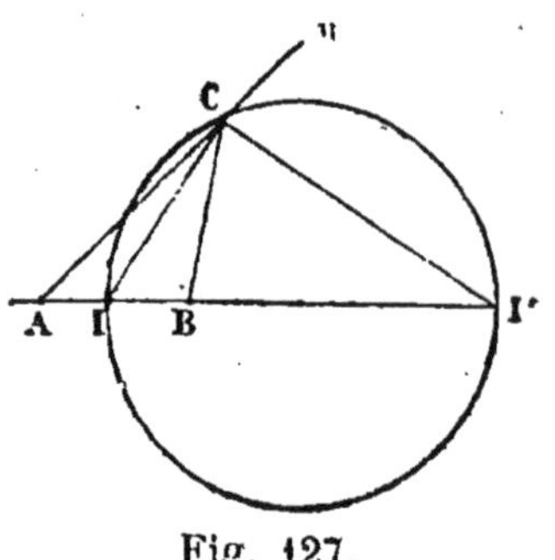

Fig. 127.

deux points conjugués harmoniques par rapport à AB qui, évidemment, appartiennent au lieu cherché, et soit de plus, C un point quelconque du lieu; en joignant ce point aux deux points fixes A et B, nous formons un triangle dans lequel deux lignes CI et CI' sont les bissectrices des angles intérieurs et extérieurs du sommet C. Si l'on observe que les deux bissectrices CI et CI' se coupent à angle droit, puisque en C au-dessous de la ligne AH, il y a quatre angles égaux deux à deux, dont la somme vaut deux droits, (la moitié de cette somme, c'est-à-dire ICI' vaut 1 droit) le point C est donc le lieu des points d'où l'on voit la ligne fixe II' sous un angle droit; en d'autres termes, c'est une circonférence décrite sur II' comme diamètre.

188. Remarque. On peut déterminer très facilement avec la règle et le compas les deux points I, I', conjugués harmoniques par rapport à la ligne donnée AB.

Par le point A, on mène une ligne au-dessus de AB, dans une direction quelconque, mais d'une longueur égale, à m; par le point B une ligne CC' parallèle à AD d'une

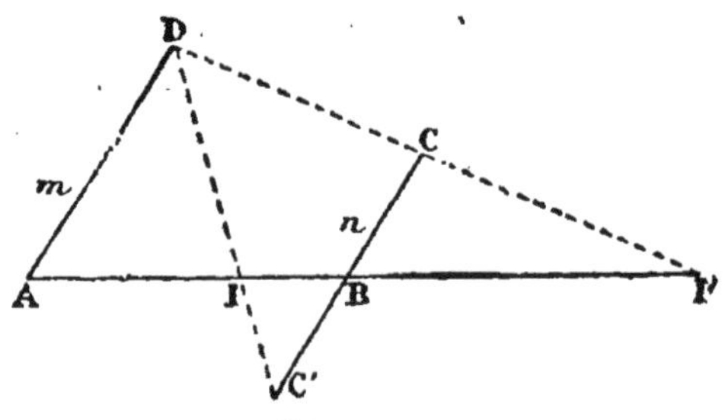

Fig. 128.

longueur BC $= n$ au-dessus de AB et d'une longueur

$BC' = n$ au-dessous; en joignant les points D et C, D et C', on obtient les deux points I, I' demandés. En effet les deux triangles ADI, BIC' ayant leurs côtés parallèles donnent la proportion suivante :

$$\frac{IA}{IB} = \frac{AD}{BC'} = \frac{m}{n}.$$

De même les deux triangles I'AD, I'BC donnent :

$$\frac{I'A}{I'B} = \frac{AD}{BC} = \frac{m}{n},$$

d'où

$$\frac{IA}{IB} = \frac{I'A}{I'B} = \frac{m}{n}.$$

§ II. Des triangles et des polygones semblables.

Théorème.

189. *Toute parallèle DE à l'un des côtés d'un triangle ABC détermine un second triangle ADE semblable au premier.*

Et, d'abord, les deux triangles ABC, ADE, ont leurs angles égaux chacun à chacun ; car l'angle A est commun, les angles ADE, ABC, sont égaux comme correspondants par rapport aux parallèles DE, BC et à la sécante AB, et il en est de même des angles AED, ACB.

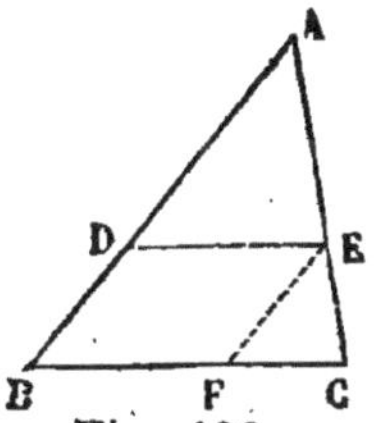

Fig. 129.

De plus, la droite DE étant parallèle au côté BC, nous avons (181).

$$\frac{AD}{AB} = \frac{AE}{AC}.$$

Si, par le point E, nous menons la droite EF parallèle au côté AB, nous avons de même

$$\frac{AE}{AC} = \frac{BF}{BC},$$

ou, en remarquant que les longueurs BF, DE, sont égales comme parallèles comprises entre parallèles,

$$\frac{AE}{AC} = \frac{DE}{BC}.$$

Les trois rapports $\dfrac{AD}{AB}$, $\dfrac{AE}{AC}$, $\dfrac{DE}{BC}$ sont donc égaux entre eux, et, par suite, les triangles ADE, ABC ont leurs côtés homologues proportionnels; ils ont d'ailleurs leurs angles égaux chacun à chacun; donc ils sont semblables.

Théorème.

190. *Deux triangles ABC, DEF qui ont leurs angles égaux chacun à chacun sont semblables.*

Supposons les angles A, B, C égaux respectivement aux angles D, E, F; les triangles ABC, DEF sont semblables.

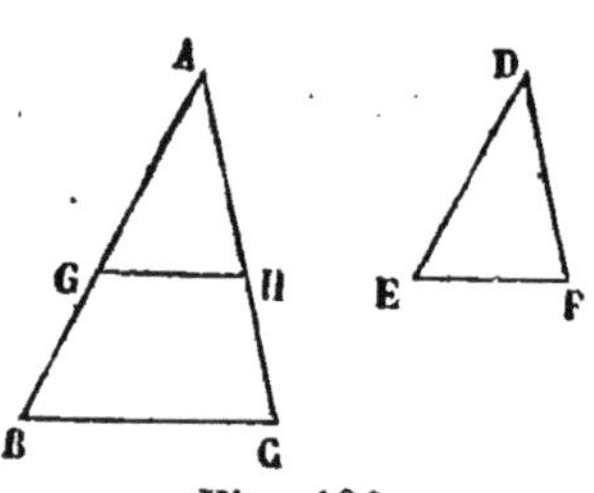
Fig. 130.

Prenons, en effet, sur le côté AB, une longueur AG égale au côté DE et, par le point G, menons la droite GH parallèle au côté BC; le triangle AGH ainsi déterminé est, d'après le théorème précédent, semblable au triangle ABC; démontrons qu'il est de plus égal au triangle DEF, et nous aurons démontré par là même que ce dernier est aussi semblable au triangle ABC.

Or, les côtés AG, DE étant égaux par construction, les angles A et D égaux par hypothèse et les angles AGH,

DEF égaux tous deux à l'angle B, les triangles AGH, DEF ont un côté égal adjacent à deux angles égaux chacun à chacun ; donc ils sont égaux et, par suite, le triangle DEF est semblable au triangle ABC.

191. Corollaire. — *Deux triangles sont semblables s'ils ont deux angles égaux chacun à chacun*, car les troisièmes angles de ces triangles sont égaux comme suppléments de sommes d'angles égaux.

Théorème.

192. *Deux triangles qui ont un angle égal compris entre deux côtés homologues proportionnels sont semblables.*

Supposons l'angle A égal à l'angle D et les côtés AB, AC proportionnels aux côtés homologues DE, DF, ce qui veut dire que

$$\frac{DE}{AB} = \frac{DF}{AC} ; \qquad (1)$$

les triangles ABC, DEF sont semblables. Prenons, en effet, sur le côté AB, une longueur AG égale au côté DE et, par le point G, menons la droite GH parallèle au côté BC ; le triangle AGH ainsi déterminé est semblable au triangle ABC (189) ; démontrons qu'il est de plus égal au triangle DEF, et nous aurons démontré par là même que ce dernier est aussi semblable au triangle ABC.

Or, les triangles AGH, ABC étant semblables, leurs côtés homologues sont proportionnels ; nous avons donc

$$\frac{AG}{AB} = \frac{AH}{AC}. \qquad (2)$$

En comparant les proportions (1) et (2), et en remarquant que AG égale DE par construction, nous voyons que les premiers rapports sont identiques; les deuxièmes sont donc égaux; et, comme ils ont les mêmes conséquents, ils doivent avoir des antécédents égaux; en d'autres termes DF égale AH. Alors, les triangles DEF, AGH ont un angle égal compris entre deux côtés égaux chacun à chacun; donc, ils sont égaux et, par suite, le triangle DEF est semblable au triangle ABC.

Théorème.

193. *Deux triangles* ABC, DEF, *qui ont leurs côtés homologues proportionnels, sont semblables.*

Supposons les côtés AB, AC, BC proportionnels aux côtés homologues DE, DF, EF, ce qui veut dire que

$$\frac{DE}{AB} = \frac{DF}{AC} = \frac{EF}{BC}; \qquad (1)$$

les triangles ABC, DEF sont semblables. Prenons, en effet, sur le côté AB (*fig.* 130), une longueur AG égale au côté DE, et, par le point G, menons une droite GH parallèle au côté BC; le triangle AGH ainsi déterminé est semblable au triangle ABC (189), démontrons qu'il est de plus égal au triangle DEF et nous aurons démontré par là même que ce dernier est semblable au triangle ABC.

Or, les triangles AGH, ABC étant semblables, leurs côtés homologues sont proportionnels; nous avons donc

$$\frac{AG}{AB} = \frac{AH}{AC} = \frac{GH}{BC}. \qquad (2)$$

En comparant les suites de rapports égaux (1) et (2) et en remarquant que AG égale DE par construction, nous voyons que les deux premiers sont identiques; les autres sont donc tous égaux entre eux. Mais, de cette égalité, résulte celle des antécédents DF et AH, EF et GH. Alors, les triangles AGH, DEF ont leurs trois côtés égaux chacun à chacun; donc ils sont égaux et, par suite, le triangle DEF est semblable au triangle ABC.

Théorème.

194. *Deux triangles* ABC, A'B'C' *qui ont leurs côtés parallèles ou perpendiculaires chacun à chacun sont semblables.*

Les angles A et A′ ayant leurs côtés parallèles ou perpendiculaires chacun à chacun sont égaux ou supplémentaires (63); il en est de même des angles B et B′, C et C′. Par conséquent, nous ne pouvons faire sur ces angles que les quatre hypothèses suivantes :

$$1^o \quad A + A' = 2 \, dr.; \quad B + B' = 2 \, dr.; \quad C + C' = 2 \, dr.$$
$$2^o \quad A + A' = 2 \, dr.; \quad B + B' = 2 \, dr.; \quad\quad C = C'.$$
$$3^o \quad A + A' = 2 \, dr.; \quad\quad B = B' \;\; ; \quad\quad C = C'.$$
$$4^o \quad\quad A = A' \;\; ; \quad\quad B = B' \;\; ; \quad\quad C = C'.$$

Aucune des deux premières hypothèses n'est admissible, puisque la somme des six angles de deux triangles ne peut être supérieure à quatre angles droits (64). Quant à la troisième, elle comprend implicitement que les angles A et A′ sont droits; car les triangles ABC, A'B'C' ayant deux angles égaux, le troisième angle de l'un est égal au troisième angle de l'autre; cette hypothèse n'est donc qu'un cas particulier de la quatrième, qui seule est vraie. Les deux triangles ayant alors leurs angles égaux chacun à chacun, nous retombons dans le cas de similitude examiné au n° 190.

Théorème.

195. *Deux polygones semblables, ABCDE, A'B'C'D'E' peuvent être décomposés en un même nombre de triangles semblables et semblablement placés.*

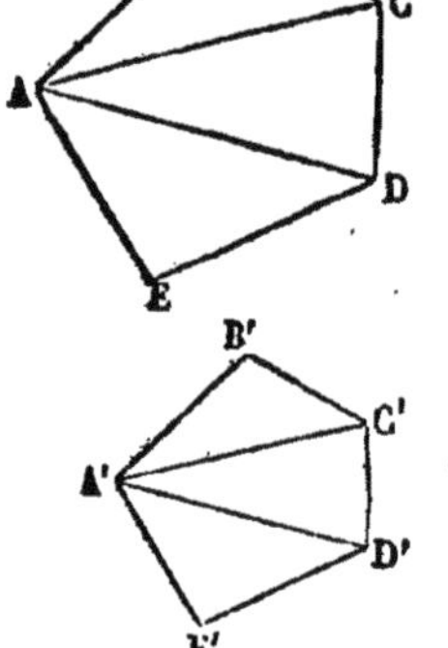
Fig. 131.

Par deux sommets homologues A et A', menons les diagonales AC, AD, A'C', A'D'. Puisque les polygones sont semblables, l'angle ABC égale l'angle A'B'C' son homologue, et nous avons de plus

$$\frac{AB}{A'B'} = \frac{BC}{B'C'}.$$

Les triangles ABC, A'B'C', ont donc un angle égal compris entre deux côtés proportionnels; ils sont par conséquent semblables, et l'angle ACB égale l'angle A'C'B'. Si nous les retranchons des angles égaux C et C' des polygones, les angles restants ACD, A'C'D' sont eux-mêmes égaux. D'ailleurs, la similitude des triangles ABC, A'B'C' donne

$$\frac{AC}{A'C'} = \frac{BC}{B'C'},$$

et celle des polygones

$$\frac{CD}{C'D'} = \frac{BC}{B'C'};$$

les rapports $\dfrac{AC}{B'C'}$, $\dfrac{CD}{C'D'}$ étant égaux au même troisième $\dfrac{BC}{B'C'}$, le sont aussi entre eux, et les triangles ACD, A'C'D' ont encore un angle égal compris entre deux côtés proportionnels; donc ils sont semblables. Nous démontre-rions de même la similitude des triangles suivants, deux à deux, quel que fût le nombre des côtés des polygones. Donc deux polygones semblables peuvent être décom-posés en un même nombre de triangles semblables et semblablement placés.

196. Réciproquement, *deux polygones* ABCDE, A'B'C'D'E', *composés d'un même nombre de triangles semblables et semblablement placés, sont semblables.*

En effet, la disposition des triangles semblables étant celle qu'indique la figure 132, nous reconnaissons aisé-ment que les angles des polygones sont égaux chacun, à chacun ou comme angles homologues de deux triangles semblables, ou comme somme d'angles égaux. Ainsi, les angles B et B' sont égaux comme angles homologues des triangles semblables ABC, A'B'C'; l'angle BCD, somme des deux angles BCA, ACD, égale l'angle B'C'D',

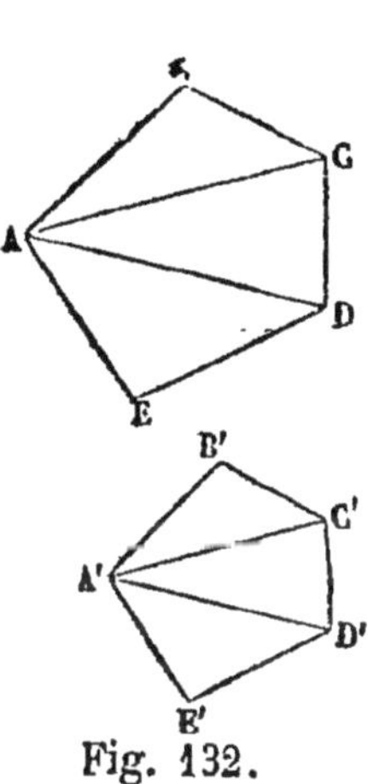

Fig. 132.

somme des angles B'C'A' A'C'D', égaux respectivement aux angles BCA, ACD.

D'ailleurs, la similitude des triangles ABC, A'B'C' donne

$$\frac{AB}{A'B'} = \frac{BC}{B'C'} = \frac{AC}{A'C'};$$

celle des triangles ACD, A'C'D'

$$\frac{AC}{A'C'} = \frac{CD}{C'D'} = \frac{AD}{A'D'};$$

enfin, celle des triangles ADE, A'D'E',

$$\frac{AD}{A'D'} = \frac{DE}{D'E'} = \frac{AE}{A'E'}.$$

En comparant entre elles ces différentes suites de rapports égaux, nous en déduisons

$$\frac{AB}{A'B'} = \frac{BC}{B'C'} = \frac{CD}{C'D'} = \frac{DE}{D'E'} = \frac{AE}{A'E'}.$$

Ainsi, les deux polygones ont leurs côtés homologues proportionnels et leurs angles égaux chacun à chacun; donc ils sont semblables.

Théorème.

197. *Le rapport des périmètres ou contours de polygones semblables* ABCDE, A'B'C'D'E *(fig. 132) est égal au rapport de deux côtés homologues quelconques.*

En effet, puisque les polygones sont semblables, nous avons

$$\frac{AB}{A'B'} = \frac{BC}{B'C'} = \frac{CD}{C'D'} = \frac{DE}{D'E'} = \frac{AE}{A'E'}.$$

Mais (173), dans une suite de rapports égaux, la somme des antécédents est à la somme des conséquents, comme un antécédent est à son conséquent; donc

$$\frac{AB + BC + CD + DE + AE}{A'B' + B'C' + C'D' + D'E' + A'E'} = \frac{AB}{A'B'}.$$

Or, l'antécédent du premier rapport est le périmètre du premier polygone, et son conséquent est le périmètre du second polygone : donc, en appelant P et P' ces périmètres, nous avons

$$\frac{P}{P'} = \frac{AB}{A'B'}.$$

Théorème.

198. *Lorsque des droites partent d'un même point* O *pour aboutir aux sommets d'un polygone quelconque* ABCDE, *si l'on porte sur chacune d'elles, soit dans un sens, soit dans un sens contraire, des distances* OA′, OB′, OC′, *proportionnelles aux distances* OA, OB, OC, *on obtient un polygone* A′B′C′D′F′ *semblable au polygone* ABCDF.

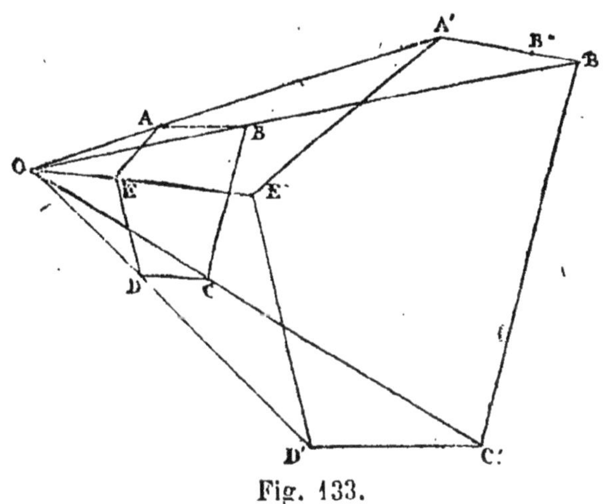

Fig. 133.

D'après l'énoncé on a

$$\frac{OA}{OA'} = \frac{OB}{OB'};$$

or, d'après les principes de l'arithmétique on peut transformer cette proportion comme il suit :

$$\frac{OA}{OA' - OA} = \frac{OB}{OB' - OB}$$

ou :

$$\frac{OA}{AA'} = \frac{OB}{BB'};$$

c'est-à-dire que AB divise les deux côtés du triangle en segments proportionnels; on peut donc en conclure que A'B' est parallèle à AB. On démontrerait de même que B'C' est parallèle à BC, et ainsi de suite. Le polygone A'B'C'D'E' ayant ses côtés parallèles aux côtés du polygone ABCDE et dirigés dans le même sens, ces deux polygones ont leurs angles égaux deux à deux.

Si l'on appelle K le rapport de similitude $\dfrac{OA}{OA'}$, les deux triangles OAB, OA'B' étant semblables, on a :

$$\frac{OA}{OA'} = \frac{AB}{A'B'} = K.$$

On démontrerait de même que

$$\frac{BC}{B'C'} = K.$$

Ces deux polygones ayant les angles égaux chacun à chacun et les côtés homologues proportionnels, sont semblables.

RÉCIPROQUEMENT. *Lorsque deux polygones semblables sont disposés de manière à avoir leurs côtés parallèles chacun à chacun, soit dans le même sens, soit dans un sens inverse, les lignes qui joignent les sommets homologues concourent en un même point.*

Soient ABCDE, A'B'C'D'E' les deux polygones en question, en joignant les deux sommets A, A' aux deux sommets homologues E, E' nous obtenons le point O; si l'on joint ce point O au point B, je dis que cette droite prolongée passe au point B'; en effet, s'il en était autrement, soit B" le point de rencontre avec A'B'. Dans le triangle, OA′B″ étant parallèle à la base on a :

$$\frac{A'B''}{AB} = \frac{OA'}{OA}.$$

Mais, d'autre part, les deux triangles OAE, OA′E′ sont semblables, puisque AE est parallèle à A′E′, on a donc :

$$\frac{A'E'}{AE} = \frac{OA'}{OA};$$

de plus, les deux polygones étant semblables, on a :

$$\frac{A'E'}{AE} = \frac{A'B'}{AB}.$$

Des trois rapports ci-dessus on peut conclure :

$$\frac{A'B'}{AB} = \frac{A'B''}{AB},$$

ou :

$$A'B' = A'B''$$

c'est-à-dire que le point B″ n'est autre que le point B′.

REMARQUE. Le point O s'appelle le *centre de similitude* des deux polygones ; si les deux polygones ont leurs côtés dirigés dans le même sens, il est dit *externe* ; si au contraire les deux polygones ont leurs côtés dirigés en sens contraire, il est dit *interne*.

199. THÉORÈME. *Si dans deux circonférences quelconques O, O′, on mène deux rayons OI, O′I′ parallèles, la droite II′ qui joint les extrémités de ces rayons coupe la ligne des centres en un point fixe.*

1° Supposons d'abord les rayons OI, O′I′ de même sens, et soit S le point de rencontre de II′ avec la ligne des centres ; en représentant par d la distance des

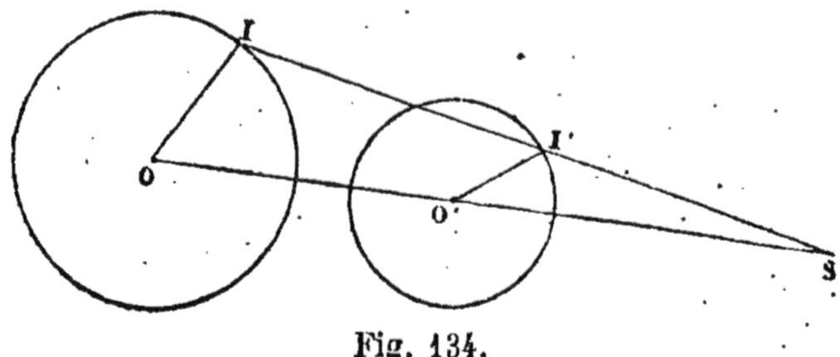

Fig. 134.

centres OO', par r, r' les rayons des circonférences, les triangles semblables SOI, SO'I' donnent :

$$\frac{\text{OS}}{\text{O'S}} = \frac{r}{r'},$$

mais

$$\text{OS} = \text{O'S} + d,$$

donc :

$$\frac{\text{O'S} + d}{\text{O'S}} = \frac{r}{r'}$$

ou :

$$\frac{d}{\text{O'S}} = \frac{r - r'}{r'}$$

d'où enfin

$$\text{O'S} = \frac{dr'}{r - r'},$$

distance qui est indépendante de la direction des rayons ; donc S est un point fixe.

Il faut remarquer, en passant, que ce point fixe est le point par lequel passe la tangente commune extérieure aux deux circonférences O,O', puisque, lorsque l'on mène la tangente commune, les angles en I et I' étant droits, les rayons OI, O'I' sont parallèles ; cette remarque fournit par conséquent un second procédé pour mener une tangente commune extérieure à deux circonférences données.

2° Supposons maintenant les rayons OI,O'I' de sens contraire, et soit S le point de rencontre de la ligne II' avec la ligne des centres.

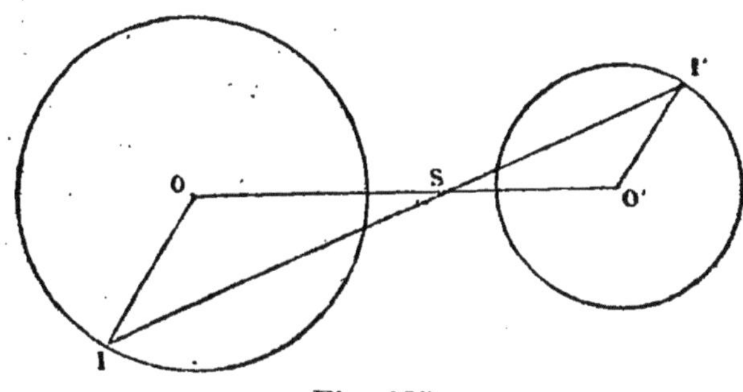

Fig. 135.

En dirigeant le calcul comme ci-dessus on trouve:

$$O'S = \frac{dr'}{r + r'},$$

distance qui est indépendante de la direction des rayons, donc S est un point fixe. On peut remarquer, comme ci-dessus, que ce point fixe est le point par lequel passe la tangente commune intérieure aux deux circonférences.

Cette remarque fournit par conséquent un second procédé pour mener une tangente commune intérieure à deux circonférences données.

Le point S porte le nom de *centre de similitude externe ou interne* des deux circonférences.

§ III. **Relations métriques entre les différentes parties d'un triangle.**

Théorème.

200. *Si, du sommet A de l'angle droit d'un triangle rectangle, on abaisse sur l'hypoténuse une perpendiculaire AD :*

1° Cette perpendiculaire partage le triangle ABC en deux triangles partiels ABD, ACD qui sont semblables au triangle total et semblables entre eux.

2° La perpendiculaire AD est moyenne proportionnelle entre les deux segments qu'elle détermine sur l'hypoténuse.

3° Chaque côté de l'angle droit est moyen proportionnel entre le segment qui lui est adjacent et l'hypoténuse entière.

1° Les triangles ABD, ABC ont l'angle aigu B commun; de plus, l'angle droit BDA est égal à l'angle droit BAC; le troisième angle BAD du premier est donc égal au troisième angle C du second (67),

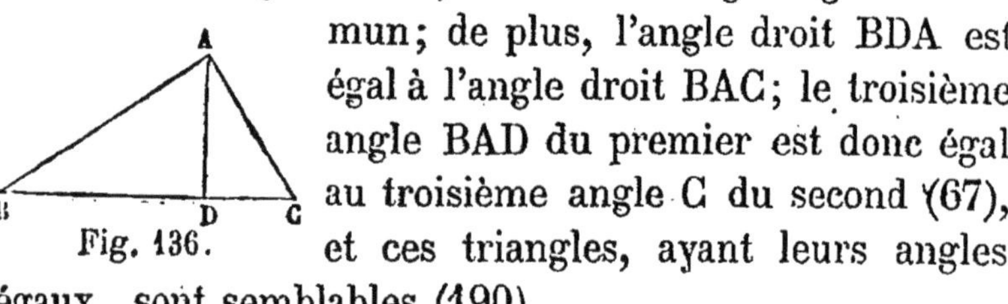

Fig. 136.

et ces triangles, ayant leurs angles égaux, sont semblables (190).

De même les triangles ACD, ABC ont l'angle aigu C commun; l'angle droit ADC égale l'angle droit BAC et, par suite, l'angle CAD du premier égale l'angle B du second. Ces deux triangles, ayant leurs angles égaux chacun à chacun, sont semblables.

Enfin, les deux triangles partiels ABD, ACD sont tous deux rectangles en D, et nous venons de démontrer que l'angle BAD égale l'angle C, et que l'angle CAD égale l'angle B; ils ont donc leurs trois angles

égaux chacun à chacun et sont, par conséquent, semblables.

2° Les deux triangles ABD, ACD étant semblables,
leurs côtés homologues sont proportionnels. Or, le côté
BD du premier triangle est l'homologue du côté AD du
second, comme opposé aux angles égaux BAD, ACD;
par la même raison, AD considéré comme côté du premier triangle est l'homologue du côté CD du second;
nous pouvons donc écrire la proportion :

$$\frac{BD}{AD} = \frac{AD}{CD}.$$

D'où, en égalant le produit des moyens au produit
des extrêmes,

$$\overline{AD}^2 = BD \times CD. \qquad (1)$$

Donc, 2° la perpendiculaire AD est moyenne proportionnelle entre les deux segments BD et CD de
l'hypoténuse; c'est-à-dire que *le carré du nombre qui
exprime la mesure de cette perpendiculaire égale le
produit des nombres qui expriment la mesure des
segments* BD *et* CD.

3° Considérons le côté AB de l'angle droit. Nous devons avoir,

$$\overline{AB}^2 = BC \times BD.$$

Les deux triangles ABD, ABC étant semblables, leurs
côtés homologues sont proportionnels; nous aurons donc,
en remarquant que AB doit occuper la place des deux
moyens dans la proportion,

$$\frac{BC}{AB} = \frac{AB}{BD}.$$

D'où, en égalant le produit des moyens au produit des extrêmes,

$$\overline{AB}^2 = BC \times BD. \qquad (2)$$

La similitude des triangles ACD, ABC donne de même

$$\overline{AC}^2 = BC \times DC. \qquad (3)$$

201. CorolLaire I. — Si nous ajoutons membre à membre les égalités (2) et (3), nous avons

$$\overline{AB}^2 + \overline{AC}^2 = BC \times BD + BC \times DC.$$

Mais, dans le second membre de cette nouvelle égalité, la même quantité BC en multiplie deux autres ; nous pouvons donc la mettre en facteur commun, c'est-à-dire, écrire qu'elle multiplie la somme de ces deux autres, et il vient :

$$\overline{AB}^2 + \overline{AC}^2 = BC \times (BD + CD).$$

Or, $BD + CD = BC$; donc

$$\overline{AB}^2 + \overline{AC}^2 = \overline{BC}^2, \qquad (4)$$

c'est-à-dire que *le carré du nombre qui exprime la mesure de l'hypoténuse est égal à la somme des carrés des nombres qui expriment la mesure des côtés de l'angle droit.*

202. Corollaire II. — *Le rapport de la diagonale du carré à son côté est égal à* $\sqrt{2}$ *et cette diagonale égale le côté multiplié par* $\sqrt{2}$.

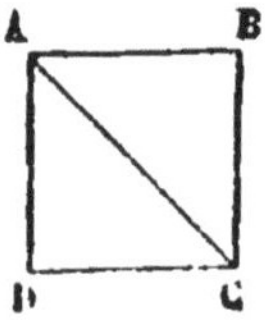

En effet, le triangle ABC étant rectangle, nous avons

$$\overline{AC}^2 = \overline{AB}^2 + \overline{BC}^2,$$

Fig. 137.

ou bien

$$\overline{AC}^2 = 2\overline{AB}^2,$$

puisque les côtés AB, BC sont égaux. En divisant par $\overline{AB}^2$ les deux membres de cette dernière égalité, et en extrayant la racine carrée des deux membres de l'égalité résultante, nous trouvons :

$$\frac{AC}{AB} = \sqrt{2};$$

d'où nous tirons

$$AC = AB\sqrt{2}.$$

Applications numériques.

203. *Les deux segments BD, CD, déterminés sur l'hypoténuse d'un triangle rectangle ABC (fig. 136), par la perpendiculaire AD abaissée du sommet de l'angle droit, ont pour longueurs respectives 16 mètres et 9 mètres : calculer les longueurs de l'hypoténuse BC, de la perpendiculaire AD et des côtés AB, AC de l'angle droit.*

Nous trouvons d'abord

$$BC = BD + CD = 16 + 9 = 25.$$

En remplaçant BD, CD par leurs valeurs numériques, la formule (1) du numéro 200 donne

$$\overline{AD}^2 = 16 \times 9 = 144;$$

d'où nous tirons, en extrayant la racine carrée des deux membres,

$$AD = 12.$$

Les formules (2) et (3) donnent pareillement,

$$\overline{AB}^2 = BC \times BD = 25 \times 16 = 400,$$
$$\overline{AC}^2 = BC \times CD = 25 \times 9 = 225.$$

En extrayant la racine carrée des deux membres de chacune de ces égalités, nous trouvons

$$AB = 20,$$
$$AC = 15.$$

204. *Les côtés* AB, AC *de l'angle droit d'un triangle rectangle* ABC *(fig.* 136) *sont égaux respectivement à* 4 *mètres et* 3 *mètres : calculer les longueurs de l'hypoténuse* BC, *de la perpendiculaire* AD *et des segments* BD, CD *que cette perpendiculaire détermine sur l'hypoténuse.*

Nous avons d'abord (201)

$$\overline{BC}^2 = \overline{AB}^2 + \overline{AC}^2 = 4^2 + 3^2 = 25;$$

d'où nous tirons

$$BC = 5.$$

L'hypoténuse BC étant connue et le côté AB donné, nous déduisons de la formule (2)

$$BD = \frac{16}{5} = 3,2.$$

La formule (3) donne pareillement

$$CD = \frac{9}{5} = 1,8.$$

Enfin, la formule (1) donne

$$\overline{AD}^2 = \frac{16}{5} \times \frac{9}{5} = \frac{144}{25},$$

d'où nous tirons

$$AD = \sqrt{\frac{144}{25}} = \frac{12}{5} = 2,4.$$

DÉFINITION.

205. On appelle *projection* d'un point A sur une droite MN, le pied a de la perpendiculaire abaissée de ce point sur la droite.

La projection d'une ligne AB sur la droite MN est la portion ab de cette dernière

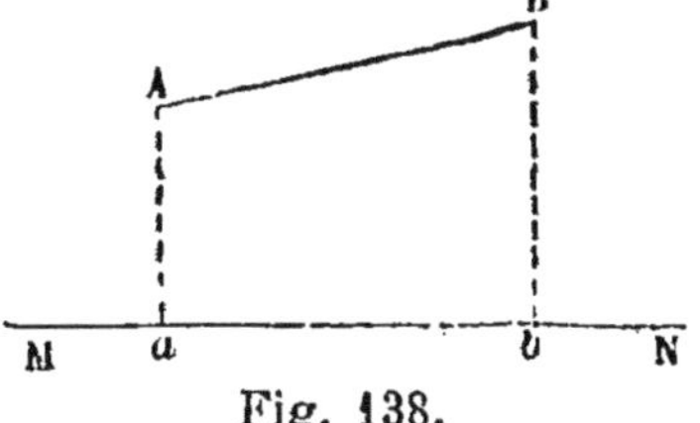

Fig. 138.

qui se trouve comprise entre les pieds des perpendiculaires abaissées des extrémités A et B de la ligne projetée.

Théorème.

206. *Dans un triangle quelconque ABC, le carré du côté opposé à un angle aigu est égal à la somme des carrés des deux autres côtés, moins deux fois le produit de l'un d'eux par la projection du second sur le premier.*

Considérons le côté AB opposé à l'angle aigu C, et soit CD la projection du côté BC sur le côté AC, nous devons avoir

$$\overline{AB}^2 = \overline{BC}^2 + \overline{AC}^2 - 2AC \times CD.$$

Deux cas peuvent se présenter, suivant que la perpendiculaire BD tombe à l'intérieur ou à l'extérieur du triangle ABC; le premier cas a lieu lorsque l'angle BAC est aigu, et le second, lorsque cet angle est obtus.

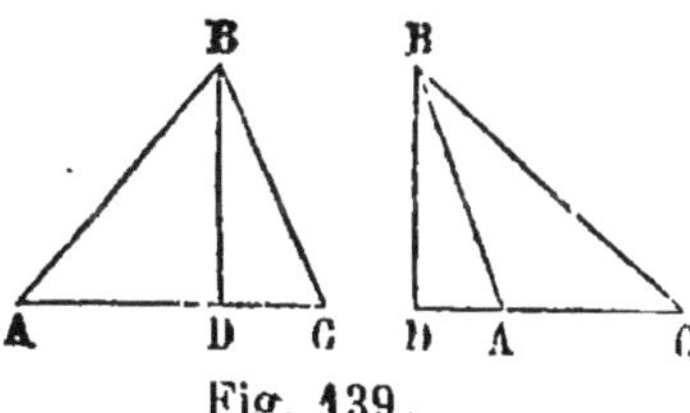

Fig. 139.

Dans le premier cas, le triangle rectangle ABD donne (201)

$$\overline{AB}^2 = \overline{AD}^2 + \overline{BD}^2. \qquad (1)$$

Le point D étant, par hypothèse, situé entre C et A, nous avons

$$AD = AC - CD,$$

et, puisque le carré de la différence de deux quantités est égal *au carré de la première, plus le carré de la seconde, moins deux fois le produit de la première par la seconde,*

$$\overline{AD}^2 = \overline{AC}^2 + \overline{CD}^2 - 2AC \times CD.$$

En portant cette valeur de $\overline{AD}^2$ dans la relation (1), nous trouvons

$$\overline{AB}^2 = \overline{AC}^2 + \overline{CD}^2 + \overline{BD}^2 - 2AC \times CD;$$

et, comme le triangle rectangle BCD donne

$$\overline{CD}^2 + \overline{BD}^2 = \overline{BC}^2,$$

nous avons finalement

$$\overline{AB}^2 = \overline{AC}^2 + \overline{BC}^2 - 2AC \times CD.$$

Dans le second cas, la démonstration est la même. Il est vrai qu'au lieu de

$$AD = AC - CD$$

nous avons

$$AD = CD - AD;$$

mais, comme le carré de AD reste le même, et que

c'est ce carré seul qui figure dans la démonstration, le raisonnement qui précède subsiste en entier.

Théorème.

107. *Dans un triangle quelconque ABC, le carré du côté opposé à un angle obtus est égal à la somme des carrés des deux autres côtés, plus deux fois le produit de l'un d'eux par la projection du second sur le premier.*

Considérons le côté AB opposé à l'angle obtus C, et soit CD la projection du côté BC sur le côté AC, nous devons avoir

$$\overline{AB}^2 = \overline{AC}^2 + \overline{BC}^2 + 2AC \times CD.$$

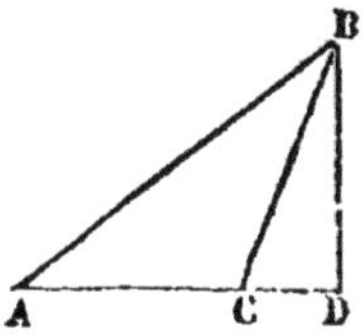

Le triangle ABD donne (201) :

$$\overline{AB}^2 = \overline{AD}^2 + \overline{BD}^2. \qquad (1)$$

Fig. 140.

Le point D étant extérieur au triangle ABC, nous avons

$$AD = AC + CD,$$

et, puisque le carré de la somme de deux quantités est égal *au carré de la première, plus le carré de la seconde, plus deux fois le produit de la première par la seconde,*

$$\overline{AD}^2 = \overline{AC}^2 + \overline{CD}^2 + 2AC \times CD.$$

En substituant cette valeur de AD² dans la relation (1), nous trouvons

$$\overline{AB}^2 = \overline{AC}^2 + \overline{DC}^2 + \overline{BD}^2 + 2AC \times CD ;$$

et, comme le triangle rectangle BCD donne

$$\overline{CD}^2 + \overline{BD}^2 = \overline{BC}^2,$$

nous avons finalement

$$\overline{AB}^2 = \overline{AC}^2 + \overline{BC}^2 + 2AC \times CD.$$

Théorème.

208. *Si d'un point A, pris dans le plan d'un cercle, on mène des sécantes, le produit des distances de ce point aux deux points d'intersection de chaque sécante avec la circonférence est constant.*

Supposons d'abord le point donné A dans l'intérieur du cercle et joignons CD, BE. Les triangles ACD, ABE

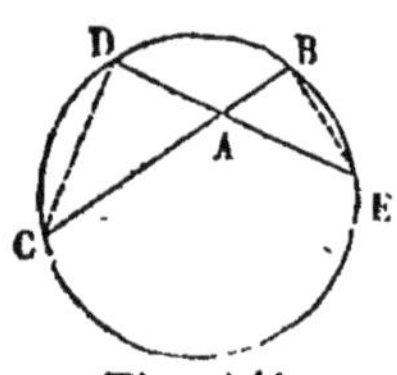

Fig. 141.

sont semblables, car leurs angles en A sont égaux comme opposés par le sommet, l'angle inscrit ACD égale l'angle inscrit AEB puisqu'ils ont tous deux pour mesure la moitié du même arc BD (132) ; pour la même raison, l'angle ADC égale l'angle ABE. La comparaison des côtés homologues de ces deux triangles semblables donne

$$\frac{AB}{AD} = \frac{AE}{AC};$$

d'où, en égalant le produit des extrêmes au produit des moyens,

$$AB \times AC = AD \times AE.$$

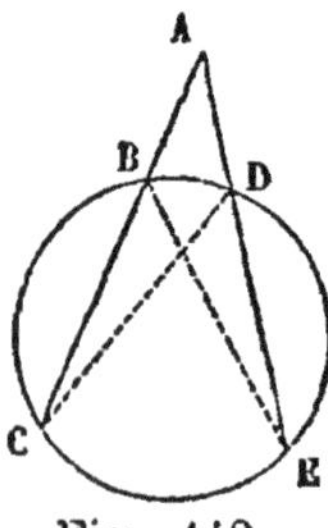

Fig. 142.

Supposons maintenant le point A en dehors du cercle et joignons CD, BE. Les deux triangles ACD, ABE ont l'angle A commun ; de plus l'angle inscrit ACD égal l'angle inscrit AEB, puisqu'ils ont tous deux pour mesure la moitié du même arc BD ; ils sont donc semblables (191) et la comparaison des côtés homologues donne

$$\frac{AB}{AD} = \frac{AE}{AC};$$

d'où, en égalant le produit des extrêmes au produit des moyens.

$$AB \times AC = AD \times AE.$$

RÉCIPROQUEMENT. *Lorsque deux droites* BC, DE, *prolongées, s'il le faut, concourent en un point* A *tel, qu'on ait la relation* AC$\times$AB$=$AE$\times$AD, *les extrémités* B, C, D, E *appartiennent à une même circonférence.*

En effet, par les points B, C, D (fig. 142) faisons passer une circonférence, et soit E$'$ le point où cette circonférence coupe la ligne AD :

En vertu des théorèmes ci-dessus on a :

$$AB \times AC = AD \times AE'.$$

En vertu de l'hypothèse on a :

$$AB \times AC = AD \times AE.$$

Donc AE$=$AE$'$, c'est-à-dire que le point E$'$ se confond avec le point E.

209. REMARQUE. Les lignes DC, BE tracées entre les côtés d'un angle A, ou de son opposé par le sommet, faisant, la première, avec l'un des côtés de l'angle donné un angle égal à celui que la seconde fait avec l'autre côté, s'appellent anti-parallèles.

Le théorème précédent peut alors s'énoncer comme il suit :

Lorsque les deux côtés d'un angle sont coupés par deux droites anti-parallèles, le produit des distances du sommet aux deux points où chacun des côtés de l'angle est coupé par les deux transversales, est constant, et réciproquement.

Théorème.

210. *Si d'un point* A, *pris hors d'un cercle, on mène à ce cercle une tangente* AB *et une sécante quelconque* AE, *la tangente est moyenne proportionnelle entre la sécante entière et sa partie extérieure* AD.

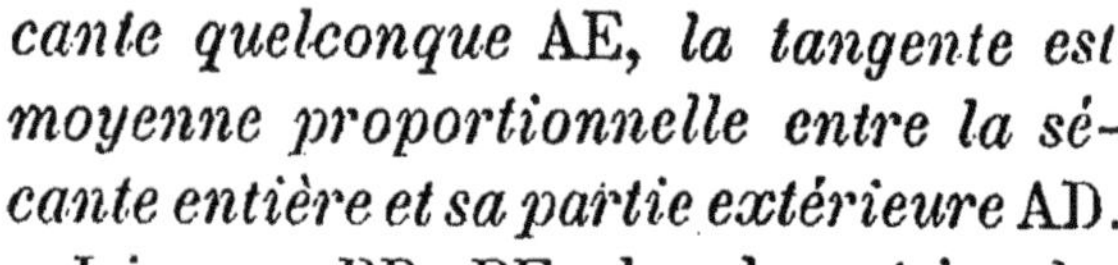

Joignons BD, BE; les deux triangles ABD, ABE sont semblables, car ils ont l'angle A commun; d'autre part, l'angle inscrit AEB égale l'angle inscrit ABD,

Fig. 143.

puisque tous deux ont pour mesure la moitié de l'arc BD. Si nous comparons leurs côtés homologues, nous aurons la proportion

$$\frac{AD}{AB} = \frac{AB}{AE};$$

d'où, en égalant le produit des extrêmes au produit des moyens,

$$AD \times AE = \overline{AB}^2.$$

211. Remarque. Ce théorème, en y joignant son réciproque, peut être considéré comme un cas particulier du théorème précédent et de la réciproque précédente, puisque une tangente à un cercle n'est autre chose qu'une sécante dont les deux points d'intersection se sont réunis. De plus, si l'on veut y introduire la notion de l'antiparallèle, on peut l'énoncer comme il suit :

Lorsque deux anti-parallèles par rapport à un angle se coupent sur l'un des côtés de l'angle, la distance du sommet à ce point est moyenne proportion-

nelle entre les distances du sommet aux points où le second côté de l'angle coupe les anti-parallèles, et réciproquement.

Applications des théorèmes précédents.

1° Calculer les hauteurs d'un triangle en fonction des côtés.

Soient, ABC le triangle donné (fig. 139) ;

a, b, c les côtés opposés aux angles A, B, C ;

h la hauteur issue du sommet B.

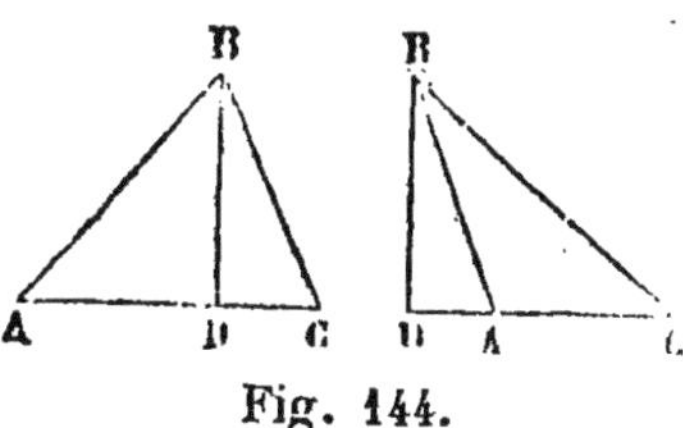

Fig. 144.

Des deux angles A, C, l'un au moins est aigu, supposons que ce soit l'angle C ; le triangle rectangle ADC, et le triangle ABC donnent de suite les deux relations suivantes :

$$(1) \quad h^2 = a^2 - \overline{DC}^2 = (a + DC)(a - DC),$$

$$(2) \quad c^2 = a^2 + b^2 - 2b \times DC$$

ou

$$DC = \frac{a^2 + b^2 - c^2}{2b}.$$

Éliminons DC, l'équation (1) devient :

$$h^2 = \left(a + \frac{a^2 + b^2 - c^2}{2b} \right) \left(a - \frac{a^2 + b^2 - c^2}{2b} \right)$$

ou, en réduisant au même dénominateur

$$h^2 = \frac{(a^2 + b^2 + 2ab - c^2)(- a^2 - b^2 + 2ab + c^2)}{4b^2}$$

$$= \frac{[(a + b)^2 - c^2][c^2 - (a - b)^2]}{4b^2}$$

$$= \frac{(a + b + c)(a + b - c)(c + a - b)(c + b - a)}{4b^2}.$$

Habituellement on pose

$$2p = a + b + c$$

d'où

$$2p - 2c = a + b - c,$$

c'est-à-dire

$$2(p - c) = a + b - c;$$

alors l'expression de h devient :

$$h = \frac{2}{b}\sqrt{p(p-a)(p-b)(p-c)},$$

2° Calculer les médianes d'un triangle en fonctions des côtés.

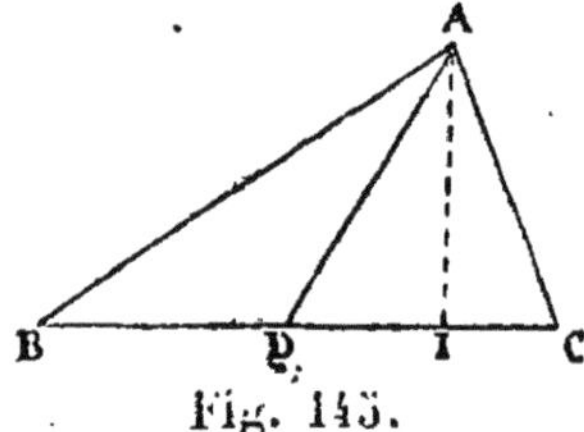

Fig. 145.

En désignant la médiane AD par m, et en observant que des deux angles en D, l'un est aigu, l'autre est obtus : les théorèmes précédents donnent, DI étant la projection de AD sur le côté BC,

$$(1) \qquad b^2 = m^2 + \overline{DC}^2 - 2 \times DC \times DI$$

$$(2) \qquad c^2 = m^2 + \overline{DB}^2 + 2 \times BD \times DI$$

mais $DC = BD = \dfrac{a}{2}$, en ajoutant les égalités précédentes

$$2m^2 + 2\left(\frac{a}{2}\right)^2 = b^2 + c^2 \qquad (3)$$

ou

$$4m^2 + a^2 = 2b^2 + 2c^2$$

d'où

$$m = \frac{1}{2}\sqrt{2b^2 + 2c^2 - a^2}.$$

On traduit encore l'équation (3) comme il suit :

La somme des carrés des côtés d'un triangle est égal à deux fois le carré de la médiane relative au troisième côté, plus deux fois le carré de la moitié de ce troisième côté.

Remarque I. A propos des médianes, il est bon d'observer que, dans un triangle quelconque, les médianes concourent en un même point situé sur une médiane, AD par exemple, mais au tiers à partir de la base.

En effet, soient AD, CI deux médianes du triangle ABC et O le point d'intersection. En joignant DI, nous formons deux triangles semblables DOI, AOC, puisque D et I étant milieux des côtés CB et AB, DI est parallèle à AC et égale de plus à la moitié de AC. On a donc :

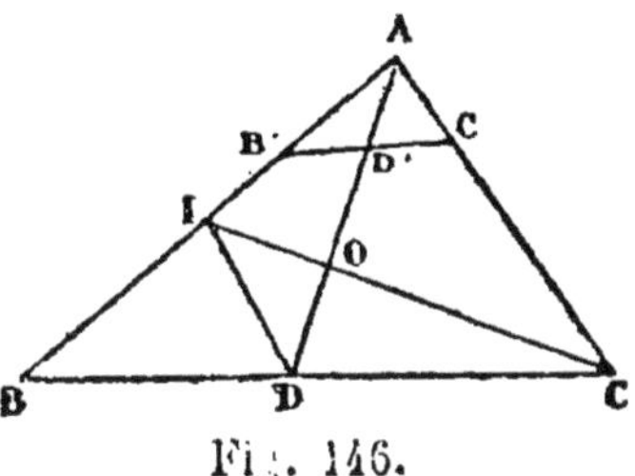

Fig. 146.

$$\frac{DO}{AO} = \frac{DI}{AC} = \frac{1}{2},$$

ou, en composant les rapports :

$$\frac{DO}{DO + AO} = \frac{1}{1 + 2}$$

d'où

$$DO = \frac{1}{3} AD. \qquad \text{C. Q. F. D.}$$

Ce point O est le centre de gravité de la surface du triangle. En effet, considérons cette surface comme formée d'une infinité de lignes pesantes telles que B'C', parallèles à BC, la médiane AD divise toutes ces lignes en deux parties égales ; car, les triangles ABD, A'B'D', ADC, A'D'C' étant semblables, on a :

$$\frac{\mathrm{B'D'}}{\mathrm{BD}} = \frac{\mathrm{AD'}}{\mathrm{AD}} = \frac{\mathrm{D'C'}}{\mathrm{DC}},$$

Comme BD = DC, on en conclut : B'D' = D'C'.

La médiane AD contenant tous les milieux des parallèles à BC, c'est-à-dire les centres de gravité de ces lignes, doit contenir le centre de gravité de la surface du triangle.

Comme le même raisonnement peut s'appliquer aux deux autres médianes, on peut en conclure de nouveau que les médianes concourent en un même point, et, de plus, que ce point est le centre de gravité de l'aire du triangle ABC.

Remarque II. Si les points B et C restant fixes, le sommet A se meut de manière que la somme des carrés des côtés AB, AC reste constante, la valeur de la médiane ne varie pas, donc :

Le lieu des points dont la somme des carrés des distances à deux points fixes est constante est une circonférence ayant pour centre le milieu de la droite qui joint les deux points fixes.

Remarque III. Si au lieu d'ajouter les équations (1) et (2), on les avait retranchées, on aurait

$$c^2 - b^2 = 2 \times a \times \mathrm{DI}.$$

Comme ci-dessus, si les deux points B et C restant fixes, le sommet A se déplace de façon que la différence des carrés des distances ne varie point ; la relation précédente prouve que la projection DI de la médiane ne varie pas. Donc :

Le lieu des points dont la différence des carrés des

distances à deux points fixes est constante est une droite perpendiculaire à la ligne qui unit les points fixes.

3° Calcul des bissectrices d'un triangle en fonctions des côtés. (Fig. 125, 126.)

Calculons d'abord la longueur de la bissectrice $AD = l$ de l'angle intérieur A d'un triangle ABC dans lequel a, b, c sont les côtés et δ, δ' les segments BD et CD déterminés par la bissectrice sur le côté a.

Des deux angles en D, l'un est aigu, l'autre obtus, par conséquent les triangles ADC, ADB, en appelant λ la projection de la bissectrice sur le côté BC, donnent :

$$b^2 = l^2 + \delta'^2 + 2\delta'\lambda$$
$$c^2 = l^2 + \delta^2 - 2\delta\lambda$$

d'où, en éliminant λ, par voie de division :

$$\frac{b^2 - l^2 - \delta'^2}{c^2 - l^2 - \delta^2} = -\frac{\delta'}{\delta}.$$

En chassant les dénominateurs :

$$b^2\delta - l^2\delta - \delta\delta'^2 = -c^2\delta' + l^2\delta' + \delta^2\delta'$$

ou, en groupant les termes, et en remarquant que $\delta + \delta' = a$

$$b^2\delta + c^2\delta' = a\delta\delta' + al^2.$$

Mais le point D étant déterminé par une bissectrice on a :

$$\frac{\delta'}{\delta} = \frac{b}{c},$$

ou

$$\delta b = \delta'c.$$

La relation précédente devient donc, en supprimant le facteur commun a,

$$bc = l^2 + \delta\delta'. \qquad (1)$$

La relation (1) s'énonce habituellement comme il suit :

Le produit de deux côtés d'un triangle est égal au carré de la bissectrice de l'angle compris augmenté du produit des segments déterminés par cette même bissectrice sur le troisième côté.

Ceci posé, revenons au calcul de la bissectrice. De la relation

$$\frac{\delta'}{\delta} = \frac{b}{c},$$

on tire

$$\frac{\delta'}{\delta + \delta'} = \frac{b}{b + c}$$

d'où

$$\delta' = \frac{ab}{b + c},$$

de même

$$\delta = \frac{ac}{b + c}.$$

Ces valeurs de δ et de δ' portées dans l'équation (1) donnent pour l l'expression suivante :

$$l^2 = bc - \frac{a^2 bc}{(b + c)^2} = \frac{bc}{(b + c)^2} [(b + c)^2 - a^2]$$

$$= \frac{bc}{(b + c)^2} (a + b + c)(b + c - a),$$

ou, en posant $a+b+c=2\,p$,

$$l=\frac{2}{b+c}\sqrt{p(p-a)\,bc}.$$

Calculons maintenant la longueur de la bissectrice $AD=l'$ de l'angle extérieur A d'un triangle ABC.

Des considérations tout à fait analogues aux précédentes conduisent d'abord à une relation analogue à l'expression (1). C'est la suivante :

$$bc=\delta\delta'-l'^2,$$

que l'on peut énoncer comme il suit :

Le produit de deux côtés d'un triangle est égal au produit des deux segments soustractifs déterminés par la bissectrice de l'angle extérieur sur le troisième côté moins le carré de cette bissectrice.

En revenant comme ci-dessus au calcul de cette bissectrice on trouve :

$$l'=\frac{2}{b-c}\sqrt{(p-b)\,(p-c)\,bc}.$$

4° Calcul du rayon du cercle circonscrit à un triangle en fonction des côtés.

Soit O le centre du cercle circonscrit au triangle donné par ses côtés a, b, c. Menons le diamètre AK, joignons BK et abaissons la hauteur AI.

Les deux triangles rectangles ABK et ACI sont semblables puisque les angles C et K ont même mesure, donc

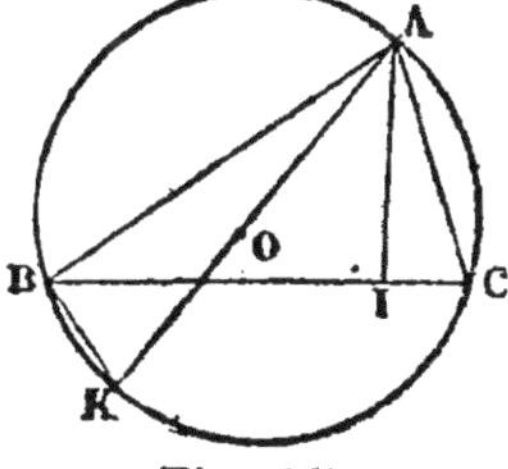

Fig. 147.

$$\frac{AK}{AC}=\frac{AB}{AI},\qquad (1)$$

en remplaçant AK par 2R, AC par b, AB par c et AI par $\dfrac{2}{a}\sqrt{p\,(p-a)\,(p-b)\,(p-c)}$,

on a de suite :

$$R = \frac{abc}{4\sqrt{p\,(p-a)\,(p-b)\,(p-c}}$$

En écrivant l'égalité (1) sous la forme :

$$AK \times AI = AC \times AB$$

on peut énoncer la propriété suivante :

Le produit de deux côtés d'un triangle est égal au produit du diamètre du cercle circonscrit multiplié par la hauteur relative au troisième côté.

5° *Calcul des diagonales du quadrilatère inscrit.*

Ce calcul repose sur les deux théorèmes suivants :

Théorème.

Dans tout quadrilatère inscrit, le produit des diagonales est égal à la somme des produits des côtés opposés, et réciproquement.

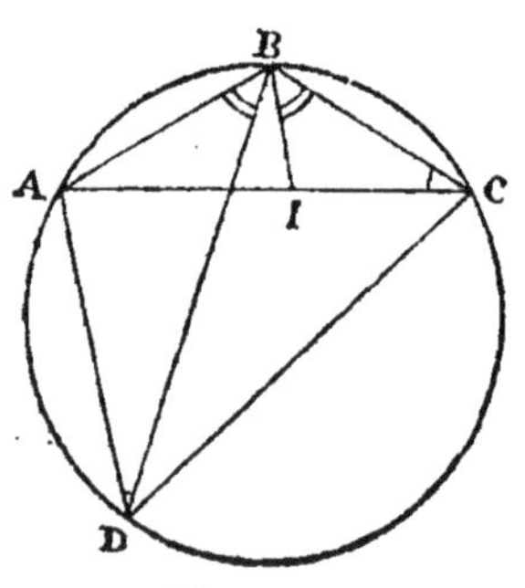

Fig. 148.

Soit ABCD, le quadrilatère inscrit dans lequel a, b, c, d sont les côtés AB, BC... et x, y les deux diagonales AC, BD ; je dis que l'on a

$$xy = ac + bd.$$

En effet, au point B faisons l'angle CBI = ABD ; les deux triangles ABD, CBI sont semblables comme équiangles, puisque les angles en B sont égaux par construction et les angles D et C le sont comme ayant même mesure, on a donc :

$$\frac{y}{b} = \frac{d}{\text{CI}},$$

d'où

$$y \times \text{CI} = bd,$$

les deux triangles BDC et ABI sont aussi semblables comme équiangles, puisque les angles B sont égaux comme formés de parties égales et les angles en D et en A le sont comme ayant même mesure, on a donc :

$$\frac{y}{a} = \frac{c}{\text{AI}},$$

d'où

$$y \cdot \text{AI} = ac.$$

En ajoutant ces deux égalités on a :

$$y\,(\text{AI} + \text{IC}) = ac + bd$$

et en remarquant que $\text{AI} + \text{IC} = x$;

$$xy = ac + bd.$$

Pour démontrer la réciproque, il suffira de prouver que dans tout quadrilatère non inscrit le produit xy des diagonales est plus grand que la somme des produits des côtés opposés $ac + bd$.

Soit, en effet, un quadrilatère non inscrit; au point B, faisons avec BC un angle égal à l'angle ABD, et au point C avec ce même côté BC, un angle égal à l'angle ADB. Il faut remarquer que la ligne CI ne se confond pas avec AC, autrement le quadrilatère serait inscriptible contrairement à l'hypothèse.

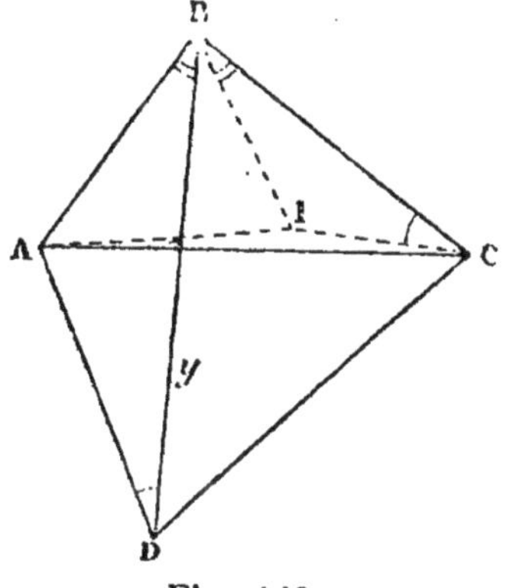

Fig. 149.

8.

Les deux triangles ABD, BCI sont semblables comme équiangles, donc

$$\frac{y}{b} = \frac{d}{\text{CI}} = \frac{a}{\text{BI}}$$

d'où

$$y \cdot \text{CI} = bd. \qquad (1).$$

Les deux triangles BDC, ABI sont semblables comme ayant les angles en B égaux compris entre côtés proportionnels, puisque $\frac{y}{b} = \frac{a}{\text{BI}}$, comme ci-dessus on a :

$$y \times \text{AI} = ac \qquad (2).$$

En ajoutant les égalités (1) et (2) on a :

$$y\,(\text{AI} + \text{IC}) = ac + bd.$$

Or le triangle AIB donne

$$(\text{AI} + \text{IC}) > x,$$

donc

$$xy > ac + bd.$$

Théorème.

Dans tout quadrilatère inscrit, le rapport des diagonales est égal au rapport des sommes des produits des côtés qui aboutissent à leurs extrémités, et réciproquement.

Soit ABCD le quadrilatère inscrit dont les côtés sont a, b, c, d, et x, y sont les diagonales AC, BD. En prenant la corde $\text{CB}' = \text{AB} = a$, et $\text{BC}' = \text{DC} = c$, on forme deux nouveaux quadrilatères inscrits ABC'D, ABC'D dans lesquels on a : $\text{AB}' = \text{DC}' = b$, comme cordes sous-tendant des arcs égaux ; $\text{AC}' = \text{DB}'$ pour la même

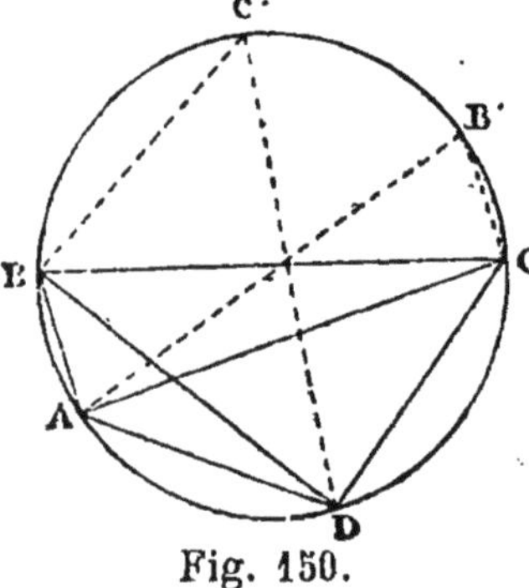

Fig. 150.

raison et qui en vertu du théorème précédent donnent

$$x \times \mathrm{DB}' = ad + cb,$$

$$y \times \mathrm{A C}' = ab + cd.$$

En divisant membre à membre :

$$\frac{y}{x} = \frac{ab + cd}{ad + bc}.$$

Ces deux théorèmes permettent de calculer immédiatement les diagonales d'un quadrilatère inscrit.

' Il suffit, en effet, de multiplier et de diviser entre elles les égalités données par ces théorèmes et l'on obtient :

$$y^2 = \frac{(ab + cd)\,(ac + bd)}{ad + bc}$$

$$x^2 = \frac{(ad + bc)\,(ac + bd)}{ab + cd}.$$

Ce calcul permet de conclure qu'un quadrilatère inscrit est entièrement déterminé par la connaissance de ses quatre côtés, attendu que, une diagonale étant déterminée par le calcul précédent, la construction du quadrilatère revient à la construction de deux triangles dans lesquels les côtés sont connus.

Pour démontrer la réciproque, il faut d'abord observer qu'un quadrilatère quelconque peut se transformer en quadrilatère inscriptible, en altérant ses angles |et non ses côtés. En effet, (fig. 149) dans le quadrilatère ABCD, on peut supposer, sans nuire à la généralité de la question, la somme des angles B + D inférieure à 2 droits ; car si cette somme était supérieure à 2 droits, la somme A + C serait plus petite que 2 droits, attendu que la somme des angles d'un quadrilatère quelconque vaut 4 droits. Faisons glisser le sommet C sur la diagonale AC prolongée, le point A restant fixe. Chacun des angles B, D grandit et tend vers 2 droits, et il y a un moment où $B + D = 2$ droits. A ce moment le quadriatère ABCD devient inscriptible (139).

Ceci posé, soient a, b, c, d les côtés d'un quadrilatère, dans lequel le produit des diagonales satisfait au théorème précédent, c'est-à-dire dans lequel on a

$$\frac{x}{y} = \frac{ad + bc}{ab + cd}.$$

Soient de plus a, b, c, d les côtés d'un quadrilatère inscrit, quadrilatère dont nous avons prouvé l'existence, et dont les diagonales sont x', y'.

En vertu du théorème précédent on a :

$$\frac{x'}{y'} = \frac{ad + bc}{ab + cd}$$

d'où, par comparaison :

$$\frac{x'}{y'} = \frac{x}{y}, \qquad (1)$$

Or, je dis que $x' = x$, $y' = y$. En effet si on avait $x' > x$, on aurait aussi $y' > y$ à cause de l'égalité (1). Mais alors les triangles ABC du quadrilatère donné, et du quadrilatère inscrit ayant deux côtés égaux chacun à chacun a et b et le troisième x' plus grand que x, l'angle A du quadrilatère serait plus petit que l'angle A du quadrilatère inscrit. En faisant le même raisonnement pour les angles B, C, D, on en conclurait que la somme des angles du quadrilatère inscrit est plus grande que la somme des angles du quadrilatère donné, ce qui est impossible puisque dans l'un et l'autre quadrilatère la somme vaut 4 droits.

En raisonnant d'une manière analogue on prouve que x' n'est pas plus petit que x et que y' n'est pas plus petit que y. Par conséquent il faut conclure que $x' = x$ et $y' = y$, c'est-à-dire que lorsque dans un quadrilatère les côtés a, b, c satisfont à la relation

$$\frac{x}{y} = \frac{ad + bc}{ab + cd},$$

x, y étant les diagonales, le quadrilatère est inscriptible.

§ IV. Problèmes relatifs aux lignes proportionnelles.

Problème.

212. *Diviser une droite* AB *en un certain nombre de parties égales.*

Soit à diviser la droite AB en quatre parties égales. Menons par le point A une droite AK faisant avec la droite AB un angle quelconque. Sur AK portons, à partir du point A, à la suite les unes des autres, quatre longueurs arbitraires, mais égales entre

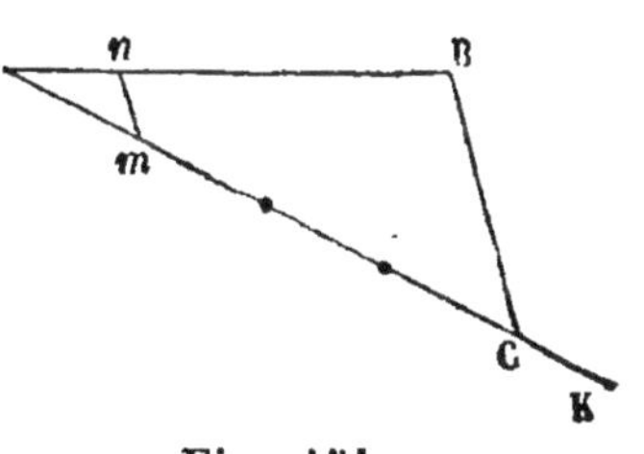

Fig. 151.

elles; joignons le dernier point de division C avec l'extrémité B de la droite AB et menons la droite mn parallèle à BC; la longueur An est la quatrième partie de la droite AB; en portant cette partie quatre fois sur la ligne entière, celle-ci est divisée en quatre parties égales.

En effet, la droite *mn* étant parallèle au côté BC du triangle ABC, les deux autres côtés AB, AC sont divisés en parties proportionnelles. Or, par construction, A*m* est la quatrième partie du côté AC; donc A*n* est aussi la quatrième partie du côté AB.

Problème.

213. *Partager une droite* AB *en parties proportionnelles à des longueurs données* M, N, P.

Par le point A menons une droite indéfinie AK faisant

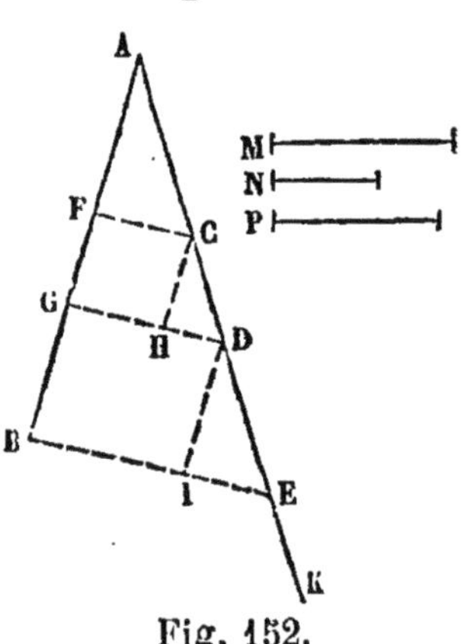

Fig. 152.

un angle quelconque avec la droite AB. Sur AK portons, à partir du point A et à la suite les unes des autres, des longueurs AC, CD, DE égales respectivement aux longueurs données M, N, P, joignons BE et, par les points C et D, menons les droites CF, DG parallèles à BE. Les longueurs AF, FG, GB déterminées par ces parallèles sur la droite AB sont proportionnelles aux longueurs données.

En effet, si par les mêmes points C et D nous menons des parallèles CH, DI à la droite AB, les triangles ACF, CDH, DEI ainsi formés ont leurs côtés parallèles et sont, par conséquent, semblables. La comparaison des côtés homologues donne.

$$\frac{AF}{AC} = \frac{CH}{CD} = \frac{DI}{DE},$$

ou, en remarquant que les longueurs CH, FG sont

égales comme parallèles comprises entre parallèles et qu'il en est de même des longueurs DI, GB,

$$\frac{AF}{AC} = \frac{FG}{CD} = \frac{GB}{DE},$$

ou, enfin, en remplaçant dans ces derniers rapports les longueurs AC, CD, DE par les longueurs données qui leur sont respectivement égales,

$$\frac{AF}{M} = \frac{FG}{N} = \frac{GB}{P}.$$

Problème.

214. *Trouver une quatrième proportionnelle à trois droites données* M, N, P.

Menons deux droites indéfinies AB, AC faisant entre elles un angle quelconque ; sur la droite AB prenons, à partir du point A, une longueur AD égale à la droite donnée M et, à partir du même point A, une longueur AE égale à la droite donnée N ; enfin, sur la droite AC prenons une lon-

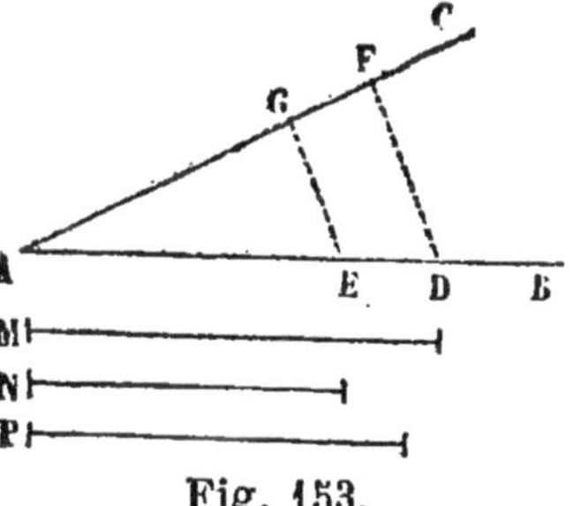

Fig. 153.

gueur AF égale à la droite donnée P et joignons DF. Si par le point E nous menons EG parallèle à DF, la longueur AG est la quatrième proportionnelle demandée.

En effet, la droite EG étant parallèle au côté FD, le triangle ADF donne (180)

$$\frac{AD}{AE} = \frac{AF}{AG},$$

ou, en remplaçant les longueurs AD, AE, AF par les

droites données M, N, P qui leur sont respectivement égales,

$$\frac{M}{N} = \frac{P}{AG}.$$

Problème.

215. *Trouver une moyenne proportionnelle à deux droites données* M *et* N.

1º Sur une droite indéfinie AB prenons une longueur AG égale à la droite donnée M et, à la suite, une longueur GD égale à la droite donnée N; puis, sur la somme AD de ces deux longueurs comme diamètre, décrivons une demi-circonférence et, au point G, élevons la perpendiculaire GE au diamètre AD; cette perpendiculaire est la moyenne proportionnelle demandée.

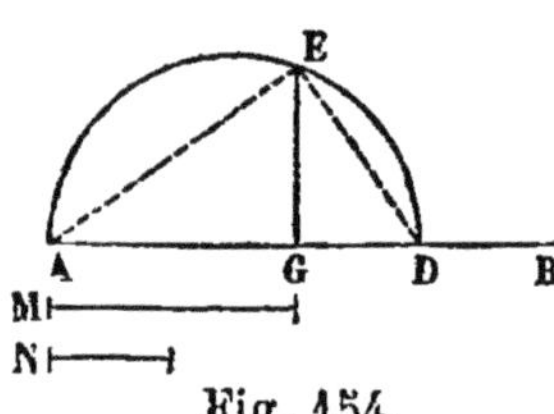

Fig. 154.

En effet, si nous joignons AE, ED, l'angle inscrit AED est droit, puisque ses côtés passent par les extrémités d'un même diamètre; le triangle ADE est donc rectangle et la perpendiculaire EG, abaissée du sommet E de l'angle droit sur l'hypoténuse AD, est moyenne proportionnelle entre les deux segments AG, GD qu'elle détermine (200), c'est-à-dire entre les deux lignes données M et N.

2º Prenons AD = M et AG = N; puis, sur AD comme diamètre, décrivons une demi-circonférence; au point G élevons la perpendiculaire GE au diamètre AD et joignons AE; la droite AE sera la moyenne proportionnelle demandée.

Car nous savons (200) que, dans le triangle rectangle ADE, le côté AE de l'angle droit est moyen proportionnel entre l'hypoténuse entière AD et le segment adjacent AG.

La solution du problème proposé peut encore se déduire du théorème n° 210.

Problème.

216. *Partager une droite donnée* AB *en moyenne et extrême raison,* c'est-à-dire *en deux parties telles que la plus grande* BC *soit en moyenne proportionnelle entre l'autre* AC *et la ligne entière.*

Supposons le problème résolu et soit C le point de division cherché ; nous avons, d'après l'énoncé du problème,

$$\frac{AB}{BC} = \frac{BC}{AC}$$

ou

$$\overline{BC}^2 = AB \times AC$$

Mais,

$$AC = AB - BC$$

donc on a :

$$\overline{BC}^2 = AB\,(AB - BC)$$

d'où

$$(AB + BC) \times BC = \overline{AB}^2,$$

égalité qui montre que, pour avoir le point C, il faut construire deux droites, $(AB + BC)$ et BC, dont la différence soit égale à la droite donnée AB, et le produit égal à son carré $\overline{AB}^2$; puis prendre sur AB, à partir du point B, une longueur égale à la plus petite de ces deux lignes. De là résulte cette construction :

A l'extrémité A de la droite donnée AB, élevons une perpendiculaire AO égale à sa moitié; du point O comme centre, avec OA pour rayon, décrivons une circonférence de cercle et menons la sécante BOE. La sécante entière BE et sa partie extérieure BD sont les deux lignes dont la différence est égale à la droite AB, et le produit égal à son carré $\overline{AB}^2$. Par conséquent, en prenant sur AB, à partir du point B, une longueur BC égale à la partie extérieure de la sécante, nous obtenons le point C qui partage la droite donnée AB en moyenne et extrême raison.

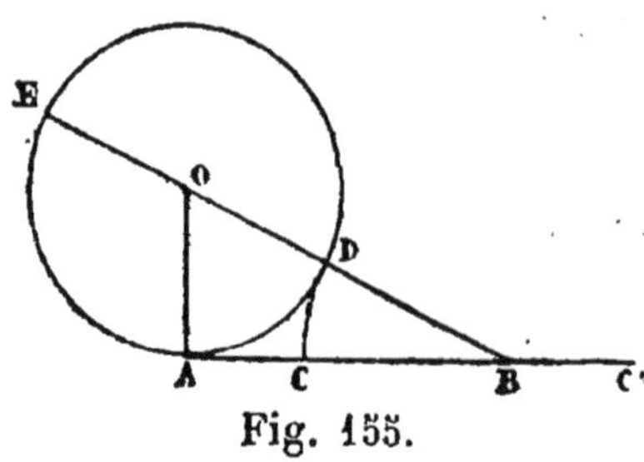

Fig. 155.

Désignons par a la longueur de la droite AB, nous avons

$$BC = BD = BO - OD. \qquad (1)$$

Mais le triangle rectangle ABO donne

$$\overline{BO}^2 = \overline{AB}^2 + \overline{AO}^2 = a^2 + \frac{a^2}{4} = \frac{5a^2}{4},$$

ou, en extrayant la racine carrée des deux membres de cette égalité

$$BO = \frac{a}{2}\sqrt{5}.$$

Substituant cette valeur de BO dans la formule (1) et observant que $OD = \frac{a}{2}$, il vient

$$BC = \frac{a}{2}\sqrt{5} - \frac{a}{2} = \frac{a}{2}\left(\sqrt{5} - 1\right).$$

217. Remarque. Le problème précédent peut être généralisé.

« Deux points fixes A et B étant donnés sur une droite indéfinie, trouver sur cette droite un point C tel que sa distance au point B soit moyenne proportionnelle entre sa distance au point A et la distance AB. »

1° Supposons le point C situé entre les deux points A et B. C'est le problème que nous venons de résoudre.

2° Supposons le point C à gauche du point A. Dans ce cas, le problème est impossible. En effet, on ne peut avoir : $CB \times CB = AB \times CA$. Car CB étant plus grand que AB, ces deux produits pour être égaux exigent que CB soit plus petit que CA, ce qui est absurde.

3° Supposons le point C à droite de B. D'après l'énoncé du problème on a : $\overline{C'B}^2 = AB \times C'A$.

Or $C'A = C'B + BA$, l'équation précédente devient :

$$\overline{C'B}^2 = AB\,(AB + BC')$$

d'où

$$BC'\,(BC' - BA) = \overline{AB}^2. \qquad (1)$$

Je dis que la longueur BC' n'est autre que la longueur BE (*fig.* 155).

En effet, la ligne AB étant une tangente au cercle, on a :

$$BE \times BD = \overline{AB}^2$$

or $BD = BE - AB$ puisque $AB = DE$ par construction, donc

$$BE\,(BE - AB) = \overline{AB}^2. \qquad (2)$$

La relation (2) ne diffère de la relation (1) que par le changement de BE en BC'; donc $BC' = BE$.

Pour résoudre graphiquement cette question, il suffit donc de décrire du point B, comme centre, avec une ouverture de compas égale à BE, un arc de cercle qui coupe la ligne AB prolongée en un point C′ qui est le point cherché.

Désignons, comme auparavant, par a la ligne donnée AB, on a évidemment :

$$BE = BC + DE = \frac{a}{2}\left(\sqrt{5} - 1\right) + a = \frac{a}{2}\left(\sqrt{5} + 1\right).$$

Problème.

218. *Sur une droite donnée GH, construire un polygone semblable à un polygone donné ABCDE.*

Menons, dans le polygone ABCDE, les diagonales AC, AD; puis aux extrémités G et H de la droite GH, fai-

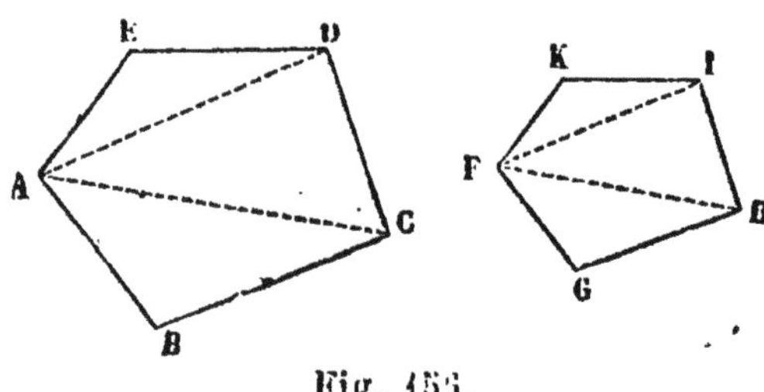

Fig. 155.

sons les angles FGH, FHG égaux respectivement aux angles ABC, ACB; les côtés GF, HF de ces angles se coupent en un point F, et les triangles ABC, FGH ayant, par construction, deux angles égaux chacun à chacun sont semblables.

Construisons de même, sur le côté FH, un triangle FHI semblable au triangle ACD; puis, sur le côté FI, un triangle FIK semblable au triangle ADE. Les deux polygones ABCDE, FGHIK sont composés d'un même nombre de triangles semblables et semblablement disposés; donc ils sont semblables.

§ V. **Des polygones réguliers.**

DÉFINITIONS.

219. On appelle *polygone régulier* tout polygone qui a ses côtés égaux et ses angles égaux; le triangle équilatéral et le carré sont des polygones réguliers.

Un polygone est dit *inscrit* dans un cercle, quand tous ses sommets sont sur la circonférence de ce cercle; il est dit *circonscrit*, lorsque tous ses côtés sont tangents à la circonférence. Réciproquement, le cercle est dit circonscrit au polygone, dans le premier cas, et inscrit dans le second.

On appelle *centre* d'un polygone régulier, le centre commun du cercle inscrit et du cercle circonscrit; son *rayon* est le rayon du cercle circonscrit.

Le rayon du cercle inscrit prend le nom d'*apothème* du polygone.

Théorème.

220. *Tout polygone régulier* ABCDE *peut être inscrit dans un cercle et peut lui être circonscrit.*

Nous savons déjà (113) que par les trois sommets consécutifs A, B, C, qui ne sont pas en ligne droite, nous pouvons faire passer une circonférence de cercle dont le centre est au point de rencontre des perpendiculaires élevées sur les milieux des côtés AB et BC; démontrons qu'elle passe aussi par le sommet D.

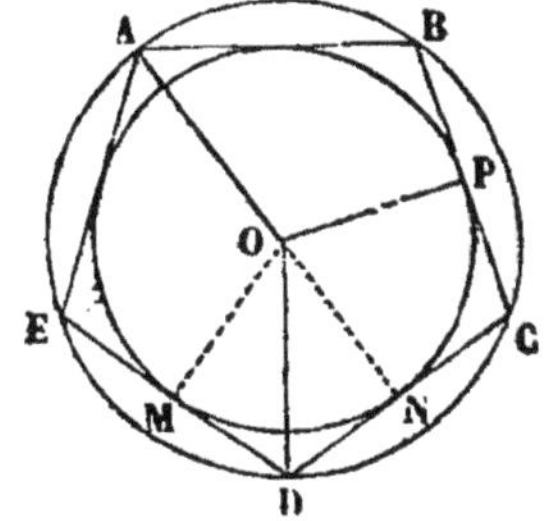

Fig. 157.

Soit donc O le centre de la circonférence passant par les sommets A, B, C, et OP la perpendiculaire élevée sur le milieu du côté BC; joignons OA, OD. Le quadrilatère OPBA tournant autour de la droite OP se rabat exactement sur le quadrilatère OPCD; car les angles en P étant égaux comme angles droits, le côté PB prend la direction du côté PC et, comme le point P est le milieu du côté BC, le point B tombe sur le point C. De plus, par la nature des polygones, les angles ABC, BCD étant égaux, ainsi que les côtés AB, CD, la droite AB prend la direction CD, et le point A se place sur le point D. Or, les droites OA, OD, dont les extrémités coïncident, sont égales; donc la circonférence qui passe par les trois sommets A, B, C passe aussi par le sommet D. Un raisonnement semblable prouverait qu'elle passe par les autres sommets du polygone; donc tout polygone régulier peut être inscrit dans un cercle.

En second lieu, par rapport à cette circonférence, tous les côtés du polygone ABCDE sont des cordes égales; les perpendiculaires OP, ON, OM... abaissées du centre O sur ces cordes sont aussi égales (115); donc, si du point O, avec l'une d'elles pour rayon, nous décrivons une circonférence de cercle, elle passe par les pieds P, M, N... de toutes les autres. Alors chacun des côtés du polygone est perpendiculaire à l'extrémité d'un rayon, et, par suite, tangent à la circonférence; le polygone régulier est donc circonscrit au cercle.

221. REMARQUES. — Les côtés AB, BC... du polygone régulier étant des cordes égales, les arcs qu'elles sous-tendent et, par suite, les angles au centre AOB, BOC... sont égaux. La valeur de l'un d'eux s'obtient donc en divisant quatre angles droits par le nombre des côtés du polygone.

Le rayon du cercle circonscrit mené à l'un des sommets d'un polygone régulier partage l'angle de ce polygone en deux parties égales. Car, si nous joignons les autres sommets au centre, nous décomposons le polygone régulier en triangles isocèles égaux, et les angles à la base de ces triangles étant tous égaux entre eux, chacun d'eux est la moitié de l'angle du polygone.

222. *Deux polygones réguliers d'un même nombre de côtés sont semblables.*

Leur rapport de similitude est égal à celui des rayons des cercles inscrits ou circonscrits.

Soient AB..... A'B'..... les deux polygones donnés, n le nombre des côtés, O et O' les centres de ces polygones.

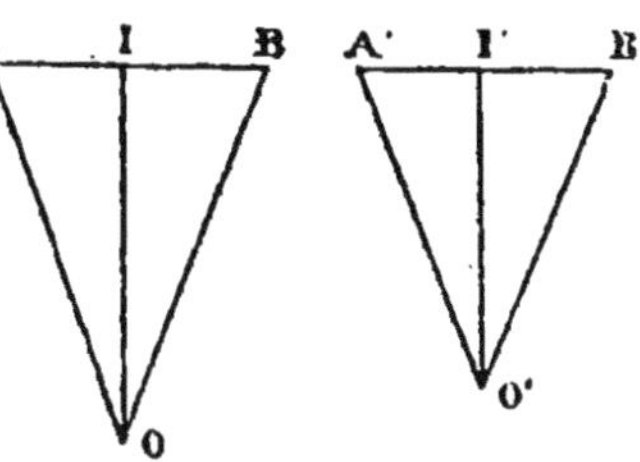

Fig. 158.

1° La somme des angles du premier polygone étant $2n-4$, chaque angle vaut $\dfrac{2n-4}{n}$.

Comme la somme des angles du deuxième polygone est aussi égale à $2n-4$, chaque angle vaudra $\dfrac{2n-4}{n}$.

Par conséquent les angles du premier polygone sont égaux aux angles du second.

Le rapport $\dfrac{A'B'}{AB}$ de deux côtés homologues est évidemment invariable. Les polygones en question, ayant les angles égaux chacun à chacun et les côtés homologues proportionnels, sont semblables.

2° Les triangles AOB, A'O'B' sont semblables; car les angles O et O' valent la n^e partie de quatre droits, la somme A + B ou 2 A vaut $2 - \dfrac{4}{n}$; il en est de même de la somme A' + B' ou 2 A'.

La similitude de ces deux triangles entraine la similitude des deux triangles rectangles AIO et A'I'O', lesquels donnent :

$$\frac{A'I'}{AI} = \frac{O'I'}{OI} = \frac{O'A'}{OA}$$

ou

$$\frac{A'B'}{AB} = \frac{O'I'}{OI} = \frac{O'A'}{OA} ; \qquad \text{C. Q. F. D.}$$

n étant le nombre des côtés, cette égalité devient :

$$\frac{n.A'B'}{n.AB} = \frac{O'I'}{OI} = \frac{O'A'}{OA},$$

et en appelant P et P' les périmètres.

R et R' les rayons de cercle circonscrits,

r et r' ceux des cercles inscrits,

$$\frac{P'}{P} = \frac{r'}{r} = \frac{R'}{R}, \qquad \text{C. Q. F. D.}$$

Inscrire un polygone régulier dans un cercle donné.

Problème.

223. *Inscrire un carré dans un cercle de rayon donné.*

Menons les deux diamètres AC, BD, perpendiculaires
l'un sur l'autre, et joignons leurs extrémités par les
cordes AB, BC, CD, DA ; le quadrila-
tère inscrit ABCD est un carré. En
effet, les quatre angles en O sont égaux
comme angles droits ; donc aussi les
arcs qu'ils interceptent entre leurs côtés
(129). Mais ces arcs égaux sont sous-
tendus par des cordes égales (105).

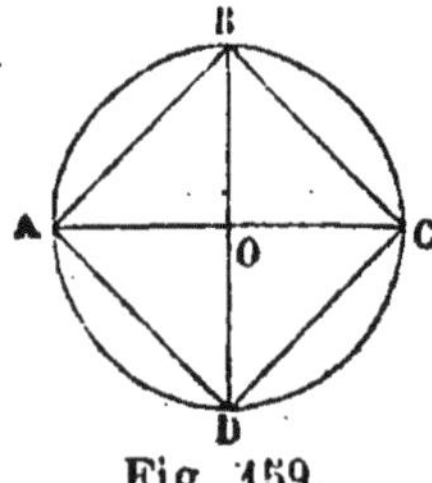

Fig. 159.

D'ailleurs les angles ABC, BCD... inscrits dans un demi-cercle sont des angles droits; par conséquent, le quadrilatère ABCD qui a ses côtés égaux et ses angles droits, est un carré.

224. CorollaIRE. — Le triangle rectangle ABO donne :

$$\overline{AB}^2 = \overline{AO}^2 + \overline{BO}^2,$$

ou bien

$$\overline{AB}^2 = \overline{2AO}^2,$$

puisque les côtés AO, BO sont égaux. En divisant les deux membres de cette égalité par $\overline{AO}^2$ et extrayant la racine carrée des deux membres de l'égalité résultante, nous trouvons

$$\frac{AB}{AO} = \sqrt{2};$$

d'où

$$AB = AO\sqrt{2}.$$

Ainsi, *le rapport du côté du carré inscrit au rayon du cercle est égal à* $\sqrt{2}$ *et ce côté égale le rayon multiplié par* $\sqrt{2}$.

Problème.

225. *Inscrire un hexagone régulier dans un cercle de rayon donné.*

Supposons le problème résolu et soit AB le côté de l'hexagone; menons les rayons OA, OB. L'angle AOB a pour mesure la sixième partie de la circonférence, et, vaut, par conséquent, 60°. La somme des trois angles du triangle ABO étant égale à 180° ou à deux angles droits,

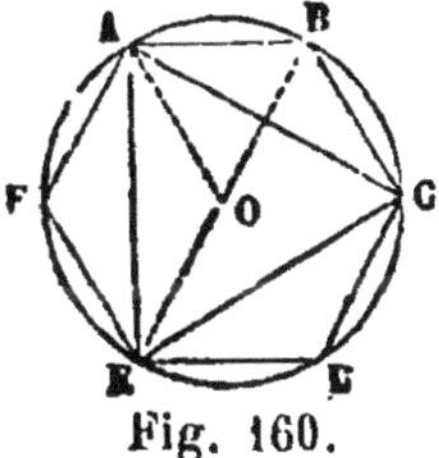

Fig. 160.

9.

si nous en retranchons la valeur de l'angle AOB, il reste 120° pour la valeur des deux autres, ou 60° pour la valeur de chacun d'eux, puisque, le triangle étant isocèle, ses angles sont égaux. Le triangle ABO est donc équiangle, et par suite, équilatéral; donc le côté AB de l'hexagone inscrit est égal au rayon AO.

Il suit de là que, *pour inscrire un hexagone régulier dans un cercle de rayon donné, il faut porter six fois le rayon comme corde sur la circonférence.*

226. CorollAIRE. — Si nous joignons deux à deux les sommets de l'hexagone inscrit, nous aurons le triangle équilatéral inscrit. Menons le diamètre BE; le triangle ABE rectangle en A donne

$$\overline{AE}^2 = \overline{BE}^2 - \overline{AB}^2.$$

Mais BE $= 2$ R et AB $=$ R, en désignant par R le rayon du cercle; donc

$$\overline{AE}^2 = 4R^2 - R^2 = 3R^2.$$

Divisant les deux membres de cette égalité par R^2 et extrayant la racine carrée de l'égalité résultante, nous trouvons

$$\frac{AE}{R} = \sqrt{3};$$

d'où

$$AE = R\sqrt{3}.$$

Ainsi, *le rapport du côté du triangle équilatéral inscrit au rayon du cercle est égal à $\sqrt{3}$ et ce côté égale le rayon multiplié par $\sqrt{3}$.*

Problème.

227. *Inscrire un décagone régulier dans un cercle de rayon donné.*

Supposons le problème résolu et soit AB le côté du décagone régulier inscrit ; menons les rayons OA, OB. L'angle au centre AOB vaut la dixième partie de quatre angles droits, ou les $\frac{4}{10} = \frac{2}{5}$ d'un seul angle droit ; la somme des angles BAO, ABO est donc égale à $2 - \frac{2}{5} = \frac{8}{5}$ d'angle droit. Mais le triangle ABO étant isocèle, les angles BAO, ABO sont égaux et la valeur de chacun d'eux est $\frac{4}{5}$ d'angle droit, ou le double de celle de l'angle AOB.

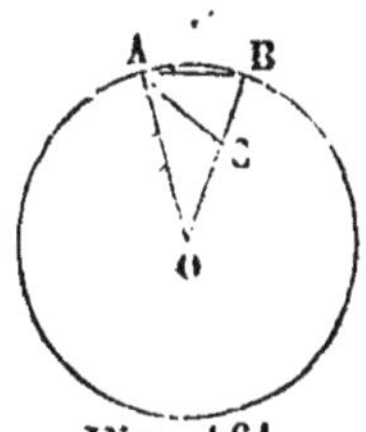

Fig. 161.

Cela posé, menons la bissectrice AC de l'angle BAO ; cette bissectrice divise le côté OB du triangle ABO en deux parties BC, CO proportionnelles aux côtés adjacents AB, AO (184), ce qui donne

$$\frac{AO}{AB} = \frac{OC}{BC}.$$

Or, les angles COA, CAO du triangle ACO valant chacun $\frac{2}{5}$ d'angle droit sont égaux entre eux ; il en est de même des côtés CO, AC opposés à ces angles. Le triangle ABC a aussi deux angles égaux, car l'angle ACB, extérieur au triangle ACO, égale la somme des deux angles intérieurs AOC, CAO (68) c'est-à-dire $\frac{4}{5}$ d'angle droit comme l'angle ABC ; les côtés AB, AC sont donc égaux entre eux, et, par suite, égaux au côtés OC. En remplaçant les longueurs AO, AB par les longueurs respectivement égales OB, OC, la proportion précédente devient :

$$\frac{OB}{OC} = \frac{OC}{BC}.$$

D'où nous voyons que le rayon OB est partagé au point C en moyenne et extrême raison, et que le côté AB du décagone régulier est égal à la plus grande partie. Par conséquent, *pour inscrire un décagone régulier dans un cercle, il faut partager le rayon de ce cercle en moyenne et extrême raison, et porter la plus grande partie dix fois comme corde sur la circonférence.*

228. REMARQUE. — Si nous désignons par R le rayon du cercle circonscrit, le côté du décagone régulier est

égal à $\dfrac{R}{2}\left(\sqrt{5} - 1\right)$.

229. *Étant inscrit le décagone régulier ABC...,* *supposons qu'on joigne les points de division de 3 en 3, on reviendra au point de départ, après avoir tracé 10 cordes telles que AD.*

En effet, soit x le nombre de ces cordes, la longueur de la circonférence étant prise pour unité, la somme des arcs qu'elles sous-tendent est égale à $\dfrac{3x}{10}$. Pour revenir au point de départ, il faut que $\dfrac{3x}{10}$ soit un

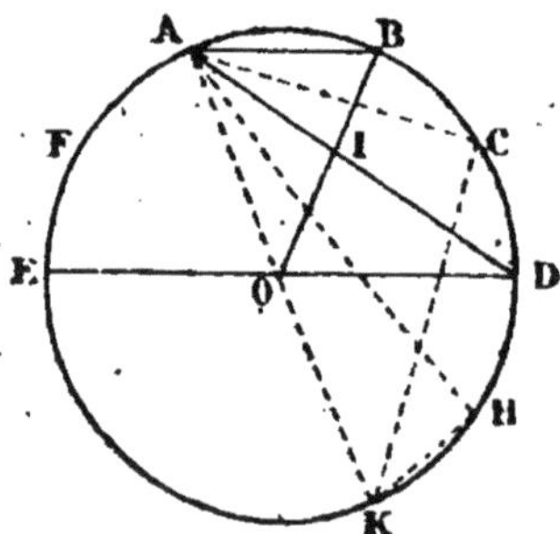

Fig. 162.

nombre entier et le plus petit possible, or 10 est premier avec 3, dont x est divisible par 10, et le plus petit nombre qui divise 10 étant 10, on a ce qu'il faut démontrer. La figure ou polygone concave ainsi formé à l'aide de ces 10 cordes s'appelle *décagone régulier étoilé.*

Ceci posé, passons au calcul du côté du décagone étoilé en fonction du rayon.

En joignant les deux points B et O nous formons deux triangles AIB, OID isocèles. En effet prenons comme unité d'angle une division telle que AB. Dans le triangle OID, l'angle en O a pour mesure 2 divisions, l'angle en D a pour mesure 1 division, donc l'angle en I vaut 5 — 2 — 1, c'est-à-dire 2 divisions, puisque deux droits valent 5 divisions ; les deux angles O et I étant égaux, le triangle est isocèle et on en conclut ID = R.

Dans le triangle AIB, l'angle en A vaut 1 division donc, l'angle en B vaut 5 — 1 — 2, c'est-à-dire 2 divisions ; les deux angles en I et en B étant égaux, le triangle est isocèle et on en conclut

$$AI = AB = \frac{R}{2}\left(\sqrt{5} - 1\right).$$

De là on obtient facilement la valeur de AD :

$$AD = AI + ID = R + \frac{R}{2}\left(\sqrt{5} - 1\right) = \frac{R}{2}\left(\sqrt{5} + 1\right).$$

Étant inscrit le décagone régulier convexe ABC..... si l'on joint les points de division de deux en deux, on reviendra évidemment au point de départ après avoir tracé 5 cordes telles que AC, et l'on obtiendra le pentagone régulier convexe ACH...

Pour calculer le côté AC, en fonction du rayon, il suffit de remarquer que, en joignant C aux extrémités du diamètre AK, on forme un triangle rectangle ayant pour côtés AC que l'on cherche, CK, côté du décagone étoilé, et pour hypoténuse le diamètre 2 R.

Par conséquent

$$\overline{AC}^{2} = \overline{AK}^{2} - \overline{KC}^{2},$$

ou

$$\overline{AC}^{2} = 4R^{2} - \frac{R^{2}}{4}\left(\sqrt{5} + 1\right)^{2} = \frac{R^{2}}{4}\left(10 - 2\sqrt{5}\right),$$

d'où :

$$AC = \frac{R}{2}\sqrt{10 - 2\sqrt{5}}.$$

Si l'on joint les points de division de quatre en quatre on reviendra au point de départ après avoir tracé 5 cordes telles que AH. En effet, en représentant par x le nombre des cordes tracées, la longueur de la circonférence étant prise pour unité, chaque arc vaut les $\frac{2}{10}$ de la circonférence, et la somme x vaudra les $\frac{2x}{10}$ de la circonférence, ou $\frac{x}{5}$.

Pour revenir au point de départ il faut que $\frac{x}{5}$ soit un nombre entier, et le plus petit possible. Donc $x = 5$. Le polygone ainsi formé est concave et s'appelle le *pentagone étoilé*.

Pour calculer le côté AH de ce pentagone étoilé, joignons le point H aux extrémités du diamètre AK, nous formons un triangle rectangle AHK dans lequel l'hypoténuse $AK = 2R$, et le côté $HK = \frac{R}{2}\left(\sqrt{5} - 1\right)$. On a donc :

$$\overline{AH}^{2} = 4R^{2} - \frac{R^{2}}{4}\left(\sqrt{5} - 1\right)^{2} = \frac{R^{2}}{4}\left(10 + 2\sqrt{5}\right),$$

d'où

$$AH = \frac{R}{2}\sqrt{10 + 2\sqrt{5}}.$$

Problème.

230. *Inscrire un pentédécagone dans un cercle de rayon donné.*

Si de l'arc AC (*fig.* 163) égal à la sixième partie de la circonférence, on retranche l'arc CB égal à la dixième partie de la même circonférence, l'arc restant AB, en est la quinzième partie, puisque $\frac{1}{6} - \frac{1}{10} = \frac{1}{15}$. La corde de l'arc AB est donc le côté du pentédécagone régulier inscrit.

Pour calculer le côté AB, du point C abaissons la perpendiculaire CI sur le côté AB prolongé. CI est égal à la moitié

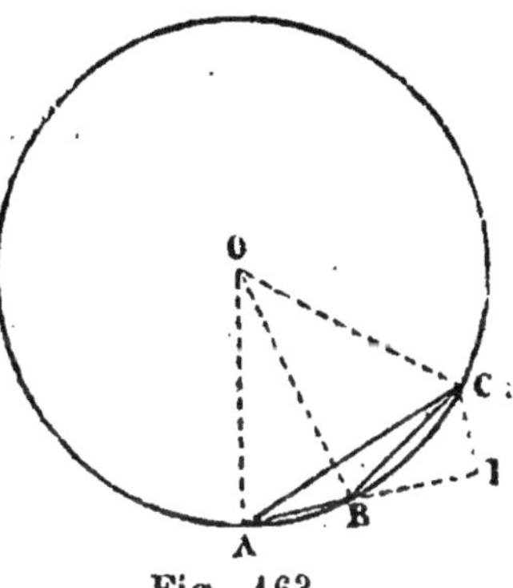

Fig. 163.

du côté du décagone régulier convexe inscrit dans la circonférence considérée. En effet, d'après la construction, BC étant le côté du décagone régulier inscrit, l'angle CAB vaut $\frac{1}{2} \times \frac{1}{10}$ de la circonférence, et comme AC est égal au rayon, CI n'est autre que la moitié du décagone régulier.

Ceci posé, le triangle rectangle ACI donne :

$$AI = \sqrt{\overline{AC}^2 - \overline{CI}^2} = \sqrt{R^2 - \frac{R^2}{16}(\sqrt{5} - 1)^2} = \frac{R}{4}\sqrt{10 + 2\sqrt{5}},$$

de même le triangle rectangle BCI donne :

$$BI = \sqrt{\overline{BC}^2 - \overline{CI}^2} = \sqrt{\frac{3\overline{BC}^2}{4}} = \sqrt{\frac{3R^2}{4.4}(\sqrt{5}-1)^2}$$

$$= \frac{R\sqrt{3}}{4}(\sqrt{5}-1) = \frac{R}{4}(\sqrt{15}-\sqrt{3}).$$

Par conséquent, comme AB = AI — BI, on a :

$$AB = \frac{R}{4}\left(\sqrt{10+2\sqrt{5}} + \sqrt{3} - \sqrt{15}\right).$$

AB, étant le côté du pentédécagone cherché, en portant 15 fois cette longueur sur la circonférence, et en joignant les points de division, on a le pentédécagone régulier convexe.

En joignant les points de division de 2 en 2, de 4 en 4, de 7 en 7, on obtient trois pentédécagones étoilés.

231. REMARQUE SUR LES POLYGONES RÉGULIERS INSCRITS. — Un polygone régulier étant inscrit, si nous divisons les arcs sous-tendus par ses côtés en deux parties égales (160), les cordes qui sous-tendent les moitiés de ces arcs forment un nouveau polygone régulier dont le nombre des côtés est double de celui du premier. Il résulte de là que le carré peut servir à inscrire successivement les polygones réguliers de 8, 16, 32... côtés. De même l'hexagone sert à inscrire les polygones réguliers de 12, 24, 48... côtés; le décagone, ceux de 20, 40, 80... côtés; le pentédécagone, ceux de 30, 60, 120... côtés.

Quant au calcul des côtés de ces différents polygones il s'effectue facilement, et n'est qu'une application du problème suivant :

Problème.

Connaissant le côté BC *d'un polygone régulier inscrit et le rayon* AB *du cercle, calculer le côté* BD *du polygone régulier inscrit d'un nombre double de côtés.*

Menons le diamètre DF perpendiculaire au côté BC du polygone donné et tirons la corde BD; cette droite est le côté du polygone demandé, puisque l'arc BD est la moitié de l'arc BC. Dans le triangle ABD nous avons :

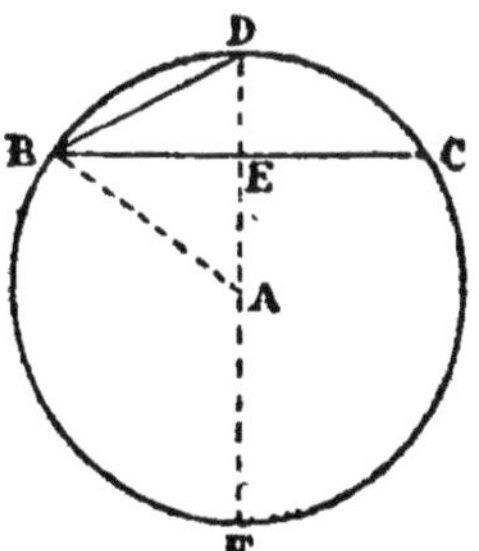

Fig. 164.

$$\overline{BD}^2 = \overline{AB}^2 + \overline{AD}^2 - 2AD \times AE,$$

ou, en désignant par R, le rayon du cercle,

$$\overline{BD}^2 = 2R^2 - 2R \times AE.$$

Or le triangle ABE donne

$$AE = \sqrt{R^2 - \overline{BE}^2} = \sqrt{R^2 - \frac{\overline{BC}^2}{4}};$$

en posant $BD = x$, $BC = a$, la formule cherchée est :

$$x^2 = 2R^2 - 2R\sqrt{R^2 - \frac{a^2}{4}}. \qquad (1)$$

C'est en appliquant cette formule que l'on a trouvé les expressions suivantes :

1° Pentagone régulier

$$C_5 = \frac{R}{2}\sqrt{10 - 2\sqrt{5}}.$$

Il suffit de poser dans la formule citée $x = c_{10}$ et $a = c_5$ en sachant que

$$C_{10} = \frac{R}{2}\left(\sqrt{5} - 1\right).$$

2° Octogone régulier

$$C_8 = R\sqrt{2 - \sqrt{2}}.$$

Dans la formule (1) $x = c_8$ et $a = c_4$ en sachant que

$$C_4 = R\sqrt{2}.$$

3° Dodécagone régulier

$$C_{12} = R\sqrt{2 - \sqrt{3}}.$$

Circonscrire un polygone régulier à un cercle donné.

Problème.

232. *Étant donné un polygone régulier inscrit dans un cercle, circonscrire à ce cercle un polygone régulier d'un même nombre de côtés.*

Soit le polygone régulier ABC... inscrit dans le cercle de centre O. Menons, sur les côtés, les perpendiculaires OI, OK que nous prolongeons jusqu'à la circonférence, ce qui donne les points I′, K′... Par ces points I′, K′... menons des tangentes. Le polygone A′B′C′ est le polygone demandé. Ce polygone a d'abord autant

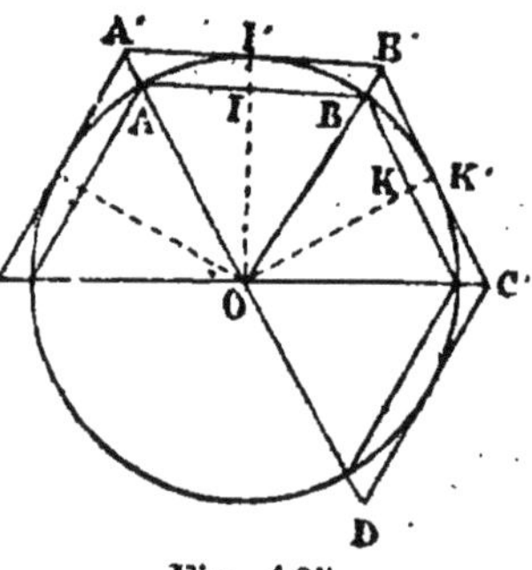

Fig. 165.

de côtés que le polygone donné, ensuite il est régulier. Les angles A′, B′... sont égaux aux angles A, B... comme ayant leurs côtés parallèles et dirigés dans le même sens. Les côtés sont égaux. En effet joignons le centre au point B′, les deux triangles rectangles OI′B′, OK′B′ sont égaux, comme ayant l'hypoténuse commune, et les côtés OI′, OK′ égaux comme rayons, les angles en O sont donc égaux. Par conséquent, la ligne OB′ divise l'arc I′K′ en deux parties égales et passe au point B milieu de cet arc. Si nous faisons tourner le triangle OB′C′ autour de OB′, B′C′ prendra la direction BC, et OC′ la direction OC, puisque les angles B′OC′ et B′OA′ sont égaux, et par suite B′C′ = B′A′.

On démontrerait de même que B′C′ = C′D′ et ainsi de suite.

Pour calculer le côté A′B′ en fonction du rayon R et du côté $a = AB$, considérons les deux triangles semblables OIB, OI′B′, en posant $A′B′ = x$, on a :

$$\frac{\dfrac{A′B′}{2}}{\dfrac{AB}{2}} = \frac{OI′}{OI}. \text{ ou } \frac{x}{a} = \frac{R}{OI}; \qquad (1)$$

or, le triangle rectangle OIB donne

$$OI = \sqrt{R^2 - \frac{a^2}{4}}.$$

L'égalité (1) devient donc :

$$\frac{x}{a} = \frac{R}{\sqrt{R^2 - \frac{a^2}{4}}}, \qquad (2)$$

d'où

$$x = \frac{a\mathrm{R}}{\sqrt{\mathrm{R}^2 - \dfrac{a^2}{4}}}.$$

C'est en appliquant cette formule que l'on a trouvé les expressions suivantes :

1° Triangle équilatéral circonscrit

$$\mathrm{C}'_3 = 2\mathrm{R}\sqrt{3}.$$

2° Carré circonscrit

$$\mathrm{C}'_4 = 2\mathrm{R},$$

3° Pentagone régulier circonscrit

$$\mathrm{C}'_5 = \frac{2\mathrm{R}\sqrt{10 - 2\sqrt{5}}}{\sqrt{5} + 1}.$$

4° Hexagone régulier circonscrit

$$\mathrm{C}'_6 = \frac{2}{3}\mathrm{R}\sqrt{3}.$$

5° Octogone régulier circonscrit

$$\mathrm{C}'_8 = 2\mathrm{R}(\sqrt{2} - 1).$$

6° Décagone régulier circonscrit

$$\mathrm{C}'_{10} = \frac{2\mathrm{R}(\sqrt{5} - 1)}{\sqrt{10 + 2\sqrt{5}}}.$$

7° Dodécagone régulier circonscrit

$$\mathrm{C}'_{12} = 2\mathrm{R}(2 - \sqrt{3}).$$

§ VI. **Mesure de la circonférence.**

DÉFINITIONS.

233. Une quantité est dite *variable* lorsqu'elle peut prendre successivement différents états de grandeur.

On nomme *limite* d'une quantité variable une grandeur fixe dont la variable peut approcher indéfiniment sans pouvoir jamais l'atteindre. Si

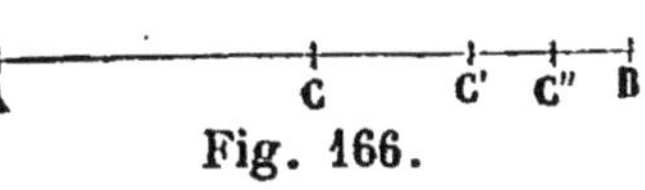
Fig. 166.

nous prenons, par exemple, le milieu C d'une droite AB; puis le milieu C' de BC, et ainsi de suite, les lignes AC, AC', AC''... auront AB pour limite.

Concevons un polygone régulier inscrit dans un cercle; si nous doublons indéfiniment le nombre des côtés de ce polygone, puis celui du nouveau polygone obtenu, et ainsi de suite in-définiment, nous formons une série de polygones inscrits dont le péri-mètre se rapproche de plus en plus de la circonférence du cercle circons-crit, et peut en différer moins que toute quantité assignable; en même temps, le polygogne tend à se confondre avec le cercle;

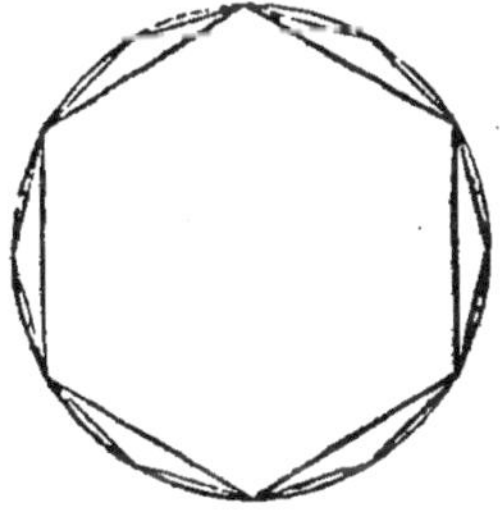
Fig. 167.

de sorte que *la circonférence d'un cercle peut être regardée comme la limite vers laquelle tend le péri-mètre d'un polygone régulier, lorsque le nombre des côtés de ce polygone augmente indéfiniment, et le cercle comme la limite vers laquelle tend le polygone lui-même.*

Il résulte de là que toute propriété d'un polygone ré-gulier, indépendante du nombre et de la grandeur des côtés, s'étend au cercle lui-même.

Théorème.

234. *Le rapport de la circonférence au diamètre est un nombre constant.*

Soient deux cercles, dans lesquels nous supposerons inscrits deux polygones réguliers d'un même nombre de côtés. Nous savons que le rapport des périmètres de ces polygones est égal au rapport des rayons des cercles

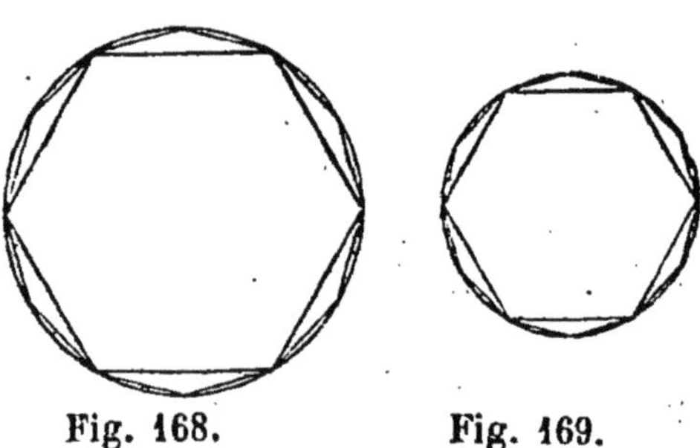

Fig. 168.   Fig. 169.

circonscrits, et ceci est vrai *quelque grand que soit le nombre des côtés des polygones.* Imaginons que ce nombre augmente indéfiniment; les périmètres de polygones ont pour limite les circonférences des cercles circonscrits; donc le rapport des circonférences est égal à celui de leurs rayons. Si nous désignons par C et C' ces circonférences, et par R et R' leurs rayons, nous avons :

$$\frac{C}{C'} = \frac{R}{R'}$$

ou, en multipliant par 2 les deux termes du second rapport,

$$\frac{C}{C'} = \frac{2R}{2R'}$$

et, en changeant les moyens de place,

$$\frac{C}{2R} = \frac{C'}{2R'}.$$

Ce qui montre que *le rapport de la première circonférence à son diamètre est égal au rapport de la deuxième circonférence à son diamètre*; ou, en d'autres termes, que *le rapport de la circonférence au diamètre est le même pour tous les cercles :* c'est donc un nombre constant.

Ce rapport se désigne ordinairement par la lettre grecque π. Sa valeur approchée est 3,1415926, ou plus simplement 3,1416.

Si nous appelons C la circonférence d'un cercle et R son rayon, nous avons

$$\frac{C}{2R} = \pi; \qquad (1)$$

d'où nous tirons, en multipliant les deux membres de l'égalité (1) par 2R,

$$C = 2R\pi. \qquad (2)$$

Ainsi, *pour obtenir la longueur d'une circonférence dont on connaît le rayon, il faut multiplier le nombre constant π par deux fois le rayon.*

En divisant ces deux membres par 2π, l'égalité (2) donne

$$R = \frac{C}{2\pi};$$

c'est-à-dire que, *pour connaître le rayon d'un cercle dont la circonférence est donnée, il faut diviser cette circonférence par deux fois le nombre constant π.*

Problème.

235. *Trouver une valeur approchée du rapport de la circonférence au diamètre.*

Nous avons vu (234) que, R, étant le rayon d'un cercle, C sa circonférence, nous avons

$$\frac{C}{2R} = \pi.$$

Cette valeur de π étant toujours la même quelle que soit la longueur du rayon, nous pouvons supposer R = 1 ; alors,

$$\pi = \frac{C}{2}.$$

Ainsi, *pour connaître le rapport désigné par π, il suffit de déterminer le nombre qui exprime la longueur de la circonférence dans un cercle dont le rayon est l'unité, et de diviser ce nombre par 2.*

Or, la circonférence étant la limite vers laquelle tend le périmètre d'un polygone régulier inscrit dont le nombre des côtés croît indéfiniment, il est aisé de comprendre que, si nous calculons les périmètres des polygones réguliers de 4, 8, 16, 32... côtés, inscrits dans un cercle dont le rayon est 1, ces périmètres différeront de moins en moins de la circonférence, et l'erreur que nous commettrons en prenant la longueur de l'un d'eux pour celle de la circonférence, sera d'autant plus petite que le polygone considéré aura un plus grand nombre de côtés. C'est en opérant ainsi qu'on a calculé le premier rapport de la circonférence au diamètre.

Si dans la formule

$$x^2 = 2R^2 - 2R\sqrt{R^2 - \frac{a^2}{4}},$$

nous faisons $R = 1$, elle devient :

$$x^2 = 2 - \sqrt{4 - a^2}. \qquad (1)$$

Le côté du carré inscrit dans ce cercle vaudra $\sqrt{2}$ et l'on a :

$$C_4^2 = 2.$$

En remplaçant dans la formule (1), a^2 par c_4^2 ou 2, on a :

$$C_8^2 = 2 - \sqrt{4 - 2} = 2 - \sqrt{2}.$$

De même, en remplaçant encore dans la formule (1) a^2 par c_8^2 ou $2 - \sqrt{2}$, on a :

$$C_{16}^2 = 2 - \sqrt{4 - (2 - \sqrt{2})} = 2 - \sqrt{2 + \sqrt{2}}.$$

En continuant, on obtient évidemment

$$C_{32}^2 = 2 - \sqrt{2 + \sqrt{2 + \sqrt{2}}},$$

et ainsi de suite.

En multipliant les côtés c_4, c_8, c_{16}, c_{32}... par 4, 8, 16, 32..., on obtiendra les périmètres p_4, p_8, p_{16}, p_{32}..., ce qui fournira des valeurs de plus en plus rapprochées de la circonférence et comme $\pi = \dfrac{C}{2}$, on a :

$$\pi = \lim. \; 2^n \sqrt{2 - \sqrt{2 + \sqrt{2 + \ldots}}}$$

le nombre des radicaux superposés étant égal à $n-1$.

Si à l'aide de la formule $x = \dfrac{a\mathrm{R}}{\sqrt{\mathrm{R}^2 - \dfrac{a^2}{4}}}$ du n° 232,

on avait calculé les périmètres $p_4{}'$, $p_8{}'$, $p_{16}{}'$, $p_{32}{}'$... des polygones circonscrits; on aurait eu des valeurs par excès de la circonférence C. Les chiffres communs à cette valeur, et à celle approchée par défaut, appartiendront à la valeur de π.

C'est en procédant ainsi que l'on a formé les deux tableaux suivants :

Nombre des côtés.	Demi-périmètres des polygones inscrits.
4.	2,82842
8.	3,06146
16.	3,12144
32.	3,13654
64.	3,14033
128.	3,14127

Ces résultats sont obtenus par défaut avec des erreurs inférieures à une unité du dernier ordre.

Nombre des côtés.	Demi-périmètres des polygones circonscrits.
4.	4,00000
8.	3,31371
16.	3,18260
32.	3,15173
64.	3,14412
128.	3,14223

Ces résultats sont obtenus par excès avec des erreurs moindres que une unité du dernier ordre.

De ces deux tableaux, on conclut que 3,142 est une valeur de π à moins d'un millième.

C'est cette méthode des périmètres qui a été suivie, par Archimède qui vivait à Syracuse 250 avant notre ère.

Cette marche pénible dans la pratique, mais simple en théorie, a donné à l'illustre géomètre la fraction $\dfrac{22}{7}$, valeur de π, approchée par excès à moins d'un demi-centième, ce qui est habituellement suffisant dans la pratique.

Si l'on veut une valeur plus approchée de π, sous forme fractionnaire, on peut employer la fraction $\dfrac{355}{113}$, due à Adrien Métius, géomètre et astronome distingué, né en Hollande en 1571 et mort en 1635. Cette fraction donne une valeur de π, approchée à moins d'un demi-millionième.

236. La méthode que nous venons d'indiquer pour calculer la valeur approchée du rapport de la circonférence au diamètre suppose ce diamètre connu et conduit à une valeur approchée de la circonférence. On peut suivre une marche inverse, se donner la circonférence et chercher la valeur de son diamètre ou de son rayon. Cette valeur s'obtient facilement par le procédé appelé *méthode des isopérimètres*, qui repose sur le problème suivant : (Cette méthode a été publiée en 1813 à Nancy, par le géomètre Schwab.)

Problème.

237. *Étant donnés le côté et l'apothème d'un polygone régulier inscrit, calculer le rayon et l'apothème d'un polygone régulier inscrit de même périmètre et d'un nombre double de côtés.*

Soient AB le côté du polygone régulier donné; désignons par a son apothème CG, par r le rayon CA du cercle circonscrit; menons les cordes AD, BD et la droite EF qui joint les milieux de ces cordes. Les triangles DEF, DAB étant semblables, le côté EF est la moitié du côté AB; et, comme les droites CE, CF divisent respectivement en deux parties les angles ACD, BCD, l'angle ECF est aussi la moitié de l'angle au centre ACB du polygone AB; par conséquent, si du point C comme centre avec CE ou CF comme rayon, nous décrivons une circonférence de cercle, la droite EF est le côté du polygone régulier inscrit dans ce cercle, de même périmètre que le polygone AB et d'un nombre double de côtés. Soient a' son apothème CK et r' le rayon du cercle circonscrit, la droite EF parallèle à AB divise la droite DG en deux parties égales, puisque le point E est le milieu du côté AD (180), nous avons donc

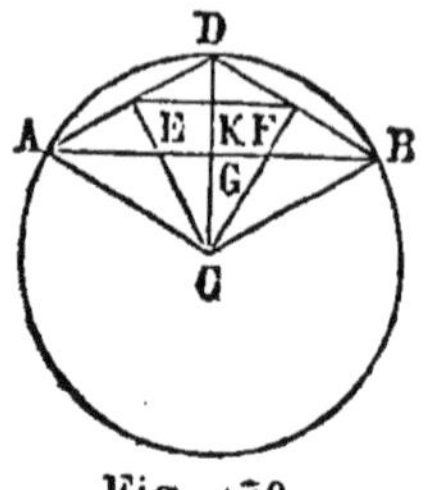

Fig. 170.

$$CK = \frac{CD + CG}{2} \,(^*),$$

ou

$$a' = \frac{r + a}{2}. \tag{1}$$

(*) Nous avons, en effet :

$$CK = CD - DK. \quad \text{et} \quad CK = CG + DK.$$

Ajoutant membre à membre ces deux égalités, nous trouvons,

$$2CK = CD + CG.$$

d'où nous tirons

$$CK = \frac{CD + CG}{2}.$$

D'autre part, le triangle rectangle CDE donne

$$CE = \sqrt{\overline{CD \times CK}},$$

ou

$$r' = \sqrt{\overline{r \times a'}}. \qquad\qquad (2)$$

238. REMARQUE. — Il est facile de voir, soit par les formules (1) et (2), soit par la figure elle-même, que a' est plus grand que a et qu'au contraire r' est moindre que r ; de sorte que, dans le nouveau polygone, la différence entre le rayon et l'apothème est moindre que dans le premier.

Si nous transformions de la même manière le second polygone en un troisième, puis le troisième en un quatrième, et ainsi de suite : nous parviendrions à un polygone dans lequel la différence entre le rayon et l'apothème serait moindre que toute grandeur donnée. En effet, dans le triangle ACG, nous avons

$$AC - CG < AG, \quad \text{ou} \quad r - a < AG ;$$

mais AG est la moitié du côté du polygone, et ce côté peut être rendu plus petit que toute grandeur donnée, quand on double indéfiniment le nombre des côtés ; $r - a$ peut aussi donc devenir plus petite que toute quantité assignable.

239. CALCUL DE π. — Pour obtenir une valeur approchée du rapport de la circonférence au diamètre, nous allons calculer le rayon d'une circonférence dont la longueur est 4. Pour cela, considérons d'abord un carré inscrit ayant le même périmètre 4, ou un côté égal à 1. Si nous désignons par a son apothème et par

10.

r le rayon circonscrit, nous trouvons aisément

$$a = \frac{1}{2}, \quad r = \frac{\sqrt{2}}{2}.$$

Les formules (1) et (2) du problème précédent, appliquées aux polygones isopérimètres de 8, 16, 32, 64... côtés, donnent successivement :

Pour l'octogone régulier inscrit,

$$a' = \frac{a + r}{2}, \quad r' = \sqrt{r \times a'};$$

pour le polygone régulier inscrit de 16 côtés,

$$a'' = \frac{a' + r'}{2}, \quad r'' = \sqrt{r' \times a''};$$

et, en continuant ainsi, nous arriverons à un polygone régulier dont le périmètre sera toujours 4 et dont l'apothème a^n et le rayon r^n différeront d'aussi peu que nous voudrons.

Or les circonférences décrites avec a^n et r^n sont, l'une plus petite, l'autre plus grande que 4; le rayon de la circonférence égale à 4 est donc compris entre a^n et r^n. Si nous évaluons ces deux quantités en décimales, les décimales communes appartiendront évidemment à ce rayon.

Voici le tableau des valeurs successives des apothèmes et des rayons dans les polygones isopérimètres de 4, 8, 16... 8192 côtés.

NOMBRE DES CÔTÉS.	APOTHÈMES.	RAYONS.
4	$a_1 = 0.5000000$	$r_1 = 0,7071068$
8	$a_2 = 0,6035534$	$r_2 = 0,6532815$
16	$a_3 = 0,6284174$	$r_3 = 0,6402789$
32	$a_4 = 0,6345731$	$r_4 = 0,6376435$
64	$a_5 = 0,6361003$	$r_5 = 0,6368754$
128	$a_6 = 0,6364919$	$r_6 = 0.6366836$
256	$a_7 = 0,6365878$	$r_7 = 0,6366357$
512	$a_8 = 0,6366117$	$r_8 = 0,6366237$
1024	$a_9 = 0,6366177$	$r_9 = 0,6366207$
2048	$a_{10} = 0,6366192$	$r_{10} = 0,6366199$
4096	$a_{11} = 0,6366195$	$r_{11} = 0,6366197$
8192	$a_{12} = 0,6366196$	$r_{12} = 0,6366196$

Une circonférence égale à 4 a donc certainement pour rayon le nombre 0,6366196. Le rapport de la circonférence au diamètre ou $\dfrac{4}{2R}$ vaut donc approximativement

$$\frac{4000000}{12732392} = 3,1415926\ldots$$

Applications numériques

Problème.

240. *Le rayon d'un cercle est de $2^m,74$; calculer, à moins d'un centimètre, la longueur de sa circonférence.*

Si dans l'égalité

$$C = 2\pi R,$$

nous substituons aux lettres leurs valeurs numériques, nous trouvons

$$C = 2 \times 3,1416 + 2,74 = 17^m,22.$$

Problème.

241. *On a un bassin circulaire dont la circonfé-rence vaut 25 mètres; on demande, à moins d'un mil-limètre, la longueur du rayon.*

De l'égalité

$$C = 2\pi R,$$

nous tirons

$$R = \frac{C}{2\pi}.$$

ou, substituant aux lettres leurs valeurs numériques,

$$R = \frac{25}{2 \times 3,1416} = 3^m,979.$$

EXERCICES SUR LE TROISIÈME LIVRE

1. La droite qui joint les milieux de deux côtés d'un triangle est parallèle au troisième et égale à sa moitié.

2. Les droites qui joignent les milieux des côtés consécutifs d'un quadrilatère forment un parallélogramme. Dans quels cas ce parallélogramme est-il un rectangle, un losange ou un carré?

3. Calculer, à moins d'un millimètre, chacun des segments que les bissectrices des angles d'un triangle déterminent sur ses côtés égaux respectivement à 12 mètres, à 15 mètres et à 18 mètres.

4. Les droites issues d'un même point interceptent des par-ties proportionnelles sur deux droites parallèles.

5. Par un point donné dans l'intérieur d'un angle, mener une droite qui soit divisée par le point en deux parties égales ou dans un rapport donné.

6. Construire un triangle rectangle connaissant les segments déterminés sur l'hypoténuse par la perpendiculaire abaissée du sommet de l'angle droit.

7. Par le point de contact de deux circonférences tangentes on mène deux sécantes et on joint leurs points de rencontre avec la même circonférence; démontrer que les cordes ainsi menées sont parallèles.

8. Etant donné un triangle quelconque ABC, on diminue le côté AC d'une quantité arbitraire AA′ et on augmente le côté BC d'une quantité égale BB′; démontrer que la nouvelle base A′B′ est coupée par l'ancienne AB dans le rapport inverse des côtés primitifs AC, BC.

9. Soient ABC, AB′C′ deux triangles semblables dont les côtés homologues BC, B′C′ sont parallèles; si le triangle AB′C′ tourne dans son plan autour du sommet commun A, quel est le lieu décrit par le point d'intersection des deux droites qui joignent les extrémités homologues des côtés BC, B′C′.

10. On inscrit dans un cercle un quadrilatère ABCD dont deux côtés contigus AB, BC sont égaux; on tire les diagonales AC, BD qui se coupent en E; démontrer que chacun des côtés égaux est moyenne proportionnelle entre la diagonale entière CD, et le segment adjacent BE.

11. Si trois droites passent par un même point, le rapport des distances d'un point quelconque de l'une d'elles aux deux autres est constant.

12. Trouver le lieu géométrique des points d'où l'on voit deux cercles donnés sous des angles égaux.

13. Si d'un point, pris dans le plan d'un cercle, on mène deux sécantes perpendiculaires l'une à l'autre, la somme des carrés des distances de ce point aux quatre points d'intersection de la circonférence et des sécantes est constante.

14. Le lieu géométrique des points, tels que les tangentes menées de ces points à deux cercles donnés soient égales est une perpendiculaire à la droite qui joint les centres.

15. Construire un polygone qui soit semblable à un polygone donné et dont le périmètre égale une ligne donnée.

16. Le côté du triangle équilatéral circonscrit à un cercle est le double du côté du triangle équilatéral inscrit dans ce cercle.

17. L'apothème de l'hexagone régulier inscrit dans un cercle est égal à la moitié du côté du triangle équilatéral inscrit dans le même cercle.

18. Deux cercles se coupent de façon que les tangentes menées par l'un des points d'intersection sont perpendiculaires entre elles; de plus, la distance de leurs centres est double de l'un des rayons; démontrer que la corde commune est à la fois

le côté de l'hexagone régulier inscrit dans l'un des cercles, et le côté du triangle équilatéral inscrit dans l'autre.

Problèmes numériques.

1. La distance des centres de deux cercles égale $1^m,85$; leurs rayons valent $0^m,234$ et $0^m,432$; on mène deux tangentes communes intérieures à ces deux cercles et on demande la distance de leur point de concours à la plus grande circonférence ? *Réponse*, $0^m,768$.

2. Deux cercles dont les rayons ont respectivement $0^m,5$ et $1^m,2$ de longueur se coupent de façon que les tangentes menées par l'un des points d'intersection sont perpendiculaires entre elles; on demande la distance de leurs centres? *Réponse*, $1^m,3$.

3. Deux cordes se coupent dans un cercle; les deux segments de la première valent $0^m,308$ et $0^m,325$; un segment de la seconde vaut $0^m,364$. Quelle est la longueur totale de cette dernière? *Réponse*, $0^m,639$.

4. Deux cordes se coupent dans un cercle; les deux segments de la première valent $1^m,2$ et $2^m,1$: la différence entre les segments de la seconde est $1^m,84$. Quelle est la longueur de cette corde? *Réponse*, $3^m,66$.

5. Le rayon d'un cercle est de 2^m, par un point extérieur et distant de 3^m de la circonférence on mène une sécante dont la partie intérieure égale 1^m. Trouver la longueur de la partie extérieure. *Réponse*, $4^m,11$.

6. Les rayons de deux cercles concentriques sont 36^m et 20^m; dans le grand on mène une corde tangente au petit; calculer cette corde. *Réponse*, $59^m,87$.

7. Par un point distant de $5^m,64$ d'une circonférence de cercle on mène à ce cercle une tangente égale à $8^m,46$; trouver le rayon du cercle. *Réponse*, $3^m,52$.

8. Les rayons de deux cercles sont 12^m et 15^m; la distance de leurs centres égale 18^m; calculer la longueur de la corde commune à ces cercles. *Réponse*, $19^m,84$.

9. Par un point distant de $4^m,25$ d'une circonférence de cercle, dont le rayon vaut $3^m,45$ on mène une tangente à ce cercle: calculer sa longueur. *Réponse*, $6^m,88$.

10. Les côtés AB, AC de l'angle droit d'un triangle rectangle ABC sont égaux respectivement à 16^m et à 24^m; calculer les projections de ces côtés sur l'hypoténuse et la distance AD du sommet de l'angle droit au côté opposé. *Réponse*, BD $= 8^m,875$; CD $= 19^m,969$; AD $= 13^m,313$.

11. La circonférence d'un bassin à base circulaire est de 25^m; quelle est la longueur de son diamètre? *Réponse*, $7^m,957$.

12. Calculer, à moins d'un millimètre, la circonférence qui a pour rayon la diagonale d'un carré de $0^m,5$ de côté. *Réponse*, $4^m,443$.

13. Deux arcs de même longueur ont été décrits avec des rayons de $0^m,25$ et de $0^m,18$; l'un est de $15^o 20'$; quel est le nombre des degrés de l'autre? *Réponse*, $21^o 17' 46'',67$.

14. Calculer le côté de l'apothème de l'octogone régulier inscrit en fonction de son rayon. Faire une application des deux formules en supposant le rayon égal à $4^m,50$. *Réponse*, le côté égal à $3^m,44$ et l'apothème à $4^m,15$.

15. Calculer le côté et l'apothème du décagone régulier inscrit en fonction de son rayon. Faire une application des deux formules en supposant le rayon égal à $1^m,50$. *Réponse*, le côté égale $0^m,77$ et l'apothème $1^m,448$.

LIVRE QUATRIÈME

MESURE DES SURFACES

DÉFINITIONS

242. On appelle *aire* l'étendue superficielle d'une figure quelconque.

Deux figures qui ont des aires égales sans avoir la même forme sont dites *équivalentes*.

243. La *hauteur* d'un parallélogramme est la perpendiculaire EF qui mesure la distance de deux côtés opposés AB, DC pris pour *bases* (*fig.* 171).

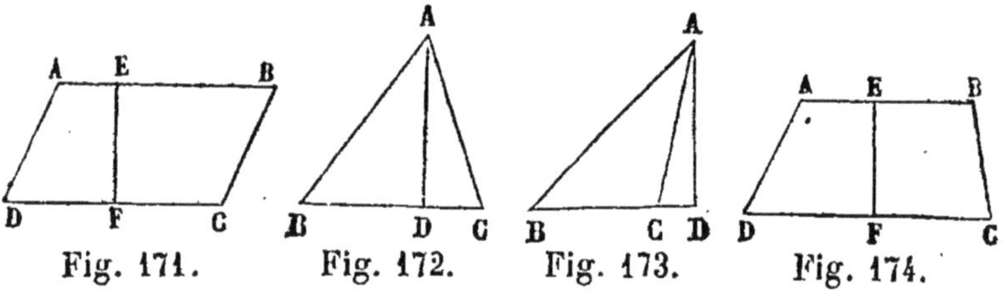

Fig. 171. Fig. 172. Fig. 173. Fig. 174.

La *hauteur* d'un triangle ABC est la perpendiculaire AD abaissée de l'un de ses sommets A sur le côté opposé BC pris pour *bases* (*fig.* 172 et 173).

Enfin, la hauteur d'un trapèze ABCD (*fig.* 174) est la perpendiculaire EF qui mesure la distance de ses deux côtés parallèles AB, CD qui en sont les *bases*.

Il est important de remarquer que la ligne appelée *hauteur* dans ces différentes figures ne tombe pas nécessairement dans leur intérieur. Pour que la perpendiculaire qui mesure la hauteur puisse être menée conformément à la définition, il faut souvent prolonger les côtés de la figure, ce qui arrive, par exemple, lorsqu'on prend pour base d'un triangle le côté adjacent à un angle obtus (*fig.* 173).

244. On nomme *produit* ou *rectangle* de deux lignes le produit des nombres qui expriment leurs longueurs.

245. MESURE DES SURFACES. — Mesurer une surface quelconque, c'est chercher son rapport à l'unité de sur- ace, c'est-dire combien de fois elle contient l'unité de surface ou de parties de cette unité.

On prend généralement pour unité de surface le carré qui a pour côté l'unité de longueur. En France, l'unité principale de surface est le *mètre carré* ou carré dont le côté a 1 mètre de longueur.

Le mètre carré a des multiples et des sous-multiples; ses multiples sont : le *décamètre carré*, l'*hectomètre carré*, le *kilomètre carré*, le *myriamètre carré*; et ses sous-multiples : le *décimètre carré*, le *centimètre carré*, le *millimètre carré*. Ce sont autant de carrés dont les côtés ont respectivement pour longueur 1 décamètre, 1 hectomètre..... 1 décimètre, 1 centimètre, 1 millimètre.

246. Les multiples et les sous-multiples du mètre carré sont de 100 en 100 fois plus grands ou plus petits, c'est-à-dire qu'un mètre carré, par exemple, vaut 100 décimètres carrés. Plaçons, en effet, 10 décimètres carrés, à la suite les uns des autres, sur une même ligne, nous obtenons ainsi une bande

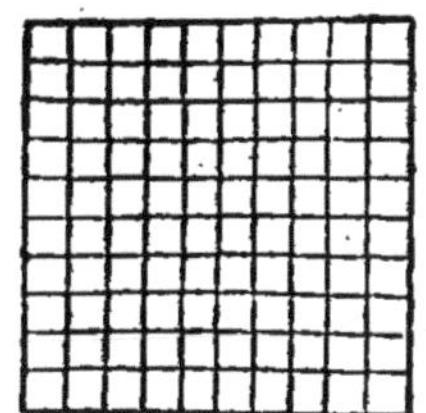

Fig. 175.

qui a 10 décimètres ou 1 mètre de longueur et 1 décimètre de largeur. Plaçons dix bandes pareilles, les unes à côté des autres, comme l'indique la figure 175, l'ensemble forme un carré dont les côtés ont un mètre de longueur; c'est par conséquent, un mètre carré. Or, chaque bande contenant 10 décimètres carrés, les dix bandes en contiennent 10 fois 10 ou 100. Le mètre carré vaut donc 100 décimètres carrés.

De même le décimètre carré vaut 100 centimètres carrés, le centimètre carré vaut 100 millimètres carrés, le décamètre carré vaut 100 mètres carrés, etc.

§ 1. Aires des polygones

Théorème.

247. *L'aire du rectangle est égale au produit de sa base par sa hauteur.* — Supposons que la base AB du rectangle ABCD contienne 7 mètres et que sa hauteur en contienne 3. Partageons la base en 7 parties égales et, par les points de division, élevons des perpendiculaires à cette ligne;

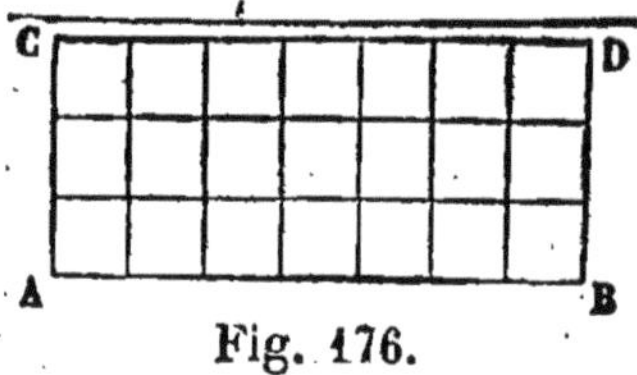
Fig. 176.

nous décomposons ainsi le rectangle donné en 7 rectangles qui ont tous des bases et des hauteurs égales, et, par suite, sont égaux entre eux. Partageons de même la hauteur AC en trois parties égales, et, par les points de division, menons des parallèles à la base AB; chacun des 7 rectangles égaux est décomposé en 3 carrés dont le côté a 1 mètre de longueur, c'est-à-dire, en 3 mètres carrés, et le rectangle ABDC en contient, par conséquent, $7 \times 3 = 21$. Or, 7×3 est précisément le produit de sa base par sa hauteur.

Le raisonnement est évidemment le même pour des nombres entiers quelconques.

Supposons maintenant que la base et la hauteur soient exprimées par les nombres fractionnaires 3^m,25 et 1^m,86 et prenons le centimètre pour unité de longueur; la base AB en contient 325 et la hauteur AC 186. Si, par les points de division de la base, nous élevons des perpendiculaires à cette ligne, nous formons 325 rectangles égaux, et, en menant par les points de division de la hauteur des parallèles à la base, nous décomposons chacun de ces rectangles en 186 centimètres carrés; le rectangle donné ABCD en contient donc $325 \times 186 = 60\,450$, ce qui est encore le produit de sa base par sa hauteur.

Nous avons changé d'unité pour la démonstration; cela n'est pas nécessaire pour évaluer l'aire du rectangle; nous arrivons à un résultat identique en conservant le mètre pour unité. En effet, le centimètre carré étant la dix-millième partie du mètre carré (246), 60 450 centimètres carrés valent 6^{mq}, 0450. Or, ce dernier nombre est le produit des nombres décimaux 3, 25 et 1,86 qui expriment les longueurs respectives de la base et de la hauteur quand on prend le mètre pour unité.

Donc, dans tous les cas, *l'aire du rectangle est égale au produit de sa base par sa hauteur.*

248. Corollaire I. — *Deux rectangles qui ont des hauteurs égales sont entre eux comme leurs bases, et deux rectangles qui ont des bases égales sont entre eux comme leurs hauteurs.* Car, soient R le premier rectangle, B sa base et H la hauteur commune, nous avons, en appelant R' le second rectangle et B' sa base,

$$R = B \times H,$$
$$R' = B' \times H;$$

et, en divisant membre à membre ces deux égalités,

$$\frac{R}{R'} = \frac{B \times H}{B' \times H} = \frac{B}{B'} \cdot$$

Si, au contraire, les deux rectangles ont la même base B et des hauteurs H et H' différentes, nous trouvons

$$\frac{R}{R'} = \frac{B \times H}{B \times H'} = \frac{H}{H'} \cdot$$

249. Corollaire. II — *L'aire du carré est égale au carré de son côté*; car le carré est un rectangle dont tous les côtés sont égaux.

Théorème.

250. *L'aire du parallélogramme est égale au produit de sa base par sa hauteur.*

Par les extrémités A et B de la base AB du parallélo-

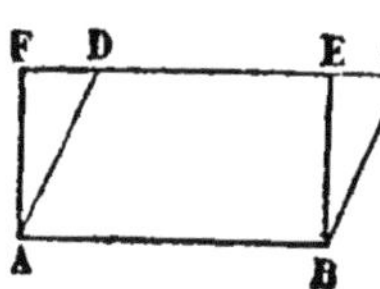

Fig. 177.

gramme, élevons les perpendiculaires AF, BE; nous formons ainsi le rectangle ABEF qui a la même base AB et la même hauteur BE que le parallélogramme; nous allons démontrer que ce rectangle est équivalent au parallélogramme.

En effet, les triangles rectangles ADF, BCE sont égaux; car ils ont les hypoténuses AD, BC égales comme côtés opposés du parallélogramme, et les côtés AF, BE égaux par une raison semblable. Si de la figure totale ABCF, nous retranchons le triangle ADF, nous obtenons le parallélogramme ABCD; si, au contraire, nous retranchons le triangle BCE, nous obtenons le rectangle ABEF. Puisque les deux triangles sont égaux, il en résulte que le rectangle et le parallélogramme sont équivalents. Or, l'aire du rectangle a pour mesure le produit $AB \times BE$ (247), l'aire du parallélogramme est donc aussi égale à $AB \times BE$, c'est-à-dire au produit de sa base AB par sa hauteur BE.

251. Corollaire. — Le rapport de deux parallélogrammes est, comme celui des deux rectangles, égal au rapport des produits de leurs bases par leurs hauteurs; par conséquent, *deux parallélogrammes qui ont des bases égales sont entre eux comme leurs hauteurs, et deux parallélogrammes qui ont des hauteurs égales sont entre eux comme leurs bases.*

Théorème.

252. *L'aire du triangle est égale à la moitié du produit de sa base par sa hauteur.*

Par les sommets A et C du triangle ABC, menons les parallèles AD, CD aux côtés opposés BC, AB; nous formons ainsi le parallélogramme ABCD qui a la même base BC et la même hauteur AE que le triangle. Or, ce parallélogramme est divisé par la diagonale AC en deux triangles égaux (80); donc l'aire du triangle ABC est la moitié de celle du parallélogramme. Mais l'aire de ce dernier a pour mesure le produit $BC \times AE$; l'aire du triangle est donc égale à la moitié du même produit, c'est-à-dire à la moitié du produit de sa base BC par sa hauteur AE.

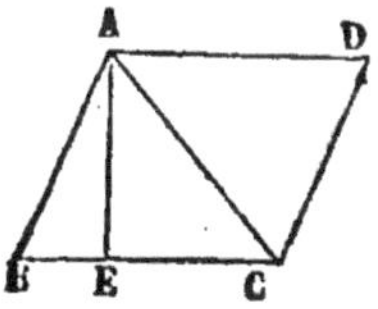

Fig. 178.

253. Corollaire. — *Deux triangles qui ont des hauteurs égales sont entre eux comme leurs bases, et deux triangles qui ont des bases égales sont entre eux comme leurs hauteurs.*

Car, soient T l'un des triangles, B sa base et H la

hauteur commune, nous avons, en appelant T′ le second et B′ sa base

$$T = \frac{B \times H}{2},$$

$$T' = \frac{B' \times H'}{2},$$

et, en divisant membre à membre ces deux égalités,

$$\frac{T}{T'} = \frac{B \times H}{B' \times H'} = \frac{B}{B'}.$$

Si les deux triangles ont la même base B et des hauteurs H et H′ différentes, nous trouvons

$$\frac{T}{T'} = \frac{B \times H}{B \times H'} = \frac{H}{H'}.$$

Théorème.

254. *L'aire du trapèze est égale au produit de sa hauteur par la demi-somme de ses parallèles.*

Prolongeons la base inférieure DC d'une longuéur CF égale à la base supérieure AB et joignons AF, nous formons ainsi un triangle ADF équivalent au trapèze ABCD.

En effet, les triangles CGF, ABG sont égaux, car ils

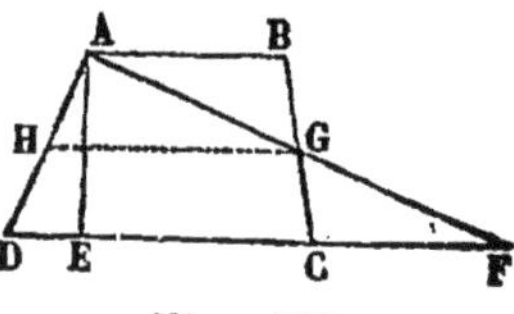

Fig. 179.

ont un côté égal adjacent à deux angles égaux chacun à chacun, savoir : le côté CF égal, par construction, au côté AB et les angles CFG, FCG égaux respectivement aux angles BAG, ABG comme alternes internes par rapport aux parallèles CF, AB et aux sécantes AF, BC. Si de la figure ABGFD nous retranchons successivement chacun de ces triangles, le trapèze ABCD et le triangle ADF que nous obtenons pour restes, sont équivalents. Or l'aire du triangle a pour mesure le produit $AE \times \dfrac{DF}{2}$; l'aire du trapèze est donc aussi égale à $AE \times \dfrac{DF}{2}$, c'est-à-dire au produit de sa hauteur AE par la demi-somme de ses bases BC, AB, puisque $DF = DC + AB$.

255 COROLLAIRE. — *L'aire du trapèze est aussi égale au produit de sa hauteur par la ligne qui joint les milieux des côtés non parallèles.*

En effet, la droite GH, passant par les milieux G et H des côtés AF, AD du triangle ADF, est parallèle au troisième côté DF; les triangles ADF, AGH sont donc semblables (189) et le rapport du côté GH au côté DF est le même que celui du côté AH au côté AD, c'est-à-dire que la droite GH est la moitié de la droite DF ou la moitié de la somme des bases DC, AB du trapèze. Par suite, l'aire de ce dernier est égale au produit de sa hauteur AE par la droite GH qui joint les milieux G et H de ses côtés non parallèles AD, BC.

Problème.

256. *Trouver l'aire d'un polygone quelconque* ABCDEFG.

Décomposons ce polygone en triangles par les diagonales AC, AD, AE, AF et mesurons un côté de chacun d'eux ainsi que la hauteur correspondante. En calculant l'aire de tous les triangles et ajoutant les résultats, nous obtenons l'aire du polygone.

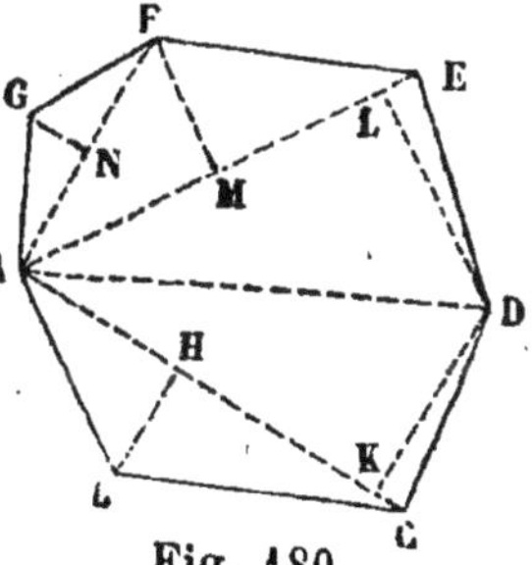

Fig. 180.

Le procédé employé sur le terrain est plus expéditif. On mène la plus grande diagonale AE sur laquelle on abaisse des sommets B, C, D, F, G les perpendiculaires BH, CK, DM... On décompose ainsi le polygone en trapèzes et en triangles rectangles. Calculant séparément l'aire de chacune de ces figures, on obtient, par une addition, l'aire du polygone proposé.

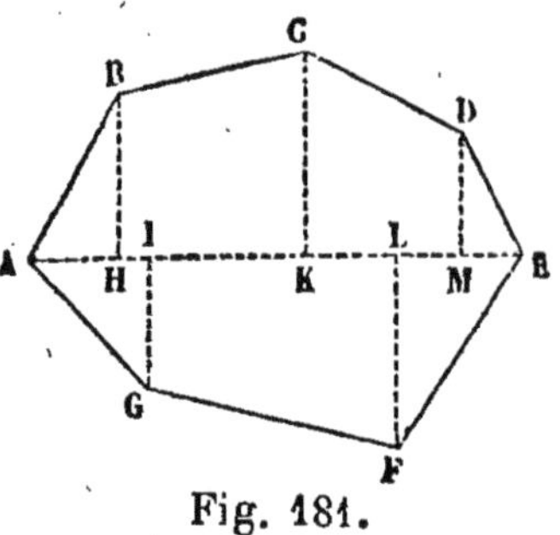

Fig. 181.

Si le terrain est limité dans une de ses parties par une ligne courbe, on prend sur cette ligne des points assez rapprochés pour que les lignes droites qui les joignent deux à deux diffèrent le moins possible de la ligne courbe; puis abaissant de ces points des perpendiculaires sur la transversale

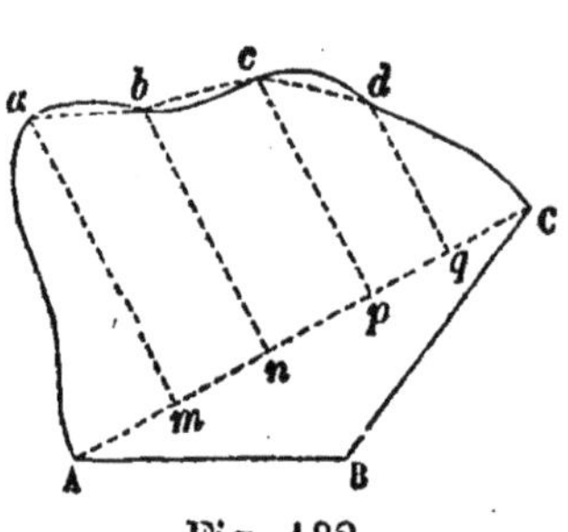

Fig. 182.

AC, on a à calculer la surface des trapèzes et des triangles ainsi formés.

Dans la pratique, pour obtenir la surface comprise entre une courbe et une droite, on emploie souvent la formule suivante :

$$S = \delta \left[\left(\frac{y_0 + y_n}{2} \right) + (y_1 + y_2 \ldots + y_{n-1}) \right],$$

S désigne la surface en question, $abcdmq$,
δ désigne les distances mn, np, pq que l'on prend égales entre elles,
y_0, y_1, y_n désignent les perpendiculaires ma, nb, qd.

On peut énoncer cette formule :

La surface comprise entre une courbe et une droite est égale au produit de l'une des divisions de la droite par la demi-somme des perpendiculaires extrêmes, augmentée de la somme des perpendiculaires inter- médiaires.

Cette formule se démontre très facilement en som- mant les différents trapèzes *mnab, npbc*... qui com- posent la surface proposée.

§ II. Comparaison des aires.

Théorème.

257. *Le carré construit sur l'hypoténuse d'un triangle rectangle est équivalent à la somme des car- rés construits sur les deux côtés de l'angle droit.*

Du sommet A de l'angle droit abaissons sur l'hypoté- nuse BC la perpendiculaire AM et prolongeons-la jus- qu'au point N : elle partage le carré BCDE construit sur l'hypoténuse en deux rectangles BMNE, MCDN.

Considérons d'abord le premier de ces rectangles ; il est facile de démontrer qu'il est équivalent au carré ABFG construit sur le côté AB de l'angle droit. En effet, menons les diago- nales FC, AE : le triangle ABE a la même base BE que le rectangle BMNE et la même hauteur BM, car telle serait la distance du som- met A du triangle à sa base BE prolongée : donc (252) l'aire de ce triangle est la moitié de celle du rectangle. Un raisonnement analogue prouve que le

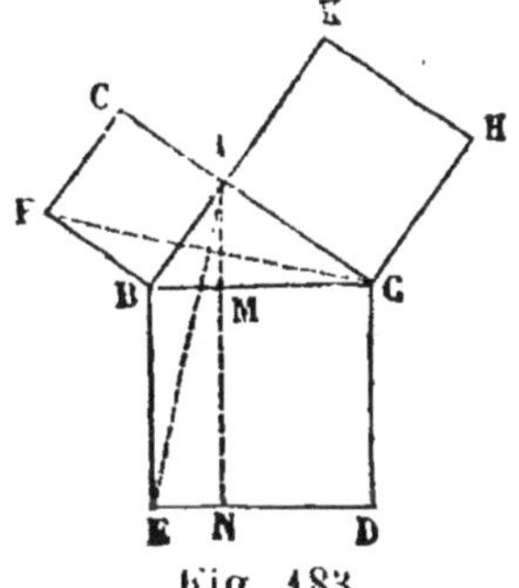

Fig. 183.

11.

triangle BCF ayant même base BF et même hauteur AB que le carré ABFG, son aire est la moitié de celle du carré.

Mais les triangles ABE, BCF ont un angle égal compris entre deux côtés égaux chacun à chacun; car, d'après la construction de la figure, les côtés AB, BE de l'un égalent respectivement les côtés BF, BC de l'autre, et chacun des angles ABE, CBF compris entre ces côtés est égal à l'angle ABC augmenté d'un angle droit : ces triangles sont donc égaux et, par suite, la moitié de la surface du rectangle BMNE égale la moitié du carré ABFG; en d'autres termes, la rectangle est équivalent au carré.

Nous démontrerions de la même manière que le rectangle MCDN est équivalent au carré ACHK. Donc la somme des deux rectangles ou le carré construit sur l'hypoténuse est équivalent à la somme des carrés construits sur les deux autres côtés.

Théorème.

258· *Dans tout triangle, le carré construit sur un côté opposé à un angle aigu est équivalent à la somme des carrés construits sur les deux autres côtés, moins deux fois le rectangle qui aurait pour base l'un des côtés de l'angle aigu et pour hauteur la projection de l'autre côté sur le premier.*

Des sommets A, B, C du triangle ABC, abaissons des perpendiculaires AM, BR, CO sur les côtés opposés; ces perpendiculaires prolongées partagent en six rectangles les carrés construits sur les trois côtés du triangle.

Considérons d'abord les deux rectangles BMNE, BOPF; il est facile de démontrer qu'ils sont équivalents. Menons, en effet, les diagonales FC, AE; le triangle ABE

a la même base BE et la même hauteur BM que le
rectangle BMNE; l'aire de ce
dernier est donc double de
celle du triangle. Un raisonnement analogue prouve que
le triangle BCF ayant même
base BF et même hauteur
BO que le rectangle BOPF,
l'aire de ce dernier est aussi
double de celle du triangle.

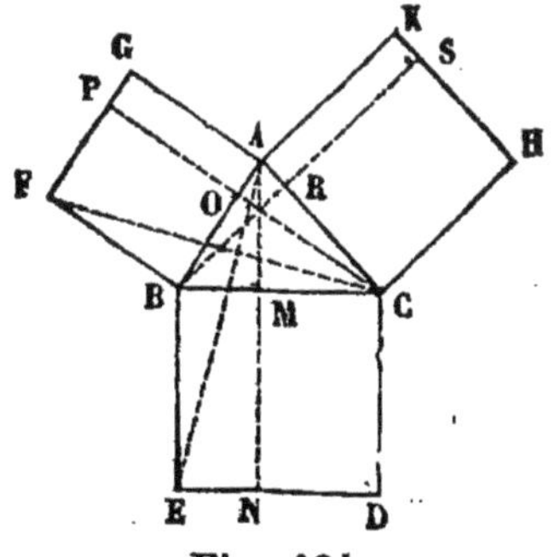

Fig. 184.

Mais les triangles ABE, BCF ont un angle égal compris entre deux côtés égaux chacun à chacun; car, d'après
la construction de la figure, les côtés AB, BE de l'un
égalent respectivement les côtés BF, BC de l'autre, et
chacun des angles ABE, CBF compris entre ces côtés
est égal à l'angle ABC augmenté d'un angle droit. Ces
triangles sont donc égaux, et, par suite, les deux rectangles BMNE, BOPF sont équivalents entre eux.

Nous démontrerions de la même manière que le rectangle MCDN est équivalent au rectangle CHSR; donc la
somme des deux rectangles BMNE et MCDN, ou le carré
construit sur le côté BC opposé à l'angle aigu A, est égale
à la somme des rectangles BOPF et CHSR ou, ce qui est
la même chose, est égale à la somme des carrés construits
sur les deux côtés AB, AC, moins les deux rectangles
AGPO, AKSR, ou moins deux fois le rectangle AGPO,
dont la base AG égale le côté AB du triangle et dont la
hauteur est la projection AO du côté AC sur le côté AB;
car il suffit de mener les droites BK, CG et de raisonner,
comme nous venons de le faire, pour reconnaître l'équivalence des rectangles AGPO, AKSR.

REMARQUE. Dans la figure précédente, nous avons supposé les angles B et C aigus, la perpendiculaire AN

divisait, par conséquent, le carré construit sur BC en deux rectangles. Si l'angle B avait été obtus, cette perpendiculaire abaissée du point A aurait toujours donné naissance à deux rectangles MNBE, MNCD, mais ayant pour différence le carré construit sur BC.

Des raisonnements, identiques aux précédents, nous auraient conduits aux deux égalités suivantes :

$$\text{MNBE} = \text{OPBF} = \text{AGPO} - \text{ABFG}$$
$$\text{MNCD} = \text{CHSR} = \text{ACHK} - \text{AKSR},$$

en les retranchant :

$$\text{BCED} = \text{ACHK} + \text{ABFG} - (\text{AGPO} + \text{AKSR}).$$

Théorème.

259. *Dans tout triangle, le carré construit sur un côté opposé à un angle obtus est équivalent à la somme des carrés construits sur les deux autres côtés, plus deux fois le rectangle qui aurait pour base l'un des deux autres côtés et pour hauteur la projection de l'autre sur le premier.*

Des sommets A, B, C du triangle ABC, abaissons sur les côtés opposés les perpendiculaires AM, BR, CO; ces perpendiculaires prolongées forment, avec les côtés des carrés construits sur les trois côtés du triangle, les 6 rectangles BMNE, MDCN, BFPO, AGPO, CHSR, AKSR.

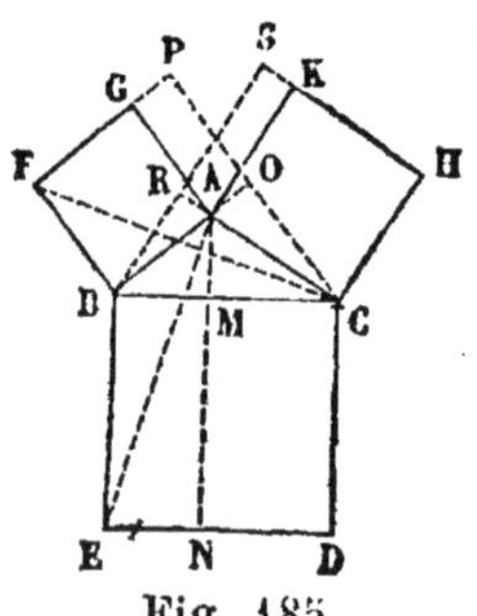

Fig. 185.

Considérons d'abord les deux rectangles BMNE et BFPO; il est facile de démontrer qu'ils sont équivalents. Menons, en effet, les diagonales AE, FC, le triangle ABE a la même base BE et la même hauteur BM que le rectangle BMNE; l'aire de ce dernier est donc double de celle du triangle. Un raisonnement analogue prouve que le triangle BCF ayant même base BF et même hauteur BO que le rectangle BFPO, l'aire de celui-ci est aussi double de celle du triangle.

Mais les triangles ABE, BCF ont les angles ABE, CBF et les côtés BE et AB, BC et BF qui comprennent ces angles, égaux; ils sont, par conséquent, égaux entre eux; donc les rectangles BMNE, BFPO sont équivalents. Nous démontrerions de même l'équivalence des rectangles MCDN et CHSR; donc la somme des deux rectangles BMNE et MCDN, ou le carré construit sur le côté BC opposé à l'angle obtus A, est égale à la somme des rectangles BFPO, CHSR ou, ce qui est la même chose, à la somme des carrés AGFB, AKHC construits sur les côtés AB, AC, plus les deux rectangles AGPO, AKSR ou plus deux fois le rectangle AGPO, dont la base AG égale le côté AB et dont la hauteur est la projection AO du côté AC sur le côté AB; car, en menant les droites BK, CG, on reconnaît facilement l'équivalence des rectangles AGPO, AKSR.

Théorème.

260. *Le rapport des aires de deux triangles semblables est égal au rapport des carrés de deux côtés homologues.*

Soient les deux triangles ABC, A'B'C', et K leur rapport de similitude. En désignant par S et S' leurs surfaces, CD, C'D' étant les hauteurs, on a :

$$2S = AB \times CD$$
$$2S' = A'B' \times C'D'$$

en divisant membre à membre ces deux égalités,

$$\frac{S}{S'} = \frac{A\,B}{A'B'} \times \frac{C\,D}{C'D'}.$$

Mais par hypothèse, $\dfrac{A\,B}{A'B'} = K,$

De même $\dfrac{C\,D}{C'D'} = K,$ puisque les deux triangles rectangles ADC, A'D'C' sont semblables comme ayant les angles aigus A, A' égaux, et donnent :

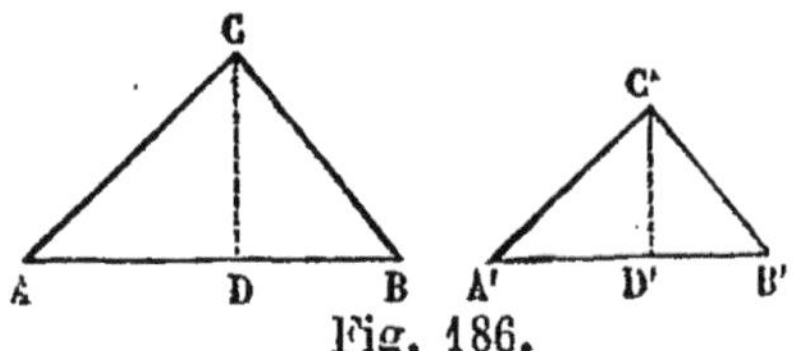

Fig. 186.

$$\frac{C\,D}{C'D'} = \frac{A\,C}{A'C'} = K.$$

Le rapport précédent $\dfrac{S}{S'}$ devient par conséquent :

$$\frac{S}{S'} = K^2. \quad \cdot \quad \cdot \quad \cdot \quad \cdot \quad \cdot \quad \text{C.Q.F.D.}$$

261. COROLLAIRE. — *Le rapport des aires de deux polygones semblables est égal au rapport des carrés de deux côtés homologues.*

Par deux sommets homologues A et A', par exemple, menons les diagonales; nous décomposons ainsi les deux polygones donnés, en triangles semblables et semblablement placés.

Ceci posé, soient :

$s_1,\ s_2,\ s_3\ldots$ les surfaces des triangles qui composent le premier polygone.

$s'_1,\ s'_2,\ s'_3\ldots$ les surfaces des triangles semblables correspondants, qui composent le second polygone.

K, le rapport de similitude des deux polygones donnés.

K, étant aussi le rapport de similitude des triangles s_1 et s'_1, s_2 et s'_2... etc..   On a :

$$\frac{s_1}{s'_1} = K^2$$

$$\frac{s_2}{s'_2} = K^2$$

$$\frac{s_3}{s'_3} = K^2.$$

D'où

$$\frac{s_1}{s'_1} = \frac{s_2}{s'_2} = \frac{s_3}{s} \ldots = K^2$$

et en vertu d'un théorème sur les rapports

$$\frac{s_1 + s_2 + s_3 + \ldots}{s'_1 + s'_2 + s'_3 + \ldots} = K^2.$$

Mais $s_1+s_2+s_3\ldots$ n'est autre chose que la surface S du premier polygone.

Et $s'_1 + s'_2 + s'_3\ldots$ n'est autre chose que la surface S' du second polygone.

On a donc :

$$\frac{S}{S'} = K^2. \quad . \quad . \quad . \quad . \quad \text{c.q.f.d.}$$

§ III. Problèmes sur les aires.

Problème.

262. *Construire un carré équivalent à un polygone donné* ABCDE.

Transformons d'abord le polygone ABCDE en un

triangle équivalent. Pour cela, tirons la diagonale CE qui retranche le triangle CDE; et, par le point D menons la droite DF parallèle à CE jusqu'à la rencontre du côté AE prolongé; joignons CF, et le polygone ABCDE sera équivalent au polygone ABCF qui a un côté de moins. En effet,

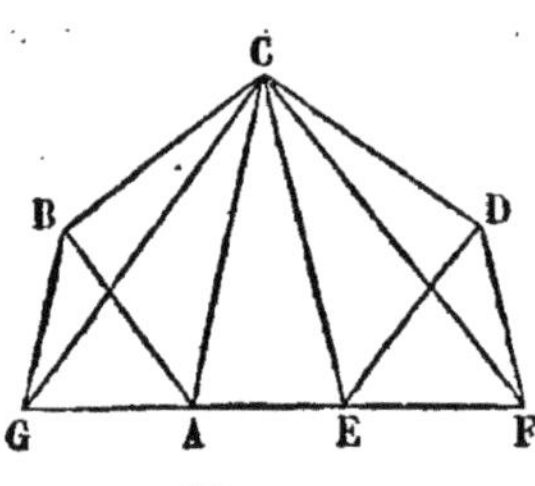

Fig. 187.

les triangles CDE, CEF ont la base CE commune; ils ont aussi même hauteur, puisque leurs sommets D et F sont sur une droite DF parallèle à la base; ils sont donc équivalents. Or, si à chacun d'eux nous ajoutons la même figure ABCE, nous avons d'un côté le polygone ABCDE et de l'autre le polygone ABCF qui sont équivalents.

Nous pouvons pareillement retrancher l'angle B en substituant au triangle ABC le triangle équivalent AGC; et ainsi, le pentagone ABCDE est transformé en un triangle équivalent GCF.

Le même procédé peut s'appliquer à toute autre figure, car, en diminuant d'un à chaque fois le nombre des côtés, nous finirons par tomber sur le triangle équivalent.

Le triangle équivalent au polygone donné une fois construit, nous n'avons plus qu'à trouver une moyenne proportionnelle entre sa base et la moitié de sa hauteur (215); cette moyenne proportionnelle est le côté du carré équivalent au polygone donné.

Problème.

263. *Construire un carré dont le rapport à un carré donné a^2 soit égal au rapport de deux droites données M et N.*

Sur une droite indéfinie AB, prenons, à partir du point

A, une longueur AC égalé à N et, à la suite, une longueur CD égale à M; puis,
sur AD comme diamètre,
décrivons une demi-circonférence; élevons au point C
la perpendiculaire CE au
diamètre AD et menons les
cordes AE, DE prolongées

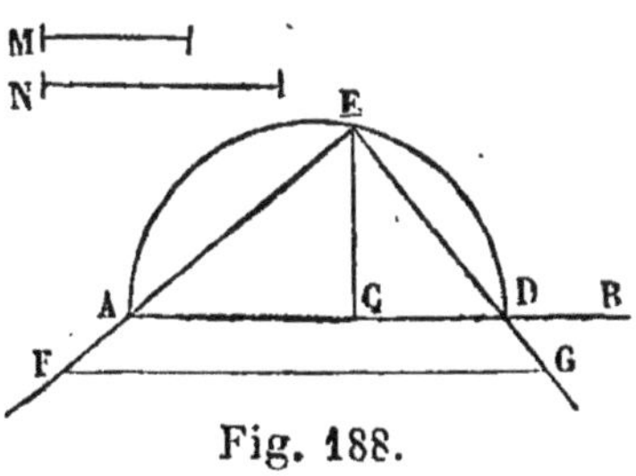

Fig. 188.

indéfiniment. Sur la première, prenons une longueur
EF égale au côté du carré donné a^2 et par le point F
menons la droite FG parallèle à AD; la droite EG est
le côté du carré cherché.

En effet, les droites FG et AD étant parallèles, nous
avons

$$\frac{EG}{EF} = \frac{DE}{AE}, \quad (1)$$

ou, en vertu d'une propriété connue des proportions,

$$\frac{\overline{EG}^2}{\overline{EF}^2} = \frac{\overline{DE}^2}{\overline{AE}^2}.$$

Mais le triangle rectangle AED donne (200)

$$\overline{DE}^2 = CD \times AD$$
$$\overline{AE}^2 = AC \times AD.$$

Remplaçant $\overline{DE}^2$ et $\overline{AE}^2$ par ces valeurs, l'égalité (1)
devient :

$$\frac{\overline{EG}^2}{\overline{EF}^2} = \frac{CD \times AD}{AC \times AD} = \frac{CD}{AC},$$

ou, en remarquant que les longueurs CD, AC sont respectivement égales aux droites données M et N,

$$\frac{\overline{EG}^2}{\overline{EF}^2} = \frac{M}{N}.$$

EF étant le côté du carré donné a^2, EG est donc le côté du carré cherché.

Problème.

264. *Construire un rectangle équivalent à un carré donné et dont les côtés adjacents fassent une somme donnée* AB.

Sur AB comme diamètre, décrivons une demi-circonférence et menons parallèlement à ce diamètre la droite

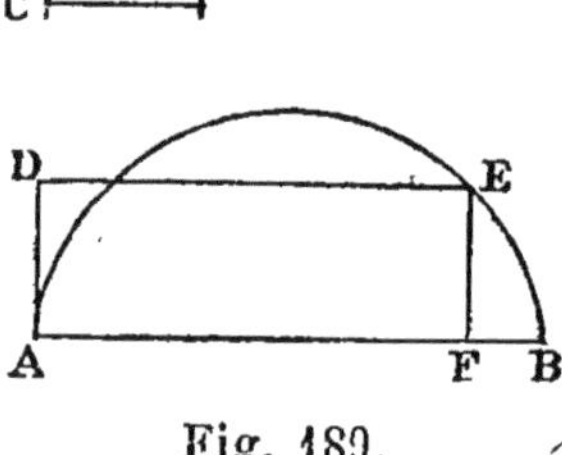

Fig. 189.

ED, à une distance AD égale au côté C du carré donné. Du point E où la parallèle coupe la circonférence, abaissons EF perpendiculaire sur le diamètre AB; les droites AF, BF sont les côtés du rectangle cherché. En effet, leur somme est égale à AB et leur produit AF $\times$ FB est égal au carré de EF ou de AD (215); donc le rectangle qui a AF et FB pour côtés adjacents est équivalent au carré donné.

Pour que le problème soit possible, il faut que la distance AD soit plus petite que le rayon, c'est-à-dire que le côté du carré n'excède pas la moitié de la droite AB.

Problème.

265. *Construire un rectangle équivalent à un carré donné et dont les côtés adjacents aient entre eux une différence donnée* BC.

Sur la différence donnée BC comme diamètre, décrivons une circonférence de cercle; puis, à l'extrémité B de ce diamètre, menons la tangente BE égale au côté A du carré donné et, par le point E et le centre D du cercle, tirons la sécante EG; cette sécante et sa partie extérieure EF sont les côtés adjacents du rectangle cherché; car leur différence FG égale BC et leur produit EG $\times$ EF égale $\overline{BE}^2$ ou A^2.

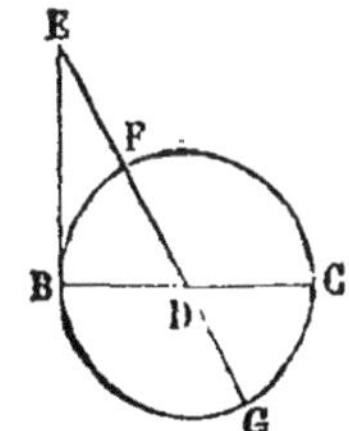

Fig. 190.

Application à la construction des racines des équations du second degré à une seule inconnue[1]

266. Lorsqu'on applique l'algèbre à la géométrie, tous les termes de chaque équation sont homogènes, c'est-à-dire composés d'un même nombre de facteurs linéaires. Si l'un est un produit de lignes, chacun des autres est le produit d'un même nombre de lignes ou représente le produit d'autant de lignes.

Ainsi, dans l'équation $x^2 + px + q = o$, x^2 étant le produit de deux lignes x et x, px est le produit de deux lignes p et x, l'une connue et l'autre inconnue et q doit être le produit de deux lignes données que nous pouvons remplacer par un carré équivalent a^2; ou, si q est un nombre, sa valeur absolue doit être considérée comme représentant la surface d'un certain carré a^2 dont le côté est a.

Cela posé, désignons, pour plus de simplicité, par p

---

1. Voir, dans mes *Éléments d'algèbre*, les propriétés des équations du second degré, et l'interprétation des quantités négatives.

la valeur absolue du coefficient de x, par a^2 celle de q et par x' et x'' les valeurs absolues des racines de l'équation. Par suite, p, a représentent des lignes données ou connues, et x', et x'' des lignes à construire, ces quatre lignes étant considérées en valeur absolue, c'est-à-dire abstraction faite des signes.

267. Eu égard aux signes de ses termes, l'équation du second degré est susceptible des quatre formes suivantes :

$$(1) \ x^2 - px + a^2 = 0, \qquad (3) \ x^2 - px - a^2 = 0,$$
$$(2) \ x^2 + px + a^2 = 0, \qquad (4) \ x^2 + px - a^2 = 0.$$

Remarquons d'abord que les racines de la seconde équation sont égales à celles de la première et de signes contraires; car on déduit la seconde de la première en changeant x en $- x$. La quatrième se déduit pareillement de la troisième par le même changement de x en $- x$; il suffit donc d'expliquer la construction des racines des équations (1) et (3).

Commençons par l'équation

$$x^2 - px + a^2 = 0.$$

La somme p de ces racines et leur produit a^2 étant positifs, nous avons

$$x' + x'' = p,$$
$$x'x'' = a,$$

relations qui nous montrent que, pour avoir x' et x'', il faut construire un rectangle équivalent à un carré donné a^2 et dont les côtés adjacents fassent une somme égale à p. Cette construction fait immédiatement connaître la condition de réalité des racines qui est $p > 2a$.

Considérons en second lieu l'équation

$$x^2 - px - a^2 = o;$$

le produit a^2 de ses racines étant négatif, elles sont de signes contraires : soit x' celle qui est positive. En mettant en évidence le signe de x'', nous avons

$$x' - x'' = p,$$
$$x'x'' = a^2.$$

Nous obtiendrons donc x' et x'' en construisant un rectangle équivalant à un carré donné a^2 et dont les côtés adjacents ont entre eux une différence donnée p.

§ IV. Aires des polygones réguliers.

Théorème.

268. *L'aire du polygone régulier est égale au produit de son périmètre par la moitié de son apothème.*

Joignons le centre O du cercle circonscrit aux différents sommets du polygone ; nous décomposons ainsi ce dernier en autant de triangles isocèles égaux qu'il a de côtés, tous ces triangles ont pour bases les côtés du polygone et pour hauteur commune l'apothème OP. Or, l'aire de chacun d'eux est égale à sa base multipliée par la moitié de sa hauteur ; donc l'aire du polygone,

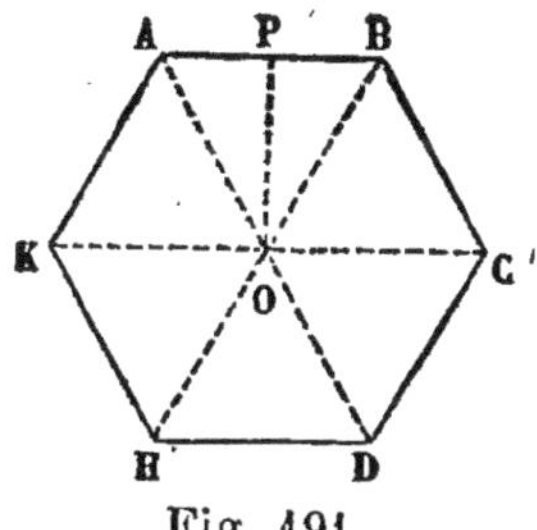

Fig. 191.

ou la somme des triangles, a pour mesure l'ensemble des bases, ou son périmètre, multiplié par la moitié de son apothème.

269. EXEMPLE I. — Soit a le rayon du cercle circonscrit, l'aire de l'hexagone régulier inscrit est, en l'appelant S,

$$S = 6a \times \frac{OP}{2}. \qquad (1)$$

Mais, dans le triangle AOP, nous avons

$$OP = \sqrt{a^2 - \frac{a^2}{4}} = \frac{a}{2}\sqrt{3} \, ;$$

d'où nous tirons, en substituant dans (1) cette valeur de OP,

$$S = \frac{3a^2}{2}\sqrt{3}.$$

270. EXEMPLE II. — Le rayon du cercle circonscrit étant a, nous savons (226) que le côté du triangle équilatéral inscrit est $a\sqrt{3}$: il est facile de reconnaître que la hauteur est $\dfrac{3a}{2}$; sa surface S est donc

$$S = \frac{3a}{4} \times a\sqrt{3} = \frac{3}{4} a^2 \sqrt{3}.$$

Théorème.

271. *L'aire du cercle a pour mesure le produit de sa circonférence par la moitié de son rayon.*

Nous savons que le cercle est la limite du polygone régulier inscrit dont le nombre des côtés croît indéfiniment; or, l'aire de ce dernier est égale à son périmètre multiplié par la moitié de son apothème, et cela, quel que soit d'ailleurs le nombre de ses côtés; il en est donc encore de même à la limite; mais alors le périmètre du polygone régulier inscrit se confond avec la circonférence et son apothème avec le rayon; donc l'aire du cercle a pour mesure sa circonférence multipliée par la moitié de son rayon.

272. COROLLAIRE. — Si nous appelons R le rayon du cercle, sa circonférence étant égale à $2\pi R$ (234), sa surface S a pour expression

$$S = 2\pi R \times \frac{R}{2},$$

ou plus simplement, en remarquant que 2 entre dans le second membre de cette égalité comme multiplicateur et comme diviseur,

$$S = \pi R.$$

Ainsi, on peut dire encore que *l'aire du cercle est égale au produit du nombre constant π par le carré du rayon.*

Théorème.

273. *L'aire d'un secteur circulaire AOB est égale au produit de la longueur de l'arc AB qui lui sert de base par la moitié du rayon.*

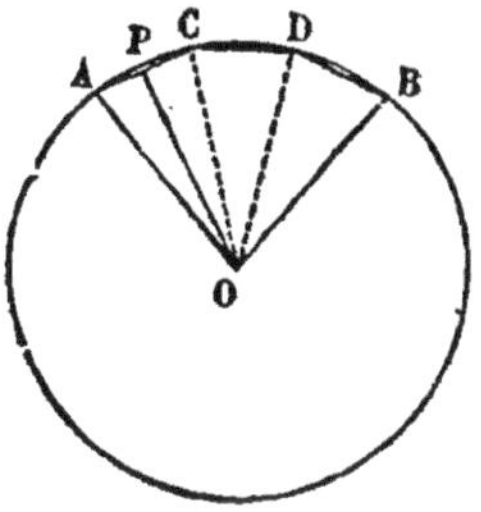

Supposons l'arc AB partagé en un certain nombre de parties égales et joignons, deux à deux, les points de division; nous obtenons ainsi le secteur polygonal régulier inscrit OACDB que nous décomposons, par les rayons OC, OD, en

Fig. 192.

triangles isocèles égaux, ayant pour bases les côtés du secteur polygonal et pour hauteur commune l'apothème OP; l'aire de chacun d'eux étant égale au produit de sa base par $\dfrac{\text{OP}}{2}$, celle du secteur polygonal est égale au produit de la somme des bases, ou de la ligne brisée ACDB, par $\dfrac{\text{OP}}{2}$ et cela, quel que soit d'ailleurs le nombre des côtés de la ligne brisée. Mais si le nombre des côtés augmente indéfiniment, le secteur polygonal a pour limite le secteur circulaire AOB, la ligne brisée ACDB tend à se confondre avec l'arc AB, et l'apothème OP avec le rayon du cercle; par conséquent, l'aire du secteur AOB a pour mesure l'arc AB multiplié par la moitié du rayon.

274. CoROLLAIRE I. — L'aire du secteur ayant pour mesure la longueur de l'arc AB multipliée par la moitié du rayon, de même que l'aire du cercle a pour mesure la circonférence multipliée par la moitié du rayon, il est évident que *l'aire du secteur est à celle du cercle comme l'arc AB est à la circonférence.*

Si donc nous désignons par R le rayon du cercle et par *n* le nombre des degrés de l'arc AB, nous avons, en appelant S l'aire du secteur,

$$\frac{\text{S}}{\pi\text{R}^2} = \frac{n}{360};$$

d'où

$$\text{S} = \pi\text{R}^2 \times \frac{n}{360}.$$

On peut donc dire encore que *l'aire du secteur est égale*

à l'aire du cercle multipliée par le rapport de l'arc à la circonférence.

275. Corollaire II. — L'aire du segment AMB est la différence entre l'aire du secteur AMBC et celle du triangle isocèle ABC. En calculant successivement l'aire du secteur et celle du triangle, puis retranchant la seconde de la première, nous avons l'aire du segment.

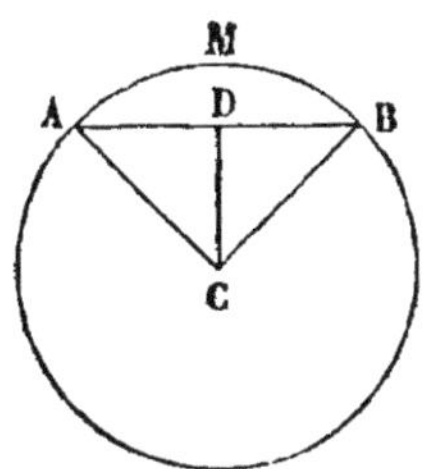
Fig. 193.

Lorsque la corde AB est le côté d'un des polygones réguliers que nous savons inscrire, nous pouvons déduire la valeur de cette corde de celle du rayon, à l'aide de la géométrie seule. La valeur de la corde une fois connue, nous obtenons facilement celle de l'apothème CD, et par suite l'aire du triangle ABC. Dans tous les autres cas, il faut avoir recours à la trigonométrie.

Théorème.

276. *Le rapport dès aires de deux cercles est égal au rapport des carrés de leurs rayons.*

Soient R et R′ les rayons de deux cercles; leurs aires S et S′ sont

$$S = \pi R^2 \quad et \quad S' = \pi R'^2;$$

d'où nous tirons, en divisant membre à membre les deux égalités,

$$\frac{S}{S'} = \frac{\pi R^2}{\pi R'^2},$$

12

ou, en divisant par π les deux termes du second rapport,

$$\frac{S}{S'} = \frac{R^2}{R'^2}.$$

Applications numériques.

Problème.

277. *Calculer en hectares, ares et centiares, l'aire d'un hexagone régulier dont le côté vaut 225 mètres.*

Nous avons vu que l'aire S de l'hexagone a pour expression

$$S = \frac{3}{2} a^2 \sqrt{3},$$

et, en substituant aux lettres leurs valeurs numériques,

$$S = \frac{3}{2} \times \overline{225}^2 \sqrt{3} = 13^\mathrm{h}\,15^\mathrm{a},28.$$

Problème.

278. *Quelle est la superficie d'un bassin circulaire dont le rayon est* $6^\mathrm{m}, 22$?

Nous savons que l'expression de l'aire S d'un cercle de rayon R est

$$S = \pi R^2.$$

Substituons aux lettres leurs valeurs numériques et nous trouvons

$$S = 3,1416 \times \overline{6,22}^2 = 121^\mathrm{mq},54$$

à un décimètre carré près.

Problème.

279. *Calculer le rayon d'un cercle dont l'aire est égale à 32 mètres carrés.*

De l'égalité

$$\pi R^2 = 32,$$

nous tirons

$$R^2 = \frac{32}{\pi},$$

et, en extrayant la racine carrée des deux membres,

$$R = \sqrt{\frac{32}{\pi}} = 3,19$$

à un centimètre près.

Problème.

280. *Trouver l'aire d'un secteur dont l'arc a 64° 32′ dans un cercle de 435^m,72 de rayon.*

Nous avons vu (274) que,

$$\frac{\text{aire sect.}}{\pi R^2} = \frac{64° 32'}{360°},$$

ou, en convertissant les degrés en minutes,

$$\frac{\text{aire sect.}}{\pi R^2} = \frac{3872}{21600};$$

d'où nous tirons,

$$\text{aire sect.} = \frac{\pi R^2 \times 3872}{21600},$$

et, remplaçant π et R par leurs valeurs numériques,

$$\text{aire sect.} = \frac{3,1416 \times \overline{425,72}^2 \times 3872}{21600} = 106917^{mq},$$

à un mètre carré près.

Problème.

281. *L'aire d'un secteur vaut* 500^{mq} *dans un cercle de* 75^{m},48 *de rayon, quelle est, à moins d'une seconde, la grandeur de l'arc qui sert de base au secteur?*

Appelons x la grandeur cherchée ; nous avons, en réduisant les degrés en secondes,

$$\frac{500}{\pi R^2} = \frac{x}{1296000},$$

d'où, en remplaçant π et R par leurs valeurs numériques,

$$x = \frac{1296000 \times 500}{3,1416 \times \overline{75,28}^2} = 10° \, 3' \, 24''.$$

Problème

282. *L'aire d'un secteur vaut* 125^{mq},3650 *et l'arc qui lui sert de base vaut* 48° 16'. *Quelle est la longueur de cet arc ?*

Pour pouvoir déterminer la longueur de l'arc, il faut que nous connaissions d'abord le rayon. Or, ce rayon nous est donné par la relation

$$\frac{125,3650}{\pi R^2} = \frac{48° \, 16}{360°} = \frac{2896}{21600},$$

en réduisant les degrés en minutes; d'où nous tirons,

$$R = \sqrt{\frac{125,3650 \times 21600}{\pi \times 2896}} = 17,252.$$

Le rayon étant égal à $17^m,2520$, nous avons (273) en appelant x la longueur de l'arc

$$125,3650 = x \times \frac{17,2520}{2};$$

d'où nous tirons

$$x = \frac{125,3650 \times 2}{17,2520} = 14^m,523,$$

à un millimètre près.

Problème.

283. *Calculer en hectares, ares et centiares, l'aire du segment compris entre l'arc de 60° et sa corde dans un cercle dont le rayon a 876 mètres.*

Nous savons que l'aire du segment AMB (*fig.* 193) est égale à l'aire du secteur AMBC, diminuée de l'aire du triangle ABC. Or, l'aire du secteur a pour expression

$$\frac{\pi R^2 \times 60}{360} = \frac{1}{6} \pi R^2.$$

L'aire du triangle est la 6° partie de l'hexagone régulier inscrit. L'aire de ce dernier étant $\frac{3R^2}{2}\sqrt{3}$, celle du triangle sera $\frac{3}{12}R^2\sqrt{3}$, ou $\frac{1}{4}R^2\sqrt{3}$;

12.

donc

$$\text{aire segm.} = \frac{1}{6}\pi R^2 - \frac{1}{4}R^2\sqrt{3},$$

ou, en mettant R^2 en facteur commun,

$$\text{aire segm.} = \pi R^2\left(\frac{1}{6} - \frac{1}{4}\sqrt{3}\right).$$

Substituant enfin aux lettres leurs valeurs numériques, nous trouvons

$$\text{aire segm.} = 3,1416 \times \overline{876}^2\left(\frac{1}{6} - \frac{\sqrt{3}}{4}\right) = 6^h\,65^a\,24^c.$$

EXERCICES SUR LE QUATRIÈME LIVRE.

1. L'aire d'un trapèze est égale au produit de l'un des côtés non parallèles par la distance de ce côté au milieu du côté opposé.

2. Les deux triangles qui ont pour bases respectives les deux côtés non parallèles d'un trapèze et pour sommets les milieux des côtés opposés sont équivalents et l'aire de chacun d'eux est la moitié de celle du trapèze.

3. Partager un triangle en parties proportionnelles à des longueurs M, N, P, par des droites menées d'un même sommet.

4. Si les angles A et A' des deux triangles ABC, A'B'C' sont égaux ou supplémentaires, les aires de ces triangles sont proportionnelles aux produits $AB \times AC$, $A'B' \times A'C'$ des côtés qui comprennent les angles A et A'.

5. Mener une parallèle à un côté d'un trapèze de manière qu'elle partage ce trapèze en deux parties qui soient entre elles dans un rapport donné.

6. Transformer un triangle rectangle en un triangle isocèle qui lui soit équivalent et qui ait avec lui un angle commun.

7. Mener, par un des sommets d'un quadrilatère, une droite qui divise sa surface en deux parties équivalentes.

8. Si, dans un quadrilatère quelconque, on mène par les milieux de chacune des diagonales une parallèle à l'autre, et qu'on joigne leur point de concours aux milieux des côtés du quadrilatère, ce quadrilatère sera partagé en quatre quadrilatères équivalents.

9. Démontrer que le carré construit sur la diagonale d'un carré est le double du carré proposé.

10. Le carré fait sur la somme de deux lignes droites est équivalent à la somme des carrés faits sur chacune de ces lignes, augmentée du double de leur rectangle.

11. Le carré fait sur la différence de deux lignes droites est équivalent à la somme des carrés faits sur chacune de ces lignes, diminuée du double de leur rectangle.

12. Le rectangle construit sur la somme et la différence de deux lignes droites est équivalent à la différence des carrés de ces lignes.

13. Construire un carré équivalent à un triangle donné.

14. Construire un carré équivalent à un trapèze donné.

15. Construire un carré égal à la somme ou à la différence de deux carrés.

16. Deux polygones semblables étant donnés, construire un polygone qui leur soit semblable et équivalent à leur somme ou à leur différence.

17. Les périmètres de deux triangles semblables sont proportionnels aux rayons des cercles inscrits et aux rayons des cercles circonscrits. Les aires de ces triangles sont proportionnelles aux carrés de ces mêmes rayons.

18. Étant donné un hexagone régulier ABCDEF, on joint les sommets de deux en deux par les diagonales AC, BD, CE, DF, EA, FB, et l'on propose de démontrer que le polygone *abcdef*, formé par les intersections des diagonales consécutives, sera régulier, et de trouver le rapport de l'aire de ce polygone à celle de l'hexagone.

19. Si, sur les côtés de l'angle droit d'un triangle rectangle comme diamètre, on décrit des demi-circonférences extérieures au triangle, chacune de ces courbes fait, avec la demi-circonférence menée par les sommets du triangle, une figure qui a la forme d'un croissant. Démontrer que la somme des aires des deux croissants est équivalente à la surface du triangle rectangle.

20. L'aire comprise entre deux circonférences concentriques

est équivalente au cercle qui a pour diamètre une corde de la circonférence extérieure tangente à la circonférence intérieure.

21. Quel est le rapport des aires des hexagones réguliers inscrit et circonscrit au même cercle?

22. L'aire d'un dodécagone régulier inscrit est égale au triple du carré de son rayon.

PROBLÈMES NUMÉRIQUES.

1. Calculer, à moins d'un centimètre carré, l'aire du rectangle dont la base égale 10^m,75, et la diagonale 15^m,25. *Réponse*, 116^{mq},2790.

2. L'aire d'un trapèze est 2034^{mq},60; sa hauteur égale 18^m,40 et sa base inférieure 54^m,48; calculer la base supérieure, à un centimètre près. *Réponse*, 166^m,67.

3. Les deux bases d'un trapèze valent 18^m,50 et 15^m,20; sa hauteur est égale à 10 mètres. On mène dans l'intérieur de ce trapèze une parallèle aux bases distante de 3^m,60 de la plus grande. Quelle est la longueur de cette parallèle? *Réponse*, 17^m,312.

4. Les deux diagonales d'un losange valent 1^m,25 et 0^m,36. Quelle est, à un centimètre carré près, l'aire de ce losange? *Réponse*, 0^{mq},2250.

5. L'aire d'un rectangle est égale à 10^{mq},85; son périmètre vaut 19^m,98. Quelles sont ses deux dimensions? *Réponse*, 8^m,75 et 1^m,24.

6. L'aire d'un rectangle vaut 23^{mq},85; sa base est à sa hauteur comme 5 est à 3. Quelle est, à un millimètre près, la longueur de chaque côté? *Réponse*, 6^m,305 et 3^m,783.

7. Calculer le côté du carré équivalent à un triangle dont la base vaut 48 mètres et la hauteur 54 mètres. *Réponse*, 36 mètres.

8. Les deux bases d'un trapèze valent 465 mètres et 352 mètres; on demande, à un mètre près, l'aire du triangle formé par la petite base du trapèze et le prolongement des côtés non parallèles. *Réponse*, 135965 mètres carrés.

9. La hauteur d'un trapèze vaut 10 mètres et son aire est égale au rectangle de ses deux bases parallèles; de plus, le double de la base supérieure, plus le triple de la base inférieure égalent 6 fois la hauteur. Quelles sont les deux bases?

Réponse, il y a deux solutions : la base inférieure est 15 mètres ou 6^m,66; la base supérieure vaut 7^m,50 ou 20 mètres.

10. On a deux triangles équilatéraux dont les côtés valent 43^m,57 et 68^m,35; on demande, à un millimètre près, le côté d'un troisième triangle dont l'aire est équivalente à la somme des aires des deux autres. *Réponse*, 81^m,056.

11. Quelle est, en hectares, la surface d'un hexagone dont le côté est égal à 450 mètres? *Réponse*, 32^h,61^a.

12. L'aire d'un terrain dont la forme est celle d'un hexagone régulier inscrit est égale à 34^a,19. Quelle est, à un millimètre près, la longueur du côté? *Réponse*, 36^m,276.

13. Une salle rectangulaire a 6^m,936 de longueur et 5^m,10 de largeur, on veut la carreler avec des carreaux ayant la forme d'hexagones réguliers de 0^m,10 de côté, en remplissant les vides aux angles et sur les côtés du rectangle par des fragments de carreaux convenablement découpés. Quelle est, à une unité près, le nombre des carreaux nécessaires? *Réponse*, 1361.

14. Le contour d'un triangle équilatéral vaut 4^m,965. Quelle est, à un centimètre carré près, l'aire du cercle circonscrit? *Réponse*, 2^{mq},8683.

15. Quelle est, à un centimètre carré près, l'aire d'un octogone régulier inscrit dans un cercle de 2^m,25 de rayon? *Réponse*, 14^{mq},3189.

16. Calculer le côté d'un losange, sachant que ce côté est égal à la plus petite diagonale et que l'aire du losange équivaut à celle d'un cercle de 10 mètres de rayon. *Réponse*, 19^m,05.

17. Quel est, à un millimètre près, le rayon d'un cercle, sachant que si ce rayon augmente de 0^m,01, l'aire du cercle augmente d'un mètre carré? *Réponse*, 15,910.

18. Quelle est, à un centimètre carré près, l'aire d'un cercle tel que la surface de l'hexagone qui y est inscrit soit de 10 mètres carrés? *Réponse*, 12^{mq},0919.

19. Calculer, à un millimètre près, la corde qui sous-tend un arc de 120° dans un cercle dont le rayon est de 457^m,23. *Réponse*, 791^m,945.

20. Calculer les aires du secteur et du segment de 30° dans un cercle dont le rayon est de 5^m,20. *Réponse*, secteur = 7^{mq},0791; segment = 0^{mq},3191.

21. Calculer l'aire d'un cercle, sachant qu'une corde de 0^m,4 de longueur y sous-tend un arc de 120°. *Réponse*, 0^{mq},1675.

22. Quelle est, à une unité près, l'aire du secteur de 64° 32′ dans un cercle de 435^m,72 de rayon? *Réponse*, 106917 mètres carrés.

———

LIVRE CINQUIÈME

DU PLAN ET DE LA LIGNE DROITE

DÉFINITIONS

284. Le *plan*, avons-nous dit (5), est une surface telle qu'elle contient tout entière la droite qui joint deux quelconques de ses points, ou encore, une surface telle qu'une règle bien dressée s'applique exactement sur elle dans toutes les directions.

La position d'un plan dans l'espace n'est pas déterminée s'il n'est assujetti qu'à la condition de passer par une droite donnée ; car on peut le faire tourner autour de cette ligne sans qu'il cesse de la contenir et le faire passer successivement par tous les points de l'espace.

Pour représenter les plans dans les figures, on est obligé de leur donner des limites ; ordinairement, on les représente par des parallélogrammes qu'on désigne par deux lettres en disant : le plan MN, le plan PQ, etc. ; mais il faut toujours concevoir les plans comme étant indéfinis.

285. Une droite et un plan qui se rencontrent sont *perpendiculaires* l'un à l'autre, si la droite est perpendiculaire à toutes les droites qui passent par son pied dans ce plan.

On dit qu'une droite est *oblique* à un plan lorsqu'elle le rencontre sans être perpendiculaire à toutes les droites qu'on peut mener par son pied dans ce plan.

Le *pied* de la perpendiculaire ou de l'oblique est le point où ces lignes rencontrent le plan.

286. Une droite et un plan sont *parallèles* l'un à l'autre lorsqu'ils ne peuvent se rencontrer à quelque distance qu'on les prolonge. Dans les mêmes conditions, deux plans sont dits *parallèles entre eux*.

Théorème.

287. *Par deux droites AB, AC qui se coupent, on peut faire passer un plan et on n'en peut faire passer qu'un seul.*

Concevons un plan passant par AB et faisons-le tourner autour de cette ligne jusqu'à ce qu'il rencontre un second point C de l'autre droite AC; il contient alors cette dernière tout entière et sa position dans l'espace est parfaitement déterminée.

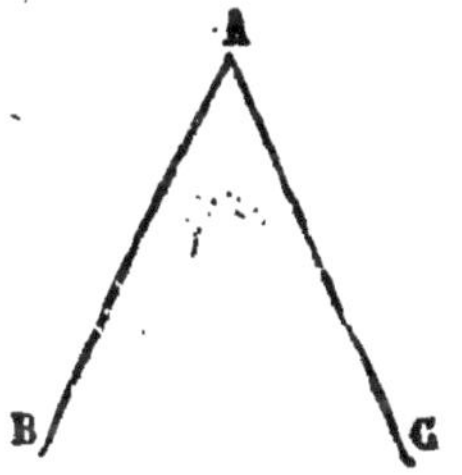

Si nous continuons à faire tourner le plan autour de la droite AB, il cesse évidemment de contenir le point C;

Fig. 194.

donc par les deux droites AB, AC qui se coupent nous ne pouvons faire passer qu'un seul plan.

288. Corollaire I. — *Trois points non en ligne droite déterminent la position d'un plan.* Car les droites qui joignent l'un des trois points aux deux autres, déterminent la position d'un plan.

289. Corollaire II. — *Deux parallèles déterminent la position d'un plan.* En effet, deux droites parallèles sont, par définition, dans un même plan, nous ne pouvons pas supposer d'ailleurs que deux plans différents les renferment tout entières, puisque chacun de ces plans devrait contenir deux points de l'une et un point de l'autre, c'est-à-dire trois points non en ligne droite, ce qui suffit pour déterminer la position d'un plan.

Théorème.

290. *L'intersection de deux plans est une ligne droite.*

Car, si trois points seulement de cette intersection n'étaient pas en ligne droite, les deux plans dont il s'agit, passant chacun par ces trois points, ne feraient qu'un seul et même plan (288), ce qui est contre l'hypothèse.

§ I. — Droites et plans perpendiculaires.

Théorème.

291. *Si une droite* AB *est perpendiculaire à deux autres droites* BC, BD *passant par son pied dans un plan* MN, *elle est perpendiculaire à toute autre droite* BI *passant par son pied dans le même plan et, par suite, elle est perpendiculaire au plan.*

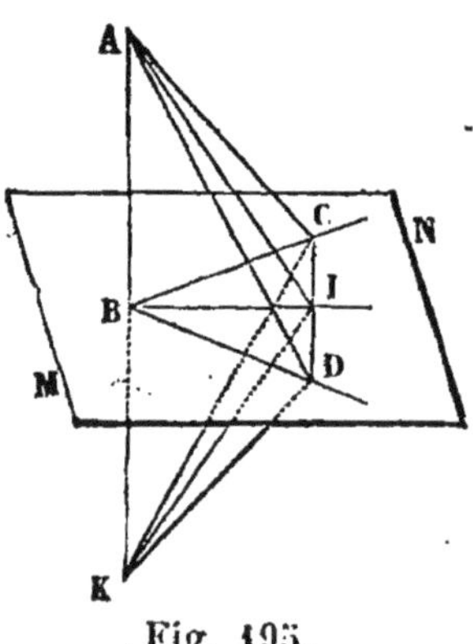

Fig. 195.

Prolongeons la perpendiculaire AB d'une longueur BK égale à BA, puis menons, dans le plan MN, une droite CD qui coupe les trois droites BC, BI, BD et joignons chacune des intersections C, I, D aux points A et K.

Les triangles ACD, KCD sont égaux, car le côté CD leur est commun ; les côtés CA, CK sont égaux parce que, dans le plan ACK, la droite BC est perpendiculaire sur le milieu de la droite AK, et les côtés DA, DK le sont aussi pour une raison semblable ; donc les angles ADI, KDI opposés aux côtés égaux CA, CK sont égaux. Mais alors les triangles AID, KID ont un angle égal compris entre deux côtés égaux chacun à chacun ; par conséquent, le côté AI égale le côté KI ; et la droite BI, qui joint le sommet I du triangle isocèle AIK au milieu B de la base AK, est perpendiculaire à cette base (36). Réciproquement, la droite AK est perpendiculaire à la droite BI, et, par suite, au plan MN.

292. Corollaire. — *Toutes les perpendiculaires élevées en un point* B *d'une droite* AB *sont situées dans un même plan perpendiculaire à cette ligne.*

Il faut bien concevoir d'abord que, par le point B, nous pouvons élever une infinité de perpendiculaires à la droite AB ; car nous pouvons faire passer par cette ligne une infinité de plans ABC, ABD, ABE... et lui élever au point B une perpendiculaire dans chacun de ces plans.

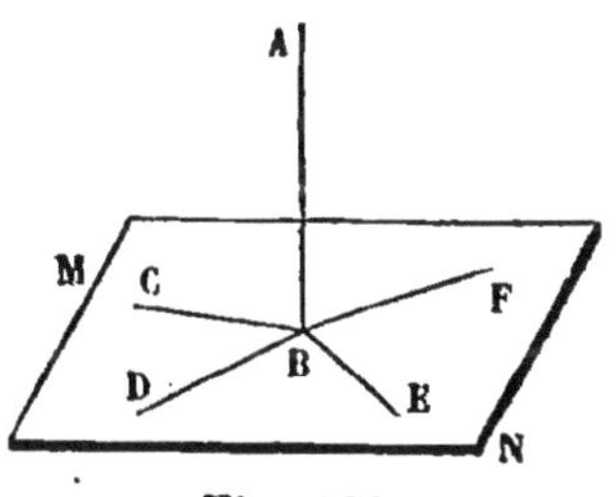

Fig. 196.

Ceci posé, le plan MN déterminé par deux de ces perpendiculaires BC, BD est perpendiculaire à la droite AB ; il suffit donc de démontrer qu'il contient toutes les autres. Or, si l'une d'elles, BE par exemple, n'était pas dans le plan MN, celui-ci serait coupé par le plan ABE suivant une ligne perpendiculaire à la droite AB ; nous aurions ainsi, au même point et dans un même plan, deux perpendiculaires à la droite, AB, ce qui est impossible (17).

Theorème.

293. *Par un point donné* O *on peut mener un plan perpendiculaire à une droite* AB *et on n'en peut mener qu'un seul.*

1° Supposons d'abord le point O situé sur la droite

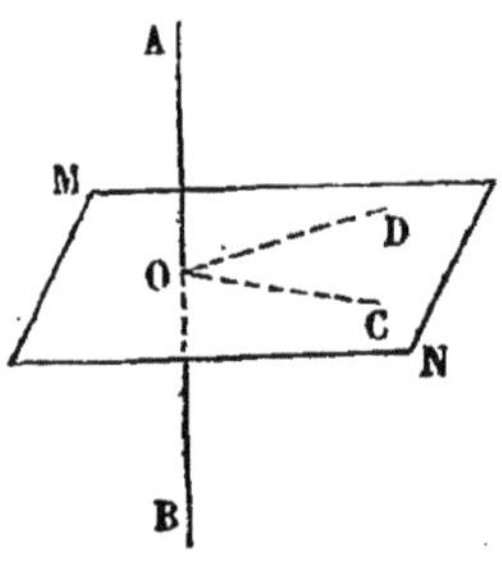

Fig. 197.

AB et, par ce point, élevons sur AB les perpendiculaires OC, OD. Le plan MN conduit suivant ces deux lignes est perpendiculaire à la droite AB (291).

Tout autre plan passant par le point O est oblique à la droite AB; car il n'y a que le plan MN qui contienne toutes les perpendiculaires élevées par le point O sur cette droite (292).

2° Supposons, en second lieu, le point O donné hors

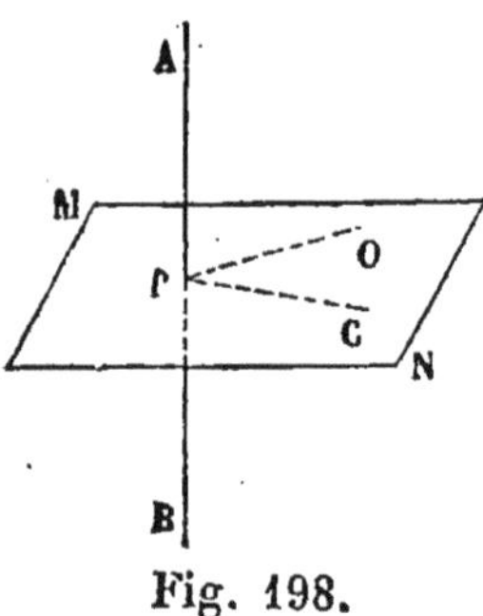

Fig. 198.

de la droite AB et, de ce point, abaissons sur AB, dans le plan AOB, une perpendiculaire OP; puis, du point P, élevons sur la même droite, dans un plan différent, une seconde perpendiculaire PC. Le plan MN conduit suivant les deux lignes PO, PC est perpendiculaire à la droite AB.

D'ailleurs, tout plan passant par le point O et perpendiculaire à AB doit couper cette droite au même point P que OP, puisque celle-ci est la seule perpendiculaire que nous puissions mener du point O sur la droite AB.

Donc, en vertu du premier cas, ce plan se confond avec le plan MN.

Théorème.

294. *Par un point donné* A *on peut mener une perpendiculaire à un plan* MN *et on n'en peut mener qu'une seule.*

1º Supposons d'abord le point A situé sur le plan MN. Par le point A′ d'une droite A′B′ menons un plan M′N′ perpendiculaire à cette ligne et portons la seconde figure sur la première, de manière que le plan M′N′ coïncide avec le plan MN et le point A′ avec le point A.

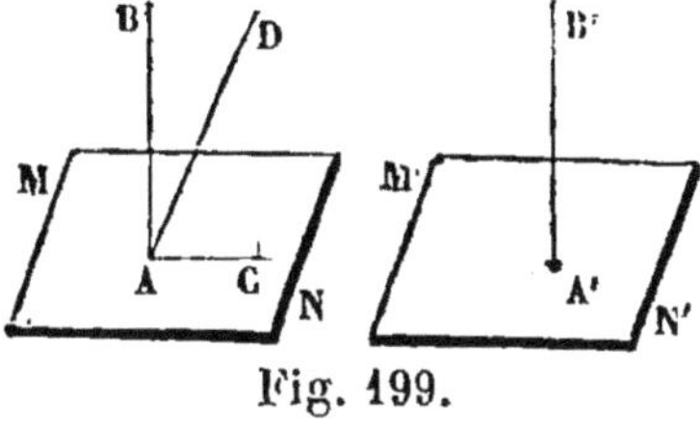

Fig. 199.

La droite A′B′ prend alors la position AB évidemment perpendiculaire au plan MN.

Toute autre droite AD est oblique au plan MN. Car la droite AB est perpendiculaire à l'intersection AC du plan BAC avec le plan MN ; donc (17) la droite AD est oblique à cette intersection et, par suite, au plan MN.

2º Supposons, en second lieu, le point A donné hors du plan MN. Par le point B′ d'une droite A′B′, menons un plan M′N′ perpendiculaire à cette ligne et portons la seconde figure sur la première, de manière que le plan M′N′ coïncide avec le plan MN et que la droite A′B′ passe par le point A.

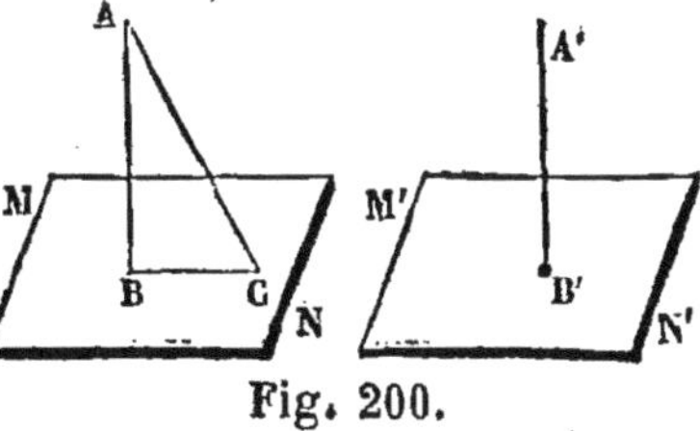

Fig. 200.

La droite A′B′ prend alors une position AB perpendiculaire sur le plan MN.

Toute autre droite AC est oblique au plan MN. Car la droite AB est perpendiculaire à l'intersection BC du plan BAC avec le plan MN ; donc (43) la droite AC est oblique à cette intersection et, par suite, au plan MN.

Théorème.

295. *Si d'un point* A, *pris hors d'un plan* MN, *on mène à ce plan une perpendiculaire* AB *et différentes obliques* AC, AD, AE... :

1° *La perpendiculaire est plus courte que toute oblique ;*

2° *Les obliques qui s'écartent également du pied de la perpendiculaire sont égales;*

3° *De deux obliques, celle qui s'écarte le plus du pied de la perpendiculaire est la plus grande.*

1° La perpendiculaire AB est plus courte que l'oblique AC. Car, si par ces deux droites nous faisons passer un plan qui coupe le plan MN suivant BC, nous avons AB perpendiculaire et AC oblique à une même droite BC; par conséquent, la perpendiculaire AB est plus courte que l'oblique AC (44).

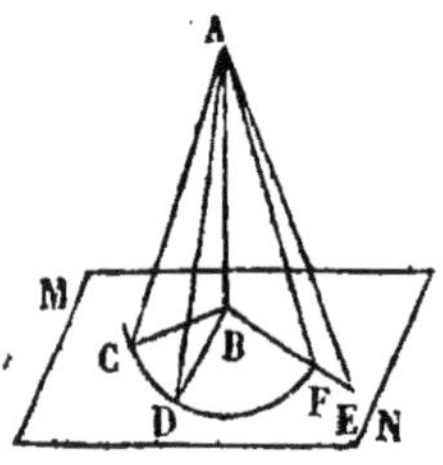

Fig. 201.

2° Les obliques AC, AD qui s'écartent également du pied de la perpendiculaire AB sont égales. Car les triangles ABC, ABD sont égaux, parce qu'ils ont les côtés BC, BD égaux par hypothèse, le côté AB commun et les angles ABC, ABD égaux comme angles droits ; donc leurs hypoténuses, c'est-à-dire les obliques AC, AD sont égales.

3° Si la distance BE est plus grande que la distance BC, l'oblique AE est plus grande que l'oblique AC. Car, si nous prenons sur BE une longueur BF égale à BC, l'oblique AF est égale à l'oblique AC ; mais, dans le plan ABE, l'oblique AE est plus grande que l'oblique AF (44) ; elle est donc aussi plus grande que l'oblique AC.

296. Corollaire. — *Le lieu géométrique des pieds des obliques égales, partant d'un même point, est une circonférence de cercle dont le centre est le pied de la perpendiculaire abaissée de ce point sur le plan.*

Il suit de là que, pour mener une perpendiculaire à un plan MN d'un point A extérieur à ce plan, il faut fixer en ce point l'une des extrémités d'un cordon dont la longueur est plus grande que la distance AB ; puis, avec l'autre extrémité, marquer sur le plan trois points C, D, F ; le centre de la circonférence passant par ces trois points est le pied de la perpendiculaire demandée.

Théorème.

297. *Si du pied P d'une perpendiculaire OP à un plan MN, on mène une perpendiculaire PA à une droite BC tracée dans ce plan, la droite qui joint le pied A de cette seconde perpendiculaire à un point quelconque O de la première, est elle-même perpendiculaire sur BC.*

Prenons sur la droite BC, à partir du point A, deux longueurs égales AB, AC, joignons PB, PC ainsi que BO, OC. Dans le plan MN, les obliques PB, PC à la droite BC sont égales, puisqu'elles s'écartent également

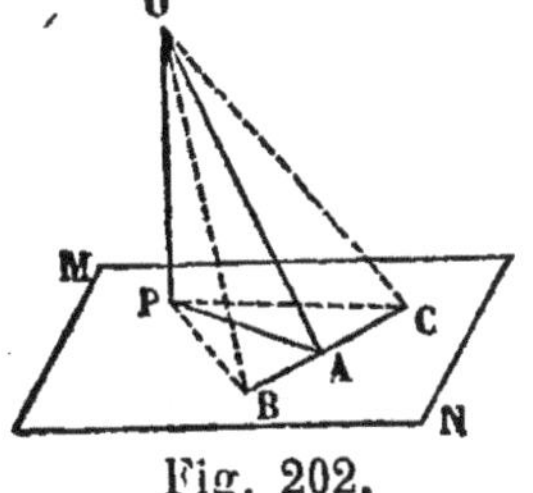

Fig. 202.

du pied A de la perpendiculaire PA. Mais les distances PB, PC étant égales, les obliques OB, OC au plan MN le sont aussi (295); donc le triangle OBC est isocèle et la droite OA, qui joint le sommet O au milieu A de la base BC, est perpendiculaire sur cette base.

Ce théorème est connu sous le nom de *théorème des trois perpendiculaires* (OP, PA, OA).

298. COROLLAIRE. — La droite BC, étant perpendiculaire aux deux droites OA, AP qui passent par son pied A dans le plan OAP, est perpendiculaire à ce plan.

§ II. Droites et plans parallèles.

Théorème.

299. *Lorsqu'une droite AB est perpendiculaire à un plan MN, toute parallèle CD à cette droite est aussi perpendiculaire au plan.*

En effet, le plan des deux parallèles AB, CD coupe le plan MN suivant une droite AC.

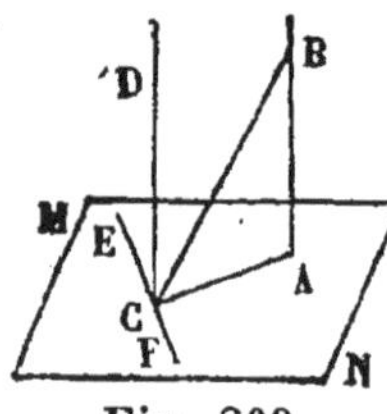

Fig. 203.

Or, la droite AB perpendiculaire au plan MN l'est aussi à la droite AC qui passe par son pied dans ce plan, et il en est de même de sa parallèle CD (58). Il suffit donc de démontrer que cette dernière ligne est perpendiculaire à une autre droite passant par son pied dans le plan MN.

Pour cela, menons dans ce plan et par le point C, une perpendiculaire EF à la droite CA, puis joignons le point C à un point quelconque B de la droite AB. D'après le corollaire du théorème précédent, la droite EF est perpendiculaire au plan ABC, et, par suite, à la droite CD qui passe par son pied C dans ce plan. Réciproquement, la droite CD est perpendiculaire à la droite EF; comme elle est déjà perpendiculaire à la droite CA, elle est perpendiculaire au plan MN, qui contient les deux droites CA, EF.

Théorème.

300. Réciproquement, *deux droites* AB, CD *perpendiculaires au même plan* MN, *sont parallèles entre elles*.

Car si CD, par exemple, n'était pas parallèle à AB, nous pourrions, par le point C, mener une parallèle à AB. Mais en vertu du théorème précédent, cette parallèle serait perpendiculaire au plan MN, et nous aurions ainsi deux perpendiculaires élevées par un même point sur un même plan, ce que nous savons être impossible (294).

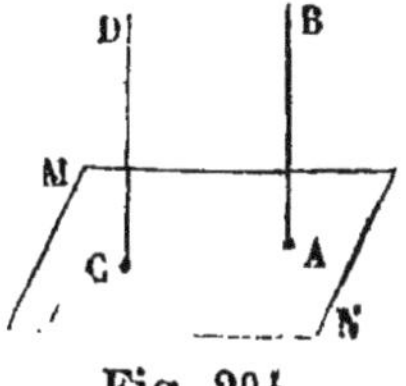

Fig. 204.

301. Corollaire. — *Deux droites parallèles à une même troisième sont parallèles entre elles.* Car, si nous menons un plan perpendiculaire à la troisième droite, il l'est aussi aux deux autres (299); donc elles sont parallèles entre elles.

Théorème.

302. *Toute droite* AB, *parallèle à une droite* CD *située dans un plan* MN, *est aussi parallèle à ce plan*.

Si la droite AB pouvait rencontrer le plan MN, elle rencontrerait en même temps la droite CD, qui est l'intersection de ce plan avec celui des deux parallèles AB, CD; mais, par hypothèse, la droite AB est parallèle

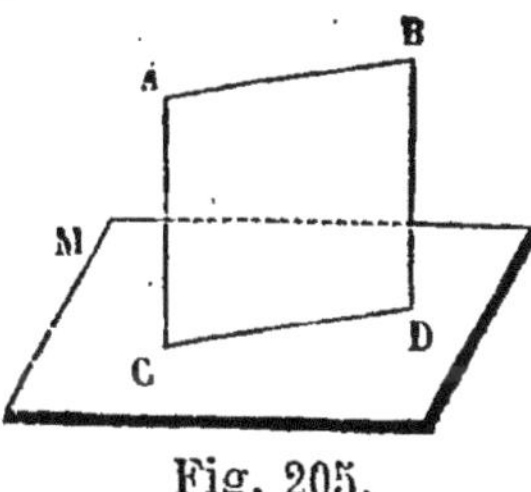

Fig. 205.

à la droite CD, donc elle est aussi parallèle au plan MN.

Théorème.

303. *Si une droite* AB *est parallèle à un plan* MN *et que par cette droite on mène un plan qui coupe le premier, l'intersection* CD *de ces deux plans est parallèle à la droite* AB.

En effet, pour que les droites AB, CD soient paral-

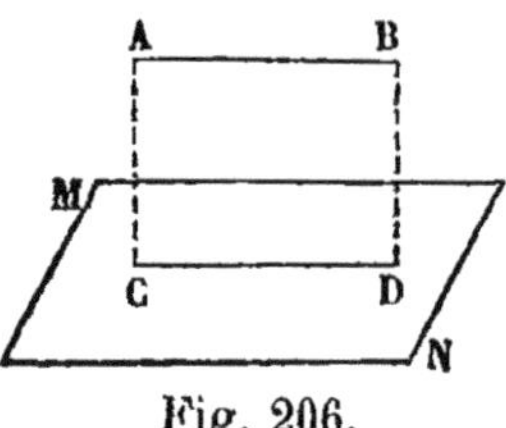

Fig. 206.

lèles, il faut qu'elles soient situées dans un même plan et que prolongées indéfiniment elles ne puissent pas se rencontrer. Or, ces deux lignes sont dans le même plan ABCD ; de plus, la droite AB étant, par hypothèse, parallèle au plan MN ne peut rencontrer la droite CD, qui est dans ce plan.

Théorème.

304. *Si une droite* AB *est parallèle à un plan* MN *et que, par un point* C *de ce plan, on mène une parallèle* CD *à la droite* AB, *cette parallèle est tout entière dans le plan.*

En effet, en vertu du théorème précédent, le plan des parallèles AB, CD coupe le plan MN suivant une droite passant par le point C et parallèle à la droite AB ; elle coïncide donc avec la droite CD, autrement nous pourrions, par un même point, mener deux parallèles à une droite donnée, ce qui est impossible.

Théorème.

305. *Deux plans perpendiculaires à une même droite sont parallèles entre eux.*

Car si ces deux plans se rencontraient, nous pourrions alors, par un point de leur intersection, mener deux plans perpendiculaires à une même droite, ce que nous savons impossible (293).

Théorème.

306. *Les intersections* AB, CD *de deux plans parallèles* EF, GH *par un troisième* AD *sont parallèles.*

En effet, les intersections AB, CD ne peuvent se rencontrer, puisqu'elles sont tout entières dans des plans parallèles ; elles se trouvent d'ailleurs dans le même plan ABCD, donc elles sont parallèles.

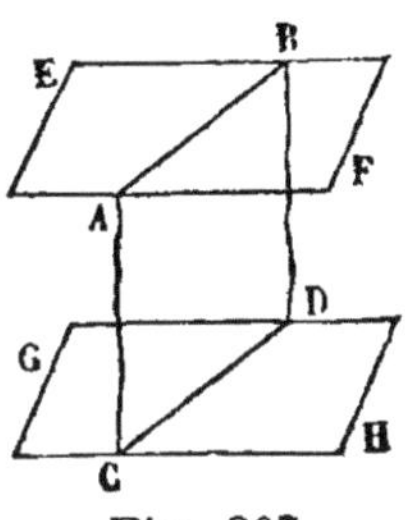

Fig. 207.

Théorème.

307. *Si deux plans* EF, GH *sont parallèles, la perpendiculaire* AB *à l'un* EF *est aussi perpendiculaire à l'autre* GH.

Par le point B, où la droite AB rencontre le plan GH, menons dans ce plan une droite quelconque BD ; elle détermine avec la droite AB un plan ABD qui coupe le plan EF suivant la droite AC, parallèle à BD (306). Mais, puisque la droite AB est perpendiculaire au plan EF, elle l'est aussi à la droite AC passant par son pied dans ce plan et par suite, à sa parallèle BD. Or, BD est une droite quelconque menée

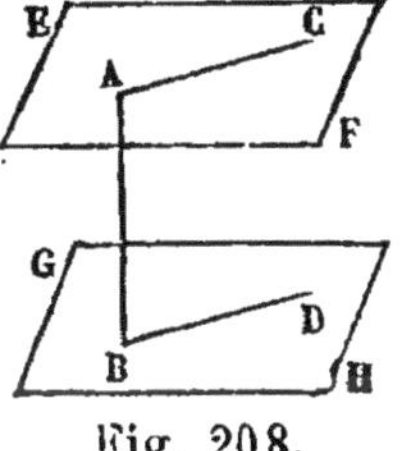

Fig. 208.

13.

par le pied {B de AB dans le plàn GH;, donc la droite AB est perpendiculaire à ce plan.

308. COROLLAIRE I. — *Deux plans* M *et* N *parallèles à un troisième* P *sont parallèles entre eux.*

En effet, si nous menons une droite perpendiculaire au plan P, cette droite est aussi perpendiculaire aux plans M et N, qui sont, par suite, parallèles entre eux (305).

309. COROLLAIRE II. — *Par un point extérieur à un plan, on ne peut mener qu'un seul plan parallèle à ce plan.*

Théorème.

310. *Les parallèles* AC, BD *comprises entre deux plans parallèles* EF, GH *sont égales.*

Car le plan des deux parallèles AC, BD coupe les plans EF, GH suivant les droites AB, CD qui sont parallèles (306). La figure ABCD est donc un parallélogramme et ses côtés opposés AC, BD sont égaux.

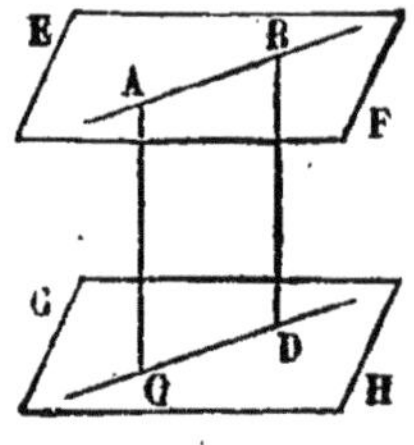

Fig, 209.

311. COROLLAIRE. — *Deux plans parallèles* EF, GH *sont partout également distants.*

Car si, de deux points quelconques A et B du plan EF, nous abaissons sur le plan GH les droites perpendiculaires AC, BD, ces droites sont parallèles (300) et, par suite, égales comme parallèles comprises entre deux plans parallèles.

Théorème.

312. *Deux droites quelconques* AC, DF *sont*

coupées en parties proportionnelles par trois plans parallèles M, N, P.

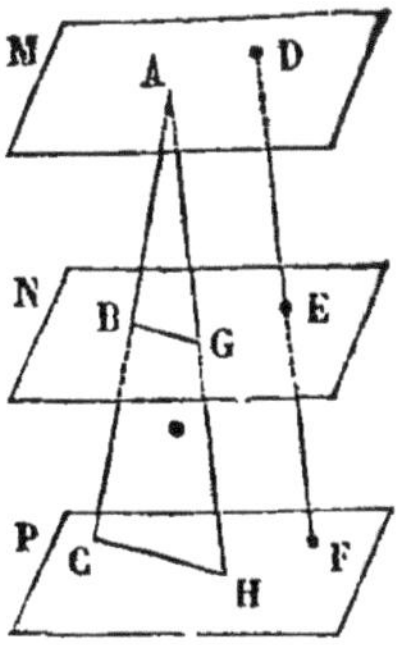

Soient, en effet, A, B, C les points où la droite AC rencontre les plans M, N, P, et D, E, F les points où ces mêmes plans sont rencontrés par la droite DF ; menons, par le point A, la droite AH parallèle à DF. Les intersections BG, CH du plan CAH avec les plans N et P étant parallèles (306), nous avons (180)

$$\frac{AB}{BC} = \frac{AG}{GH}.$$

Fig. 210.

Mais les droites AG, DE sont égales, puisqu'elles sont comprises entre les plans parallèles M et N (310) ; pour la même raison la droite GH égale la droite EF. En remplaçant, dans la proportion précédente, le rapport $\frac{AG}{GH}$ par le rapport égal $\frac{DE}{EF}$, nous trouvons

$$\frac{AB}{BC} = \frac{DE}{EF}.$$

Théorème.

213. *Si deux angles, non situés dans le même plan, ont leurs côtés parallèles, ils sont égaux ou supplémentaires et leurs plans sont parallèles.*

1° Considérons les deux angles BAC, EDF dont les côtés sont deux à deux parallèles et de même sens ; ces angles sont égaux.

Prenons, en effet, sur les côtés parallèles AB, DE, les longueurs AB, DE égales entre elles, et sur les deux autres côtés, les longueurs égales AC, DF ; puis joignons AD, BE, CF. Puisque le côté DF est égal et parallèle au côté AC, la figure ADFC est un parallélogramme et les côtés opposés AD, CF sont égaux et parallèles. De même, puisque le côté DE est égal et parallèle au côté

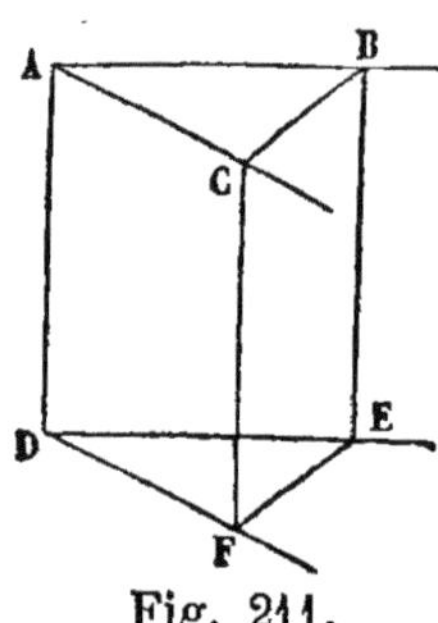

Fig. 241.

AB, la figure ADEB est un parallélogramme et les côtés opposés AD, BE sont égaux et parallèles. Les deux droites BE, CF égales et parallèles à la même troisième AD sont égales et parallèles entre elles (301) ; par conséquent, la figure BEFC est aussi un parallélogramme et les côtés BC, EF sont égaux. Ainsi, les triangles ABC, DEF ont leurs trois côtés égaux chacun à chacun ; donc ils sont égaux et, par suite, l'angle BAC égale l'angle EDF.

Si les angles proposés ont leurs côtés parallèles deux à deux et de sens contraire, nous démontrerions, en raisonnant comme au numéro 63, qu'ils sont encore égaux, et qu'ils sont supplémentaires, s'ils ont deux côtés parallèles et de même sens, et deux côtés parallèles, mais de sens contraire.

2° Les plans de ces deux angles sont parallèles. Menons, en effet, par le point A, un plan parallèle à celui de l'angle EDF et supposons que l'un des côtés de l'angle BAC, le côté AC par exemple, soit situé hors de ce plan. Si par les parallèles AC, DF nous faisons passer un autre plan, il coupe celui mené par le point A suivant une droite parallèle au côté DF (306) et différente de AC : nous aurions ainsi deux droites parallèles au côté DF partant du même point A, ce qui est impossible.

§ III. — **Angles dièdres**. — **Plans perpendiculaires**.

DÉFINITIONS.

314. On appelle *angle dièdre* la figure formée par deux plans ABC, DBC qui se coupent et sont terminés à leur intersection BC.

Cette intersection BC est l'*arête* de l'angle dièdre et les deux plans ABC, DBC en sont les *faces*.

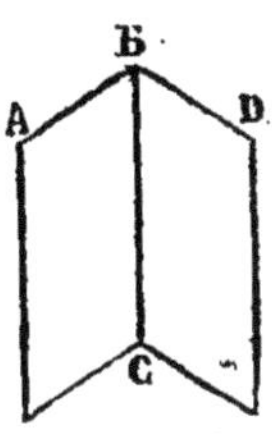

Fig. 212.

Deux murs adjacents d'une chambre, un livre entr'ouvert offrent l'image d'un angle dièdre.

Lorsqu'un angle dièdre est isolé, on le désigne par son arête ou par quatre lettres dont deux appartiennent à l'arête et se placent entre les deux autres; ainsi, on peut dire, l'angle dièdre BC ou l'angle dièdre ABCD. Mais on se sert toujours de quatre lettres lorsque l'arête est commune à plusieurs angles dièdres.

315. Déux angles dièdres sont *adjacents* lorsqu'ils ont la même arête, une face commune et qu'ils sont situés de part et d'autre de cette face.

316. La génération d'un angle dièdre est analogue à celle d'un angle rectiligne.

Un plan AQ, d'abord couché sur un plan MN, se relève en tournant autour d'une droite AB. Un angle dièdre NABQ se forme et grandit comme l'indique la figure.

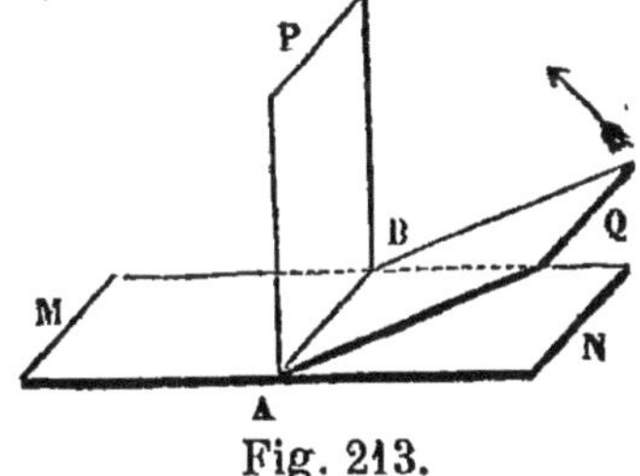

Fig. 213.

Lorsque le plan mobile AQ occupe une position AP

telle qu'il fasse avec le plan MN deux angles dièdres adjacents égaux, il est dit *perpendiculaire* sur ce dernier. Chacun des angles dièdres adjacents égaux NABP, MABP, est appelé *angle dièdre droit*.

317. Deux angles dièdres sont dits *opposés par l'arête* lorsque les faces de l'un sont les prolongements des faces de l'autre.

318. On nomme *angle plan correspondant à l'angle dièdre* ABCD ou simplement *angle plan* de cet angle dièdre, l'angle EFG formé par deux perpendiculaires FE, FG à l'arête BC, menées dans les deux faces, par un même point F de cette ligne. Il est évident, d'ailleurs, que cet angle est le même, quel que soit le point de l'arête par lequel on mène les perpendiculaires ; car deux angles EFG, HKL ainsi formés ont leurs côtés parallèles et dirigés dans le même sens ; ils sont, par conséquent, égaux (313).

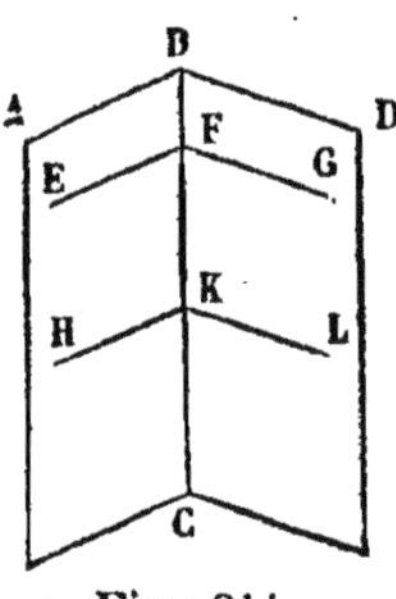

Fig. 214.

Théorème.

319. *A des angles plans* CBD, IHK *égaux correspondent des angles dièdre* AB, GH *égaux, et réciproquement.*

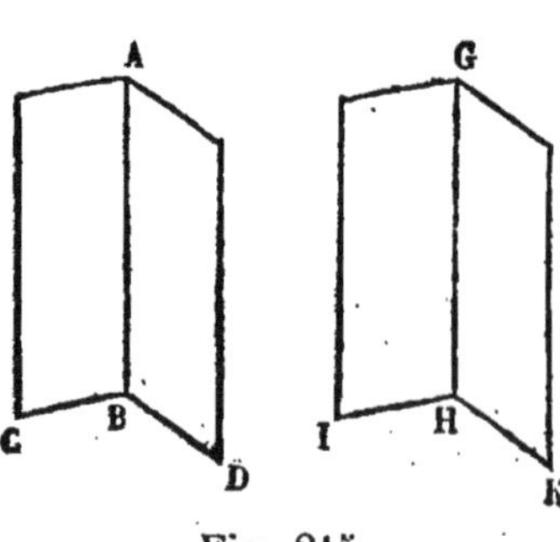

Fig. 215.

Plaçons, en effet, l'arête GH sur l'arête AB, de manière que le point H tombant sur le point B le côté HI s'applique sur le côté BC. La face GHI se confond alors avec la face ABC (287). Mais, à cause de l'égalité des angles plans CBD, IHK, le côté HK s'applique aussi sur le côté BD et la face GHK se confond avec la face ABD ; les deux angles dièdres n'en font donc qu'un ; en d'autres termes, ils sont égaux.

Réciproquement, à des angles dièdres AB, GH égaux correspondent des angles plans CBD, IHK égaux. Car si nous superposons l'angle dièdre GH sur l'angle dièdre égal AB, de manière que le point H tombe sur le point B, les perpendiculaires HI, HK coïncident avec les perpendiculaires BC, BD et l'angle IHK avec l'angle CBD.

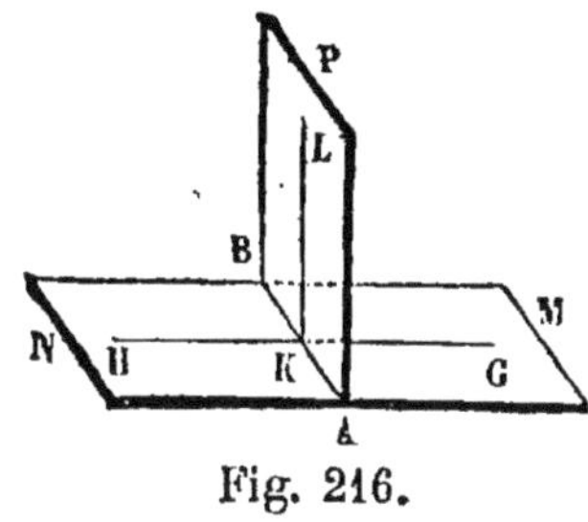

Fig. 216.

320. Corollaire. — *A un angle plan droit corres- pond un angle dièdre droit* (fig. 216).

Car si les angles plans adjacents GKL, HKL sont égaux, les angles dièdres adjacents PABM, PABN sont aussi égaux et, par suite, droits (319).

Théorème.

321. *Le rapport de deux angles dièdres AB, EF est égal au rapport des angles plans correspon- dants CBD, GFH.*

Supposons que les deux angles plans CBD, GFH admettent une commune mesure CBI et que cette commune mesure soit contenue 5 fois dans le

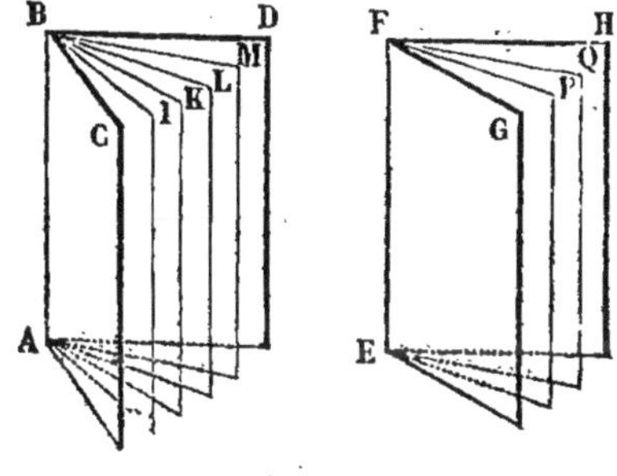

Fig. 217.

premier et 3 fois dans le second. Ces deux angles sont alors entre eux comme les nombres 5 et 3 et nous avons

$$\frac{CBD}{GFH} = \frac{5}{3}. \qquad (1)$$

Menons les plans ABI, ABK.... EFQ, nous partageons ainsi les angles dièdres AB, EF en petits angles dièdres, qui sont tous égaux entre eux comme correspondant à des angles plans égaux. Or l'angle dièdre AB en contient cinq et l'angle dièdre EF en contient trois ; nous avons encore

$$\frac{AB}{EF} = \frac{5}{3}. \qquad (2)$$

Dans les proportions (1) et (2) les rapports $\frac{CBD}{GFH}$, $\frac{AB}{EF}$ étant égaux au même rapport $\frac{5}{3}$ le sont aussi entre eux ; donc, enfin,

$$\frac{AB}{EF} = \frac{CBD}{GFH}.$$

322. REMARQUE I. Le raisonnement que nous venons de faire aurait été le même, quelque petite qu'eût été la commune mesure CBI ; nous pouvons donc le regarder comme général.

323. REMARQUE II. Il résulte du théorème précédent que, pour mesurer un angle dièdre, c'est-à-dire trouver son rapport à l'angle dièdre pris comme unité, il suffit de chercher le rapport de son angle plan à l'angle plan pris comme unité. La valeur d'un angle dièdre s'exprime ainsi que celle d'un angle plan en degrés, minutes, secondes.

Théorème.

324. *Lorsqu'une droite* CD *est perpendiculaire à un plan* AB, *tout plan* DE *conduit par cette droite est perpendiculaire au premier.*

Par le point C menons, dans le plan AB, la droite CG perpendiculaire à l'intersection EF des deux plans AB, DE. La droite CD étant perpendiculaire au plan AB l'est aussi aux

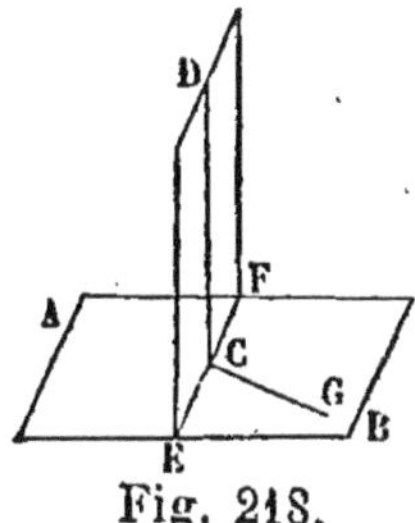

Fig. 218.

droites CG, EF qui passent par son pied dans ce plan ; l'angle DCG est donc droit ; mais cet angle est l'angle plan de l'angle dièdre DEFR formé par les deux plans ; par conséquent, le plan DE est perpendiculaire au plan AB.

325. CoroLLAIRE. — *Lorsque trois droites* AB, AC, AD *sont perpendiculaires entre elles, deux à deux, chacune de ces droites est perpendiculaire au plan des deux autres et,*

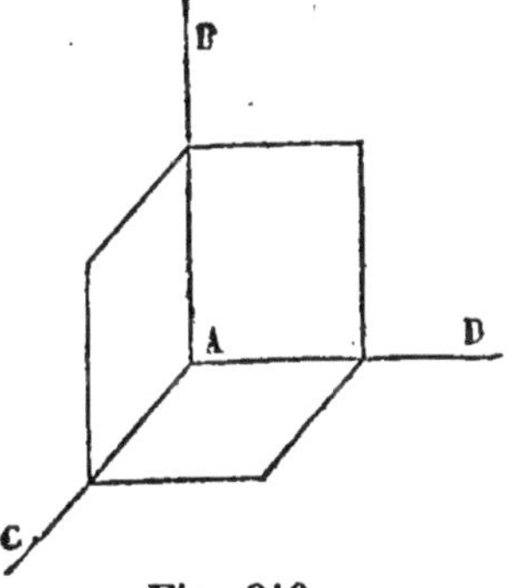

Fig. 219.

par conséquent, les trois plans BAC, BAD, CAD *sont perpendiculaires entre eux deux à deux.*

Théorème.

326. *Lorsque deux plans* AB, DE *sont perpendiculaires, toute droite menée dans l'un de ces plans,*

perpendiculairement à leur intersection EF est per-
pendiculaire à l'autre plan.

En effet, menons par le point C et dans le plan AB,

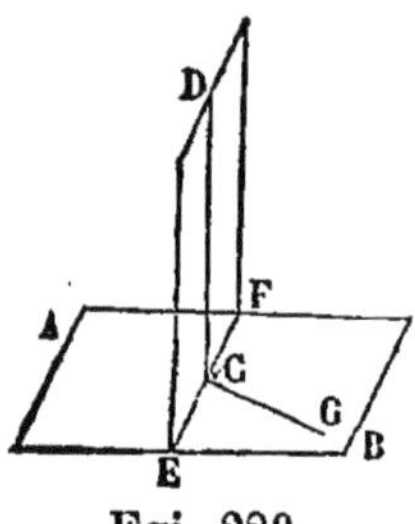

Fgi. 220.

la droite CG perpendiculaire à l'intersection EF. Puisque les deux plans AB,
DE sont perpendiculaires l'un à l'autre,
l'angle dièdre DEFB est droit ; donc
aussi l'angle plan correspondant DCG.
D'ailleurs, la droite CD est déjà perpendiculaire sur l'intersection EF; donc
(291) elle est perpendiculaire au plan AB.

Théorème.

327. *Lorsque deux plans* AB, DE *sont perpendi-*
culaires, toute perpendiculaire élevée sur l'un de ces
plans, par un point de leur intersection EF, *est situé*
dans l'autre.

En effet, si la perpendiculaire CD, élevée par le point

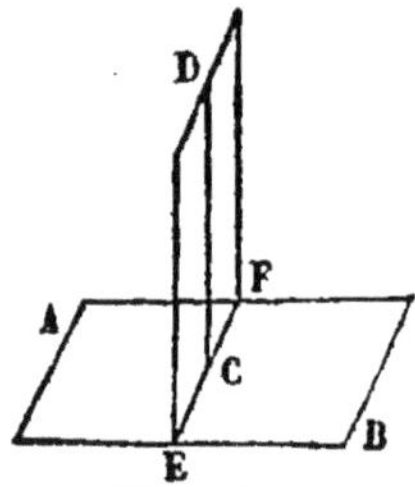

Fig. 221.

C de l'intersection EF, n'était pas
située dans le plan DE, nous pourrions, dans ce plan et par le même
point C, mener une seconde perpendiculaire à l'intersection EF, laquelle
serait en même temps perpendiculaire au plan AB (326) ; mais alors,
nous aurions deux perpendiculaires en un même point,
sur un même plan, ce que nous savons être impossible
(294).

Théorème.

328. *Lorsque deux plans* AC, AD *qui se coupent,*

*sont perpendiculaires à un même troisième MN,
leur intersection AB est perpendiculaire à ce plan.*

Car si, par ce point B, nous élevons une perpendiculaire au plan
MN, cette perpendiculaire doit se
trouver à la fois dans le plan AC et
dans le plan AD ; elle coïncide donc
avec la droite AB, intersection de ces
deux plans.

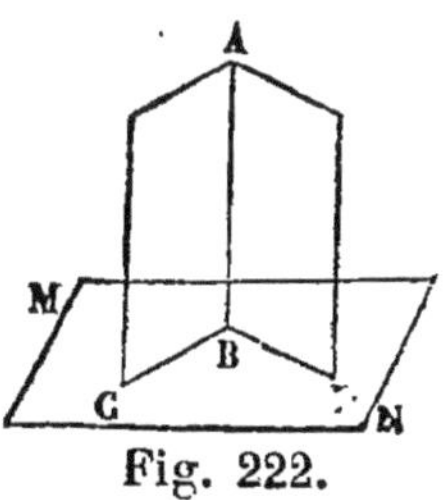

Fig. 222.

DÉFINITIONS

329. On appelle *projection d'un point sur un plan*
le pied de la perpendiculaire abaissée du point sur le
plan.

La *projection d'une ligne* quelconque sur un plan
est le lieu des projections des différents points de cette
ligne sur le plan.

Théorème.

330. *Lorsqu'une droite AB est oblique à un plan
MN, sa projection sur ce plan est une ligne droite.*

En effet, les perpendiculaires abaissées de différents
points de la droite AB sur le plan
MN sont parallèles et, par suite,
elles sont toutes situées dans le
plan ABCD de deux d'entre elles
AC, BD ; le lieu des pieds de ces
perpendiculaires, c'est-à-dire la
projection de la droite AB sur le plan MN, est donc la
droite CD suivant laquelle les plans MN, AD se coupent.

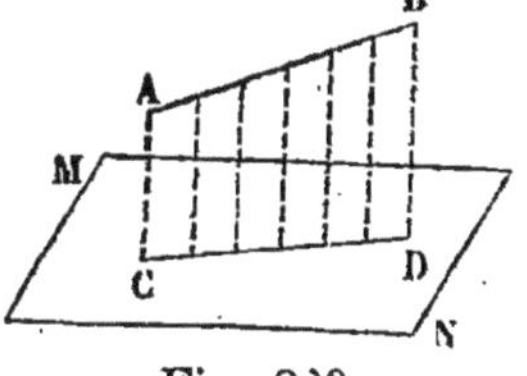

Fig. 223.

Théorème.

331. *Lorsqu'une droite* AB *est oblique à un plan* MN, *l'angle aigu qu'elle fait avec sa projection sur ce plan est plus petit que l'angle qu'elle fait avec toute autre droite passant par son pied dans ce même plan.*

D'un point quelconque B de la droite AB, abaissons la perpendiculaire BC sur le plan MN ; la droite AC qui joint les pieds A et C des lignes BA, BC, est la projection de la droite AB sur ce plan. Il s'agit de démontrer que l'angle aigu BAC est plus petit que l'angle BAD formé par la droite AB avec toute autre droite passant par son pied dans le plan MN.

Prenons pour cela une longueur AD égale à AC et

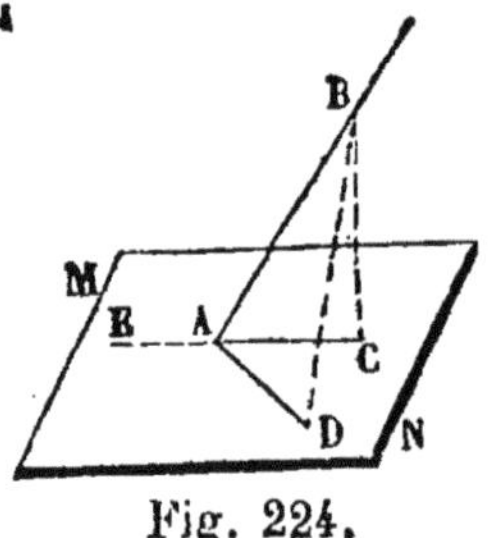

Fig. 224.

joignons le point D au point B ; la droite BD est oblique au plan MN et, par conséquent, plus grande que la perpendiculaire BC. Les triangles ABC, ABD ont deux côtés égaux chacun à chacun, savoir le côté AB commun et les côtés AC, AD égaux par construction, mais le troisième côté BC du premier triangle étant plus petit que le troisième côté BD du second, l'angle BAC opposé au côté BC est aussi plus petit que l'ange BAD opposé au côté BD (33).

332. Corollaire. — Puisque l'angle BAC est le plus petit ou l'angle *minimum* parmi tous ceux que l'oblique AB peut former avec les droites menées par son pied dans le plan MN, l'angle obtus supplémentaire BAD est l'angle *maximum*.

L'angle minimum BAC est ce qu'on appelle l'*angle de la droite avec le plan.*

§ IV. — **Angles trièdres.** — **Angles polyèdres.**

DÉFINITIONS

333. On appelle *angle polyèdre* ou *angle solide* la figure formée par plusieurs plans qui se coupent en un même point S et sont terminés à leurs intersections consécutives SA, SB, SC....

Ces intersections SA, SB, SC.... sont les *arêtes* et leur point de concours S est le *sommet* de l'angle polyèdre; les angles formés par deux arêtes consécutives quelconques sont ses *faces* ou ses *angles plans*, et *ses angles dièdres*, les angles formés par les plans.

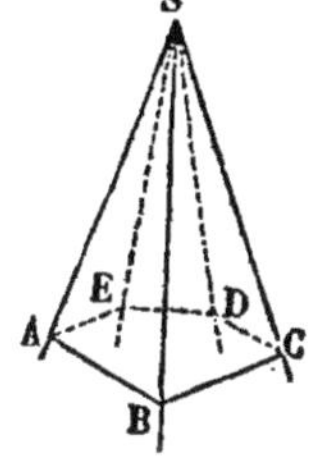

Fig. 225.

Lorsque les plans sont au nombre de trois seulement, l'angle polyèdre prend le nom d'*angle trièdre*. Les trois faces ou angles et les trois angles dièdres d'un angle trièdre en sont les six *éléments* ou les six *parties*.

Un angle polyèdre est *convexe* lorsqu'il est situé entièrement d'un même côté du plan indéfiniment prolongé de l'une quelconque de ses faces.

Dans le cas contraire, il est dit *concave*.

Si l'on coupe un angle polyèdre convexe par un plan quelconque, la section est un polygone convexe. En effet, s'il en était autrement, soit ABCDE le polygone concave de section, et supposons que le sommet S de l'angle polyèdre soit au-dessus du plan de ce polygone. Les trois points B, C, S appartenant à une des faces, en la prolongeant, cette face coupe le plan du polygone concave

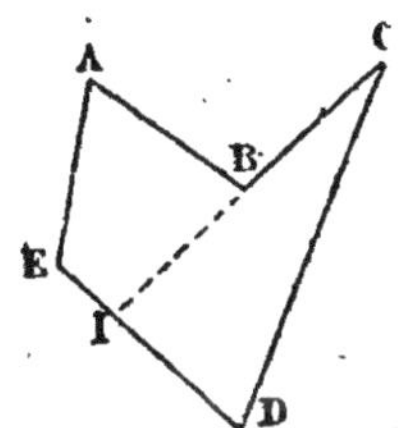

Fig. 226.

selon la ligne CI, en laissant le point A au-dessus de CI et le point D au-dessous. Or ces deux points appartiennent aussi au polyèdre convexe en question et seraient situés l'un au-dessus du plan SBC et l'autre au-dessous, ce qui est contre la définition du polyèdre convexe.

Deux angles polyèdres sont *opposés par le sommet* lorsque les arêtes de l'un sont les prolongements des arêtes de l'autre. On dit aussi que ces angles polyèdres sont *symétriques* et chacun d'eux est le symétrique de l'autre.

Il résulte immédiatement de cette définition que *deux angles trièdres symétriques SABC, SA'B'C' sont égaux dans toutes leurs parties*, car leurs angles plans sont égaux comme opposés par le sommet et leurs angles dièdres le sont aussi comme opposés par l'arête.

Mais, en général, *ces deux angles trièdres ne sont pas superposables*, parce que les éléments de l'un ne sont pas disposés dans le même ordre que les éléments respectivement égaux de l'autre. En effet, si nous faisons pivoter l'angle trièdre SA'B'C' autour du point S jusqu'à ce que l'angle dièdre SC' s'applique sur son égal SC, la face A'SC' se place sur la face BSC qui n'est pas son égale.

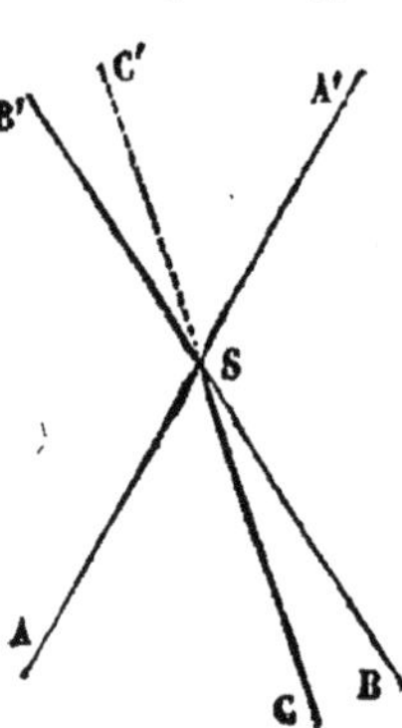

Fig. 227.

Toutefois, si l'angle trièdre SABC a deux faces égales, par exemple, si la face ASC égale la face BSC, on reconnaît aisément qu'en superposant SA'B'C' sur SABC, comme nous venons de le faire, ces deux angles trièdres coïncident.

Nous verrions de la même manière que deux angles polyèdres symétriques ont leurs angles plans et leurs angles dièdres égaux chacun à chacun, et qu'en général ils ne sont pas superposables.

334. REMARQUE. — Pour que deux angles polyèdres soient dits *symétriques*, il n'est pas nécessaire qu'ils aient la position d'angles opposés par le sommet ; il suffit que leurs angles plans et leurs angles dièdres soient égaux chacun à chacun, mais disposés dans un ordre inverse.

Théorème.

335. *Dans tout angle trièdre, chaque angle plan est plus petit que la somme des deux autres.*

Il n'y a évidemment lieu à démontrer le théorème que lorsque l'angle plan, comparé à la somme des deux autres, est plus grand que chacun de ceux-ci.

Soient donc SABC un angle trièdre et ASB le plus grand de ces angles plans ; il s'agit de prouver que nous avons

$$ASB < ASC + BSC.$$

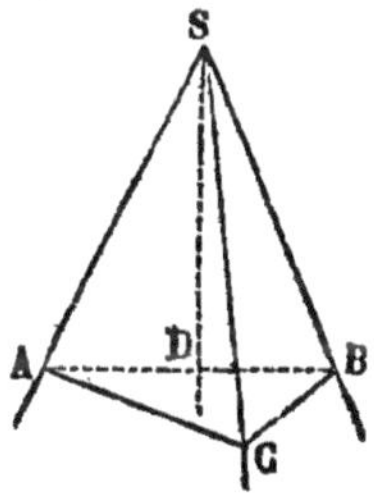

Pour cela, faisons, dans la face ASB, l'angle ASD égal à l'angle ASC, et, entre les deux arêtes SA, SB, menons une droite quelconque AB qui coupe SD au point D ; puis prenons sur l'arête SC une longueur SC égale à SD et joignons AC, BC. Alors les triangles SAC, SAD ont un angle égal compris entre deux côtés égaux chacun à chacun ; donc ils sont égaux et, par suite, le côté AD égale le côté AC. Mais le triangle ABC donne (33, lemme I)

$$AB \text{ ou } AD + DB < AC + BC,$$

Fig. 228.

ou, puisque les longueurs AD et AC sont égales,

$$DB < BC.$$

Ainsi, les deux côtés SB, SD du triangle SBD sont respectivement égaux aux deux côtés SB, SC du triangle SBC, et le troisième côté BD du premier triangle est plus petit que le troisième côté BD du second ; nous avons donc (33)

$$\text{angle } BSD < \text{angle } BSC.$$

Si, au premier membre de cette inégalité, nous ajoutons l'angle ASD et l'angle égal ASC au second membre, nous obtenons

$$ASD + BSD < ASC + BSC,$$

ou, plus simplement,

$$ASB < ASC + BSC.$$

336. Corollaire. — *La somme des angles plans qui forment un angle polyèdre convexe S, est toujours moindre que quatre droits.*

En effet, si nous coupons (*fig.* 225) cet angle polyèdre convexe par un plan quelconque, nous obtenons un polygone convexe ABCDE.

Au point A, il y a trois angles que nous désignerons par A, α, α' ; A représentant l'angle du polygone de section. De même au point B, il y a trois angles que nous désignerons par B, β, β', et ainsi de suite.

Ceci posé, le théorème précédent donne

$$A < \alpha + \alpha'$$
$$B < \beta + \beta'$$
$$C < \gamma + \gamma'$$
$$\cdots \cdots$$

En ajoutant ces inégalités membre à membre, et en observant que A+B+C... $= 2n - 4$ (n, désigne le nombre des faces), on obtient

$$2n - 4 < \alpha + \alpha' + \beta + \beta' + \gamma + \gamma' \cdots$$

Or, autour du point S, il y a n triangles dans lesquels la somme des angles vaut $2n$; et si nous représentons par Σ la somme des angles qui sont en S, on a :

$$\Sigma + \alpha + \alpha' + \beta + \beta' + \ldots = 2n,$$

d'où

$$\alpha + \alpha' + \beta + \beta' + \ldots = 2n - \Sigma.$$

L'inégalité précédente devient alors

$$2n - 4 < 2n - \Sigma$$

ou

$$\Sigma < 4.$$

Égalité des angles trièdres.

Théorème.

337. 1ᵉʳ Cas. — *Deux angles trièdres SABC, S'A'B'C' sont égaux lorsqu'ils ont un angle dièdre égal compris entre deux faces égales chacune à chacune et disposées dans le même ordre.*

Supposons, en effet, l'angle dièdre SB égal à l'angle dièdre S'B', la face

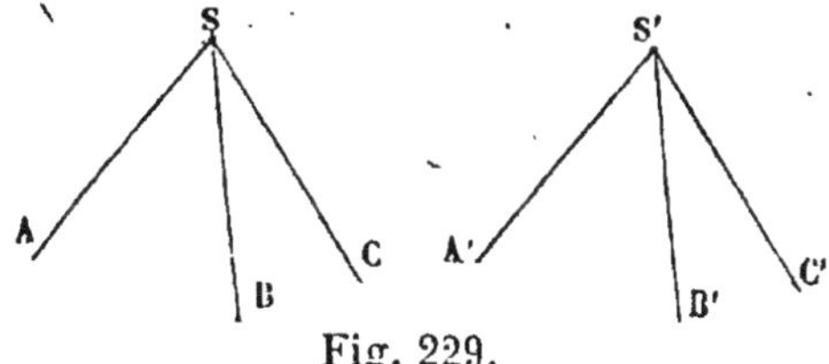

Fig. 229.

14

ASB égale à la face A'S'B' et la face BSC égale a la face B'S'C'. Si nous portons l'angle trièdre S'A'B'C' sur l'angle trièdre SABC, de manière que l'angle dièdre S'B' coïncide avec l'angle dièdre SB, les arêtes S'A', S'C' s'appliquent respectivement sur les arêtes SA, SC, puisque les angles plans ASB, A'S'B' sont égaux ainsi que les angles plans BSC, B'S'C'. Les angles trièdres SABC, S'A'B'C' coïncidant dans toutes leurs parties sont donc égaux.

Théorème.

338. 2ᵉ CAS. — *Deux angles trièdres SABC, S'A'B'C' sont égaux lorsqu'ils ont une face égale adjacente à deux angles dièdres égaux chacun à chacun et que les faces homologues sont disposées dans le même ordre.*

Supposons la face ASC égale à la face A'S'C', l'angle dièdre SA égal à l'angle dièdre S'A' et l'angle dièdre SC égal à l'angle dièdre S'C'. Si nous portons l'angle trièdre S'A'B'C' sur l'angle trièdre SABC, de manière que la face A'S'C' coïncide avec la face égale ASC, les plans A'S'B',

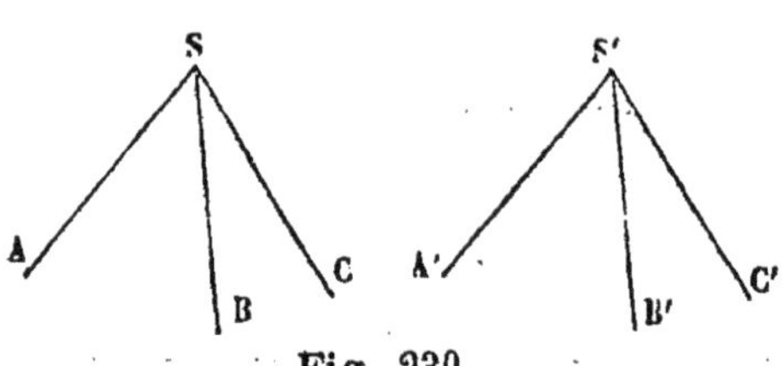

Fig. 230.

B'S'C' s'appliquent respectivement sur les plans ASB, BSC, puisque les angles dièdres SA, S'A' sont égaux ainsi que les angles dièdres SC, S'C'. Les deux angles trièdres SABC, S'A'B'C' coïncidant dans toutes leurs parties sont donc égaux.

Théorème.

339. 3ᵉ Cᴀs. — *Deux angles trièdres sont égaux lorsqu'ils ont leurs faces égales chacune à chacune et disposées dans le même ordre.*

Soient les deux angles trièdres SABC, S'A'B'C' dans lesquelles nous supposons les faces égales chacune à chacune ; nous allons d'abord démontrer que les angles dièdres BASC, B'A'S'C', opposés aux faces égales BSC, B'S'C', sont égaux entre eux.

Sur les arêtes SA, S'A' prenons des longueurs égales SA, S'A' et, par les points A, A', menons les plans ABC,

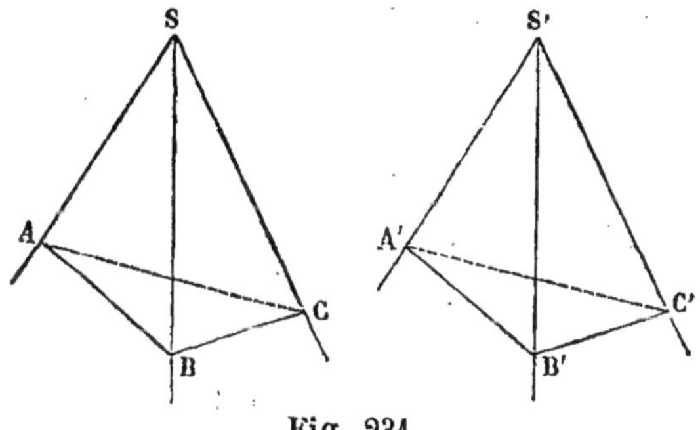

Fig. 231.

A'B'C' respectivement perpendiculaires à ces arêtes. Les triangles SAB, S'A'B' sont rectangles en A et A' ; de plus l'angle ASB égale l'angle A'S'B' par hypothèse et le côté SA égale le côté S'A' par construction : ces deux triangles sont donc égaux et, par suite, le côté SB égale le côté S'B'. De même, les triangles SAC, S'A'C' sont égaux et par suite SC égale S'C' ; donc aussi les triangles SBC, S'B'C' sont égaux, puisqu'ils ont un angle égal compris entre deux côtés égaux chacun à chacun.

De l'égalité des triangles SAB et S'A'B', SAC et S'A'C', SBC et S'B'C résulte celle des triangles ABC, A'B'C' qui ont leurs trois côtés égaux chacun à chacun ; donc l'angle plan BAC égale l'angle plan B'A'C'. Mais (319) à des angles plans égaux correspondent des angles dièdres égaux ; donc l'angle dièdre BASC égale l'angle dièdre B'A'S'C'.

Si nous avions voulu démontrer l'égalité de deux autres angles dièdres, par exemple, des angles dièdres ABSC, A'B'S'C', nous aurions mené les plans ABC, A'B'C' respectivement perpendiculaires aux arêtes SB, S'B', et nous aurions raisonné comme nous venons de le faire.

Les deux angles trièdres considérés ont, en outre, leurs faces égales disposées dans le même ordre, ils sont donc égaux par superposition.

340. 4ᵉ Cas. — *Deux angles trièdres S et S' sont égaux lorsque leurs angles dièdres sont égaux chacun à chacun et que leurs faces homologues sont disposées dans le même ordre.*

Pour démontrer le 4ᵉ cas de l'égalité des angles trièdres, nous nous servirons des trièdres *supplémentaires*.

Étant donné un trièdre quelconque OABC ; si du sommet O on élève OA' perpendiculaire au plan COB et du même côté de ce plan que OA, puis OB' perpendiculaire au plan COA et du même côté de ce plan que OB, puis enfin OC' perpendiculaire au plan AOB et du même côté que OC, l'angle trièdre ainsi formé OA'B'C'D' s'appelle le *trièdre supplémentaire* du trièdre OABC.

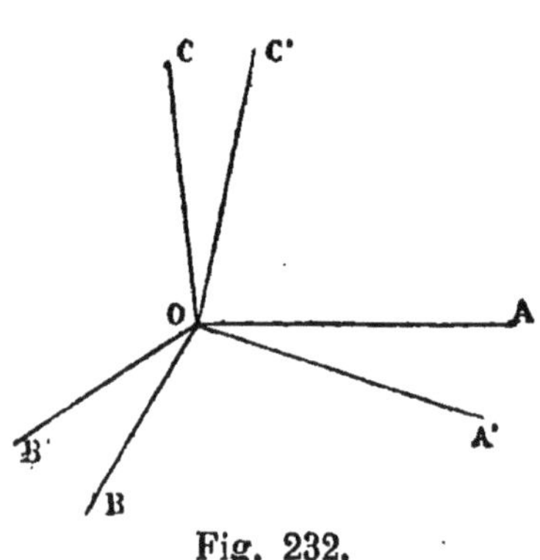

Fig. 232.

Réciproquement : on peut dire que OABC est le trièdre supplémentaire de OA'B'C', c'est-à-dire que OABC dérive de OA'B'C' comme OA'B'C' dérive de OABC. D'abord, OC, par exemple, est perpendiculaire au plan A'OB'. En effet OA' par construction, étant perpendiculaire, sur le plan COB est perpendiculaire à OC; pour la même raison OB' est perpendiculaire à OC; en d'autres termes OC, étant perpendiculaire sur les deux droites OA', OB', est perpendiculaire à leur plan.

Pour faire voir maintenant que les deux lignes OC, OC' sont du même côté du plan OB'A', nous établirons le lemme suivant.

Lemme. — *Si deux droites* OA, OA' *sont l'une perpendiculaire à un plan, l'autre oblique, mais situées d'un même côté, l'angle* AOA' *est aigu; si, au contraire, elles sont situées l'une d'un côté, l'autre de l'autre côté, l'angle* AOA' *est obtus, et réciproquement.*

En effet, faisons passer un plan par les deux droites OA, OA', ce plan laisse sur le plan donné une trace OX.

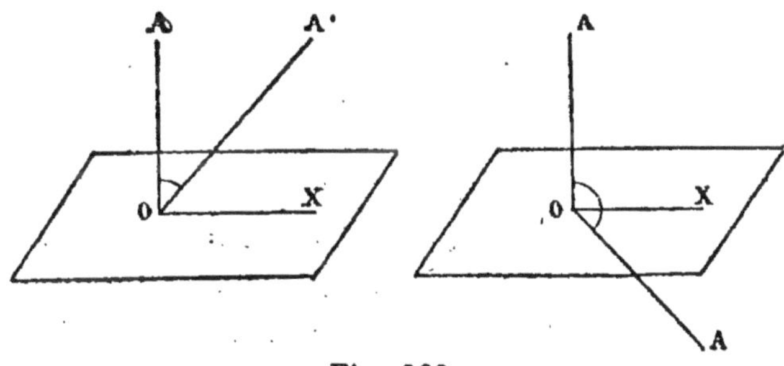

Fig. 233.

Dans le 1er cas, l'angle AOA' n'est qu'une partie de l'angle droit AOX; dans le 2e cas, l'angle AOA' est formé de l'angle droit AOX augmenté d'une partie XOA'.

Les deux lignes OA, OA' ne pouvant avoir que l'une

14.

ou l'autre des deux positions considérées ci-dessus, les réciproques sont vraies.

Ce lemme étant établi, l'angle COC' étant aigu par construction, comme OC est perpendiculaire au plan A'OB', les deux lignes OC et OC' sont d'un même côté de ce plan; la réciproque est donc démontrée.

Les trièdres supplémentaires ainsi définis jouissent d'une propriété remarquable.

Théorème.

Lorsque deux trièdres sont supplémentaires, les faces de l'un sont les suppléments des dièdres de l'autre, et réciproquement.

Pour démontrer ce théorème nous nous appuierons sur le lemme suivant.

LEMME. — *Si par le point O d'un angle dièdre quelconque MCDN, on élève sur une face une perpendiculaire du même côté de ce plan que la seconde face, et sur la seconde face une perpendiculaire du même côté de ce plan que la première face; l'angle ainsi formé A'OB' est supplémentaire du rectiligne AOB du dièdre donné.*

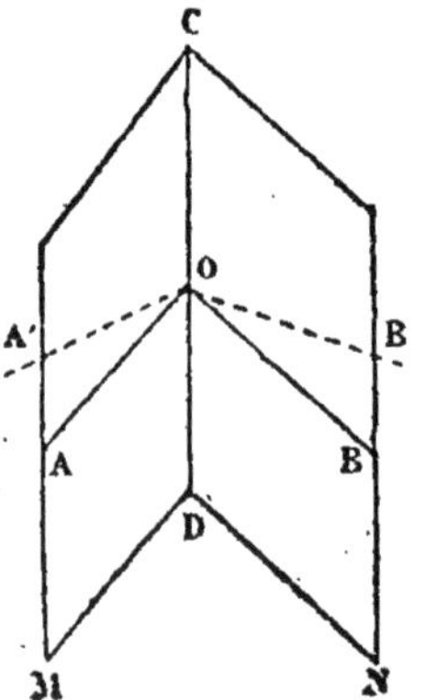

Fig. 234.

Il faut d'abord remarquer que, les quatre lignes AO, A'O, AO, B'O étant perpendiculaires à une même ligne CD au même point O sont dans un même plan, et que les angles en question ayant leurs côtés perpendiculaires sont égaux ou supplémentaires, le lemme sera donc démontré, si l'on prouve que des deux angles AOB, A'OB', l'un étant aigu l'autre devra être obtus, ou inversement. Or c'est ce qui a lieu. En effet, si l'angle AOB est aigu, la perpendiculaire A'O sera à droite d'un observateur qui, couché selon l'arête CD, les pieds en D, regarderait les lignes OB, OA, OA', la perpendiculaire B'O sera à sa gauche, en sorte que pour cet observateur les perpendiculaires se succèderont dans le sens OB' OB, OA, OA'; en d'autres termes l'angle B'OA' sera plus grand que AOB; comme il ne lui est pas égal, il lui sera supplémentaire.

Si au contraire l'angle AOB était obtus, un raisonnement analogue prouverait que A'OB' devrait être aigu.

Revenons maintenant au théorème en question. Considérons le dièdre OC et la face A'OB'. La ligne OA' a été menée perpendiculaire à la face COB et du même côté de cette face que OA, c'est-à-dire du même côté que la seconde face COA; de même OB' a été menée perpendiculaire à la face COA et du même côté que la première face COB; donc en vertu du lemme précédent, l'angle A'OB' est supplémentaire du dièdre OC.

La réciproque du théorème est évidente puisque le 1er dièdre dérive du 2e comme le 2e dérive du 1er.

Cette étude des trièdres supplémentaires nous permet maintenant de démontrer très facilement le 4e cas de l'égalité des angles trièdres.

Soient :

A, B, C les angles dièdres du trièdre S,

α, β, γ les faces opposées,

A, B, C, α', β', γ' les éléments du trièdre S'.

Considérons les deux trièdres s, s', supplémentaires des trièdres proposés S, S'.

2 − α, 2 − β, 2 − γ seront les dièdres du trièdre s,

2 − A, 2 − B, 2 − C seront les faces du même trièdre s.

De même :

$2 - \alpha'$, $2 - \beta'$, $2 - \gamma'$ seront les dièdres du trièdre s',

$2 - A$, $2 - B$, $2 - C$ seront les faces du même trièdre s'.

Les deux trièdres s, s', ayant leurs faces égales, ont leurs dièdres égaux ; c'est-à-dire que $2 - \alpha' = 2 - \alpha$, $2 - \beta' = 2 - \beta$, $2 - \gamma' = 2 - \gamma$, de là on conclut $\alpha' = \alpha$, $\beta' = \beta$, $\gamma' = \gamma$.

Les deux trièdres proposés ayant leurs faces égales chacune à chacune et disposées dans le même ordre sont égaux d'après le 3e cas.

Théorème.

341. *La somme des angles dièdres d'un angle trièdre quelconque* S, *est plus grande que deux angles droits et est plus petite que six angles droits.*

Soient S le trièdre proposé dont les éléments sont A, B, C, α, β, γ,

s le trièdre supplémentaire dont les éléments sont

$$2 - \alpha,\ 2 - \beta,\ 2 - \gamma;\ 2 - A,\ 2 - B,\ 2 - C.$$

Nous avons démontré (336) que la somme des faces d'un angle trièdre est comprise entre 0 et quatre droits ; appliquons ce théorème au trièdre supplémentaire s, on a :

$$0 < 2 - A + 2 - B + 2 - C < 4,$$

ou

$$-6 < -(A + B + C) < -2,$$

ou

$$6 > A + B + C > 2. \qquad \text{C. Q. F. D.}$$

Analogies et différences entre les propriétés de l'angle trièdre et celles du triangle.

342. Il existe entre les propriétés de l'angle trièdre et celles du triangle de nombreuses analogies. On passe des unes aux autres en substituant aux côtés, aux angles et aux sommets du triangle, les faces, les angles dièdres et les arêtes de l'angle dièdre.

Toutes les propositions qui concernent l'égalité ou l'inégalité des éléments d'un même triangle ou de deux triangles ont leurs analogues relativement aux angles trièdres, et ces dernières sont généralement vraies, sauf quelques petites différences que nous allons indiquer.

Ainsi, dans les trois cas d'égalité des triangles, les deux figures peuvent toujours être superposées l'une sur l'autre et coïncider ; dans les trois cas analogues relatifs aux angles trièdres, la superposition et les coïncidences ne sont possibles qu'autant que les éléments donnés égaux sont disposés dans le même ordre.

La somme des trois angles d'un triangle est constante et égale à deux angles droits ; tandis que la somme des trois angles dièdres d'un angle trièdre varie entre deux angles droits et six angles droits.

Deux triangles qui ont leurs trois angles égaux chacun à chacun, n'ont pas généralement leurs côtés égaux ; tandis que deux angles trièdres qui ont leurs angles dièdres égaux chacun à chacun, ont leurs faces égales chacune à chacune et sont égaux ou symétriques.

EXERCICES SUR LE CINQUIÈME LIVRE

1. Toute droite, également inclinée sur trois droites qui passent par son pied dans un plan, est perpendiculaire à ce plan.

2. Quel est le lieu geométrique des points de l'espace également ment distants de deux points donnés?

3. Quel est le lieu géométrique des points de l'espace également distants de trois points donnés?

4. Quel est le lieu géométrique des pieds des perpendiculaires, menées d'un point extérieur à un plan sur les différentes droites qu'on peut tirer dans ce plan par un point donné?

5. Si une droite et un plan sont perpendiculaires à la même droite, ils sont parallèles.

6. Si deux plans, qui se coupent, passent par deux droites parallèles, leur intersection est parallèle à ces lignes.

7. Lorsque deux plans, qui se coupent, sont parallèles à une même droite, leur intersection est parallèle à cette droite.

8. Mener par une droite un plan parallèle à une autre droite.

9. Lorsque deux plans se rencontrent, les angles dièdres adjacents sont supplémentaires et les angles dièdres, opposés par l'arête, sont égaux.

10. Si deux angles dièdres sont supplémentaires, leurs faces non communes sont dans un même plan.

11. Lorsque deux plans parallèles sont coupés par un même plan, ils forment avec ce dernier des angles dièdres alternes internes égaux, des angles dièdres alternes externes égaux et des angles dièdres correspondants égaux.

12. Deux angles dièdres qui ont leurs arêtes parallèles sont égaux ou supplémentaires, si leurs faces sont parallèles ou perpendiculaires chacune à chacune.

13. Si deux plans perpendiculaires à un troisième passent par deux droites parallèles, ils sont eux-mêmes parallèles.

14. Quel est le lieu géométrique des points également distants de deux plans qui se coupent?

15. Quel est le lieu géométrique des points également distants des trois faces de l'angle trièdre?

16. Quel est le lieu géométrique des points également éloignés des trois arêtes d'un angle trièdre?

17. Les plans, menés perpendiculairement aux faces d'un angle trièdre par les arêtes opposées à ces faces, passent par une même droite.

18. Les plans, menés par chacune des arêtes d'un angle trièdre et la bissectrice de la face opposée à cette arête, passent par une même droite.

LIVRE SIXIÈME

DES POLYÈDRES

§ I. — **Du prisme.**

DÉFINITIONS

343. On appelle *polyèdre* un solide terminé de toutes parts par des plans. Les polygones, formés par les intersections de ces plans, sont les *faces* du polyèdre et leur ensemble constitue sa *surface*.

Les *angles* d'un polyèdre sont les angles solides que ses faces font entre elles, ses *sommets* sont les sommets de ses angles, ses *arêtes* les côtés de ses faces et ses *diagonales* les droites qui joignent deux sommets non situés sur la même face.

Le plus simple de tous les polyèdres est celui qui n'a que quatre faces ; on le nomme *tétraèdre* ; le *pentaèdre* a cinq faces, l'*hexaèdre* en a six, etc.

Un polyèdre est dit *régulier* lorsque toutes ses faces sont des polygones réguliers égaux et que tous ses angles solides sont égaux entre eux. Il est dit *convexe* lorsqu'il est tout entier d'un même côté du plan de l'une quelconque de ses faces.

344. Le *prisme* est un polyèdre compris sous plusieurs plans parallélogrammes terminés de part et d'autre par deux polygones égaux et parallèles.

On donne le nom de *bases* du prisme aux deux polygones égaux et parallèles ; sa *hauteur* est la distance de ses bases, ou la perpendiculaire abaissée d'un point de la base supérieure sur le plan de la base inférieure.

Prenons un polygone quelconque ABCDE ; par ses sommets et d'un même côté de son plan, menons les droites AF, BG, CH, DK, EL égales et parallèles entre elles et achevons le polygone FGHKL qui a pour sommets les extrémités de ces parallèles ; le solide ABCDEFGHKL, ainsi formé est un prisme. En effet chacune de ses faces latérales a, par construction, deux côtés égaux et parallèles : elle est donc un parallélogramme et, par suite, les deux polygones ABCDE, FGHKL sont égaux et parallèles.

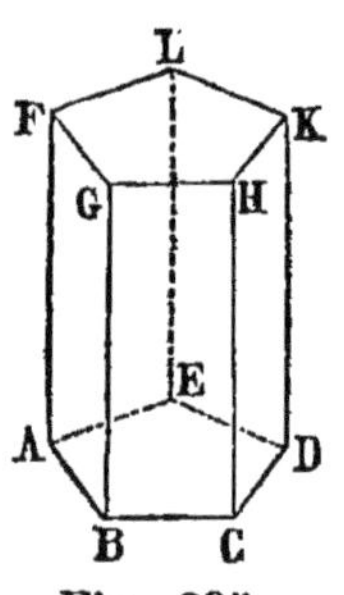

Fig. 235.

345. Un prisme est *droit* lorsque ses arêtes sont perpendiculaires aux plans des bases ; il est *oblique*, dans le cas contraire. La hauteur d'un prisme droit est égale à la longueur des arêtes latérales.

On distingue les prismes par la nature de leurs bases : ainsi, un prisme est *triangulaire*, *quadrangulaire*, *pentagonal*, etc., selon que ses bases sont des triangles, des quadrilatères, des pentagones, etc.

346. Le prisme quadrangulaire dont les bases sont des parallélogrammes et qui, par conséquent, est compris sous six parallélogrammes, a reçu le nom de *parallélipipède*.

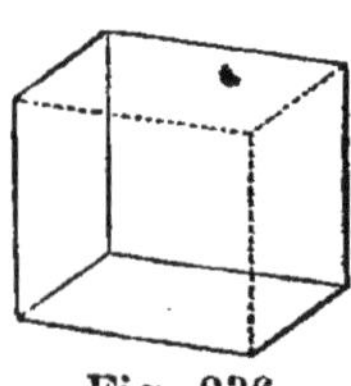

Lorsque le parallélipipède est droit et que ses bases sont des rectangles, ses faces latérales sont aussi des rectangles.

Fig. 236.

On donne alors au solide le nom de *parallélipipède*

rectangle. Si toutes ses faces sont des carrés, il prend celui de *cube.*

347. MESURE DES VOLUMES. — Mesurer un volume quelconque, c'est chercher son rapport à l'unité de volume, c'est-à-dire, chercher combien de fois il contient l'unité de volume ou de parties de cette unité.

On prend, généralement, pour unité de volume le cube qui a pour arête l'unité de longueur. En France, l'unité principale de volume est le *mètre cube,* ou cube dont les arêtes ont un mètre de longueur.

Le seul multiple du mètre cube qui soit quelquefois usité est le *décamètre cube ;* ses sous-multiples sont le *décimètre cube,* le *centimètre cube,* le *millimètre cube.* Ce sont autant de cubes dont les arêtes ont respectivement pour longueur un décamètre, un décimètre, un centimètre, un millimètre.

Ces différentes unités de volume sont de 1000 en 1000 fois plus grandes, c'est-à-dire qu'un mètre cube, par exemple, vaut 1000 décimètres cubes. Plaçons, en effet, dix décimètres cubes, à la suite les uns des autres, sur une même ligne, et répétons dix fois le volume ainsi formé, nous obtenons une tranche qui a 10 décimètres ou 1 mètre de longueur et de largeur et 1 décimètre de hauteur, comme l'indique la figure 237. Plaçons en- suite dix tranches pareilles, les unes au-dessus des autres, l'ensemble formé un cube dont les arêtes ont un mètre de longueur. C'est, par conséquent, un mètre cube. Or, cha-

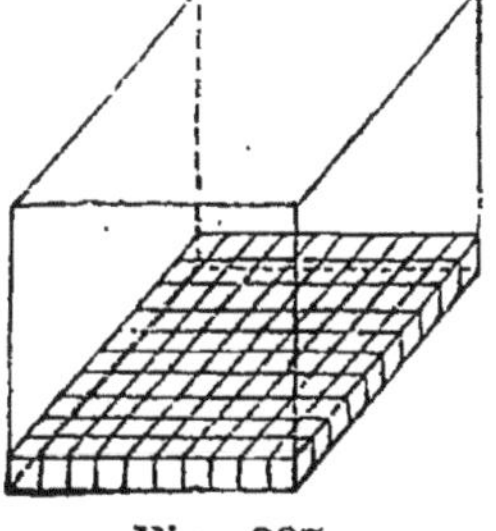

Fig. 237.

que tranche contenant 10 fois 10 ou 100 décimètres cubes, les dix tranches en contiennent 10 fois 100 ou 1000. Le mètre cube vaut donc 1000 décimètres cubes.

De même le décimètre cube vaut 1000 centimètres cubes et le centimètre cube 1000 millimètres cubes. Pour la même raison, le décamètre cube vaut 1000 mètres cubes.

348. Deux polyèdres sont dits *équivalents* lorsqu'ils sont égaux en volume. Comme, sans changer le volume d'un corps, on peut en déplacer les parties de toutes les manières possibles, des solides de forme très dissemblable peuvent être équivalents.

Propriétés générales du prisme.

Théorème.

349. *Deux prismes droits qui ont des bases égales et des hauteurs égales sont égaux.*

Plaçons, en effet, la base A'B'C'D'E' de l'un des prismes sur la base ABCDE de l'autre; ces deux bases

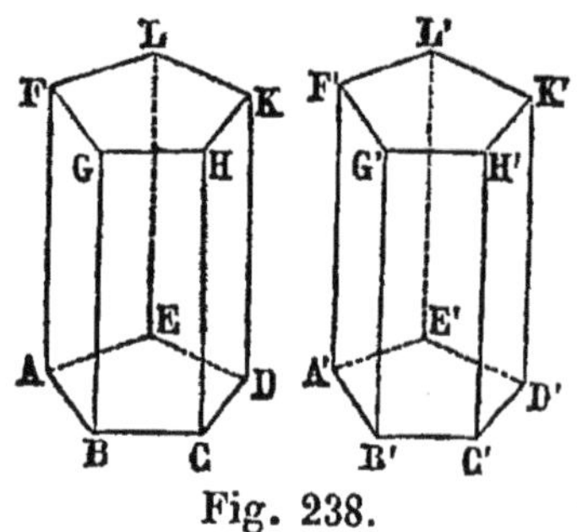

Fig. 238.

coïncident parfaitement. Ensuite, chaque arête, comme A'F', du premier, étant perpendiculaire au plan des bases, de même que l'arête correspondante AF du second, ces deux arêtes s'appliquent l'une sur l'autre; et, puisqu'elles sont égales, F' tombe en F. Ainsi, les deux prismes coïncident, donc ils sont égaux.

Théorème.

350. *Les sections faites dans un prisme par des plans parallèles sont des polygones égaux.*

Soient MNOPQ, RSTUV les sections faites par deux plans parallèles, ces polygones sont égaux.

En effet, un côté quelconque MN du premier est parallèle au côté RS du second, puisque ces deux côtés sont les intersections de deux plans parallèles par un troisième (306), ils sont de plus égaux comme parallèles comprises entre parallèles. Les sections MNOPQ, RSTUV ont donc leurs côtés égaux deux à deux, d'ailleurs les côtés égaux étant en même temps parallèles et dirigés dans le même sens, les angles de la première sont égaux respectivement aux angles de la seconde (313); elles sont donc des polygones égaux,

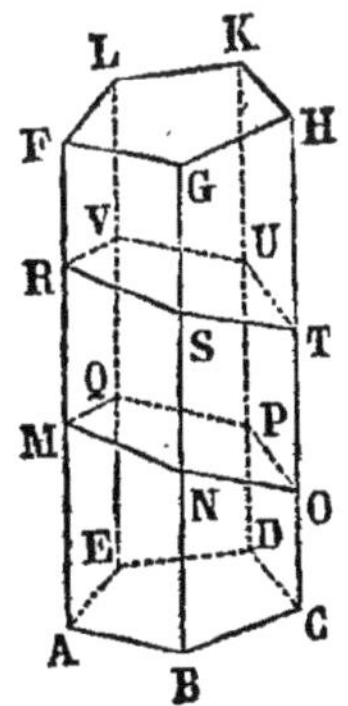

Fig. 239.

351. COROLLAIRE. — *Toute section faite dans un prisme parallèlement à la base est égale à cette base.*

352. REMARQUE. — On appelle *section droite* d'un prisme toute section faite dans ce solide par un plan perpendiculaire aux arêtes latérales.

Théorème.

353. *Dans tout parallélipipède, les faces opposées sont égales et parallèles.*

Soit le parallélipipède AG; les bases ABCD, EFGH sont, par définition, égales et parallèles, il reste à démontrer qu'il en est de même de deux faces opposées quelconques telles que AEHD, BFGC.

Or, les arêtes AE BF, sont

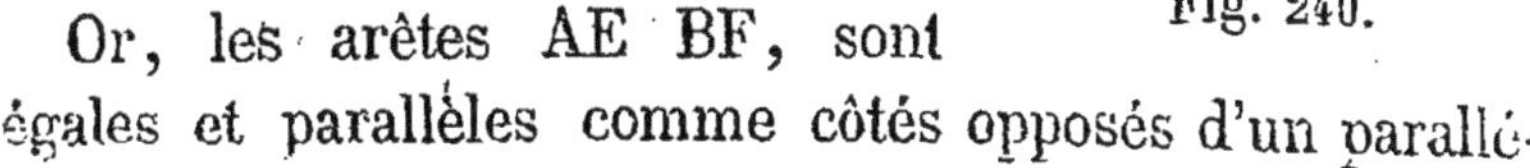

Fig. 240.

égales et parallèles comme côtés opposés d'un parallélogramme; pour la même raison, l'arête EH est égale et parallèle à l'arête FG; donc (313) les angles AEH, BFG sont égaux et leurs plans parallèles. Par suite, les deux parallélogrammes AEHD, BFGC, ayant leurs côtés égaux et leurs angles égaux, sont égaux et parallèles.

354. Corollaire I. — *Deux faces opposées quelconques peuvent être prises pour bases du parallélipipède.*

355. Corollaire II. — *Toute section, faite dans un parallélipipède par un plan qui rencontre deux faces opposées, est un parallélogramme.* Car cette section est un quadrilatère dont les côtés opposés sont parallèles comme intersections de deux plans parallèles par un troisième (306).

Théorème.

356. *Dans un parallélipipède quelconque les quatre diagonales se coupent au même point et en parties égales. Ce point est un centre de figure.*

Considérons la diagonale AG, et une diagonale quelconque EC (*fig.* 240). Si nous faisons passer un plan par les deux parallèles AE, CG, nous obtenons le parallélogramme ACEG, puisque $AE = CG$; par conséquent EC rencontre AG et est divisée en deux parties égales au point O, où elle rencontre la diagonale considérée AG.

On démontrerait de même que la diagonale DF, par exemple, coupe la diagonale AG au point O, qui la divisera en deux parties égales.

Le point O est un centre de figure. En effet, par ce point, faisons passer une ligne quelconque IK, et par IK et AG faisons passer un plan. Ce plan laissant sur deux faces opposées deux lignes parallèles IA, GK, les deux triangles OIA, OKG sont égaux comme ayant un côté égal (OG $=$ OA) adjacent à deux angles égaux; par conséquent OI $=$ OK, c'est-à-dire que O est un centre de figure.

357. Si le parallélipipède précédent était rectangle, toutes les faces deviendraient des rectangles, et il est alors très facile de calculer les diagonales.

Le triangle rectangle AEC (*fig.* 240) donne :

$$\overline{EC}^2 = \overline{AE}^2 + \overline{AC}^2 \qquad (1)$$

mais ACB étant aussi un triangle rectangle, on a :

$$\overline{AC}^2 = \overline{AB}^2 + \overline{BC}^2,$$

ou

$$\overline{AC}^2 = \overline{AB}^2 + \overline{AD}^2,$$

puisque BC $=$ AD.

L'égalité (1) devient alors :

$$\overline{EC}^2 = \overline{AB}^2 + \overline{AD}^2 + \overline{AE}^2; \qquad (2)$$

AB, AD, AE sont ce qu'on appelle les trois dimensions du parallélipipède. Donc :

1° Les quatre diagonales d'un parallélipipède rectangle sont égales.

2° Le carré de la diagonale d'un parallélipipède rectangle est égal à la somme des carrés de ses trois dimensions.

3° Le carré de la diagonale d'un cube est égal à trois fois le carré de son arête.

Aire latérale et aire totale du prisme.

Théorème.

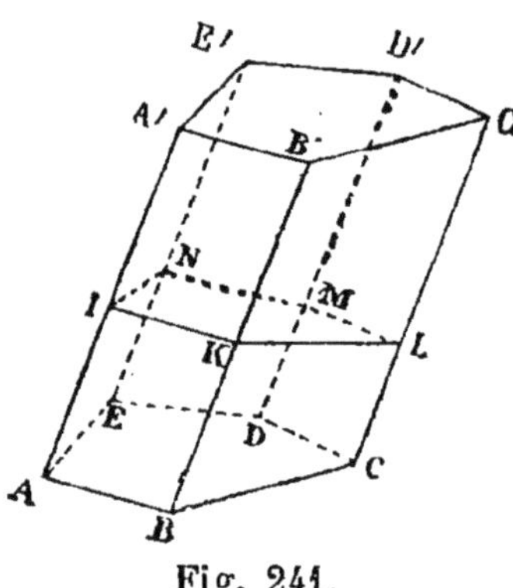

Fig. 241.

358. *L'aire latérale d'un prisme a pour mesure le produit du périmètre de sa section droite par son arête latérale.*

Soient ABCDEA'B'C'D'E' un prisme, IKLMN sa section droite.

Les droites IK, KL... peuvent être considérées comme les hauteurs des parallélogrammes ABA'B', BCB'C',... La surface latérale est donc :

$$AA' \times IK + BB' \times KL + CC' \times LM + DD' \times MN,$$

ou

$$AA' (IK + KL + LM + MN),$$

puisque les arêtes AA', BB'... sont égales entre elles.

Volume du prisme.

Théorème.

359. *Le volume d'un parallélipipède rectangle a pour mesure le produit de ses trois dimensions, c'est-à-dire le produit des trois arêtes qui aboutissent à un même sommet.*

Supposons d'abord que les trois arêtes CD, AC, CH aboutissant au sommet C, renferment chacune un nombre exact de mètres, que, par exemple, $CD = 5$ mètres, $AC = 2$ mètres et $CH = 3$ mètres.

La base ABCD peut être décomposée en $2 \times 5 = 10$ mètres carrés (246). Sur chacun d'eux plaçons 1 mètre cube, nous obtenons ainsi une première tranche ayant 1 mètre de hauteur. Avec trois tranches pareilles, nous décomposons le parallélipipède proposé. Mais chaque

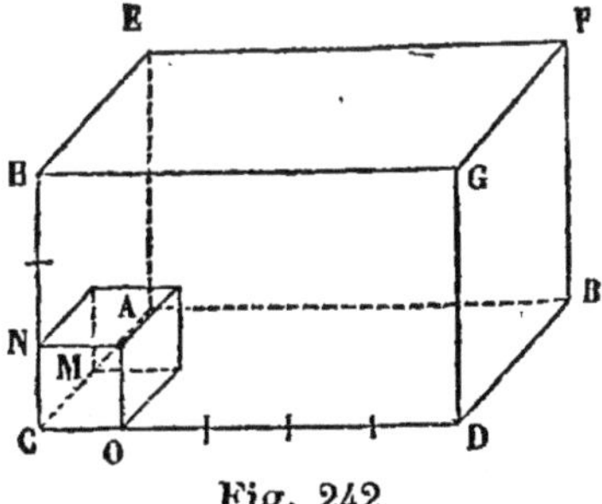

Fig. 242.

tranche contenant 10 mètres cubes, le parallélipipède en contiendra 10×3 ou $2 \times 5 \times 3 = 30$, c'est-à-dire, un nombre égal au produit des trois nombres qui expriment les longueurs des arêtes CD, AC, CH.

Supposons maintenant que les longueurs des trois mêmes arêtes soient exprimées par des nombres décimaux et que $CD = 4^m,3$, $AC = 2^m,5$, $CH = 3^m,7$. Ces trois nombres pouvant s'énoncer : 43 décimètres, 25 décimètres, 37 décimètres, la base ABCD contient $43 \times 25 = 1075$ décimètres carrés. En plaçant sur chacun d'eux 1 décimètre cube, nous formons une première tranche ayant 1 décimètre de hauteur ; le parallélipipède se compose de 37 tranches pareilles, ce qui fait :

$$1075 \times 37 = 39775 \text{ décimètres cubes.}$$

Mais nous savons (347) que le décimètre cube est la millième partie du mètre cube ; le volume du parallélipipède est donc représenté par le nombre 39,775 qui est le produit des trois nombres décimaux : 4,3 ; 2,5 ; 3,7, exprimant les longueurs des trois dimensions.

360. COROLLAIRE. I. — Le produit des arêtes AC, CD qui sont les côtés de la base ABCD, représente l'aire de ce rectangle; on peut donc dire aussi que *le volume du parallélipipède a pour mesure le produit de sa base par sa hauteur;* c'est-à-dire que le nombre de mètres cubes que contient ce volume, est égal au nombre de mètres carrés contenus dans la base, multiplié par le nombre de mètres exprimant la longueur d'une des arêtes perpendiculaires à cette base.

361. Corollaire II. — *Le volume du cube a pour mesure le cube du nombre qui exprime la longueur de son côté;* car, les trois dimensions étant égales entre elles, leur produit est le cube arithmétique de la valeur de l'une d'elles.

362. — Lemme. *Tout prisme oblique est équivalent au prisme droit qui a pour base la section droite du premier et pour hauteur son arête latérale.*

Soit le prisme oblique AG; par les extrémités A et E

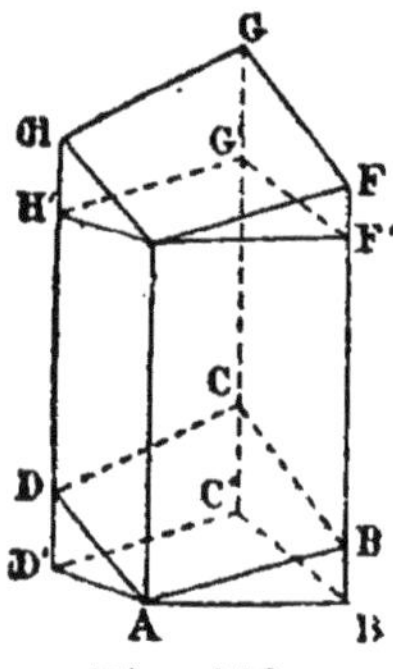

Fig. 243.

de l'arête AE, menons des plans perpendiculaires à cette droite. Ces plans étant parallèles entre eux (305), les sections AB'C'D', E'F'G'H' sont égales (351) et le solide AG' est un prisme droit qui a pour base la section droite AB'C'D' du prisme oblique et pour hauteur son arête latérale AE. Les deux prismes sont équivalents.

En effet, le prisme droit AG' est égal à la figure totale moins le polyèdre EF'G'H'FGH; pareillement, le prisme oblique AG est égal à la figure totale moins le polyèdre AB'C'D'BCD; par conséquent, si nous démontrons que les deux polyèdres sont égaux, nous pourrons conclure que le prisme oblique est équivalent au prisme droit.

Or, si nous superposons les deux sections égales EF'G'H', AB'C'D', de manière qu'elles coïncident, les arêtes F'F, B'B, qui leur sont respectivement perpendiculaires, prennent la même direction et, comme elles ont la même longueur AE — BF', leurs extrémités F et B s'appliquent l'une sur l'autre. Il en est de même des sommets G et C, ainsi que des sommets H et D. Les deux polyèdres, coïncidant dans toutes leurs parties, sont donc égaux.

Théorème.

363. *Le volume d'un parallélipipède droit a pour mesure le produit de sa base par sa hauteur.*

Soit le parallélipipède droit AG qui a pour base le parallélogramme EHGF et EA pour hauteur.

Par les extrémités A et D de l'arête AD menons deux plans perpendiculaires à cette ligne; ils contiennent respectivement les deux arêtes AE, DH perpendiculaires sur AD (292) et forment un nouveau paralléli-

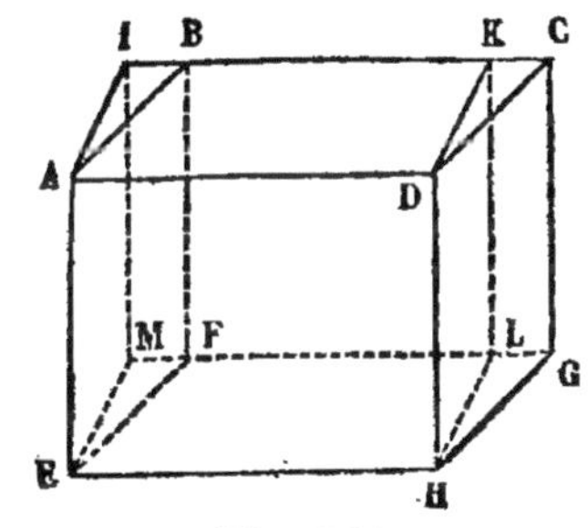
Fig. 244.

pipède AL équivalent au parallélipipède AG, car il peut être regardé comme ayant pour hauteur l'arête AD et pour base la section droite AEMI du premier.

D'ailleurs, les trois droites AE, AD, AI étant perpendiculaires deux à deux (325), ce nouveau parallélipipède est rectangle et son volume a pour mesure le produit de sa base EHLM par sa hauteur EA ; ce produit est donc aussi la mesure du volume du parallélipipède droit équivalent AG. Mais au rectangle EHLM, nous pouvons substituer le parallélogramme équivalent EHGF ; donc,

15.

enfin, le volume du parallélipipède droit a pour mesure le produit de sa base par sa hauteur.

Théorème.

364. *Le volume d'un parallélipipède quelconque a pour mesure le produit de sa base par sa hauteur.*

Soit le parallélipipède oblique AG ; par les extrémi-

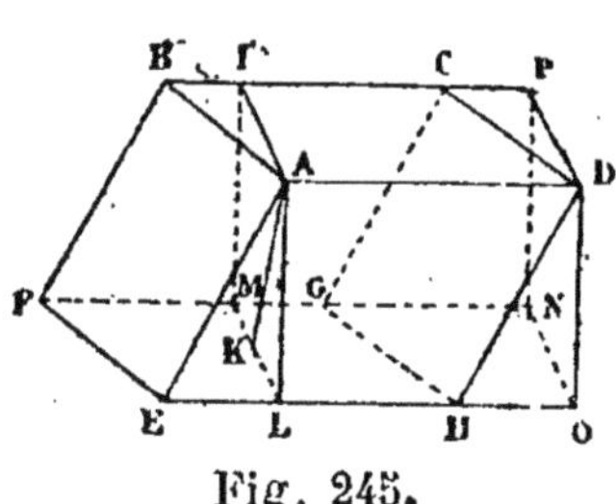

Fig. 245.

tés de l'une quelconque de ses arêtes, par exemple, de l'arête AD, menons des plans perpendiculaires à cette ligne ; nous formons ainsi un parallélipipède droit AN équivalent au parallélipipède oblique AG (362),

car il peut être considéré comme ayant pour hauteur l'arête AD et pour base la section droite ALMI du premier.

Or le volume du parallélipipède droit a pour mesure le produit de sa base ALMI par sa hauteur AD ou son égale EH ; par conséquent (ALMI) $\times$ EH est aussi le volume du parallélipipède oblique.

Mais (ALMI) étant un parallélogramme, ML est sa base, et AK perpendiculaire abaissée du point A sur l'intersection ML sera sa hauteur ; le volume cherché est donc exprimé par le produit EH $\times$ ML $\times$ AK. En observant que EH $\times$ ML est la surface de la base du parallélipipède oblique, puisque ALMI étant une section droite, EH perpendiculaire sur cette section droite est perpendiculaire sur LM ; et en observant en second lieu que AK (326) est la hauteur du parallélipipède oblique, on peut conclure : un parallélipipède oblique a pour mesure le produit de sa base par sa hauteur.

365. Corollaire. — *Deux parallélipipèdes sont entre eux dans le même rapport que les produits de leurs bases par leurs hauteurs.*

Il résulte de là que *deux parallélipipèdes qui ont des bases égales ou des bases équivalentes sont entre eux comme leurs hauteurs, et que deux parallélipipèdes qui ont des hauteurs égales sont entre eux comme leurs bases.*

366. Lemme. *Le plan, mené par deux arêtes opposées d'un parallélipipède, divise ce solide en deux prismes triangulaires équivalents.*

Soit le parallélipipède AG; le plan BFHD, qui passe par les deux arêtes opposées FB , HD le divise en deux prismes triangulaires ABDEFH, BCDFGH équivalents entre eux . Menons, en effet, par un point quelconque M de l'arête AE, un plan perpendiculaire à cette droite; la section MNOP est un parallélogramme (355)

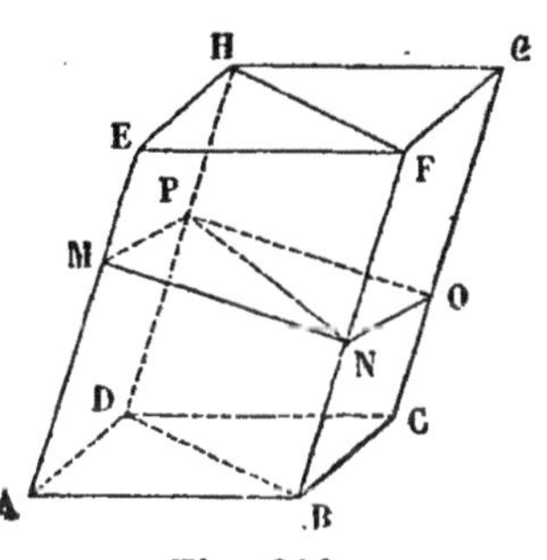

Fig. 246.

et se trouve partagée en deux triangles égaux MNP, NOP par le plan BFHD. Chacun de ces triangles est la section droite de l'un des prismes triangulaires ABDEFH, BCDFGH; or, ces deux prismes, ayant des sections droites égales et les arêtes, perpendiculaires à ces sections égales, sont équivalents (349, 362).

Théorème.

367. *Le volume d'un prisme triangulaire a pour mesure le produit de sa base par sa hauteur.*

Soit le prisme triangulaire ABCDEF; dans le plan de

la base inférieure menons BH, CH respectivement parallèles aux côtés AC, AB ; menons de même dans le plan de la base supérieure DK, EK respectivement parallèles aux côtés FE, FD et joignons KH. Nous formons ainsi le parallélipipède AK qui est le double du prisme triangulaire proposé (366). Or, le volume de ce parallélipipède ayant pour mesure le produit de sa base ABHC ou 2 (ABC) par sa hauteur FG, la moitié de ce produit ou ABC $\times$ FG est la mesure du volume du prisme triangulaire ABCDEF ; donc, le volume du prisme triangulaire a pour mesure le produit de sa base par sa hauteur.

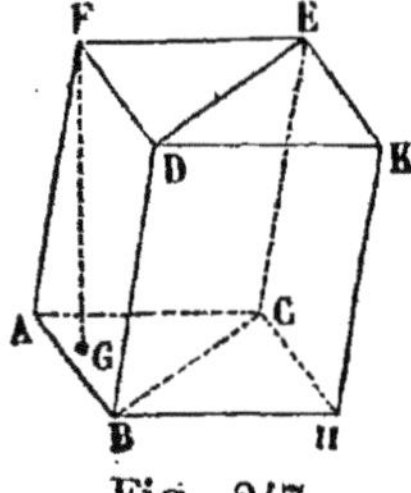

Fig. 247.

Théorème.

368. *Le volume d'un prisme polygonal quelconque a pour mesure le produit de sa base par sa hauteur.*

Soit, en effet, le prisme polygonal ABCDEFGHKL ; partageons la base ABCDE en triangles par des diagonales, et par ces lignes et les arêtes où elles aboutissent menons des plans ; nous décomposerons ainsi le prisme polygonal en prismes triangulaires ayant même hauteur que lui et dont chacun a pour mesure le produit de la surface du triangle qui lui sert de base, par cette hauteur ; donc le prisme entier, qui est la somme des prismes triangulaires, a pour mesure le produit de la surface du polygone qui lui sert de base multipliée par sa hauteur.

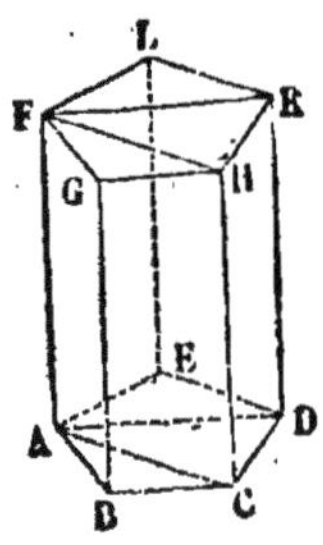

Fig. 248.

369. Corollaire. — *Deux prismes qui ont des bases équivalentes et des hauteurs égales sont équivalents.*

§ II. — De la pyramide.

DÉFINITIONS.

370. On appelle *pyramide* (*fig.* 249) le solide compris entre un polygone ABCDE et une série de triangles ayant un sommet commun S, et pour bases respectives les côtés du polygone. Le point S est le *sommet* de la pyramide, le polygone ABCDE en est la *base* et l'ensemble des triangles forme sa surface *latérale* ou *convexe*.

La hauteur de la pyramide est la perpendiculaire SF abaissée du sommet sur le plan de la base ; elle peut tomber en dehors de celle-ci.

Les pyramides tirent leur nom de la nature de leurs bases ; ainsi, une pyramide est *triangulaire, quadrangulaire, pentagonale*, etc., suivant que sa base est un triangle, un quadrilatère, un pentagone, etc.

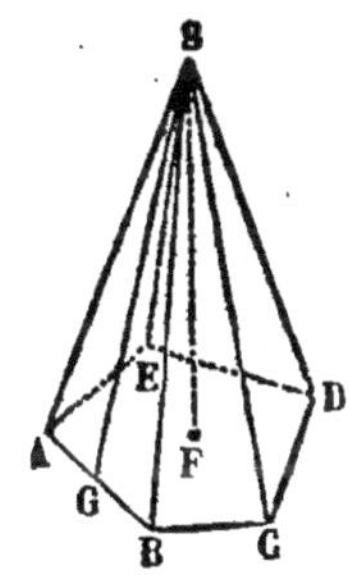

Fig. 249.

371. Une pyramide est *régulière* lorsque sa base est un polygone régulier et que la hauteur SF tombe au centre de ce polygone ; alors la hauteur SF est l'*axe* de la pyramide et la perpendiculaire SG, abaissée du sommet sur un côté quelconque AB, en est l'*apothème*.

372. Si l'on coupe une pyramide par un plan quelconque rencontrant toutes les arêtes latérales, la portion de ce solide comprise entre la base et le plan sécant est appelée *pyramide tronquée ou tronc de pyramide.*

Propriétés générales de la pyramide.

Théorème.

373. *Si l'on coupe une pyramide par un plan parallèle à la base : 1° la section obtenue est un polygone semblable à la base ; 2° ces polygones sont entre eux dans le même rapport que les carrés de leurs distances au sommet.*

1° Les côtés *ab* et AB, intersections de deux plans parallèles par un troisième, sont parallèles ; il en est de même des côtés *bc* et BC, *cd* et CD...; donc les polygones *abcde* et ABCDE sont équiangles, puisqu'ils ont leurs côtés parallèles deux à deux et dirigés dans le même sens (313). Ils ont de plus les côtés homologues proportionnels ; car les triangles S*ab*, SAB étant semblables, nous avons

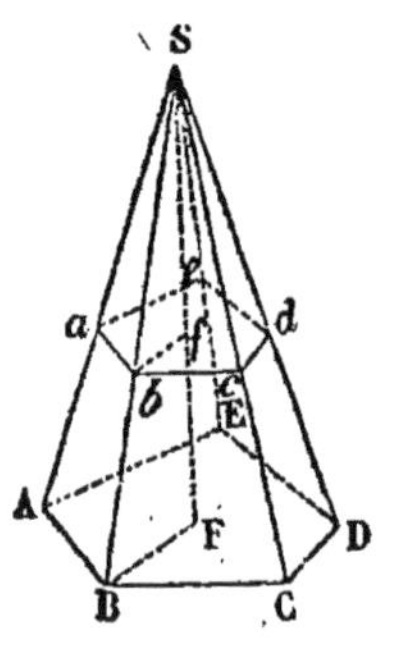

Fig. 250.

$$\frac{Sa}{SA} = \frac{ab}{AB} = \frac{Sb}{SB}.$$

Les triangles S*bc*, SBC donnent pareillement

$$\frac{Sb}{SB} = \frac{bc}{BC} = \frac{Sc}{SC};$$

de même les triangles S*cd*, SCD

$$\frac{Sc}{SC} = \frac{cd}{CD} = \frac{Sd}{SD},$$

et ainsi de suite. Le dernier rapport de chaque série étant le premier de la suivante, il s'ensuit que tous ces rap-ports sont égaux entre eux ; donc $\dfrac{ab}{AB} = \dfrac{bc}{BC} = \dfrac{cd}{CD} = \ldots$ Ainsi, les deux polygones $abcde$, ABCDE ont leurs côtés homologues proportionnels ; ils ont d'ailleurs leurs angles égaux ; donc ils sont semblables.

2° Les polygones $abcde$, ABCDE étant semblables, nous avons

$$\frac{abcde}{ABCDE} = \frac{\overline{ab}^2}{\overline{AB}^2}. \qquad (1)$$

Si, par l'arête SB et par la hauteur SF, nous faisons passer un plan, nous avons, à cause des triangles semblables Sbf, SBF,

$$\frac{Sb}{SB} = \frac{Sf}{SF},$$

et, en remarquant que $\dfrac{Sb}{SB} = \dfrac{ab}{AB}$,

$$\frac{ab}{AB} = \frac{Sf}{SF}$$

ou, en élevant au carré les deux termes de chaque rapport,

$$\frac{\overline{ab}^2}{\overline{AB}^2} = \frac{\overline{Sf}^2}{\overline{SF}^2}. \qquad (2)$$

Donc, enfin, en comparant les proportions (1) et (2),

$$\frac{abcde}{ABCDE} = \frac{\overline{Sf}^2}{\overline{SF}^2}.$$

REMARQUE. — Si l'on représente par :

B la surface de la base de la pyramide,

b la surface de la section $abcde$,

K le rapport de similitude des côtés des deux polygones semblables $abcde$, ABCDE, on a :

$$\frac{Sa}{SA} = \frac{Sf}{SF} = \frac{ab}{AB} = \frac{\sqrt{b}}{\sqrt{B}} = K \,;$$

et si l'on observe que le raisonnement fait ci-dessus, pour prouver que $\dfrac{Sf}{SF} = K$, est indépendant de la direction SF, on peut énoncer la proposition suivante :

Si l'on coupe une pyramide par un plan parallèle à la base, le rapport K de similitude des deux polygones semblables est égal au rapport des racines carrées des surfaces des deux polygones, et au rapport des segments, de toute ligne issue du sommet, déterminés par le plan sécant.

Théorème.

374. *Si deux pryamides ont la même hauteur, les sections faites par des plans parallèles aux bases et*

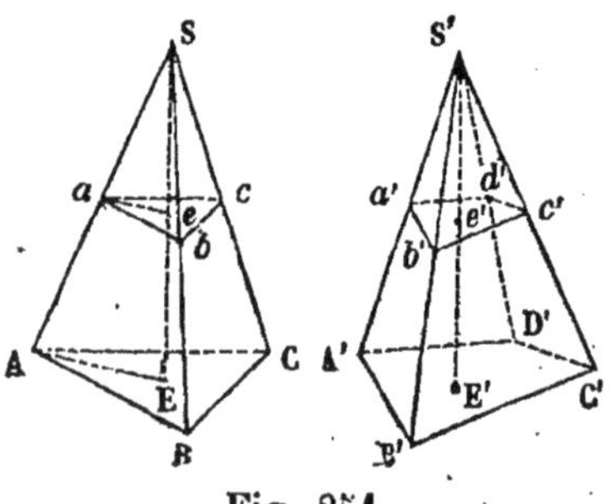

Fig. 254.

à la même distance des sommets sont dans le même rapport que les bases.

Soient les deux pyramides SABC, S'A'B'C'D' et abc, $a'b'c'd'$ des sections faites à la même distance des sommets par des plans parallèles aux bases ; nous avons, d'après le théorème précédent,

$$\frac{abc}{\mathrm{ABC}} = \frac{\overline{\mathrm{S}e}^2}{\overline{\mathrm{SE}}^2},$$

et

$$\frac{a'b'c'd'}{\mathrm{A'B'C'D'}} = \frac{\overline{\mathrm{S'}e'}^2}{\overline{\mathrm{S'E'}}^2}.$$

Mais, par hypothèse, $\mathrm{S}e = \mathrm{S'}e'$ et $\mathrm{SE} = \mathrm{S'E'}$; donc

$$\frac{abc}{\mathrm{ABC}} = \frac{a'b'c'd'}{\mathrm{A'B'C'D'}},$$

et, en changeant les moyens de place,

$$\frac{abc}{a'b'c'd'} = \frac{\mathrm{ABC}}{\mathrm{A'B'C'D'}}.$$

375. Corollaire. — *Lorsque les bases* ABC, A′B′C′D′ *sont équivalentes, les sections* abc, a′b′c′d′ *le sont également.*

Volume de la pyramide.

Théorème.

376. *Deux pyramides triangulaires qui ont des bases équivalentes et des hauteurs égales, sont équivalentes.*

Supposons les bases ABC, A′B′C′ placées sur un même plan, et divisons la hauteur commune en un certain nombre de parties égales ; puis, menons par les points de division des plans parallèles à celui des bases. D'après ce que nous venons de dire, deux sections quelconques DEF, D′E′F′, placées à la même distance des sommets, sont équivalentes. Construisons dans les deux pyramides des prismes ayant pour base supérieure l'une des

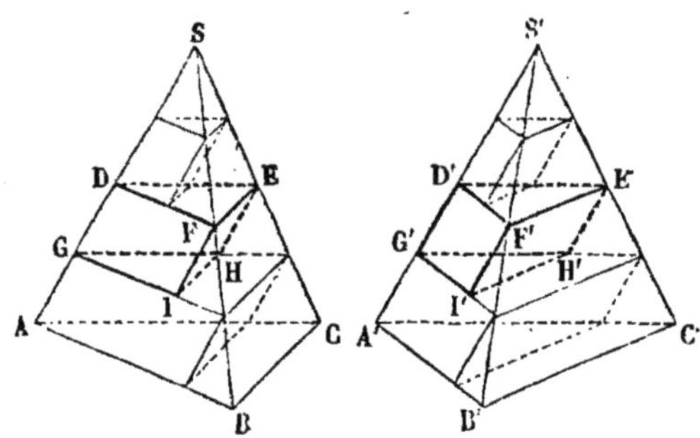

Fig. 252.

sections, pour arêtes latérales des parallèles à SA et à S′A′, et pour hauteur la distance constante qui sépare deux sections consécutives. Ces prismes sont équivalents deux à deux (369) : donc la somme des prismes de l'une des pyramides est équivalente à la somme des prismes de l'autre.

Mais, si nous divisons la hauteur commune en un très grand nombre de parties, le volume de chaque pyramide diffère très peu de la somme des prismes qu'elle contient, et nous pouvons regarder ce volume comme la limite de la somme des prismes : donc, puisque ces sommes sont équivalentes, quelque grand que soit le nombre des divisions, les pyramides elles-mêmes le sont également.

Théorème.

377. *Le volume d'une pyramide a pour mesure le tiers du produit de sa base par sa hauteur.*

1° Soit d'abord la pyramide triangulaire SABC. Menons

AD, CE égales et parallèles à l'arête SB, et achevons le
prisme triangulaire ABCDSE, qui a
même base et même hauteur que la
pyramide : cette dernière est le tiers du
prisme. En effet, si, par le plan SAC,
nous la retranchons du prisme, celui-ci
se réduit à une pyramide quadrangulaire, ayant pour sommet le point S
et pour base le parallélogramme
ADCE. Si nous coupons cette pyramide

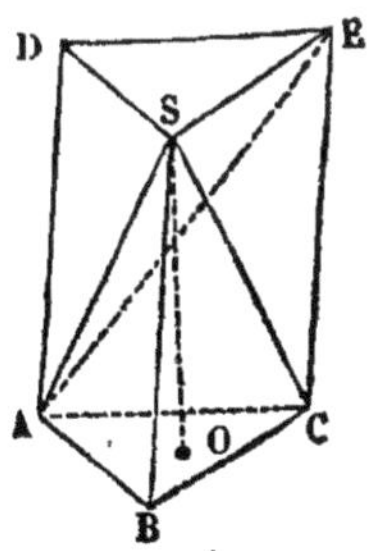

Fig. 253.

par le plan SAE, nous la divisons en deux pyramides
triangulaires, ayant même sommet S et des bases égales
ACE, ADE; elles sont donc équivalentes (376). Mais
celle qui a pour base le triangle ADE peut être considérée comme ayant son sommet au point A, et pour base
sa face DES ; alors elle a évidemment pour base et pour
hauteur la base et la hauteur du prisme, aussi bien que
la pyramide donnée ; donc elle est équivalente à celle-ci ;
elle l'est aussi à la pyramide SACE ; donc le prisme est
composé de trois pyramides équivalentes dont l'une est
la pyramide donnée ; toute pyramide triangulaire est le
tiers du prisme de même base et de même hauteur et,
par suite (367), son volume a pour mesure le tiers du
produit de sa base par sa hauteur.

2° Considérons en second lieu la pyramide polygonale
SABCDE. Nous pouvons la décomposer
en pyramides triangulaires, en menant
un plan par l'une de ses arêtes latérales,
par exemple SA, et par les diagonales
de la base issues du même sommet A.
Ces pyramides triangulaires ont toutes
même hauteur, et l'ensemble de leurs
bases forme celle de la pyramide poly-

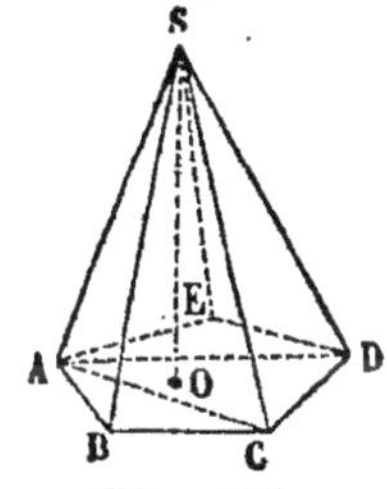

Fig. 254.

gonale. Par conséquent *le volume d'une pyramide polygonale a aussi pour mesure le tiers du produit de sa base par sa hauteur.*

Volume du tronc de pyramide.

Théorème.

378. *Le volume d'un tronc de pyramide à bases parallèles est égal à la somme des volumes de trois pyramides ayant pour hauteur commune la hauteur du tronc et pour bases respectives la base inférieure du tronc, sa base supérieure et une moyenne proportionnelle entre ces deux bases.*

1° Soit d'abord le tronc de pyramide triangulaire ABCDEF, à bases parallèles. Par les sommets E, A et C menons un plan qui retranche la pyramide triangulaire EABC ayant pour base la base inférieure du tronc et même hauteur que lui. Il nous reste la pyramide quadrangulaire EACFD dont le sommet est au point E. Partageons cette dernière en deux pyramides triangu-

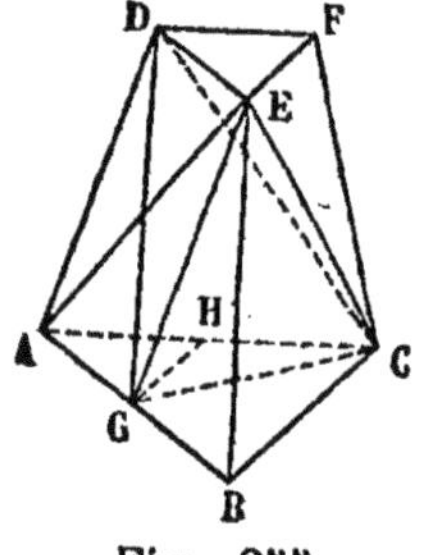

Fig. 255.

laires EADC, EDFC, par le plan DEC. La seconde peut être considérée comme ayant son sommet en C et pour base la base supérieure du tronc. Nous avons donc jusqu'ici les deux premières des trois parties énoncées dans le théorème : examinons la troisième.

Celle-ci est une pyramide triangulaire ayant son sommet au point E et pour base le triangle ACD. Nous lui substituerons d'abord une autre pyramide équivalente qui aurait la même base et pour sommet le point G, situé sur la parallèle EG au plan de la base : joignons GC, GD. Nous pouvons considérer cette nouvelle pyramide comme ayant son sommet au point D et pour base le triangle AGC ; sa hauteur est celle du tronc : il reste à prouver que sa base AGC est moyenne proportionnelle entre la base inférieure et la base supérieure du tronc.

Menons GH parallèle à BC, et par conséquent à EF. Le triangle AGH est évidemment égal au triangle DEF. Mais les deux triangles ABC, AGC ont même hauteur, la perpendiculaire abaissée du sommet commun C sur le côté AB ; ils sont donc entre eux comme leurs bases (253), et nous avons

$$\frac{ABC}{AGC} = \frac{AB}{AG}.$$

Les deux triangles AGC, AGH ont aussi même hauteur, la perpendiculaire abaissée du sommet commun G sur AC ; ils sont donc encore entre eux comme leurs bases, et nous avons

$$\frac{AGC}{AGH} = \frac{AC}{AH}.$$

Mais, GH étant parallèle à BC, les rapports $\frac{AB}{AG}$ et $\frac{AC}{AH}$ sont égaux : par conséquent,

$$\frac{ABC}{AGC} = \frac{AGC}{AGH},$$

ou remplaçant AGH par son égal DEF,

$$\frac{ABC}{AGC} = \frac{AGC}{DEF}.$$

2º Soit maintenant le tronc de pyramide ABCDEFGH obtenu en coupant par un plan parallèle à sa base la pyramide polygonale SABCD. Concevons une pyramide triangulaire ayant même hauteur que cette dernière et pour base un triangle A'B'C' équivalent au polygone ABCD. La pyramide polygonale et la pyramide triangulaire, ayant des bases équivalentes et même hauteur, sont équivalentes. Si nous plaçons leurs bases sur un même plan et si nous les coupons par un plan parallèle à celui-là, les sections EFGH, E'F'G' sont équi-

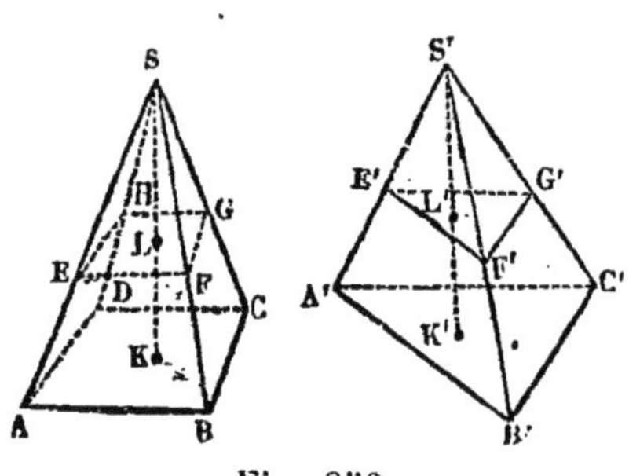

Fig. 256.

valentes (375); alors les pyramides supérieures SEFGH, S'E'F'G', et, par suite, les troncs obtenus en les retranchant, sont aussi équivalents; donc si le théorème est vrai pour le tronc de pyramide triangulaire, il l'est également pour le tronc de pyramide polygonale.

379. — Soient B et b les deux bases d'un tronc de pyramide et H sa hauteur, son volume a pour expression

$$V = \frac{1}{3} H (B + b + \sqrt{Bb}).$$

Après avoir obtenu le volume d'un tronc de pyramide triangulaire, on aurait pu, pour obtenir le volume d'un tronc de pyramide quelconque, suivre la marche ordinaire qui consiste à décomposer le tronc polygonal en troncs triangulaires.

En effet, soient :

B_1, B_2, B_3... les différents triangles que l'on obtient en décomposant la base B, c'est-à-dire en faisant passer plusieurs plans par une arête et les sommets successifs de la base polygonale;

b_1, b_2, b_3,.. les différents triangles résultant de la décomposition de la base b;

K^2 le rapport de similitude des deux bases B et b;

h la hauteur du tronc;

v_1, v_2, v_3.... les volumes des troncs triangulaires. On a en vertu du théorème précédent :

$$v_1 = \frac{h}{3}\left(B_1 + b_1 + \sqrt{B_1 b_1}\right)$$

$$v_2 = \frac{h}{3}\left(B_2 + b_2 + \sqrt{B_2 b_2}\right)$$

$$v_3 = \frac{h}{3}\left(B_3 + b_3 + \sqrt{B_3 b_3}\right)$$

$$. \quad . \quad . \quad . \quad . \quad . \quad . \quad .$$

$$. \quad . \quad . \quad . \quad . \quad . \quad .$$

En ajoutant ces égalités, et en désignant par V le volume du tronc, on a :

$$V = \frac{h}{3}\left[(B_1 + B_2 + B_3) + (b_1 + b_2 + b_3 + ...) \right.$$
$$\left. + \left(\sqrt{B_1 b_1} + \sqrt{B_2 b_2} + ...\right)\right].$$

Mais

$$B_1 + B_2 + B_3 + ... = B,$$
$$b_1 + b_2 + b_3 + ... = b;$$

de plus

$$\sqrt{B_1 b_1} + \sqrt{B_2 b_2} + \sqrt{B_3 b_3} + ... = \sqrt{Bb}.$$

En effet, les deux polygones étant semblables, les triangles qui les forment le sont aussi et l'on a :

$$\frac{B_1}{b_1} = K^2 \quad \text{ou} \quad B_1 b_1 = K^2 b_1^2 ,$$

d'où

$$\sqrt{B_1 b_1} = K b_1 ,$$

et par analogie

$$\sqrt{B_2 b_2} = K b_2 ,$$
$$\sqrt{B_3 b_3} = K b_3 .$$

Ajoutant ces égalités :

$$\sqrt{B_1 b_1} + \sqrt{B_2 b_2} + \sqrt{B_3 b_3} = K (b_1 + b_1 + b_3 + ...) = K b.$$

L'expression du volume devient donc :

$$V = \frac{h}{3} \left(B + b + \sqrt{Bb} \right),$$

attendu que

$$K b = b \sqrt{\frac{B}{b}} = \sqrt{Bb}.$$

Remarque. — Le théorème 378 aurait pu s'obtenir par le calcul sans avoir recours aux considérations géométriques.

En effet, soient :

B la base polygonale de la pyramide;

b la section faite par un plan, afin d'obtenir un tronc de pyramide;

h la hauteur du tronc;

x la hauteur de la petite pyramide;

Le volume du tronc étant évidemment égal à la différence du volume de la grande et de la petite pyramide, on a :

$$V = \frac{h+x}{3} \cdot B - \frac{x}{3} \cdot b = \frac{1}{3}\left[Bh + x(B-b) \right].$$

Mais, d'après la remarque du n° 373,

$$\frac{x}{h+x} = \frac{\sqrt{b}}{\sqrt{B}},$$

ou

$$\frac{x}{h} = \frac{\sqrt{b}}{\sqrt{B} - \sqrt{b}},$$

d'où

$$x = \frac{h\sqrt{b}}{\sqrt{B} - \sqrt{b}}.$$

Transportons cette valeur de x dans l'expression de V, en observant que

$$B - b = \left(\sqrt{B} + \sqrt{b}\right)\left(\sqrt{B} - \sqrt{b}\right),$$

$$V = \frac{1}{3}\left[Bh + \frac{h\sqrt{b}\left(\sqrt{B} + \sqrt{b}\right)\left(\sqrt{B} - \sqrt{b}\right)}{\sqrt{B} - \sqrt{b}} \right],$$

d'où, en supprimant le facteur $\sqrt{B} - \sqrt{b}$,

$$V = \frac{h}{3}\left(B + b + \sqrt{Bb} \right).$$

Dans le raisonnement précédent nous avons supposé que le plan sécant coupait les arêtes de la pyramide, nous avons eu ce qu'on appelle un tronc de pyramide de *première espèce*.

Si, au contraire, le plan sécant avait coupé les prolongements des arêtes, nous aurions eu ce qu'on appelle le tronc de pyramide de *seconde espèce*. Dans ce cas, son volume s'obtient en faisant la somme de deux pyramides. En effet, en conservant les notations précédentes, on a :

$$V = \frac{h - x}{3} B + \frac{x}{3} . b = \frac{1}{3}\left[Bh - x(B - b)\right],$$

x désigne alors la hauteur de la pyramide formée en prolongeant les arêtes.

Mais, d'après la remarque du n° 373,

$$\frac{x}{h - x} = \frac{\sqrt{b}}{\sqrt{B}} \quad \text{ou} \quad \frac{x}{h} = \frac{\sqrt{b}}{\sqrt{B} + \sqrt{b}},$$

d'où

$$x = \frac{h\sqrt{b}}{\sqrt{B} + \sqrt{b}}.$$

Transportons cette valeur de x dans l'expression de V, on a :

$$V = \frac{1}{3}\left[Bh - \frac{h\sqrt{b}\,(\sqrt{B} + \sqrt{b})\,(\sqrt{B} - \sqrt{b})}{\sqrt{B} + \sqrt{b}}\right].$$

et, en supprimant $\sqrt{B} + \sqrt{b}$,

$$V = \frac{h}{3}\left(B + b - \sqrt{Bb}\right),$$

formule qui se déduit de la précédente par le simple changement de $+\sqrt{\mathrm{B}b}$ en $-\sqrt{\mathrm{B}b}$.

Théorème.

380. *Un tronc de prisme triangulaire est équivalent à la somme de trois pyramides ayant pour base commune la base inférieure du tronc et pour sommets chacun des sommets de la base supérieure.*

On appelle *tronc de prisme* ou *prisme tronqué* le solide obtenu en coupant un prisme par un plan DEF, non parallèle à la base ABC.

Par les sommets **E**, A et C menons un plan qui retranche la pyramide triangulaire EABC, dont la base est celle du tronc et qui a pour sommet le sommet E de la base supérieure. Il nous reste la pyramide quadrangulaire EACDF, dont le sommet est au point E. Par le plan ECD, partageons cette dernière en deux pyramides triangulaires EACD, ECDF. A la première, nous pouvons substituer la pyramide équivalente BACD, qui a la même base CAD

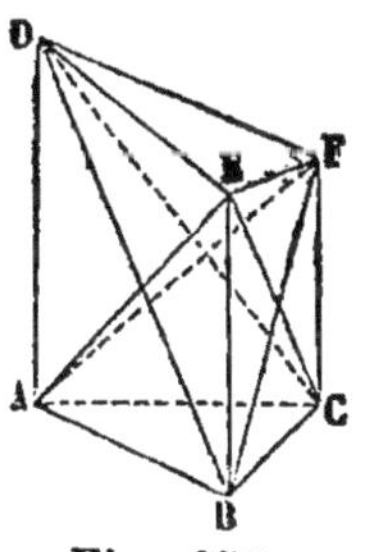

Fig. 257.

et la même hauteur, puisque les sommets E et B sont situés sur une même parallèle BE au plan de cette base. Mais la pyramide BACD peut être regardée comme ayant pour base la base même du tronc et pour sommet le sommet D. Ainsi, elle sastisfait encore aux conditions de l'énoncé.

Il reste à prouver que la troisième pyramide ECDF est équivalente à la pyramide FABC qui a pour base la base du tronc, et pour sommet le troisième sommet F. Or, la chose est manifeste; car, si nous considérons la pyramide BACF comme ayant pour base le triangle ACF, et pour sommet le point B, nous reconnaissons que sa base est équivalente à celle de la pyramide ECDF[1], et qu'elle a la même hauteur qu'elle, puisque leurs sommets B et E sont sur une même parallèle BE au plan des bases.

381. COROLLAIRE I. — Si le tronc de prisme est droit, c'est-à-dire si les arêtes latérales sont perpendiculaires au plan de la base inférieure, les trois pyramides ont respectivement pour hauteurs les arêtes latérales AD, BE, CF, et le volume a pour expression

$$V = ABC \times \frac{AD + BE + CF}{3}.$$

382. COROLLAIRE II. — Si le tronc de prisme est oblique, son volume s'obtient en multipliant l'aire de sa section droite par le tiers de la somme de ses arêtes latérales.

Applications numériques.

Problème.

383. *On veut construire une digue en granit, longue de 750 mètres, haute de 3ᵐ,50, et large de 5ᵐ,75 à sa base et de 4ᵐ,20 au sommet. La densité du granit est de 2,5 et le kilogramme coûte 0,03. Quel sera le prix de la digue?*

Cette digue n'est qu'un prisme droit ayant 750ᵐ de

1. Les deux triangles ACF, CDF ont la même base CF et la même hauteur, puisque leurs sommets A et D sont sur une même parallèle à leur base; ils sont donc équivalents.

longueur, et dont la base est un trapèze facile à évaluer.
Car les bases parallèles de ce trapèze valent $5^m,75$ et
$4^m,20$, et sa hauteur $3^m,50$; sa surface S est donc

$$S = \frac{5,75 + 4,20}{2} \times 3,50 = 17^{mq},44125.$$

Le volume de la digue est par conséquent

$$17,4125 \times 750 = 13059^{mc},385.$$

Et, comme le poids égale le volume multiplié par la densité, nous avons pour le poids de la digue:

$$13059375 \times 2,5 = 32648437^k,5.$$

Et pour le prix qu'elle a coûté:

$$32648437,5 \times 0,03 = 979453^f,12^c.$$

Problème.

384. *Un bassin a la forme d'un prisme droit; sa
hauteur vaut* $1^m,20$, *et sa base est un hexagone régulier, dont le côté vaut* 10 *mètres. Trouver combien il
contient de mètres cubes d'eau, quand il est plein.*

Évaluons la surface de la base du prisme. Nous avons
vu (269) qu'en appelant a le côté de l'hexagone, sa surface a pour expression

$$S = \frac{3}{2} a^2 \sqrt{3}.$$

Substituant aux lettres leurs valeurs numériques,

$$S = 150 \times \sqrt{3}.$$

16.

La hauteur du prisme étant $1^m,20$, son volume est donc

$$V = 150 \times 1,20 \times \sqrt{3} = 312^{mc},$$

à une unité près par excès.

Problème.

385. *Un bassin a la forme d'un prisme droit ; la base est un octogone régulier, dont le côté vaut 10 mètres ; calculer, à une unité près, combien il contient de mètres cubes d'eau, quand le niveau s'élève à $0^m,75$.*

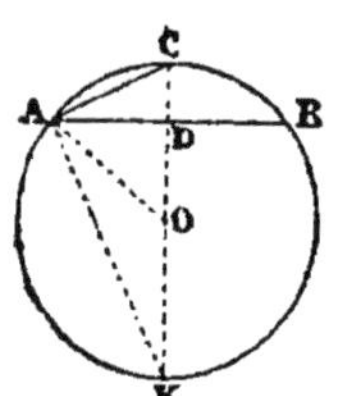

Fig 258.

Évaluons d'abord la base du prisme.

Appelons a le côté AC de l'octogone, x le rayon AO du cercle circonscrit ; le côté AB du carré inscrit est $x\sqrt{2}$ (202) ; le triangle rectangle ACK nous donne

$$\overline{AC}^2 = CK \times CD ;$$

c'est-à-dire,

$$a^2 = 2x\,(x - OD).$$

Mais le triangle AOD est isocèle ; car les angles aigus **A** et **O** valent chacun 45° ; donc $OD = AD = \dfrac{x\sqrt{2}}{2}$ et, par suite,

$$a^2 = 2x^2 - x^2\sqrt{2} = x^2\left(2 - \sqrt{2}\right) ;$$

d'où nous tirons

$$x^2 = \frac{a^2}{2 - \sqrt{2}},$$

expression qui devient, en multipliant dans le second membre, haut et bas, par $2 + \sqrt{2}$,

$$x^2 = \frac{1}{2} a^2 (2 + \sqrt{2}).$$

Appelons maintenant y l'apothème de l'octogone, nous avons

$$y^2 = x^2 - \frac{a^2}{4} = \frac{a^2 \left(2 + \sqrt{2}\right)}{2} - \frac{a^2}{4}.$$

Réduisant au même dénominateur, cette expression devient

$$y^2 = \frac{a^2 \left(3 + 2\sqrt{2}\right)}{4};$$

d'où, en extrayant la racine carrée des deux membres,

$$y = \frac{a}{2} \sqrt{3 + 2\sqrt{2}}.$$

Or,

$$\sqrt{3 + 2\sqrt{2}} = 1 + \sqrt{2};$$

car,

$$\left(1 + \sqrt{2}\right)^2 = 3 + 2\sqrt{2};$$

donc

$$y = \frac{a}{2}\left(1 + \sqrt{2}\right).$$

La surface S de l'octogone étant $4ay$, devient

$$S = 2a^2\left(1 + \sqrt{2}\right).$$

Si nous appelons h la hauteur du prisme, nous avons pour son volume V

$$V = 2a^2h\left(1 + \sqrt{2}\right).$$

Remplaçant, enfin, les lettres par leur valeur, il vient

$$V = 200 \times 0{,}75\left(1 + \sqrt{2}\right) = 362^{mc},$$

à un mètre cube près.

Problème.

386. *La grande pyramide d'Égypte a* 150 *mètres de hauteur. Le côté de sa base, qui est carrée, est de* 220 *mètres. On demande quel est son volume.*

Le volume d'une pyramide est égal au tiers du produit de sa base par sa hauteur. Or, la base étant un carré, a pour surface $\overline{220}^2$; le volume V est donc

$$V = \frac{\overline{220}^2 \times 150}{3} = 2420000^{mc}.$$

Le contour de l'Égypte est d'environ 500 lieues de 4000 mètres ou 2000000 mètres. Supposons une muraille de cette longueur, avec 3 mètres de hauteur ; la surface de cette muraille serait de 6000000 mètres carrés; divisons le volume de la pyramide ou 2420000 par 6000000, nous aurons 0,40 pour quotient.

Ainsi la matière de la pyramide, supposée massive, suffirait pour construire un mur qui ceindrait toute l'Égypte à 3 mètres de hauteur, avec une épaisseur de 40 centimètres.

Problème.

387. *Calculer le poids d'un obélisque en granit, ayant la forme d'un tronc de pyramide à base carrée, dont les côtés sont* $0^m,72$ *et* $2^m,4$; *la hauteur de l'obélisque est 48 mètres; la densité du granit est* $2^m,68$.

Le volume du tronc de pyramide est donné par la formule

$$V = \frac{1}{3} H \left(B + b + \sqrt{Bb} \right).$$

Substituant aux lettres leurs valeurs numériques, nous trouvons

$$V = 16 \left(\overline{2,4}^2 + \overline{0,72}^2 + 2,4 \times 0,72 \right) = 128^{mc},102^{dc}.$$

Pour avoir le poids de l'obélisque, multiplions son volume par la densité 2,68; nous trouvons

$$343114^k,422.$$

Problème.

388. *Un tombereau* ABCDA'B'C'D' *a les dimensions suivantes : longueur* AB *au bord supérieur* $= 1^m,52$;

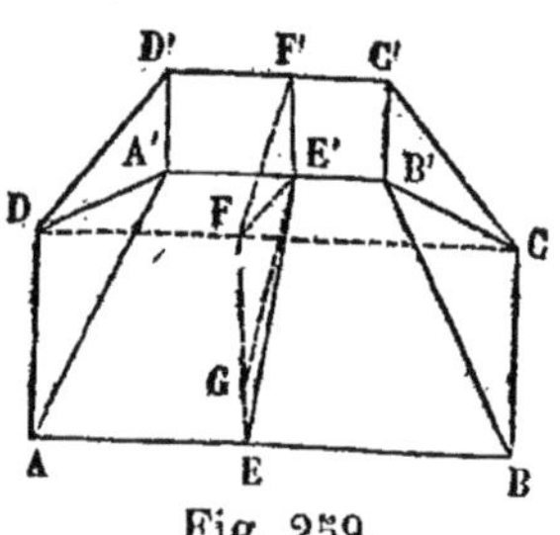

Fig. 259.

longueur au fond $A'B' = 1^m,35$; *largeur au bord supérieur* $BC = 0,86$; *largeur au fond* $B'C' = 0^m,62$; *profondeur* $GE' = 0^m,75$. *Il est rempli de terre à ras bords; la densité de la terre est* 2,68. *Quel est le poids de la terre contenue dans ce tombereau?*

La caisse du tombereau n'est pas un tronc de pyramide; car, si cela était, les deux rectangles ABCD, A'B'C'D' seraient semblables, et nous aurions

$$\frac{A'B'}{AB} = \frac{B'C'}{BC},$$

c'est-à-dire

$$\frac{1,35}{1,52} = \frac{0,62}{8,86},$$

quotients qui ne sont pas égaux. Imaginons un plan passant par les deux arêtes opposées CD et A'B' du tombereau, et un autre EFE'F' perpendiculaire aux mêmes arêtes. Nous décomposons le tombereau en deux troncs de prismes triangulaires: l'un CB'C'DA'D' postérieur; l'autre, BCB'ADA' antérieur.

Or (382), un tronc de prisme triangulaire a pour mesure sa section droite, multipliée par le tiers de la somme de ses arêtes; donc, en posant pour abréger,

$$AB = a, \quad A'B' = a', \quad BC = b, \quad B'C' = b', \quad \text{et } GE' = h,$$

$$\text{Vol. } CB'C'DA'D' = FE'F' \times \frac{2a' + a}{3},$$

$$\text{Vol. } BCB'ADA' = FEE' \times \frac{2a + a'}{3}.$$

Mais la base du triangle FE'F' est égale à b', sa hauteur $GE' = h$; sa surface a donc pour mesure $\dfrac{b'h}{2}$; de même, la base du triangle EFE' est égale à b, sa hauteur est encore h et sa surface $\dfrac{bh}{2}$; par conséquent,

$$\text{Vol. CB'C'DA'D'} = \frac{b'h}{2} \times \frac{2a' + a}{3} = \frac{1}{6} b'h\,(2a' + a),$$

$$\text{Vol. BCB'ADA'} = \frac{bh}{2} \times \frac{2a + a'}{3} = \frac{1}{6} bh\,(2a + a');$$

et, enfin,

$$\text{Vol. du tombereau} = \frac{1}{6} b'h\,(2a' + a) + \frac{1}{6} bh\,(2a + a').$$

En substituant aux lettres leurs valeurs numériques et effectuant les calculs, nous trouvons

$$\text{Vol. tombereau} = 790^{dc},975^{cmc}.$$

Pour avoir le poids de ce volume de terre, multiplions-le par la densité 2,68. Comme le volume est évalué en décimètres cubes, le poids sera exprimé en kilogrammes. Nous obtenons enfin,

$$2141^{kil},253^{gr}.$$

§ III. — **Des Polyèdres symétriques.**

DÉFINITIONS.

389. On dit que deux points a et a' sont *symétriques* par rapport à un plan MN, lorsque ce plan est perpendiculaire sur le milieu de la droite aa' qui joint ces deux points.

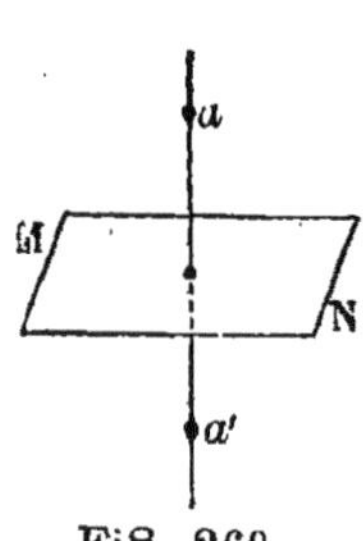

Fig. 260.

Deux figures sont *symétriques* par rapport à un plan, quand tous leurs points sont deux à deux symétriques par rapport à ce plan, qu'on appelle *plan de symétrie*.

On dit que deux points a et a' sont *symétriques* par rapport à un troisième c, quand ce point c partage la ligne aa' en deux parties égales.

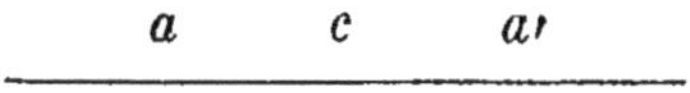

$$\overline{\quad a \qquad c \qquad a' \quad}$$

Fig. 261.

Deux figures sont *symétriques* par rapport à un point c, lorsque tous leurs points sont deux à deux symétriques par rapport à ce même point, qu'on appelle *centre de symétrie*.

On dit que deux points a, a' sont *symétriques* par rapport à un axe xy, lorsqu'ils sont sur une même droite rencontrant l'axe, perpendiculaire à cet axe et à égale distance de part et d'autre :

Deux figures sont *symétriques* par rapport à une droite, lorsque tous les points sont deux à deux symétriques par rapport à cette droite, qu'on appelle *axe de symétrie*.

Théorème.

390. *Deux figures symétriques* F, F' *par rapport à un axe xy, sont égales.*

Soient A, B... des points de F, A', B'... les points homologues de F'. Si l'on imprime à la figure F un mouvement de rotation égal à 180° autour de l'axe *xy*, le point A viendra en A', puisque les angles en *a* sont droits et que *a*A = *a*A'. De même le point B viendra en B', le point C en C'; en d'autres termes les figures F, F' coïncideront et seront par conséquent égales.

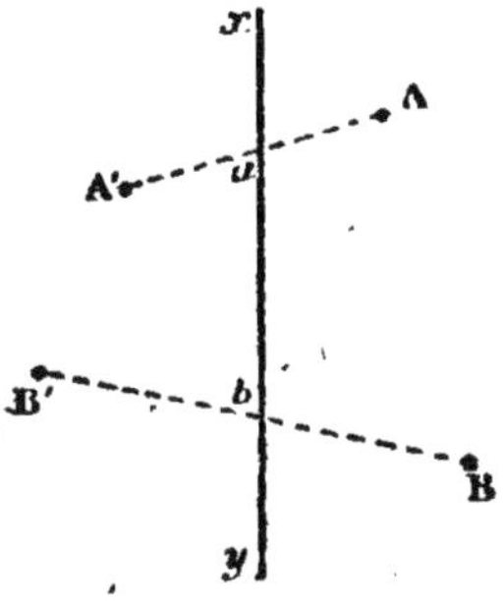

Fig. 261.

Théorème.

391. *Deux figures* F', F", *symétriques d'une même troisième* F, *par rapport à deux centres de symétrie* o', o", *sont égales.*

Soient A, B... des points de la figure F,

A', B'... les points de la figure F', symétriques par rapport au centre o',

A", B"... les points de la figure F", symétriques par rapport au centre o".

Dans le triangle AA'A", les points o', o" étant les milieux des côtés, A'A" est parallèle à o'o" et de plus égal au double de la ligne *fixe o'o"*. Donc, si l'on imprime à la figure F' un mouvement de translation parallèle à o'o", en réglant le mou-

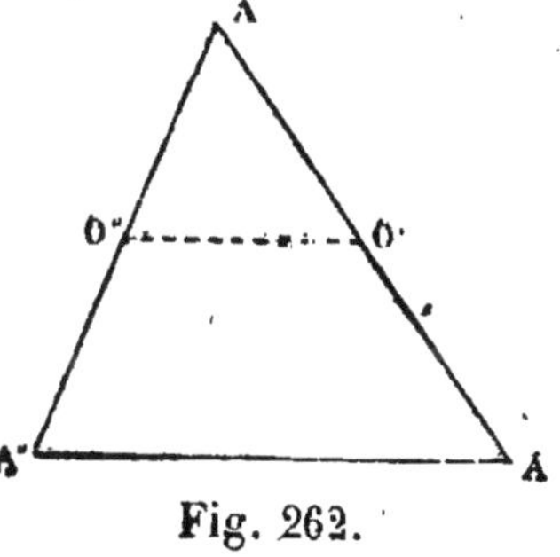

Fig. 262.

vement de manière à faire parcourir à A′ une distance double de $o'o''$, le point A′ viendra en A″. De même B′ viendra en B″, C′ en C″, en d'autres termes les deux figures F′, F″ coïncideront et seront égales par conséquent.

392. *Deux figures F′, F″, symétriques d'une même troisième F, l'une par rapport à un point, l'autre par rapport à un plan, sont égales.*

1º Supposons le point o'' situé dans le plan P.

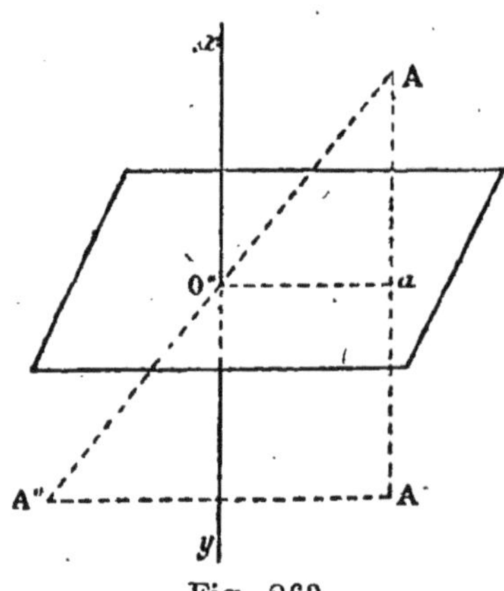

Fig. 263.

Soient A, B... les points de la figure F,

A′, B′... les points de la figure F′, points symétriques de F par rapport au plan P.

A″, B″... les points de la figure F″, points symétriques de F par rapport au centre o''.

Joignons A′, A″; le plan du triangle AA′A″, passant par une droite AA′ perpendiculaire au plan P, est lui-même perpendiculaire à ce même plan; si donc, par le centre o'', nous élevons une perpendiculaire xy au plan P, cette perpendiculaire sera contenue dans le plan du triangle AA′A″, divisera la droite A′A″ en deux parties égales, puisque o'' est milieu de AA″ et que l'axe est parallèle à AA′; et enfin, sera perpendiculaire sur A′A″, puisque l'axe xy est perpendiculaire sur la parallèle $o''a$ à A′A″. De là, on peut conclure que les deux points A′, A″ sont symétriques par rapport à l'axe xy. On démontrerait de même que les points B$'$, B$''$... sont symétriques par rapport au même axe; en d'autres termes, en vertu du premier théorème sur la symétrie, les deux figures F$'$ et F$''$ sont égales. C. Q. F. D.

2° Supposons le point o'' hors du plan donné P.

Prenons dans le plan P un point o''', et soit F$'''$ la figure symétrique de F par rapport à o''' choisi comme centre de symétrie.

En vertu du théorème précédent, F$'''$ et F$'$ sont deux figures égales.

En vertu du premier théorème sur la symétrie, F$'''$ et F$''$ sont aussi deux figures égales; donc F$'$ et F$''$ sont deux figures égales.

393. REMARQUE. — L'étude de la symétrie par rapport à un point, se ramène à celle de la symétrie par rapport à un plan, en imprimant une rotation de 180° à l'une des deux figures autour d'un axe perpendiculaire à ce plan et passant par le centre de symétrie.

Théorème.

394. *Deux figures* F$'$, F$''$ *symétriques d'une même troisième* F *par rapport à deux plans quelconques* P$'$, P$''$, *sont égales.*

Prenons dans l'espace un point o''' comme centre de symétrie, nous obtiendrons une figure symétrique F$'''$ de F. D'après le théorème précédent, F$'$ et F$'''$ sont égales et il en est de même de F$''$ et de F$'''$; donc les deux figures F$'$ et F$''$ sont égales.

Applications des théorèmes précédents.

395. 1° *Deux figures planes symétriques sont égales.*
Soient F la figure donnée dans le plan P.
F′ la figure symétrique par rapport au plan P′.
Prenons P, et P′ comme deux plans de symétrie, la figure F est à elle-même sa symétrique; donc les deux figures F et F′ sont égales.

2° *Deux polyèdres symétriques ont leurs faces égales, leurs angles dièdres égaux, et enfin leurs angles solides composés des mêmes éléments, mais disposés en sens inverse.*

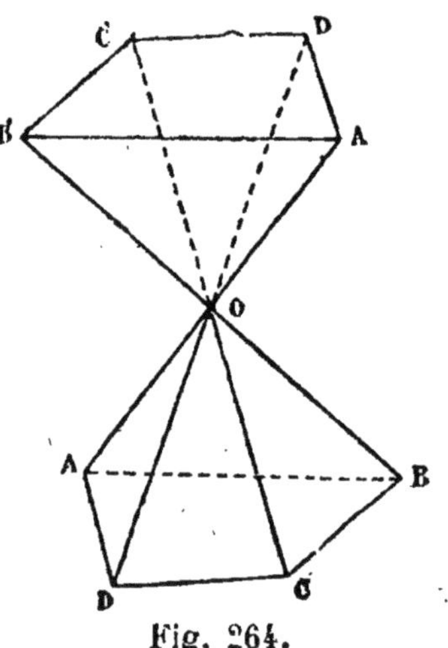

Fig. 264.

Soit OABCD, un polyèdre donné. Prenons le sommet O, comme centre de symétrie, nous obtiendrons la figure symétrique OA′B′C′D′.

Les faces de F′ sont égales aux faces de F, puisque ce sont des figures planes; les angles dièdres sont égaux comme formés par les prolongements des mêmes plans; les angles solides en O sont évidemment composés des mêmes éléments, mais disposés en sens inverse. Les deux polyèdres sont donc composés des mêmes éléments, mais comme la disposition est différente, ils ne sont pas superposables.

Il peut arriver cependant que la superposition soit possible : c'est dans le cas où le polyèdre donné a un centre ou un axe de symétrie. Un parallélipipède, par exemple, est égal à son symétrique. Si nous prenons, en effet, le centre, comme centre de symétrie, le parallélipipède symétrique n'est autre que le parallélipipède donné.

3° Deux polyèdres symétriques sont équivalents.

Deux polyèdres symétriques sont composés de pyramides symétriques ; il suffira donc de démontrer la proposition ci-dessus pour deux pyramides symétriques.

Cette dernière proposition devient évidente en prenant comme plan de symétrie la base de la pyramide donnée. Les pyramides ayant la même base et des hauteurs égales sont équivalentes.

§ IV. — Des polyèdres semblables.

DÉFINITIONS.

396. On appelle *polyèdres semblables*, ceux qui sont compris sous un même nombre de faces semblables chacune à chacune, et dont les angles *solides homologues* sont égaux.

On entend par angles *solides homologues*, ceux qui sont formés par les faces semblables.

Les faces de deux polyèdres semblables étant des polygones semblables, il est évident que les arêtes sont proportionnelles ; et, comme deux faces adjacentes ont une arête commune, le rapport de similitude est le même pour toutes les arêtes.

Théorème.

397. *Si l'on coupe une pyramide* SABCD *par un plan parallèle à sa base, on détermine une pyramide partielle,* Sabcd, *semblable à la première.*

En effet, les triangles SAB, S*ab* sont semblables,

puisque les lignes AB, *ab* intersections de deux plans parallèles par un troisième, sont parallèles. Par la même raison, SBC est semblable à S*bc* ; de plus, le plan sécant étant parallèle à la base de la pyramide, le polygone ABCD est semblable à la section *abcd* (373).

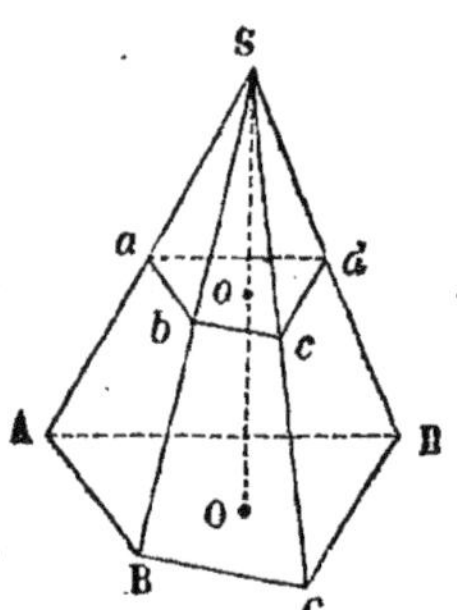
Fig. 265.

Enfin, deux angles solides homologues quelconques A et *a* sont égaux ; car, à cause de la similitude des faces ils ont leurs angles plans égaux chacun à chacun, et semblablement placés, donc les deux pyramides, ayant leurs faces semblables chacune à chacune et leurs angles solides homologues égaux, sont semblables.

398. Corollaire. — *Dans deux pyramides semblables, le rapport de deux arêtes homologues est égal à celui des hauteurs.* Car si, par l'une quelconque des arêtes latérales SB et par la hauteur SO, nous faisons passer un plan, les intersections de ce plan avec le plan des bases des deux pyramides sont deux droites parallèles et les triangles semblables SBO, S*bo* donnent

$$\frac{SB}{Sb} = \frac{SO}{So} = \frac{AB}{ab} \cdot$$

Théorème.

399. *Deux pyramides triangulaires sont semblables, lorsqu'elles ont un angle dièdre égal, compris entre deux faces semblables et semblablement placées.*

Soient les deux pyramides SABC, S'A'B'C' dans lesquelles nous supposons l'angle dièdre AB égal à l'angle dièdre A'B' et les faces SAB, ABC, respectivement semblables aux faces S'A'B', A'B'C'; ces deux pyramides sont semblables.

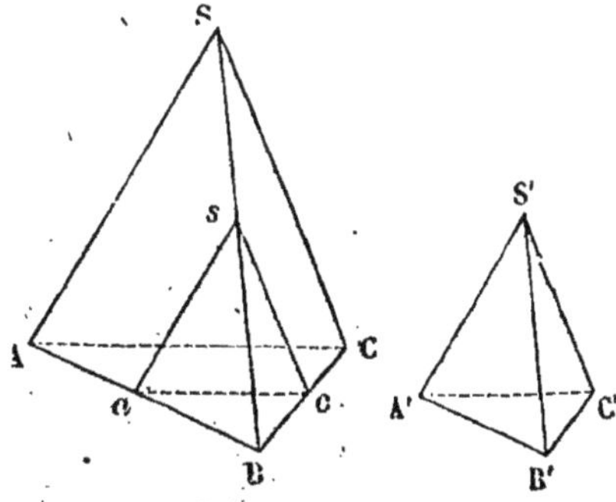

Fig. 266.   Fig. 267.

Prenons, en effet, sur l'arête AB, à partir du point B, une longueur aB égale à A'B' et, par le point a, menons le plan asc parallèle à la face ASC. Ce plan détermine une pyramide $saBc$ semblable à la pyramide SABC (397); démontrons de plus qu'elle est égale à la pyramide S'A'B'C', et nous aurons prouvé par là même que cette dernière est semblable à SABC.

Or, par hypothèse, l'angle dièdre aB est égal à l'angle dièdre A'B'; d'un autre côté, les triangles saB, S'A'B', tous deux semblables au troisième SAB et ayant de plus leurs côtés homologues aB, A'B' égaux par construction, sont égaux entre eux; il en est de même des triangles aBc, A'B'C'. Par conséquent, si nous plaçons la pyramide S'A'B'C' sur la pyramide $saBc$, les angles dièdres aB, A'B' coïncidant, les faces égales saB, et S'A'B', aBc et A'B'C' et, par suite, les faces sBc et S'B'C' coïncident aussi; donc les pyramides sont égales; donc la pyramide S'A'B'C' est semblable à la pyramide SABC.

Théorème.

400. *Deux polyèdres semblables* P *et* P' *sont décomposables en un même nombre de tétraèdres semblables et semblablement placés.*

Soient G et G', deux sommets homologues. Décompo-

sons en triangles les faces qui ne leur sont pas adjacentes
et considérons ces triangles comme bases de tétraèdres
dont les sommets respectifs sont en G et en G'. Les deux
polyèdres P et P' se trouvent ainsi décomposés en un

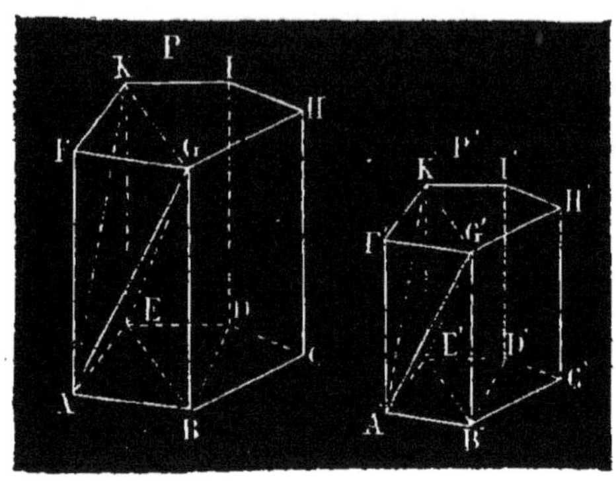

Fig. 268.

même nombre de tétraèdres semblables et semblablement
placés.

En effet, comparons d'abord les deux tétraèdres GABE,
G'A'B'E'. Les triangles ABG, ABE du premier sont
respectivement semblables aux triangles A'B'G', A'B'E'
du second, puisque les polygones ABGF, ABCDE sont
eux-mêmes respectivement semblables aux polygones
A'B'G'F', A'B'C'D'E'. D'ailleurs, les deux polyèdres étant
semblables, l'angle dièdre AB égale l'angle dièdre A'B'.
Les tétraèdres GABE, G'A'B'E' sont donc semblables,
puisqu'ils ont un angle dièdre égal compris entre deux
faces semblables et semblablement placées.

Si nous comparons maintenant les tétraèdres GKAE,
G'K'A'E', ils ont encore un angle dièdre égal compris
entre deux faces semblables et semblablement placées :
car les triangles AEG, A'E'G' sont semblables comme
faces homologues de tétraèdres semblables ; il en est de

même des triangles AKE, A′K′E′, puisque les polygones AEKF, A′E′K′F′ sont eux-mêmes semblables. D'ailleurs, les angles dièdres KAEB du polyèdre P et GAEB du tétraèdre GBAE étant respectivement égaux aux angles dièdres K′A′E′B′ du polyèdre P′ et G′A′E′B′ du tétraèdre G′B′A′E′, l'angle dièdre KAEG, différence des deux premiers, est égal à l'angle dièdre K′A′E′G′, différence des deux derniers.

Nous démontrerions de même que les autres tétraèdres sont semblables deux à deux. Les polyèdres P et P′ sont donc décomposables en un même nombre de tétraèdres semblables et semblablement placés.

Théorème.

401. RÉCIPROQUEMENT. — *Deux polyèdres sont semblables lorsqu'ils sont composés d'un même nombre de polyèdres semblables et semblablement placés.*

En effet, deux faces homologues quelconques ABCDE,

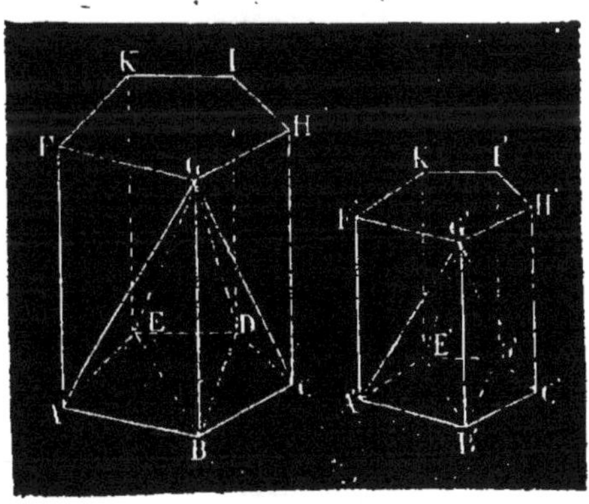

Fig. 269.

A′B′C′D′E′, sont semblables, puisqu'elles sont formées d'un même nombre de triangles semblables et semblablement placés. D'un autre côté, deux angles solides homologues quelconques B et B′ sont égaux, soit directement, soit comme somme d'angles solides homologues égaux dans des tétraèdres semblables, aboutissant en B et en B′. Ainsi les deux polyèdres ont leurs angles solides homologues égaux et leurs faces semblables chacune à chacune, donc ils sont semblables.

402. Remarque. — Nous supposons, dans cette démonstration, que si deux triangles adjacents ABE, BED de l'un des polyèdres sont dans un même plan, il en est de même des deux triangles respectivement semblables A′B′E′, B′E′D′ dans l'autre polyèdre. Or, cela a toujours lieu ; car si la somme des deux angles dièdres adjacents GBEA, GBED vaut deux angles droits, la somme des angles dièdres adjacents G′B′E′A′, G′B′E′D′, respectivement égaux aux premiers, vaut aussi deux angles droits.

Théorème.

403. *Le rapport de deux polyèdres semblables est égal au rapport des cubes de deux arêtes homologues.*

1º Soient d'abord T et t deux tétraèdres semblables et appelons H, h leurs hauteurs, B, b leurs bases, K le rapport de similitude de deux arêtes homologues, nous avons

$$T = \frac{BH}{3},$$

$$t = \frac{bh}{3};$$

d'où, par voie de division,

$$\frac{T}{t} = \frac{B}{b} \times \frac{H}{h}; \qquad (1)$$

Or, les bases B, b sont semblables, comme appartenant à des tétraèdres semblables, par conséquent

$$\frac{B}{b} = K^2,$$

de plus, $\dfrac{H}{h} = K$ (398); l'égalité (1) devient :

$$\frac{T}{t} = K^3.$$

2° Soient maintenant deux polyèdres semblables P
et p. Nous savons qu'ils sont décomposables en un
même nombre de tétraèdres semblables et semblablement placés.

Appelons donc T, T′, T″... les tétraèdres dont se
compose le premier ; t, t', t''... les tétraèdres qui forment le second ; appelons enfin K le rapport de similitude de deux arêtes quelconques des deux polyèdres
semblables P et p ; nous avons, d'après ce qui précède,

$$\frac{T}{t} = K^3$$

$$\frac{T'}{t'} = K^3$$

$$\frac{T''}{t''} = K^3$$

$$\dots \qquad \dots$$

$$\dots \qquad \dots$$

d'où

$$\frac{T}{t} = \frac{T'}{t'} = \frac{T''}{t''} \cdots\cdots$$

Mais, dans une suite de rapports égaux, la somme des antécédents est à la somme des conséquents comme un antécédent est à son conséquent ; donc

$$\frac{T + T' + T''\cdots\cdots}{t + t' + t''\cdots\cdots} = \frac{T}{t} = K^3 ,$$

c'est-à-dire

$$\frac{P}{p} = K^3 .$$

EXERCICES SUR LE SIXIÈME LIVRE

1. Le volume d'un prisme triangulaire est égal à la moitié du produit d'une face latérale quelconque par la distance de cette face à l'arête opposée.

2. Si, sur trois droites parallèles non situées dans le même plan, on prend des longueurs AA', BB', CC' égales à une droite donnée, le volume du prisme triangulaire AA' BB' CC' est constant, quelles que soient les positions respectives des arêtes AA', BB', CC'.

3. Soit ABCD un rectangle ; du sommet A on abaisse la perpendiculaire AE sur la diagonale BD ; par le point d'intersection E de ces deux lignes, on tire la droite EG perpendiculaire au côté BC du rectangle et la droite EH perpendiculaire au côté CD. Démontrer les égalités suivantes :

$$\frac{\overline{AB}^3}{\overline{AD}^3} = \frac{EG}{EH} ; \quad \overline{AE}^3 = BD \times EG \times EH.$$

4. Le plan bissecteur d'un angle dièdre d'un tétraèdre divise l'arête opposée en deux segments proportionnels aux faces adjacentes.

5. Les plans bissecteurs des angles dièdres d'un tétraèdre passent par un même point.

6. Les plans perpendiculaires au milieu de chacune des arêtes d'un tétraèdre passent par un même point.

7. Si les angles trièdres de deux tétraèdres ABCD, A'B'C'D' sont égaux, les volumes de ces tétraèdres sont proportionnels aux produits $AB \times AC \times AD$, $A'B' \times A'C' \times A'D'$ des arêtes des deux angles trièdres égaux.

8. Deux pyramides polygonales sont semblables lorsqu'elles ont un angle dièdre égal compris entre une base et une face latérale semblables chacune à chacune et semblablement placées.

9. Les surfaces de deux pyramides semblables sont proportionnelles aux carrés de deux arêtes homologues.

10. Couper une pyramide par un plan parallèle à la base de manière que la surface de la pyramide déterminée par ce plan et celle de la pyramide donnée soient proportionnelles aux deux longueurs m et n.

Applications numériques.

1. Calculer, à moins d'un décimètre cube, le volume d'un prisme droit dont la base est un hexagone régulier de 1ᵐ,25 de côté et la hauteur égale 2ᵐ,45. *Réponse*, 15ᵐᶜ,491.

2. Un prisme droit a pour base un triangle équilatéral; son volume égale 1 mètre cube et sa hauteur 0ᵐ,80. Calculer, à moins d'un centimètre, le côté de sa base. *Réponse*, 1ᵐ,70.

3. On fabrique avec de l'or dont la densité est 19,362 des feuilles qui ont 0ᵐ,0001 d'épaisseur. Quelle surface pourrait-on couvrir avec 5 grammes de ces feuilles? *Réponse*, 2ᵐᑫ,5823.

4. La hauteur d'un prisme droit est 0ᵐ,1, chaque base est un rectangle dont l'un des côtés est double de l'autre; les quatre faces latérales jointes aux deux bases donnent une aire totale de 0ᵐᑫ,28. On demande l'aire de chaque face latérale et l'aire de chaque base. *Réponse*, deux faces latérales adjacentes ont pour aire, l'une 0ᵐᑫ,2 et l'autre 0ᵐᑫ,4, et chaque base 0ᵐᑫ,8.

5. Les trois arêtes adjacentes d'un parallélipipède rectangle valent 8^m,75; 9^m,24 et 15^m,32; quelle est, à un centième de millimètre, la longueur de l'une de ses diagonales? *Réponse*, 19^m,91588.

6. Un parallélipipède rectangle de glace ayant 10^m,50 de hauteur plonge dans l'eau de mer; la densité de la glace est 0,930, celle de l'eau de mer 1,026. Quelle sera la hauteur du parallélipipède au-dessus de la surface de la mer? *Réponse*, 0^m,98.

7. Le volume d'un tétraèdre régulier est égal à 36^{mc},875. Trouver son arête a et sa surface totale S. *Réponse*, $a = 6^m$,7889; S $= 79^{mq}$,8287.

8. La hauteur d'un tronc de pyramide est égale à 4^m,20, ses deux bases sont des triangles équilatéraux dont les côtés valent 2^m,64 et 1^m,80. Quel est le volume du tronc? *Réponse*, 9^{mc},069989.

9. Les bases d'un tronc de pyramide triangulaire valent 10^{mq},24 et 6^{mq},25; sa hauteur égale 4^m,20. Quel est le volume de la pyramide formée par la petite base et le prolongement des faces latérales du tronc? *Réponse*, 31^{mc},250.

10. La base d'un tronc de parallélipipède est un carré de 0^m,65 de côté; les distances des quatre sommets au plan de la base valent 5^m,48, 5^m,80; 6^m,12 et 6^m,20. Quel est le volume du tronc? *Réponse*, 3^{mc},835.

11. La hauteur d'une pyramide est 5^m,40; sa base est un carré de 2^m,25 de côté. On mène parallèlement à la base un plan qui détermine dans la pyramide une section de 3^{mq},24. Quelle est la distance de la section à la base? *Réponse*, 1^m,08.

12. Trouver la capacité d'un bassin carré, creusé en talus; le carré supérieur a 18 mètres de côté, le carré inférieur ou le fond du bassin a 10 mètres de côté; la profondeur est 3^m,7. *Réponse*, 744^{mc},933.

LIVRE SEPTIÈME

DU CONE, DU CYLINDRE, DE LA SPHÈRE

---

§ Ier. — Du cône.

DÉFINITIONS

404. On appelle *cône circulaire droit* le solide engendré par la révolution d'un triangle rectangle AOS tournant autour d'un des côtés OS de son angle droit.

Dans ce mouvement, le côté mobile AO de l'angle droit décrit un cercle qui est la *base* du cône ; le côté fixe SO est son *axe* ou sa *hauteur* ; le point S en est le *sommet*.

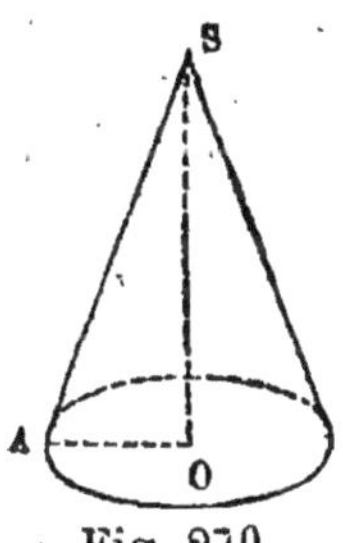

Fig. 270.

L'hypoténuse AS se désigne indifféremment par les noms de *côté*, d'*apothème* du cône, ou de *génératrice* de sa surface latérale.

405. Si d'un point quelconque B de la génératrice, on abaisse une perpendiculaire BC sur l'axe, en même temps que AS engendre la surface latérale du cône et AO sa base, la perpendiculaire BC décrit un cercle dont le plan, aussi perpendiculaire à l'axe SO, est parallèle

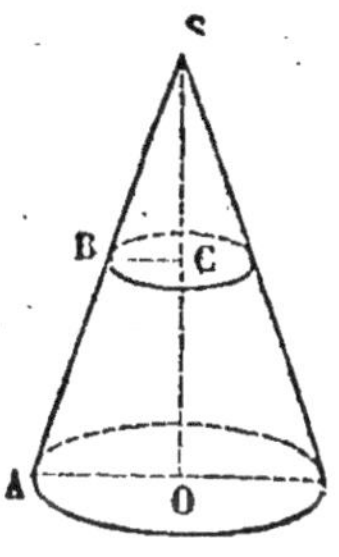

Fig. 271.

au plan de la base. Il suit de là que *les sections faites dans un cône par des plans parallèles à la base sont des cercles ayant leurs centres sur l'axe.*

Il est facile de voir que *toute section faite par un plan passant par l'axe est un triangle isocèle double du triangle générateur.*

406. On nomme *cône tronqué* ou *tronc de cône circulaire droit à bases parallèles*, la portion d'un cône comprise entre deux plans parallèles. La distance de ces deux plans est la *hauteur* du tronc, et la portion de la génératrice qu'ils interceptent en est le *côté* ou l'*apothème.*

Il est évident qu'un tronc de cône droit à bases parallèles est engendré par un trapèze rectangle tournant autour du côté qui est perpendiculaire à ses deux bases.

407. Si nous inscrivons, dans la base d'un cône circulaire droit, un polygone régulier ABCD, et si nous

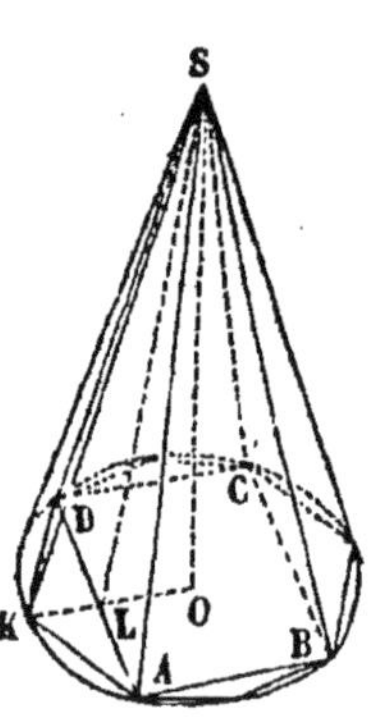

Fig. 272.

joignons le point S aux différents sommets de ce polygone, nous obtenons une pyramide régulière inscrite dans le cône, dont l'apothème est SL. Si, ensuite, nous doublons indéfiniment le nombre des côtés du polygone, l'apothème SL croît et s'approche de plus en plus de l'apothème SK du cône, sans pouvoir l'égaler jamais; en même temps, la surface latérale de la pyramide augmente et diffère de moins en moins de celle du cône; il en est de même des volumes des deux corps. De sorte que *l'apothème, la surface latérale et le volume du cône circulaire droit peuvent être regardés comme les limites vers lesquelles tendent respectivement l'apothème, la surface latérale et le volume de la pyramide régulière inscrite quand le nombre des côtés de sa base augmente indéfiniment.*

Il résulte de là que toute propriété de la pyramide régulière inscrite dans un cône circulaire droit, indépendante du nombre et de la grandeur des côtés de sa base, s'étend au cône lui-même.

Théorème.

408. *La surface latérale d'un cône droit, à base circulaire, a pour mesure le produit de la circonférence de sa base par la moitié de son côté.*

Inscrivons, dans la base du cône, un polygone régulier ABCD et considérons la pyramide régulière inscrite qui a pour base ce polygone et pour sommet le sommet S du cône. Sa surface latérale se compose de triangles isocèles ayant des bases égales et la même hauteur ; elle a donc pour mesure l'ensemble des bases, ou le périmètre du polygone ABCD, multiplié par la moitié de la hauteur commune aux triangles ou de l'apothème SL.

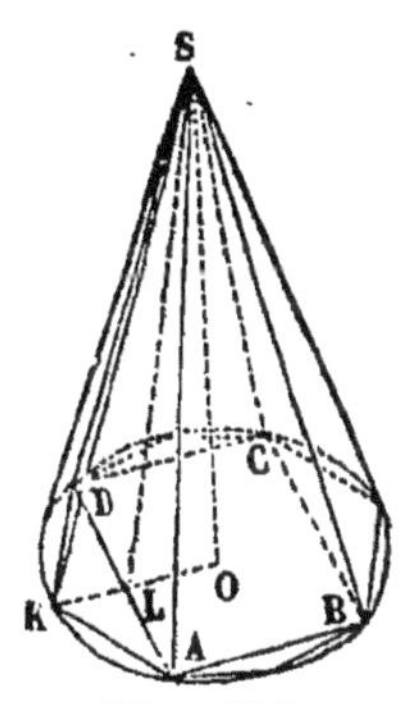

Fig. 273.

Or le cône est la limite vers laquelle tend la pyramide, quand le nombre des côtés du polygone de sa base augmente indéfiniment ; donc la surface latérale du cône a pour mesure la circonférence du cercle de sa base, multipliée par la moitié de son côté.

Soient l le côté du cône, r le rayon de sa base ; la surface latérale S a pour expression

$$S = 2\pi r \times \frac{l}{2} = \pi r l.$$

La surface totale S′, se composant de sa surface latérale, plus du cercle qui lui sert de base, a pour expression

$$S' = \pi r l + \pi r^2,$$

ou, en mettant πr en facteur commun,

$$S' = \pi r (l + r).$$

Théorème.

409. *La surface latérale d'un tronc de cône circulaire droit, à bases parallèles, a pour mesure la demi-somme des circonférences de ses bases multipliée par son côté.*

Inscrivons dans le cône une pyramide régulière et cou-

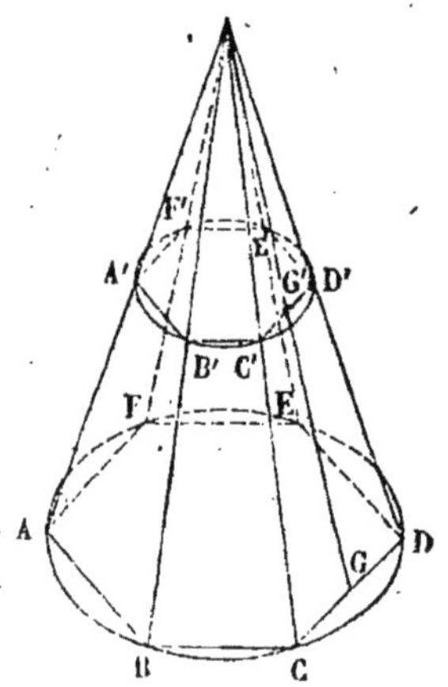

Fig. 274.

pons le solide par un plan parallèle à sa base. La surface latérale du tronc se compose de trapèzes ayant même hauteur et des bases parallèles égales; elle aura donc pour mesure la demi-somme de l'ensemble des bases parallèles, ou des périmètres ABCDE, A′B′C′D′E′, multipliée par la hauteur commune aux trapèzes ou par l'apothème GG′ du tronc.

Mais le cône étant la limite vers laquelle tend la pyramide quand le nombre des côtés du polygone de sa base augmente indéfiniment, le tronc du cône est aussi la limite vers laquelle tend le tronc de pyramide; donc la surface latérale d'un tronc de cône, à bases parallèles, a pour mesure la demi-somme des circonférences de ses bases multipliée par son apothème.

Soient r et r' les rayons des deux bases, l le côté du tronc; sa surface latérale S a pour expression

$$S = \pi \, (r + r') \times l.$$

410. Corollaire. — Si, par le milieu E du côté AB, nous menons un plan parallèle à celui des bases, ce plan coupe le tronc suivant un cercle de rayon EF. Le rayon EF, qui joint les milieux des côtés non parallèles du trapèze ABCO, est égal à la demi-somme des rayons OA, BC (255); donc *la surface latérale du tronc de cône a aussi pour mesure son côté multiplié par la circonférence moyenne, c'est-à-dire, par la circonférence menée à égale distance des deux bases.*

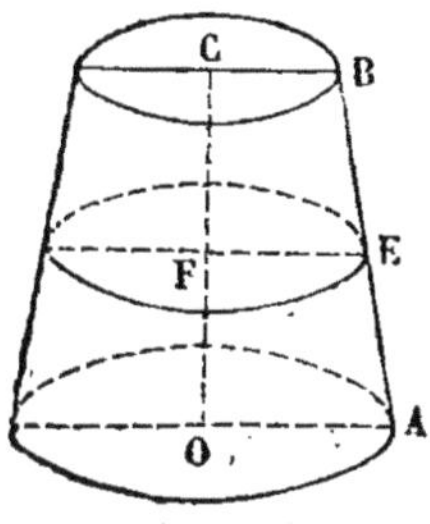

Fig. 275.

Théorème.

411. *Le volume du cône circulaire droit a pour mesure le tiers du produit de sa base par sa hauteur.*

Inscrivons dans la base du cône un polygone régulier ABCD, et considérons la pyramide qui a ce polygone pour base, et pour sommet le sommet du cône. Son volume a pour mesure le tiers de sa hauteur SO multiplié par l'aire du polygone ABCD.

Or le cône est la limite vers laquelle

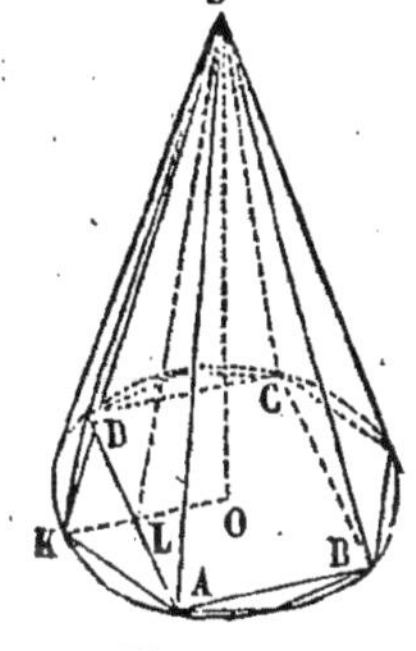

Fig. 276.

tend la pyramide quand le nombre des côtés du polygone de sa base augmente indéfiniment; donc le volume du cône a pour mesure le tiers de sa hauteur multiplié par l'aire du cercle qui lui sert de base.

412. Soient h la hauteur du cône, r le rayon de sa base, son volume V a pour expression

$$V = \frac{1}{3}\pi r^2 h.$$

Théorème.

413. *Un tronc de cône circulaire droit, à bases parallèles, est équivalent à trois cônes droits qui ont pour hauteur commune la hauteur du tronc, et pour bases respectives la base inférieure du tronc, la base supérieure et une moyenne proportionnelle entre les deux bases.*

Si nous considérons le tronc de pyramide régulière, inscrite dans le tronc de cône (*fig.* 274), nous savons qu'il est équivalent à trois pyramides ayant pour hauteur commune la hauteur du tronc, et pour bases respectives la base inférieure du tronc, la base supérieure et une moyenne proportionnelle entre ces deux bases. Or le tronc de cône est la limite vers laquelle tend le tronc de pyramide quand le nombre des côtés des polygones de ses bases augmente indéfiniment; donc le volume du tronc de cône circulaire droit, à bases parallèles, est équivalent à trois cônes qui ont pour hauteur commune la hauteur du tronc, et pour bases respectives la base inférieure du tronc, la base supérieure et une moyenne proportionnelle entre les deux bases.

414. Soient r et r' les rayons des bases parallèles, h la hauteur du tronc, son volume V a pour expression

$$V = \frac{1}{3}\,\pi h\,(r^2 + r'^2 + rr').$$

§ II. — **Du cylindre.**

DÉFINITIONS

415. On appelle *cylindre circulaire droit* le solide engendré par la révolution d'un rectangle ACKD, tournant autour du côté immobile CD.

Dans ce mouvement, les côtés AC, KD restant toujours perpendiculaires à CD, décrivent des cercles égaux et parallèles; ces cercles sont les *bases* du cylindre; le côté immobile CD en est l'*axe* ou la *hauteur*; le côté AK s'appelle la *génératrice* de la surface latérale du cylindre.

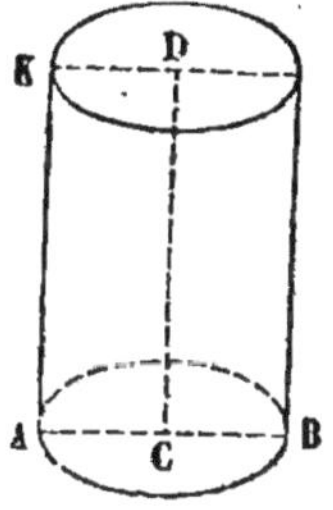

Fig. 277.

416. Il est évident que toute section, faite dans un cylindre circulaire droit, par un plan perpendiculaire à l'axe, est un cercle égal à celui de la base, et que toute section, faite par un plan passant par l'axe, est un rectangle double du rectangle générateur.

417. La surface latérale du cylindre circulaire droit peut être regardée comme engendrée par une ligne AK assujettie à se mouvoir sur une circonférence de cercle, en demeurant toujours perpendiculaire au plan de ce cercle, et, par suite, toujours parallèle à elle-même.

Par analogie, nous appellerons *surface cylindrique*, en général, la surface engendrée par une droite AA', qui

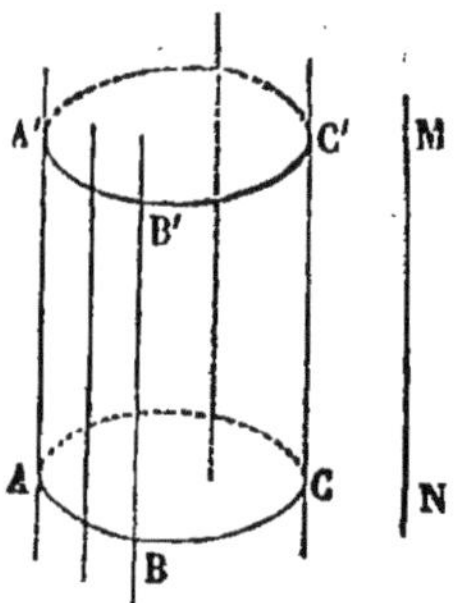

Fig. 278.

se meut parallèlement à une autre droite MN, en glissant sur une courbe nommée *directrice*.

Si cette directrice est une courbe fermée, le solide compris entre deux plans parallèles ABC, A'B'C' et la surface cylindrique, a reçu le nom de *cylindre*. Ses *bases* sont les sections ABC, A'B'C' et sa *hauteur* la distance qui sépare ses deux bases.

418. Si nous inscrivons, dans la base inférieure d'un cylindre circulaire droit, un polygone régulier ABCD, et si, par les sommets de ce polygone, nous menons,

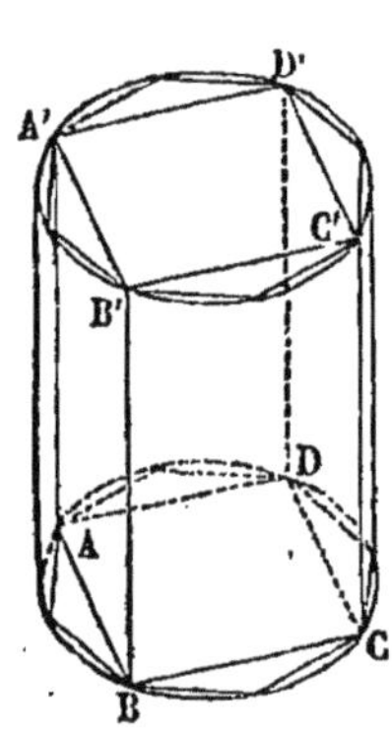

Fig. 279.

perpendiculairement à son plan, des droites qui rencontrent aux points A', B', C', D' la base supérieure du cylindre, les polygones ABCD, A'B'C'D' sont les bases d'un prisme droit inscrit dans le cylindre. Si, ensuite, nous doublons indéfiniment le nombre des côtés des polygones, la surface latérale de ce prisme augmente, tout en restant moindre que celle du cylindre dont elle s'approche sans cesse. Il en est de même du volume du prisme, qui diffère de moins en moins de celui du cylindre De sorte que *la surface latérale et le volume du cylindre circulaire droit peuvent être regardés comme les limites vers lesquelles tendent respectivement la surface latérale et le volume du prisme droit inscrit quand le nombre des côtés de sa base augmente indéfiniment.*

Il résulte de là que toute propriété du prisme droit

inscrit dans un cylindre circulaire, indépendante du nombre et de la grandeur des côtés de sa base, s'étend au cylindre lui-même.

419. Si le cylindre droit est à base *non circulaire*, un raisonnement, analogue à celui que nous venons de faire, montre qu'il est encore la limite vers laquelle tend le prisme droit inscrit, qui a pour bases deux polygones quelconques inscrits dont le nombre des côtés augmente indéfiniment.

Théorème.

420. *La surface latérale d'un cylindre circulaire droit a pour mesure la circonférence de sa base multipliée par sa hauteur.*

Inscrivons dans la base inférieure du cylindre un polygone régulier ABCD et, par les sommets de ce polygone, menons, perpendiculairement à son plan, des droites qui rencontrent la base supérieure du cylindre aux points A′B′C′D′. Les polygones ABCD, A′B′C′D′ sont les bases d'un prisme droit inscrit dans le cylindre. La surface latérale de ce prisme se compose de rectangles ayant des bases égales et la même hauteur ; elle a donc pour mesure l'ensemble des bases, ou le périmètre du polygone ABCD, multiplié par la hauteur commune aux rectangles, ou la hauteur du prisme.

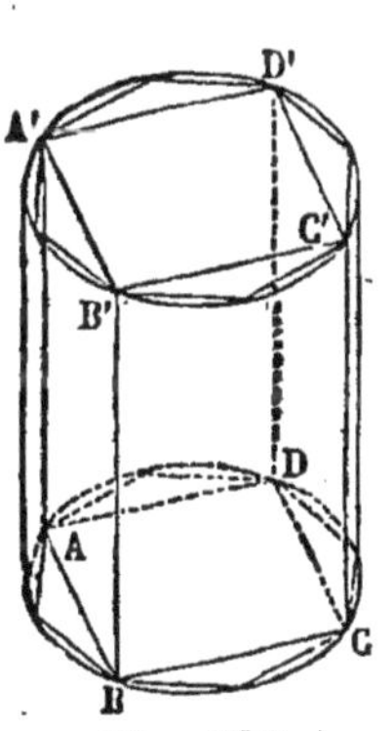
Fig. 280.

Or le cylindre est la limite vers laquelle tend le prisme inscrit quand le nombre des côtés des polygones de ses bases augmente indéfiniment ; donc la surface latérale du cylindre circulaire droit a pour mesure la circonférence de sa base multipliée par sa hauteur.

421. Soient h la hauteur du cylindre circulaire droit et r le rayon de sa base, sa surface latérale S a pour expression

$$S = 2\pi r \times h.$$

La surface totale S', se composant de la surface latérale, plus des deux cercles qui servent de bases au cylindre, a pour expression

$$S' = 2\pi r \times h + 2\pi r^2,$$

ou, en mettant $2\pi r$ en facteur commun,

$$S' = 2\pi r (h+r).$$

422. Corollaire. — *La surface latérale d'un cylindre droit, à base non circulaire, a pour mesure le périmètre de sa base multiplié par sa hauteur.* Car nous pouvons regarder le cylindre droit, à base non circulaire, comme la limite d'un prisme droit inscrit, dont le nombre des côtés des polygones de ses bases augmente indéfiniment.

Théorème.

423. *Le volume d'un cylindre circulaire droit a pour mesure sa base multipliée par sa hauteur.*

Inscrivons encore dans la base inférieure du cylindre un polygone régulier ABCD et, par les sommets de ce polygone, menons, perpendiculairement à son plan, des droites qui rencontrent la base supérieure du cylindre aux points A', B', C', D'; les deux polygones ABCD,

A′B′C′D′ sont les bases d'un prisme droit inscrit qui a pour mesure l'aire de sa base ABCD multipliée par sa hauteur.

Or le cylindre étant la limite vers laquelle tend le prisme inscrit quand le nombre des côtés du polygone de sa base augmente indéfiniment, son volume a pour mesure l'aire du cercle qui lui sert de base inférieure multipliée par sa hauteur.

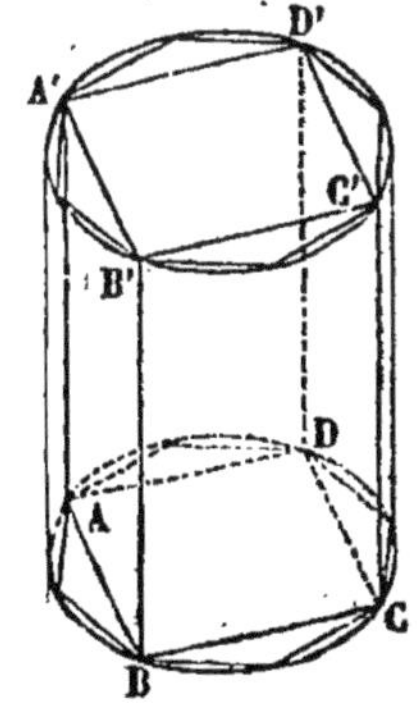

Fig. 281.

424. Soient h la hauteur du cylindre et r le rayon de sa base, son volume V a pour expression

$$V = \pi r^2 \times h.$$

425. Corollaire. — *Le volume d'un cylindre droit, à base non circulaire, a pour mesure la surface de sa base multipliée par sa hauteur ;* car le cylindre droit, à base non circulaire, est la limite du prisme droit inscrit dont le nombre des côtés de ses bases augmente indéfiniment.

Applications numériques.

Problème.

426. *Le rayon de la base d'un cône vaut* $2^m,80$ *et sa hauteur* $4^m,50$. *Quelle est sa surface latérale ?*

Appelons R le rayon de la base du cône, l son côté ; sa surface latérale S est

$$S = \pi R l.$$

Mais le côté l est l'hypoténuse d'un triangle rectangle,

dont les côtés de l'angle droit sont le rayon R de la base du cône et sa hauteur h ; par conséquent,

$$l = \sqrt{R^2 + h^2}.$$

et, par suite,

$$S = \pi R \times \sqrt{R^2 + h^2}.$$

Substituant aux lettres leurs valeurs numériques, nous trouvons

$$S = 3,1416 \times 2,80 \times \sqrt{2,80^2 + 4,50^2} = 46^{mq},6213,$$

à un centimètre carré près.

Problème.

427. *Le rayon de la base d'un cône vaut* $1^m,80$ *et son côté* $4^m,25$. *Quelle est la mesure de son volume?*

Appelons R le rayon de la base du cône, h sa hauteur ; son volume sera

$$V = \frac{1}{3} \pi R^2 h.$$

Mais la hauteur h est le côté de l'angle droit d'un triangle rectangle dont le côté l du cône serait l'hypoténuse et le rayon R l'autre côté de l'angle droit ; par conséquent

$$h = \sqrt{l^2 - R^2},$$

et, par suite,

$$V = \frac{1}{3} \pi R^2 \times \sqrt{l^2 - R^2}.$$

Substituant aux lettres leurs valeurs numériques, nous trouvons

$$V = \frac{3,1416 \times \overline{1,80}^{2} \times \sqrt{\overline{4,25}^{2} - \overline{1,80}^{2}}}{3} = 13^{mc},062,$$

à un décimètre cube près.

Problème.

428. *Un seau a la forme d'un tronc de cône; les rayons des deux bases valent* $0^m,30$ *et* $0^m,40$, *et la profondeur* $0^m,36$. *Quelle est la capacité du seau ?*

Le volume d'un tronc de cône est donné par la formule

$$V = \frac{1}{3}\pi H \times (R^2 + R'^2 + RR').$$

Substituant aux lettres leurs valeurs numériques, nous trouvons

$$V = 3,1416 \times 0,12 \left(\overline{0,40}^{2} + \overline{0,30}^{2} + 0,40 \times 0,30\right) = 139^{lit},48,$$

à moins d'un centilitre.

Problème.

429. *Les rayons des deux bases d'un tronc de cône valent* $7^m,30$ *et* $3^m,50$, *et la hauteur du tronc vaut* 2 *mètres ; on demande la hauteur et le volume du cône entier.*

Soient R et r les rayons des bases et h la hauteur du tronc ; soit enfin SAO (*fig.* 271), une section passant par l'axe du cône. Les deux triangles SAO, SBC, sont semblables, et nous avons,

$$\frac{SO}{SC} = \frac{AO}{BC} \quad ou \quad \frac{SO}{SC} = \frac{R}{r} \; ;$$

d'où

$$\frac{SO}{SO - SC} = \frac{R}{R - r} \quad ou \quad \frac{SO}{h} = \frac{R}{R - r} .$$

Nous tirons de là

$$SO = \frac{R \times r}{R - r} .$$

En remplaçant R, r et h par leurs valeurs numériques, nous trouvons,

$$SO = 3^m,842105.$$

L'expression du volume V du cône entier est

$$V = \frac{\pi R^2 \times SO}{3} = \frac{\pi R^3 \times h}{3(R - r)},$$

et, en substituant aux lettres leurs valeurs numériques,

$$V = \frac{3,1416 \times \overline{7,30}^2 \times 2}{3\,(7,30 - 3,50)} = 214^{mc},409.$$

Problème.

430. *Quelle est la capacité d'un tonneau dont la longueur est* $2^m,31$, *le diamètre des bases* $1^m,3$ *et le diamètre de la circonférence du milieu* $1^m,38$?

Pour évaluer la capacité d'un tonneau, ou pour le *jauger*, on le considère comme formé de deux cônes tronqués égaux réunis par leur plus grande base. Si r est le rayon des bases, R celui de la circonférence du milieu et H la longueur du tonneau, sa capacité V est

$$V = \frac{1}{3}\,\pi H\,(R^2 + r^2 + Rr).$$

Mais cette formule donne un résultat un peu trop faible, comme il est facile de s'en rendre compte; pour corriger cette erreur, on substitue au produit Rr le carré R^2, ce qui donne

$$V = \frac{1}{3}\,\pi H\,(2R^2 + r^2).$$

Telle est la formule employée communément pour le jaugeage des tonneaux.

Remplaçons dans cette expression, H, R et r par leurs valeurs numériques, nous obtenons, en effectuant les calculs,

$$V = 3325 \text{ litres},$$

à une unité près par défaut.

Problème.

431. *L'hectolitre est un cylindre dont la hauteur est égale au diamètre de là base. Quelle est cette hauteur ?*

Appelons x cette hauteur; $\dfrac{x}{2}$ est le rayon de la base

18.

du cylindre et nous avons, en prenant le décimètre cube
pour unité,

$$100 = \pi \frac{x^2}{4} \times x = \frac{1}{4} \pi x^3,$$

d'où nous tirons,

$$x^3 = \frac{400}{\pi}.$$

et, en extrayant la racine cubique des deux membres,

$$x = \sqrt[3]{\frac{400}{\pi}} = 5\text{o}3 \text{ millim.}$$

à un millimètre près.

Problème.

432. *Un cylindre en fer dont la hauteur vaut* $2^m,50$,
*pèse 41 kilog. La densité du fer est 7,788. Quel est le
diamètre du cylindre?*

Prenons le centimètre pour unité et soit x le rayon du
cylindre; son volume en centimètres cubes est

$$V = \pi x^2 \times 25\text{o}.$$

Si c'était de l'eau, ce produit représenterait son poids en
grammes, mais c'est du fer dont la densité est 7,788; le
poids du cylindre est donc

$$\pi x^2 \times 25\text{o} \times 7,788 = 41\text{ooo}.$$

Nous tirons de là

$$x = \sqrt{\dfrac{41000}{\pi \times 250 \times 7,788}} = 2^c,589;$$

le diamètre est donc $5^c,178$, à moins d'un millième de centimètre.

Problème.

433. *La circonférence moyenne d'un arbre abattu et non équarri, est $1^m,24$, sa longueur $5^m,40$; calculer son volume.*

Un tronc d'arbre non équarri a sensiblement la forme d'un tronc de cône à bases parallèles, mais on l'assimile au cylindre droit, ayant pour base la section faite au milieu de la longueur. Pour évaluer approximativement le volume, on mesure avec un ruban métrique la circonférence moyenne; on en déduit le rayon, puis la surface de cette section que l'on multiplie par la longueur de l'arbre.

Appliquons ceci à l'exemple proposé. Nous avons d'abord pour le rayon R de la circonférence moyenne

$$R = \frac{1,24}{2\pi},$$

et pour la surface S de la section,

$$S = \pi \left(\frac{1,24}{2\pi}\right)^2 = \frac{(1,24)^2}{4\pi}.$$

Le volume V de l'arbre est donc

$$V = \frac{\overline{1,24}^2 \times 5,40}{4\pi} = 0^m,660733.$$

§ III. — **De la sphère.**

DÉFINITIONS.

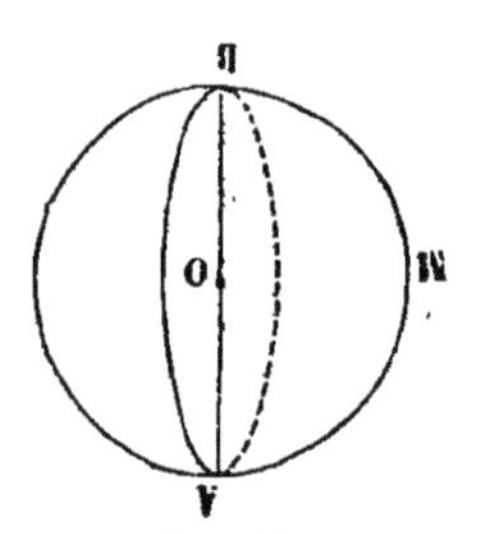

Fig. 282.

434. On nomme *sphère* le solide engendré par la révolution d'un demi-cercle AMB, tournant autour de son diamètre AB.

Dans ce mouvement, un point M reste toujours à la même distance du centre O du cercle générateur : la surface d'une sphère a donc tous ses points également éloignés d'un point intérieur qu'on appelle *centre*.

Toute ligne droite, menée du centre de la sphère à sa surface, se nomme *rayon*. La droite qui passe par le centre et se termine de part et d'autre à la surface est un *diamètre*. Tous les rayons sont égaux entre eux; il en est de même de tous les diamètres.

435. Un plan est *tangent* à la sphère, quand il n'a qu'un seul point commun avec la surface de celle-ci; ce point s'appelle *point de contact*.

436! Une *zone* est la partie de la surface sphérique comprise entre deux plans parallèles, dont l'un peut être quelquefois simplement tangent à la sphère : ces plans sont les *bases* de la zone ; la distance qui les sépare en est la *hauteur*.

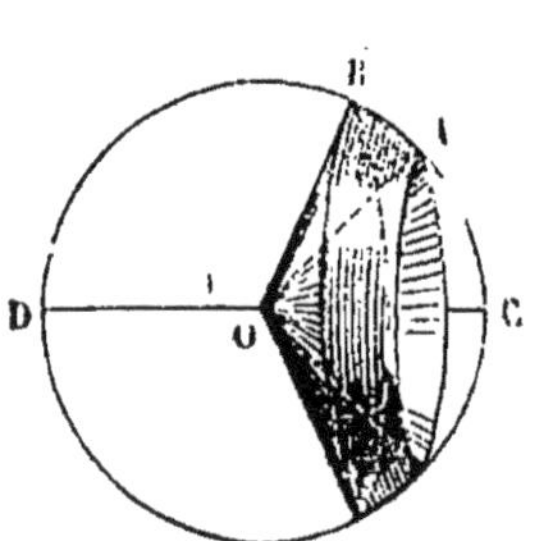

Fig. 283.

On peut regarder la zone comme engendrée par la révolution d'un arc de cercle AB, tournant autour du diamètre CD. Ses bases sont les cercles décrits par les perpendiculaires abaissées des points A et B sur le diamètre CD, et sa hauteur est la projection, sur ce même diamètre, de l'arc générateur AB.

Si l'arc dont la rotation autour d'un diamètre engendre la surface de la zone se termine à ce diamètre, comme AC, la zone n'a plus qu'une base dont le rayon est la perpendiculaire abaissée du point A sur le diamètre CD ; elle prend alors le nom de *calotte sphérique*.

437. On appelle *secteur sphérique* le volume engendré par la révolution d'un secteur circulaire AOB, qui tourne autour d'un diamètre CD (*fig.* 283), mené hors du secteur. La zone engendrée par l'arc AB se nomme la *base* du secteur.

Théorème.

438. *Toute section ABD, faite dans une sphère par un plan AD, est un cercle.*

Du centre O de la sphère abaissons OC perpendiculaire sur le plan sécant et menons des rayons OA, OB... aux différents points de la courbe d'intersection. Ces rayons sont des obliques égales qui, par conséquent, s'écartent également du pied C de la perpendiculaire ; donc les lignes CA, CB... sont égales et la courbe ABD est une circonférence de cercle.

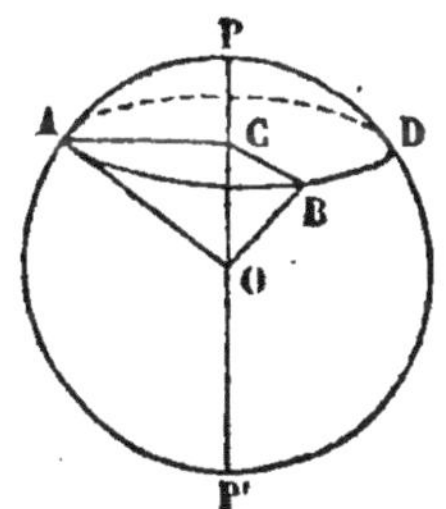

Fig. 284.

439. Corollaire I. — Nous avons dans le triangle rectangle AOC la relation

$$\overline{AO}^2 = \overline{OC}^2 + \overline{AC}^2.$$

La somme des carrés des deux droites OC, AC, étant toujours égale au carré du rayon OA, il est évident que, si l'une d'elles augmente ou diminue, l'autre diminue ou augmente en même temps; d'où il suit :

1° *Qu'un cercle de la sphère est d'autant plus grand ou plus petit, que son plan passe plus près ou plus loin du centre;*

2° *Que, lorsque son plan passe par le centre, il a le même rayon que la sphère. Sa grandeur est alors maxima, puisque la distance* OC *est* minima.

Les considérations qui précèdent ont fait distinguer parmi les cercles de la sphère, les *grands* et les *petits cercles.* Les *grands cercles* sont ceux dont le plan passe par le centre de la sphère; et les *petits cercles*, ceux dont le plan ne passe pas par ce point.

440. Corollaire II. — Prolongeons la perpendiculaire OC (*fig.* 284) jusqu'à ce qu'elle rencontre la surface de la sphère; elle devient le diamètre PP′ dont les extrémités sont également distantes de tous les points de la circonférence ABD. On appelle *pôles* d'un cercle de la sphère les extrémités P et P′ du diamètre perpendiculaire au plan de ce cercle. La raison de cette dénomination est que le diamètre PP′ peut être considéré comme l'axe autour duquel tourne la demi-circonférence qui engendre la surface de la sphère. Tous les cercles dont les plans sont parallèles ont les mêmes pôles.

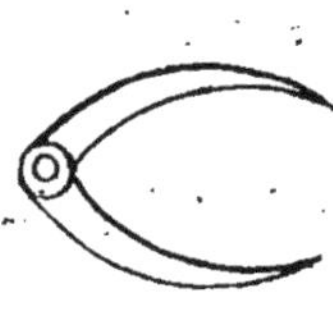

Fig. 285.

Les propriétés des pôles permettent de tracer des circonférences sur la surface de la sphère, à l'aide d'un compas dont les branches sont recourbées, et que l'on nomme dans les arts *compas d'épaisseur* (*fig.* 285).

Si l'on voulait tracer du point P, comme pôle, le grand cercle ABC (*fig.* 286), l'ouverture du compas, ou la distance de ses deux pointes, devrait être égale à la corde qui sous-tend un quadrant. Il faudrait donc connaître le rayon de la sphère.

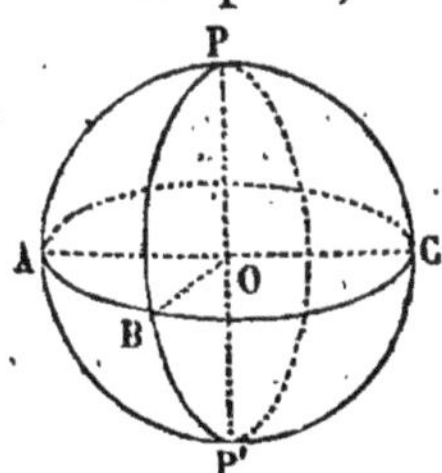

Fig. 286.

Problème.

441. *Étant donnée une sphère, trouver son rayon.*

Du point A, pris sur la surface de la sphère, avec une ouverture de compas arbitraire, décrivons un petit cercle sur lequel nous marquons trois points B, C, D; puis, à l'aide du compas d'épaisseur, mesurons les distances rectilignes BC, BD, CD, et construisons sur un plan le triangle ayant ces trois longueurs pour côtés : le rayon du cercle circonscrit à ce triangle est égal au rayon du cercle BCD.

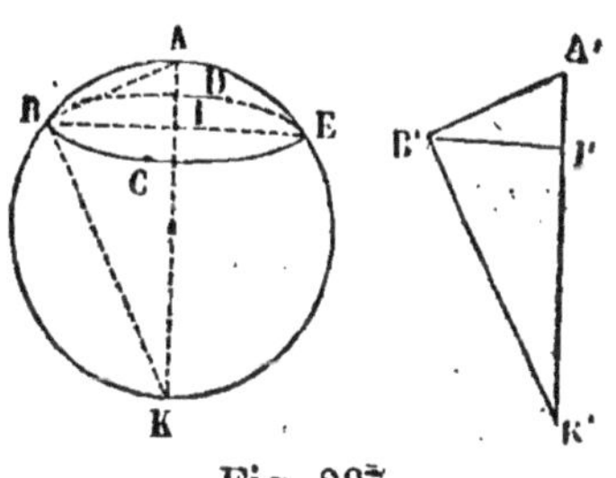

Fig. 287.

Cela posé, imaginons un grand cercle ABK, passant par le diamètre AK, perpendiculaire au plan BCD, et concevons les droites AB, BK, BI. Dans le triangle rectangle ABI, nous connaissons l'hypoténuse AB et le côté BI; nous pourrons donc construire sur un plan un triangle A'B'I' égal à ABI. De plus BK étant perpendiculaire sur AB, si nous menons B'K' perpendiculaire sur A'B', la droite A'K' égale à AK est le diamètre de la sphère.

Théorème.

442. *Tout plan tangent BAC est perpendiculaire à l'extrémité du rayon qui va du centre au point de contact.*

En effet, tout point D du plan tangent BAC, autre

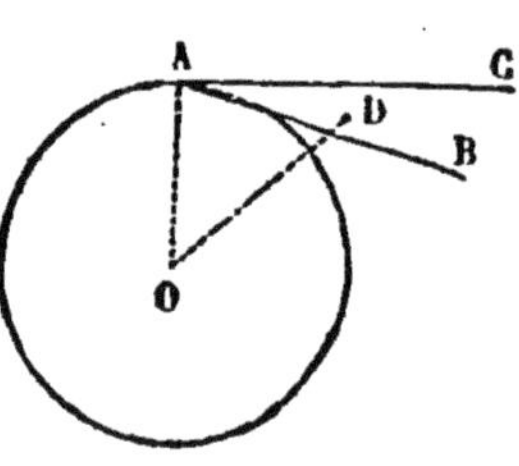

Fig. 288.

que le point A, est placé hors de la sphère, et, par conséquent, il est plus éloigné du centre que le point de contact A; donc le rayon OA est la plus courte ligne que l'on puisse mener du centre de la sphère au plan tangent, et, par suite, il est perpendiculaire à ce plan.

Théorème.

443. Réciproquement, *tout plan BAC perpendiculaire à l'extrémité d'un rayon OA est tangent à la sphère.*

Prenons, en effet, sur ce plan un point D autre que le

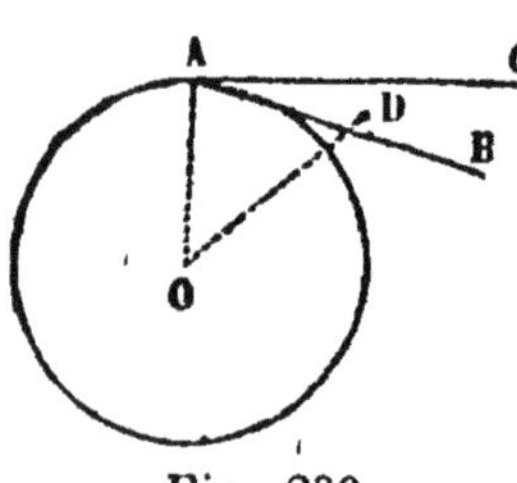

Fig. 289.

point A; l'oblique OD étant plus longue que la perpendiculaire OA, le point D se trouve en dehors de la sphère; par conséquent, le point A est le seul qui soit commun à la surface de la sphère et au plan BAC; ce plan est donc tangent à la sphère (435).

VOLUME ET SURFACE DE LA SPHÈRE.

444. Nous avons (434) défini la sphère *un solide*

engendré par la révolution d'un demi-cercle tournant autour d'un de ses diamètres. Si, dans un demi-cercle, nous inscrivons un demi-polygone régulier ABCDE, son périmètre, en tournant autour du diamètre AB, engendre une surface qui, à mesure que le nombre des côtés du demi-polygone augmente, s'approche de plus en plus de la surface de la sphère et peut en différer moins que toute quantité donnée; en d'autres termes, elle a la surface de la sphère pour *limite.* Les mêmes considéra-tions montrent que le solide engendré par le demi-polygone a aussi pour *limite* le volume de la sphère.

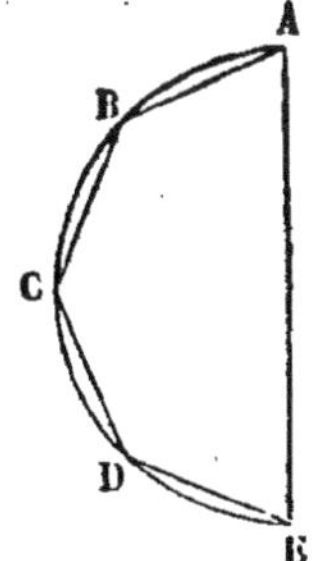

Fig. 290.

Ainsi, pour calculer la surface et le volume de la sphère, nous sommes conduits à chercher la mesure de la surface et du solide, dont la surface et le volume de la sphère sont les limites respectives. Mais, afin de pouvoir mesurer *certaines parties* de la surface et du volume de la sphère, nous mesurerons la surface engendrée par la *ligne polygonale régulière* quelconque, tournant autour d'un axe mené dans son plan et par son centre, et le volume engendré par le *secteur polygonal* dont elle est le contour.

On appelle *ligne polygonale régulière* une ligne brisée plane qui a tous ses côtés égaux et tous ses angles égaux. Pour inscrire une telle ligne dans un arc, il suffit évidemment de diviser cet arc en un nombre quelconque de parties égales et de tracer les cordes des arcs consécutifs.

Théorème.

445. *La surface engendrée par une ligne polygonale régulière, tournant autour d'un axe mené dans son* *plan et par son centre, a pour mesure la circonférence du cercle inscrit multipliée par la projection de la ligne polygonale régulière sur l'axe.*

Soient BCDE une ligne polygonale régulière, O son centre, OG son apothème ou le rayon du cercle inscrit, la surface que cette ligne engendre en tournant autour de l'axe xy se compose évidemment des surfaces engendrées séparément par les côtés BC, CD, DE... Or, le côté BC engendre la surface latérale d'un tronc de cône qui a pour mesure le côté BC multiplié par la circonférence moyenne dont le rayon est la perpendiculaire GH abaissée sur l'axe du milieu G de BC. Ainsi,

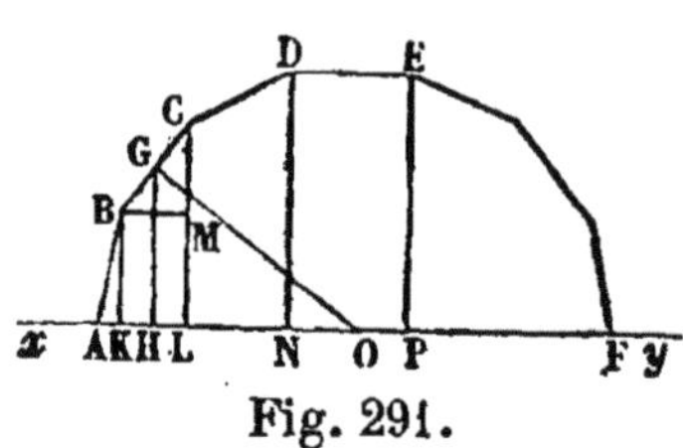

Fig. 291.

$$\text{Surf. BC} = 2\pi \text{GH} \times \text{BC}. \qquad (1).$$

Menons BK, CL perpendiculaires à l'axe et BM parallèle et, par suite, égale à KL. Les deux triangles OGH, BCM sont semblables, puisqu'ils ont leurs côtés perpendiculaires chacun à chacun; ils donnent donc :

$$\frac{GO}{BC} = \frac{GH}{BM};$$

d'où nous tirons, en égalant le produit des extrêmes au produit des moyens et en remplaçant BM par la longueur égale KL,

$$GO \times KL = GH \times BC.$$

Si, dans l'égalité (1), nous remplaçons le produit GH $\times$ BC par le produit égal GO $\times$ KL, elle devient :

$$\text{Surf. BC} = 2\pi GO \times KL.$$

Mais 2πGO est la circonférence du cercle inscrit dans la ligne polygonale régulière, et KL est la projection du côté BC sur l'axe; donc, *la surface engendrée par le côté* BC *a pour mesure la circonférence du cercle inscrit multipliée par la projection de ce côté sur l'axe.*

Nous verrions de même que les surfaces engendrées par les côtés CD, DE... ont respectivement pour mesure

$$\text{Surf. CD} = 2\pi\text{GO} \times \text{LN},$$
$$\text{Surf. DE} = 2\pi\text{GO} \times \text{NP}.$$

En ajoutant ces différentes surfaces, nous obtenons la surface engendrée par la ligne polygonale régulière; elle a donc pour mesure la circonférence du cercle inscrit multipliée par la somme des projections sur l'axe des différents côtés BC, CD, DE..., c'est-à-dire, par la projection de la ligne polygonale elle-même.

Théorème.

446. *La zone a pour mesure sa hauteur multipliée par une circonférence de grand cercle.*

Soit la zone engendrée par l'arc BD tournant autour du diamètre AM. Si nous inscrivons dans cet arc une ligne polygonale régulière, la surface qu'elle engendre a pour mesure la circonférence du cercle inscrit multipliée par sa projection sur le diamètre AM. Mais si nous augmentons indéfiniment le nombre de ses côtés, la ligne polygonale tend à se confondre avec l'arc et la surface qu'elle engendre avec la zone elle-même; en même temps le

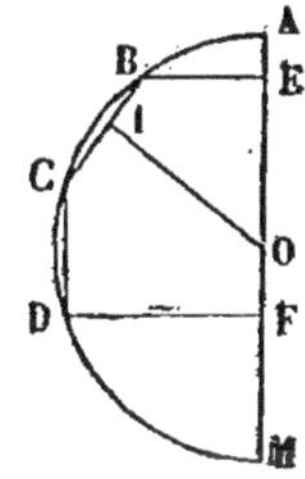

Fig. 292.

rayon OI du cercle inscrit tend à devenir le rayon de la sphère; donc la surface d'une zone a pour mesure la circonférence d'un grand cercle multipliée par la projection sur le diamètre de l'arc générateur ou par sa hauteur.

447. — Soient R le rayon d'une sphère et H la hauteur d'une zone, sa mesure est

$$2\pi R \times H.$$

Théorème.

448. *La surface d'une sphère a pour mesure son diamètre multiplié par la circonférence d'un de ses grands cercles.*

Inscrivons, en effet, dans le demi-cercle ACE, qui engendre la sphère, un demi-polygone régulier quelconque ABCDE. Le périmètre de ce demi-polygone engendre une surface qui a pour mesure sa projection sur l'axe AE

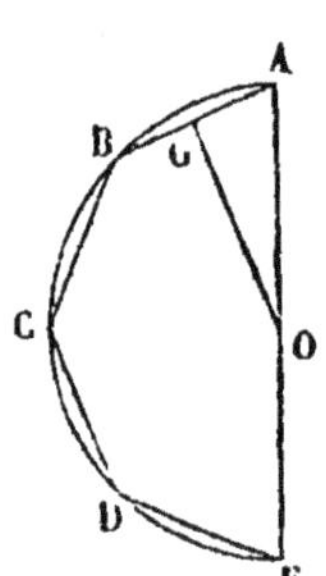

Fig. 293.

multiplié par la circonférence du cercle inscrit (445). Or, la surface de la sphère est la limite vers laquelle tend la surface engendrée par le périmètre du demi-polygone ABCDE quand le nombre de ses côtés augmente indéfiniment. Mais alors le rayon OG du cercle inscrit a aussi pour limite le rayon de la sphère. La projection du périmètre sur l'axe étant le diamètre AE lui-même, nous pouvons conclure que la surface d'une sphère a bien pour mesure son diamètre multiplié par une circonférence de grand cercle.

449. REMARQUE. — Nous serions arrivés à la même

conclusion en considérant la surface de la sphère comme une zone dont la hauteur est égale au diamètre.

550. Soit R le rayon d'une sphère, sa surface S a pour expression

$$S = 2\pi R \times 2R = 4\pi R^2,$$

c'est-à-dire que *la surface d'une sphère est égale à quatre grands cercles.*

451. Corollaire. *Le rapport des surfaces de deux sphères est égal au rapport des carrés de leurs rayons.* Car, soient R et R′ les rayons des deux sphères, leurs surfaces S et S′ sont

$$S = 4\pi R^2,$$
$$S' = 4\pi R'^2.$$

Divisons membre à membre ces deux égalités, nous avons :

$$\frac{S}{S'} = \frac{4\pi R^2}{4\pi R'^2},$$

et, en supprimant le facteur 4π commun aux deux termes du second rapport,

$$\frac{S}{S'} = \frac{R^2}{R'^2}.$$

Théorème.

452. *Le volume engendré par la révolution d'un triangle ABC, tournant autour d'un axe xy, mené dans son plan, par l'un de ses sommets A, a pour mesure la surface décrite par le côté BC opposé à* *ce sommet multipliée par le tiers de la hauteur correspondante* AD.

Le triangle ABC peut avoir, par rapport à l'axe, trois positions différentes :

1° Son côté AB coïncide avec l'axe. Abaissons CE perpendiculaire sur AB : il est évident que le volume

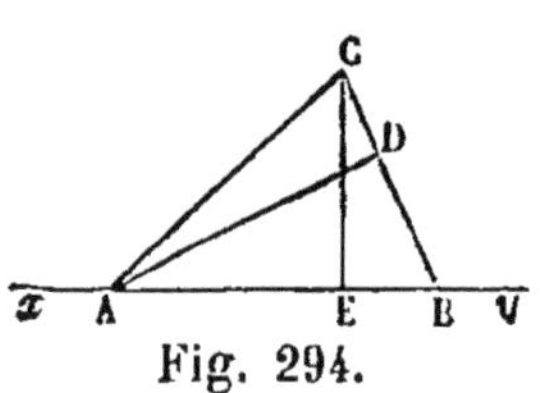

Fig. 294.

engendré est égal à la somme des volumes engendrés par les triangles rectangles ACE, BCE, c'est-à-dire à la somme de deux cônes circulaires droits, ayant pour base commune le cercle décrit par la perpendiculaire CE et pour hauteur, l'un AE, l'autre BE; nous avons donc :

$$\text{Vol. ABC} = \frac{1}{3}\pi\overline{CE}^2 \times AE + \frac{1}{3}\pi\overline{CE}^2 \times BE,$$

ou, en mettant $\frac{1}{3}\pi\overline{CE}^2$ en facteur commun,

$$\text{Vol. ABC} = \frac{1}{3}\pi\overline{CE}^2(AE + BE) = \frac{1}{3}\pi\overline{CE}^2 \times AB,$$

ce que nous pouvons écrire :

$$\text{Vol. ABC} = \frac{1}{3}\pi CE \times CE \times AB. \qquad (1)$$

Menons AD perpendiculaire sur le côté BC; les deux produits CE × AB et BC × AD sont égaux, puisque chacun d'eux représente le double de l'aire du triangle. Si, dans l'expression (1) nous substituons le second au premier, cette expression devient :

$$\text{Vol. ABC} = \frac{1}{3}\,\pi\text{CE} \times \text{BC} \times \text{AD} = \pi\text{CE} \times \text{BC} \times \frac{\text{AD}}{3}.$$

Mais, dans le mouvement de révolution du triangle, son côté BC décrit la surface latérale d'un cône circulaire droit dont la mesure est $2\pi\text{CE} \times \dfrac{\text{BC}}{2} = \pi\text{CE} \times \text{BC}$; donc :

$$\text{Vol. ABC} = \text{surf. BC} \times \frac{\text{AD}}{3}.$$

2° L'axe xy rencontre en un point F le prolongement du côté BC opposé au sommet A. Nous avons évidemment :

Vol. ABC = vol. ACF — vol. ABF.

Mais, d'après ce qui précède,

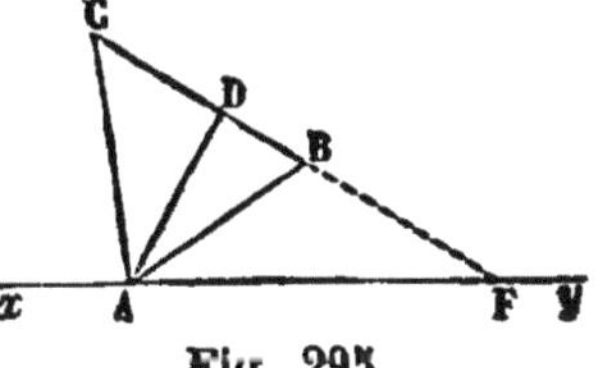

Fig. 295.

$$\text{Vol. ACF} = \text{surf. CF} \times \frac{\text{AD}}{3},$$

$$\text{Vol. ABF} = \text{surf. BF} \times \frac{\text{AD}}{3} ;$$

donc :

$$\text{Vol. ABC} = (\text{surf. CF} - \text{surf. BF}) \times \frac{\text{AD}}{3} = \text{surf. BC} \times \frac{\text{AD}}{3}.$$

3° L'axe xy est parallèle au côté BC. Les cônes engendrés par les triangles rectangles ACG, ABH sont les tiers respectifs des cylindres circulaires droits ADCG, ADBH ; leur somme est donc le tiers du cylindre BCGH et, par conséquent,

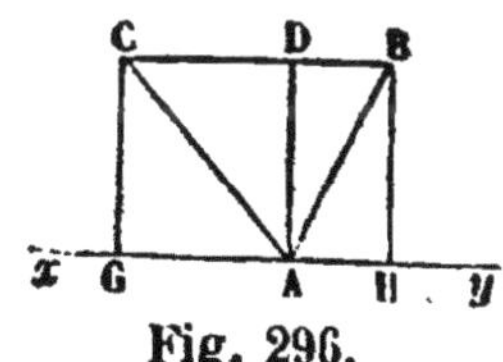

Fig. 296.

le volume engendré par le triangle ABC est les deux tiers de celui du cylindre. Ainsi,

$$\text{Vol. ABC} = \frac{2}{3}\,\pi\overline{\text{AD}}^{2} \times \text{BC}.$$

Ce que nous pouvons écrire :

$$\text{Vol. ABC} = 2\pi\text{AD} \times \text{BC} \times \frac{\text{AD}}{3}.$$

Mais, pendant la révolution du triangle, son côté BC engendre la surface latérale d'un cylindre circulaire droit dont la mesure est $2\pi\text{AD} \times \text{BC}$; par conséquent

$$\text{Vol. ABC} = \text{surf. BC} \times \frac{\text{AD}}{3}.$$

Théorème.

453. *Le volume engendré par un secteur polygonal régulier OBCDE, tournant autour d'un axe AO mené dans son plan et par son centre, a pour mesure la surface engendrée par son périmètre, multipliée par le tiers du rayon du cercle inscrit.*

Soient O le centre du secteur polygonal OBCDE, et OG son apothème. Si nous joignons au centre les sommets B, C, D, E, nous décomposons ce secteur en triangles isocèles égaux, et il est évident que le volume qu'il engendre se compose des volumes engendrés séparément par chacun de ces triangles. Or, chacun d'eux engendre un volume qui a pour

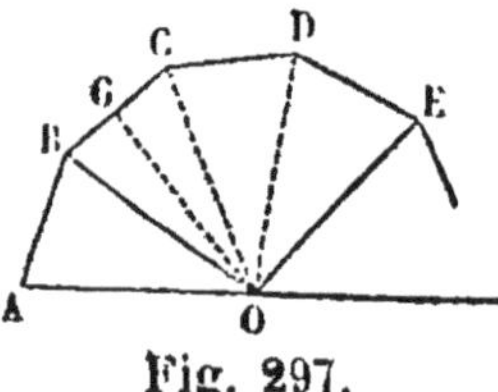
Fig. 297.

mesure la surface engendrée par son côté opposé au sommet O multipliée par le tiers de l'apothème OG; donc le volume engendré par le secteur polygonal régulier a pour mesure l'ensemble des surfaces décrites par les côtés des triangles opposés au sommet commun O, ou la surface engendrée par son périmètre multipliée par le tiers de son apothème.

Théorème.

454. *Le volume d'un secteur sphérique a pour mesure la zone qui lui sert de base, multipliée par le tiers du rayon.*

Soit le secteur sphérique engendré par le secteur circulaire AOD. Si nous inscrivons dans le secteur circulaire un secteur polygonal régulier quelconque, le volume qu'il engendre a pour mesure la surface engendrée par son périmètre multipliée par le tiers de son apothème OL, ou du rayon du cercle inscrit. Or, le secteur sphérique est la limite vers laquelle tend le volume engendré par le secteur polygonal, quand le nombre de ses côtés augmente indéfiniment. Mais alors la surface engendrée par son contour a pour limite la zone que décrit l'arc AD et le rayon

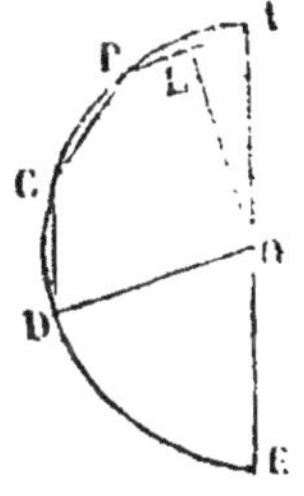

Fig. 298.

OL du cercle inscrit s'approche indéfiniment du rayon de la sphère. Le secteur sphérique a donc pour mesure la zone qui lui sert de base, multipliée par le tiers du rayon.

455. Soient R le rayon de la sphère et H la hauteur de la zone qui sert de base au secteur sphérique, son volume V a pour expression

$$V = \frac{2}{3} \pi R^2 \times H.$$

19.

Théorème.

456. *Le volume de la sphère a pour mesure sa surface multipliée par le tiers de son rayon.*

Inscrivons en effet, dans le demi-cercle ACE, qui engendre la sphère, un demi-polygone régulier quelconque ABCDE. Ce demi-polygone engendre un volume dont la mesure est la surface engendrée par son périmètre multipliée par le tiers de son apothème ou du rayon du cercle inscrit. Or, la sphère est la limite vers laquelle tend le volume engendré par le demi-polygone, quand le nombre de ses côtés augmente indéfiniment. Mais alors la surface engendrée par son périmètre a aussi pour limite la surface de la sphère, et le rayon OL du cercle inscrit tend à se confondre avec le rayon même de la sphère.

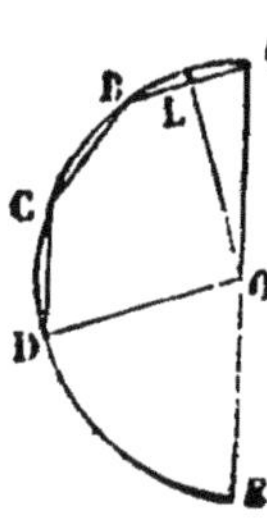

Fig. 299.

Le volume d'une sphère a donc pour mesure sa surface multipliée par le tiers de son rayon.

457. REMARQUE. — Nous serions arrivés à la même conclusion en considérant la sphère comme le volume engendré par un secteur circulaire égal au demi-cercle.

458. Soit R le rayon d'une sphère, sa surface étant $4\pi R^2$, nous avons pour son volume V :

$$V = 4\pi R^2 \times \frac{R}{3} = \frac{4}{3}\pi R^3. \qquad (1)$$

Appelons D le diamètre de la sphère, et, dans l'égalité (1), remplaçons R par sa valeur $\frac{D}{2}$, ou R^3 par $\frac{D^3}{8}$, le volume V deviendra :

$$V = \frac{1}{6}\pi D^3.$$

459. Corollaire. — *Le rapport des volumes de deux sphères est égal au rapport des cubes de leurs rayons.* — Car, soient R et R′ les rayons de ces sphères, leurs volumes respectifs V et V′ sont

$$V = \frac{4}{3}\pi R^3,$$

$$V' = \frac{4}{3}\pi R'^3.$$

Divisons membre à membre ces deux égalités, nous avons

$$\frac{V}{V'} = \frac{\dfrac{4}{3}\pi R^3}{\dfrac{4}{3}\pi R'^3},$$

et, en supprimant le facteur $\frac{4}{3}\pi$ commun aux deux termes du second rapport,

$$\frac{V}{V'} = \frac{R^3}{R'^3}.$$

460. Remarque. — *On peut obtenir directement le volume de la sphère.*

Soit A,B,C trois points très rapprochés pris sur la surface de la sphère O. Joignons ces trois points au centre, nous formons une pyramide qui a pour base le triangle ABC, dont nous représenterons la surface par σ; si h est sa hauteur, son volume v est donné par la formule

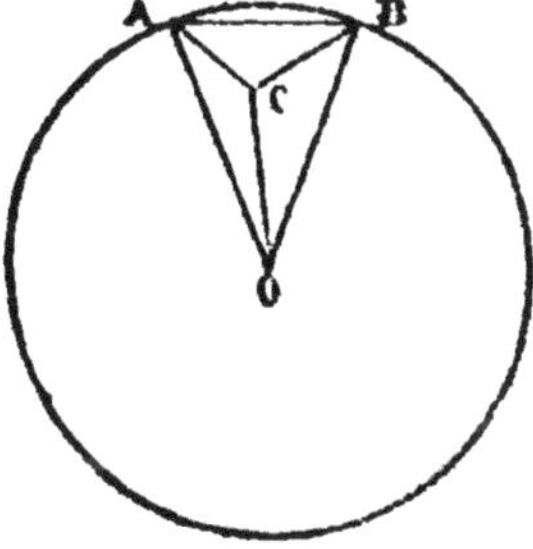

Fig. 300.

$$v = \frac{h}{3} \cdot \sigma.$$

Multiplions les deux membres de cette égalité par n, n désignant le nombre des triangles, tels que ABC que l'on peut inscrire sur la sphère,

$$nv = \frac{h}{3} \cdot n\,\sigma.$$

Si nous supposons les points A, B, C infiniment voisins, à la limite : $h = R$, $n\sigma = 4\pi R^2$, $nv = V$ et l'on a :

$$V = \frac{4}{3}\pi R^3.$$

Théorème.

461. *Le volume d'un polyèdre circonscrit à une sphère est égal à sa surface, multipliée par le tiers du rayon de la sphère.*

Soient s, s', s''... les surfaces des différentes faces du polyèdre, faces qui sont tangentes à la sphère R.

En joignant les sommets de la face s au centre de la sphère, nous formons une première pyramide, dont la base est s et la hauteur R, son volume v est :

$$v = \frac{R}{3}\,s. \qquad (1)$$

De même, en joignant les sommets de la face s' au centre de la sphère, nous formons une seconde pyramide dont la base est s' et la hauteur R ; son volume v' est :

$$v' = \frac{R}{3}\,s'. \qquad (2)$$

On aurait de même :

$$v'' = \frac{R}{3} s'', \qquad (3)$$

et ainsi de suite.

En additionnant les égalités (1), (2), (3)... on a :

$$v + v' + v'' \ldots = \frac{R}{3}(s + s' + s'' \ldots).$$

Mais $v + v' + v'' \ldots = V$, volume du polyèdre,
et $s + s' + s'' \ldots = S$, surface du polyèdre,
et il vient :

$$V = S.\frac{R}{3}. \qquad\qquad \text{C. Q. F. D.}$$

462. Corollaire. — Supposons les faces du polyèdre, circonscrit à la sphère, infiniment nombreuses et infiniment petites ; la limite de la surface de ce polyèdre n'est autre que la surface de la sphère, la limite de son volume est donc le volume de la sphère ; par conséquent, le volume de la sphère a pour mesure sa surface multipliée par le tiers du rayon ; c'est le théorème 456.

Théorème.

463. *Le volume engendré par un segment circulaire tournant autour d'un diamètre extérieur à sa surface, est éuqivalent au sixième du cylindre qui a pour rayon la corde du segment, et pour hauteur la projection de cette corde sur l'axe.*

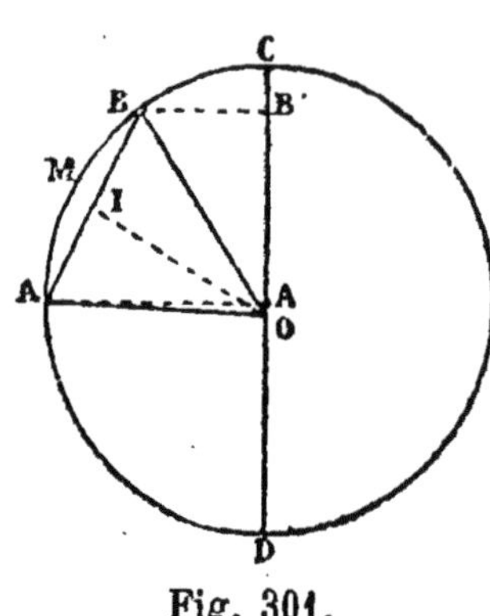

Fig. 301.

Soient O le centre du cercle,
AMB le segment circulaire,
AB $= l$, la longueur de la corde,
B′A′ $= h$, la projection de la
  corde CD,
V le volume engendré par AMB.
Je dis que l'on a :

$$V = \frac{1}{6}\,\pi l^2 h.$$

En effet, le volume demandé est égal au volume engendré par le secteur OAB, diminué du volume engendré par le triangle OAB. On a donc :

$$V = \frac{2}{3}\,\pi R^2 h - \frac{1}{3}\,OI \times \text{surf. AB},$$

or,

$$\text{surf. AB} = 2\pi.\,OI.\,h,$$

donc

$$V = \frac{2}{3}\,\pi h \left(R^2 - \overline{OI}^2\right).$$

Or le triangle rectangle OAI donne : $R^2 - \overline{OI}^2 = \dfrac{l^2}{4}$,

par conséquent :

$$V = \frac{1}{6}\,\pi l^2 h.$$

Théorème.

464. *Le volume d'un segment sphérique est équivalent au volume d'une sphère ayant pour diamètre la hauteur du segment, plus la demi-somme des volumes de deux cylindres ayant pour hauteur commune celle du segment, et pour bases les bases du segment.*

Soient :

O le centre du cercle,

AMB l'arc qui en tournant autour du diamètre CD engendre le segment sphérique,

B′A′ $= h$, la hauteur du segment,

$\left.\begin{array}{l} \text{BB′} = r \\ \text{AA′} = \text{R} \end{array}\right\}$ les rayons des bases des segments.

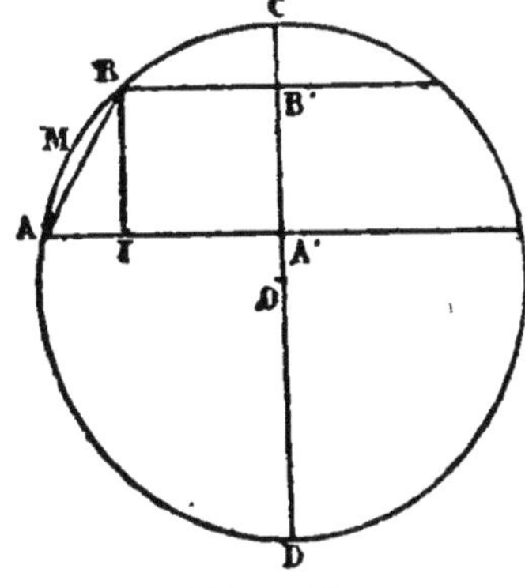

Fig. 302.

Je dis que l'on a :

$$V = \frac{1}{6}\,\pi h^3 + \frac{1}{2}\,\pi h\,(R^2 + r^2).$$

En effet, le volume demandé est égal au volume engendré par le segment AMB augmenté du volume engendré par le trapèze ABA′B′. On a donc :

$$V = \frac{1}{6}\,\pi l^2 h + \frac{1}{3}\,\pi h\,(R^2 + r^2 + Rr).$$

Mais le triangle rectangle ABI, dans lequel $AB = l$, $BI = h$, $AI = R - r$, donne

$$l^2 = h^2 + (R - r)^2;$$

transportant cette valeur de l^2 dans l'expression ci-dessus :

$$V = \frac{1}{6}\pi h^3 + \frac{1}{6}\pi h\,(R - r)^2 + \frac{2}{6}\pi h\,(R^2 + r^2 + Rr),$$

ou

$$V = \frac{1}{6}\pi h^3 + \frac{1}{6}\pi h\,(R^2 + r^2 - 2Rr + 2R^2 + 2r^2 + 2Rr),$$

ou en simplifiant :

$$V = \frac{1}{6}\pi h^3 + \frac{1}{2}\pi h\,(R^2 + r^2).$$

Théorème.

465. *Le volume engendré par un triangle tournant autour d'un axe extérieur à lui, mais situé dans son plan, a pour mesure la surface même de ce triangle, multipliée par la circonférence décrite par le centre de gravité, c'est-à-dire par le point de rencontre des médianes* [1].

Soient ABC le triangle donné tournant autour de l'axe

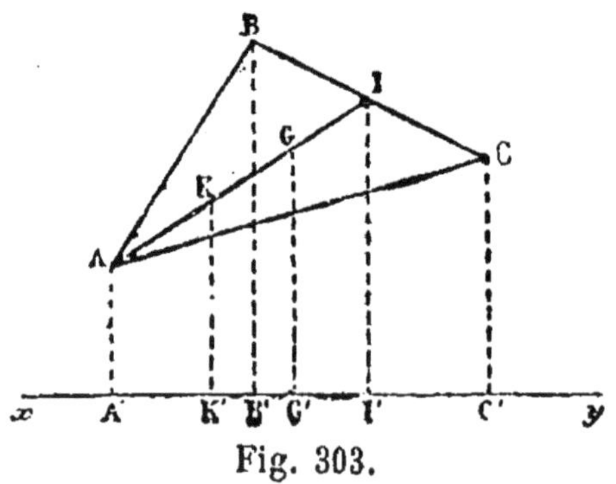

Fig. 303.

xy, G le centre de gravité qui se trouve sur la médiane

---

[1]. Le théorème de Guldin (465, 466, 467) n'est pas exigé des candidats au baccalauréat ès sciences.

AI, au tiers à partir de la base, α, β, γ, les longueurs des perpendiculaires AA', BB', CC'.

Le volume engendré par le triangle ABC est évidemment égal au volume engendré par les trapèzes AA'BB', BB'CC, diminué du volume engendré par le trapèze AA'CC', on a donc :

$$\frac{V}{\pi} = \frac{A'B'}{3}(\alpha^2 + \beta^2 + \alpha\beta) + \frac{B'C'}{3}(\beta^2 + \gamma^2 + \beta\gamma)$$
$$- \left(\frac{A'B' + B'C'}{3}\right)(\alpha^2 + \gamma^2 + \alpha\gamma),$$

ou en réduisant :

$$\frac{V}{\pi} = \frac{A'B'}{3}(\beta^2 + \alpha\beta - \gamma^2 - \alpha\gamma) + \frac{B'C'}{3}(\beta^2 + \beta\gamma - \alpha^2 - \alpha\gamma)$$
$$= \frac{A'B'}{3}\left[(\beta + \gamma)(\beta - \gamma) + \alpha(\beta - \gamma)\right]$$
$$+ \frac{B'C'}{3}\left[(\beta + \alpha)(\beta - \alpha) + \gamma(\beta - \alpha)\right],$$

ou

$$\frac{V}{\pi} = \frac{A'B'}{3}(\beta - \gamma)(\alpha + \beta + \gamma) + \frac{B'C'}{3}(\beta - \alpha)(\alpha + \beta + \gamma),$$

ou

$$\frac{V}{\pi} = \frac{\alpha + \beta + \gamma}{3}\left[A'B'(\beta - \gamma) + B'C'(\beta - \alpha)\right],$$

enfin

$$V = \frac{\pi(\alpha + \beta + \gamma)}{3}\left[A'B'(\beta - \gamma) + B'C'(\beta - \alpha)\right],$$

sous cette forme du volume, le théorème devient évident si l'on remarque que $\dfrac{\alpha+\beta+\gamma}{3}=GG'$ et que la parenthèse carrée représente le double de la surface du triangle. Il est du reste facile de justifier cette remarque. En effet GG' étant la ligne qui joint les milieux des côtés non parallèles du trapèze $KIK'I'$, on a : $2.\,GG'=II'+KK'$.

Mais le trapèze $AA'GG'$ donne : $2.\,KK'=\alpha+GG'$; de même le trapèze $BCB'C'$ donne : $2.\,II'=\beta+\gamma$; transportons ces valeurs de II' et de KK' dans l'égalité qui donne GG' on a :

$$4.\,GG'=\alpha+\beta+\gamma+GG',$$

d'où

$$GG'=\frac{\alpha+\beta+\gamma}{3}.$$

Cherchons maintenant la surface du triangle ABC en fonction des ordonnées α,β,γ de ses sommets. Cette surface est évidemment égale à la somme des surfaces des trapèzes $AA'BB'$, $BB'CC'$ diminuée de l'aire du trapèze $AA'CC'$. On a donc :

$$2S=A'B'(\alpha+\beta)+B'C'(\beta+\gamma)-(A'B'+B'C')(\alpha+\gamma),$$

ou

$$2S=A'B'(\beta-\gamma)+B'C'(\beta-\alpha).$$

La remarque précédente étant justifiée, l'expression du volume devient :

$$V=2\pi.\,GG'\times S. \qquad \text{C. Q. F. D.}$$

Dans l'évaluation du volume, nous avons supposé le sommet B au-dessus de AC relativement à l'axe xy, si ce sommet avait été au-dessous, il aurait fallu retrancher la somme des volumes engendrés par les côtés AB et BC du volume engendré par le côté AC, et en dirigeant le calcul comme précédemment, on aurait obtenu le même résultat pour l'expression du volume.

466. REMARQUE I. *Le théorème précédent est encore vrai, si nous remplaçons le triangle par un polygone quelconque.*

Considérons d'abord un polygone composé de deux triangles ABC, ACD dont les surfaces sont s et s', et les centres de gravité en g et g_1.

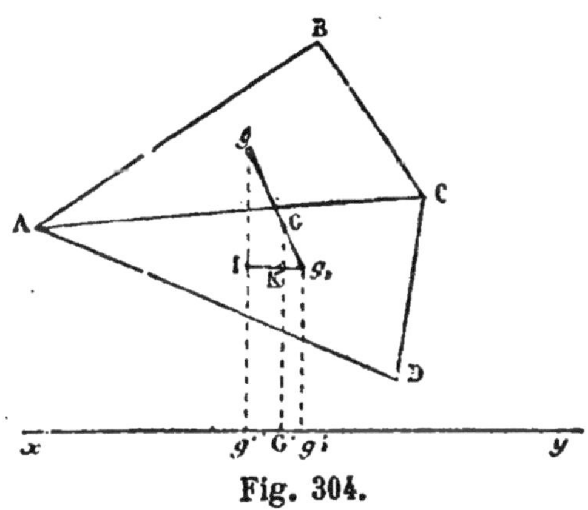

Fig. 304.

En vertu du théorème précédent, le volume engendré par le quadrilatère a pour expression :

$$V = 2\pi \left(s \cdot gg' + s' \cdot g_1 g'_1 \right). \quad (1)$$

Joignons gg_1, et sur cette ligne déterminons un point G d'après la relation

$$\frac{Gg}{Gg_1} = \frac{s'}{s}. \quad (2)$$

Ce point est ce qu'on appelle le centre de gravité du polygone ; des points g, g_1, G abaissons ensuite des perpendiculaires sur l'axe xy, et menons par g_1 une parallèle à l'axe.

La relation (2) peut s'écrire :

$$\frac{g_1 g}{g_1 G} = \frac{s + s'}{s}. \qquad (3)$$

Mais les triangles semblables $g_1 KG$, $g_1 g I$ donnent :

$$\frac{g_1 g}{g_1 G} = \frac{g I}{G K} = \frac{g g' - g_1 g_1'}{G G' - g_1 g_1'}. \qquad (4)$$

Des relations (3) et (4) on tire :

$$\frac{g g' - g_1 g_1'}{G G' - g_1 g_1'} = \frac{s + s'}{s}.$$

En égalant le produit des extrêmes au produit des moyens :

$$s (g g' - g_1 g_1') = (s + s')(G G' - g_1 g_1'),$$

en groupant convenablement les termes, et en supprimant dans les deux membres le produit $s \times g_1 g_1'$:

$$(s + s') G G' = s \times g g' + s' \times g_1 g_1'.$$

Cette relation nous permet de transformer l'expression (1) dans la suivante :

$$V = 2\pi . G G' (s + s'),$$

qui est l'expression du théorème pour un polygone quelconque, attendu que du quadrilatère on passerait à un pentagone, et ainsi de suite, comme on a passé du triangle au quadrilatère.

467. Remarque II. Le théorème précédent étant vrai pour un polygone quelconque, est évidemment vrai pour une courbe fermée quelconque, d'après la définition donnée pour une ligne courbe, et l'on peut dire :

Le volume engendré par une figure plane qui tourne autour d'un axe placé dans son plan, sans la couper, a pour mesure l'aire de la figure multipliée par la circonférence que décrit son centre de gravité.

Ce théorème, dont nous venons de donner une démonstration très simple, est connu sous le nom de théorème de *Guldin*. Il doit son nom au P. Guldin, de l'ordre des Jésuites, qui l'a fait connaître dans son traité *De Centro gravitatis* publié à Vienne en 1635, et l'a signalé à l'attention des géomètres par d'élégantes applications. Le théorème est néanmoins plus ancien ; il est énoncé dans la préface du VIIe livre des *Collections mathématiques* de Pappus, l'un des derniers géomètres de l'école d'Alexandrie, écrites en grec vers la fin du quatrième siècle.

Applications numériques.

Problème.

468. *Un triangle équilatéral tourne autour d'un de ses côtés égal à* 2^m,75. *Calculer le volume engendré.*

Soient a le côté du triangle, h sa hauteur. Le volume engendré se compose de deux cônes circulaires droits qui ont pour base commune le cercle de rayon h et pour hauteur $\dfrac{a}{2}$; donc

$$\text{Vol. engendré} = \frac{1}{3}\pi h^2 \times \frac{a}{2} + \frac{1}{3}\pi h^2 \times \frac{a}{2} = \frac{1}{3}\pi h^2 \times a\,;$$

or,

$$h^2 = a^2 - \frac{a^2}{4} = \frac{3a^2}{4}\,;$$

par conséquent,

$$\text{Vol. eng.} = \frac{1}{4}\pi a^3.$$

Substituons aux lettres a et π leurs valeurs numériques et effectuons les calculs, nous trouvons,

$$V = 19^{\text{mc}},334,$$

à moins d'un décimètre cube.

Problème.

469. *Trouver le volume engendré par un demi-hexagone régulier dont le côté a vaut 30 mètres et tournant autour du diamètre du cercle circonscrit.*

Le volume engendré par ce demi-hexagone est égal à la surface engendrée par son contour, multipliée par le tiers de l'apothème. Si nous appelons h cet apothème, la surface S décrite par le contour du demi-hexagone a pour expression (445), R étant le rayon du cercle circonscrit,

$$S = 2\pi h \times 2R,$$

et le volume V engendré

$$V = \frac{4}{3}\pi h^2 R.$$

Mais

$$h^2 = a^2 - \frac{a^2}{4} = \frac{3}{4}\,a^2\,;$$

par conséquent, en remarquant que pour l'hexagone $R = a$,

$$V = \frac{4}{3}\,\pi a \times \frac{3}{4}\,a^2 = \pi a^3.$$

Substituant aux lettres leurs valeurs numériques, nous trouvons

$$V = 84823^{\text{mc}},$$

à un mètre cube près.

Problème.

470. *On a une zone à deux bases sur une sphère dont le rayon vaut 13 mètres. La surface de la zone vaut 100 mètres carrés et la distance de l'une des bases au centre égale 1 mètre. Quelle est la surface de la deuxième base?*

Soient x la hauteur de la zone et S sa surface; nous avons

$$S = 2\pi R x,$$

ou

$$100 = 26\pi x.$$

Nous tirons de là

$$x = \frac{100}{26\pi} = 1^{\text{m}},22427.$$

Si la deuxième base est au delà de la première par rapport au centre, sa distance d à ce point est $1 + 1,22427 = 2,22427$; et si nous appelons y son rayon, la mesure de sa surface sera

$$\pi y^2 = \pi(R^2 - d^2) = \pi(R + d)(R - d),$$

et, substituant aux lettres leurs valeurs, nous trouvons

$$\pi y^2 = 515^{mq},3865.$$

Si la déuxième base est, au contraire, en deçà de la première, elle est de l'autre côté du centre, et sa distance d' à ce point $1,22427 - 1 = 0^m,22427$. Si nous appelons y' son rayon, la mesure de sa surface sera

$$\pi y'^2 = (R^2 - d'^2) = \pi(R + d')(R - d'),$$

et, substituant aux lettres leurs valeurs, nous trouvons

$$\pi y'^2 = 530^{mq},7711.$$

Problème.

471. *La hauteur de la zone torride, ou la distance des plans des tropiques, est d'environ 1268 lieues de 4000 mètres; quelle est la surface de cette zone en lieues carrées?*

Appelons S la surface cherchée et h la hauteur de la zone torride, nous avons

$$S = 2\pi R \times h.$$

Or, la circonférence $2\pi R$ d'un grand cercle de la sphère terrestre est de 1000 lieues; donc

$$S = 10000 \times 1268 = 1268000 \text{ lieues carrées.}$$

Problème.

472. *Quel est, à moins d'un millimètre, le rayon intérieur qu'il faut donner à un vase hémisphérique pour qu'il contienne 5 kilog. de mercure? La densité du mercure est 13,6.*

Prenons le centimètre pour unité et soit x le rayon du vase. Sa capacité en centimètres cubes est

$$\frac{2}{3}\pi x^3,$$

et son poids en grammes

$$\frac{2}{3}\pi x^3 \times 13,6,$$

et, comme ce poids est égal à 5000 grammes, nous avons

$$\frac{2}{3}\pi x^3 \times 13,6 = 5000;$$

d'où

$$x = \sqrt[3]{\frac{15000}{2\pi \times 13,6}} = 5^c,599,$$

à moins d'un millième de centimètre.

Problème.

473. *Un boulet de fonte pèse 12 kilog.; on sait que la densité de la fonte est 7,35; trouver le rayon de ce boulet.*

Prenons le centimètre pour unité et soit x le rayon du boulet. Son volume en centimètres cubes est

$$\frac{4}{3}\pi x^3.$$

et son poids en grammes

$$\frac{4}{3}\pi x^3 \times 7{,}35 = 12000;$$

d'où nous tirons

$$x = \sqrt[3]{\frac{36000}{4\pi \times 7{,}35}} = 7^c,305,$$

à un millième de centimètre près.

§ IV. Notions sur les triangles sphériques.

474. On nomme *triangle sphérique* une portion ABC de surface sphérique comprise entre trois arcs de grand cercle qui se coupent; ces arcs se nomment les *côtés* du triangle sphérique; leurs extrémités en sont les *sommets*, et les angles formés par ces côtés sont les *angles* du triangle.

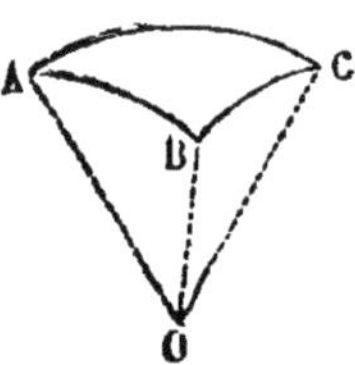

Fig. 305.

Un triangle sphérique se désigne par les lettres de ses trois sommets; ses côtés sont toujours censés moindres qu'une demi-circonférence.

On appelle *angle de deux courbes*, situées dans l'espace et passant par un même point, l'angle de leurs tangentes en ce point, la tangente à une courbe de l'espace se définissant comme la tangente à une courbe plane (118).

Par conséquent, lorsque les courbes sont deux arcs de grand cercle AB, AC (fig. 305), dont les plans se coupent suivant le diamètre AOA′, les tangentes en A étant, dans les plans CAO, BAO, perpendiculaires au rayon AO, *l'angle* A du triangle sphérique n'est autre que le rectiligne correspondant du dièdre des deux plans des deux arcs de grand cercle.

Ainsi on dira que deux arcs de grand cercle sont perpendiculaires lorsque leurs plans sont perpendiculaires.

475. Supposons que du centre O de la sphère on mène, à chacun des sommets A, B, C d'un triangle sphérique ABC, des rayons OA, OB, OC; on forme ainsi un angle trièdre dont les faces ont les mêmes mesures respectives que les côtés du triangle et dont les angles dièdres sont les mêmes que les angles du triangle. Il existe donc une analogie parfaite entre un angle trièdre et le triangle sphérique qu'il détermine sur la surface de toute sphère décrite de son sommet comme centre. De là vient que *la théorie des triangles sphériques se ramène immédiatement à celle des angles trièdres.* De cette remarque découlent, comme conséquences directes, les propositions suivantes.

Propriétés générales des triangles sphériques.

Théorème.

476. *Dans tout triangle sphérique, un côté quelconque est plus petit que la somme des deux autres et plus grand que leur différence.*

Car une face quelconque d'un angle trièdre étant plus petite que la somme des deux autres et plus grande que leur différence, nous voyons que sa mesure est plus petite que la somme et plus grande que la différence des mesures de ces deux autres.

Théorème.

477. *Dans tout triangle sphérique, la somme des trois côtés est plus petite que la circonférence d'un grand cercle.*

Car la somme des trois faces d'un angle trièdre étant moindre que quatre angles droits, la somme de leurs mesures est moindre que la mesure de quatre angles droits, c'est-à-dire que la circonférence d'un grand cercle.

478. Remarque. Réciproquement, avec trois arcs de grand cercle dont la somme est inférieure à une circonférence et tels que le plus grand est plus petit que la somme des deux autres, on peut toujours construire un triangle sphérique. La démonstration de cette réciproque revient à démontrer l'existence du trièdre correspondant du triangle sphérique dont on donne les côtés, existence qui résulte du théorème suivant.

Étant données trois faces, si la plus grande est plus petite que la somme des deux autres, et si la somme de ces faces est plus petite que 4 droits, on peut toujours construire un trièdre correspondant.

En effet, ces conditions sont d'abord nécessaires en vertu des théorèmes connus sur les angles trièdres; il reste ensuite à démontrer que ces conditions sont suffisantes.

Soient ASC la plus grande face donnée, CSB', ASB

les deux autres faces rabattues sur le plan de la première.

Du point B abaissons la perpendiculaire BK sur la

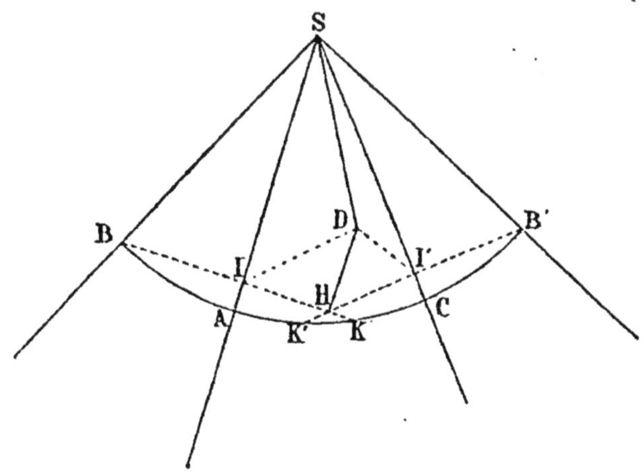

Fig. 306.

ligne SA jusque à sa rencontre en K avec la circonférence décrite du point S comme centre avec SB pour
rayon, circonférence qui coupe de plus la ligne SB′ au
point B′.

Comme arc AK = arc AB et arc AB est plus petit
que arc AC en vertu de l'hypothèse, le point K tombe
entre le point A et le point C. Du point B′ abaissons la
perpendiculaire B′K′; comme pour le point K, le point
K′ tombe entre le point A et le point C.

De plus les deux perpendiculaires BK, B′K′ se coupent,
car autrement AC serait plus grand que la somme des
deux arcs BA, B′C, ce qui est contre l'hypothèse.

Cela posé, du point H d'intersection, élevons une
perpendiculaire HD au plan de la face ASC, et faisons
tourner la face BSA autour de l'axe SA; le point B se
mouvant dans le plan vertical DHB, rencontrera la
perpendiculaire HD au point D, et les deux triangles BSI
et DSI sont égaux.

20.

Menons, maintenant, l'arête indéfinié SD. Les triangles rectangles SDI′, SB′I′ sont égaux comme ayant les hypoténuses égales SB′ = SB = SD et le côté SI′ de l'angle droit commun. Il sera donc possible, en faisant tourner la face B′SC autour de SC, de l'amener dans la position DSC.

Théorème.

479. *La somme des angles de tout triangle sphérique est plus grande que deux angles droits et plus petite que six angles droits.*

Car la somme de 'trois angles dièdres de l'angle trièdre correspondant à ce triangle sphérique est, comme nous l'avons vu (341), plus grande que deux angles droits et moindre que six angles droits.

480. REMARQUE. — La somme des angles d'un triangle sphérique n'est pas constante comme celle des angles d'un triangle rectiligne : ainsi deux angles donnés ne déterminent pas le troisième, et un triangle sphérique peut avoir deux ou trois angles droits. Dans le premier de ces deux cas, il est dit *birectangle*, et *trirectangle* dans le second.

Théorème.

481. *Lorsque un triangle sphérique A′B′C′ est le triangle polaire d'un triangle donné ABC, réciproquement ABC est le triangle polaire de A′B′C′.*

Étant donné un triangle sphérique ABC, si des sommets A, B, C comme pôles, on décrit des arcs de grand cercle, ces arcs se coupent aux points A′, B′, C′, et le triangle A′B′C′ est dit le *triangle polaire* de ABC. Comme deux arcs de grand cercle se coupent en deux points A′ et A″, on prend pour sommet du triangle polaire le pôle A′ de l'arc de BC, qui se trouve du même côté du plan BOC que A, O étant le centre de la sphère.

Venons maintenant à la réciproque ; l'arc B′C′ ayant été décrit du point A comme pôle, la distance C′A est un quadrant ; de même, l'arc C′A′ ayant été décrit du point B comme pôle, la distance C′B est un quadrant, donc AB est arc de grand cercle décrit du point C′ comme pôle.

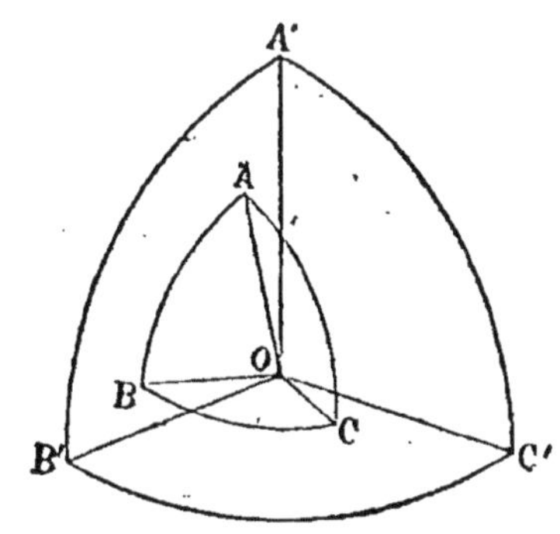

Fig. 307.

Joignons le point O, centre de la sphère, aux points A, B, C, A′, B′, C′ ; le point C′ étant le pôle de l'arc de grand cercle AB, OC′ est perpendiculaire sur le plan ABO, et comme OC et OC′ sont du même côté du plan BOA, l'angle COC′ est aigu. De même, C étant le pôle de l'arc de grand cercle A′B′, OC est perpendiculaire sur le plan A′B′O, et comme l'angle COC′ est aigu, OC est du même côté du plan A′B′O que OC′. Par conséquent, le triangle sphérique ABC dérive du triangle A′B′C, comme ce dernier dérivait par construction du premier.

482. REMARQUE. — D'après ce qui a été dit dans le théorème précédent, les deux trièdres OABC, OA′B′C′ sont supplémentaires, par conséquent :

ABC, A′B′C′ étant deux triangles sphériques polaires, chaque angle de l'un a pour mesure une demi-circonférence de grand cercle diminuée du côté opposé de l'autre.

Égalités des triangles sphériques.

Théorème.

483. *Si deux triangles sphériques appartiennent à la même sphère ou à des sphères égales, ils sont égaux dans les quatre cas suivants :*

1° Lorsqu'ils ont un angle égal compris entre deux côtés égaux chacun à chacun ;

2° Lorsqu'ils ont un côté égal adjacent à deux angles égaux chacun à chacun ;

3° Lorsqu'ils ont leurs trois côtés égaux chacun à chacun ;

4° Lorsqu'ils ont leurs trois angles égaux chacun à chacun ;

Et qu'en outre, les parties homologues dans les deux triangles sont semblablement disposées.

On conçoit, en effet, que les angles trièdres·correspondants à ces deux triangles sphériques étant superposables, ces triangles le sont aussi.

484. Remarque. — Si les éléments, dont l'égalité constitue celle des deux triangles sphériques, sont disposés dans un ordre inverse, ces triangles ont encore toutes leurs parties homologues égales, mais, comme ils ne sont plus superposables, on dit qu'ils sont *symétriques.*

DÉFINITIONS.

485. On appelle *fuseau* la portion de la surface de la sphère comprise entre deux demi-grands cercles qui se terminent à un diamètre commun. L'angle de ces deux grands cercles a reçu le nom d'*angle* du fuseau.

Il est évident que deux fuseaux appartenant à la même sphère ou à des sphères égales sont égaux s'ils ont des angles égaux.

Un *onglet* sphérique est la partie du volume de la sphère comprise entre les mêmes demi-grands cercles et à laquelle le fuseau sert de base.

Aires des triangles sphériques.

Théorème.

486. *Dans une même sphère ou dans des sphères égales, le rapport de deux fuseaux est le même que celui de leurs angles.*

Soient deux fuseaux ABDE, A'B'D'E' dont les angles

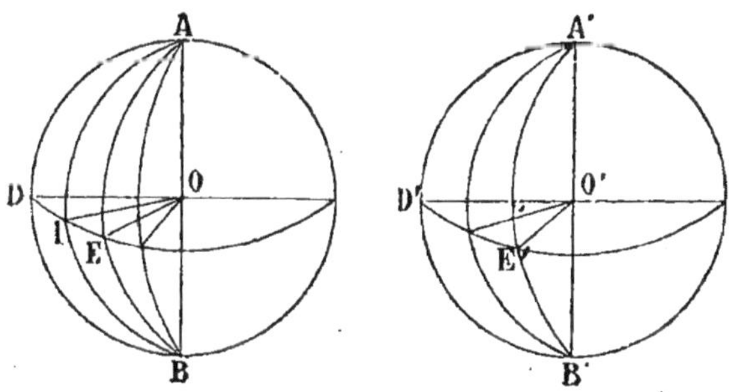

Fig. 308.

sont mesurés par les arcs de grand cercle DE, D'E' décrits des points A et A' comme pôles, je dis que l'on a :

$$\frac{\text{fus. A'B'D'E'}}{\text{fus. ABDE}} = \frac{\text{arc D'E'}}{\text{arc DE}} .$$

Supposons qu'une commune mesure, un fuseau ABDI, par exemple, soit comprise, 2 fois dans le fuseau A'B'D'E' et trois fois dans le fuseau ABDE, le rapport des fuseaux est $\frac{2}{3}$.

Mais ces fuseaux unités étant égaux, leurs angles rectilignes le sont, par conséquent on a :

$$\frac{\text{arc } D'E'}{\text{arc } DE} = \frac{2}{3}.$$

De là on peut évidemment conclure la proposition énoncée.

Si l'angle dièdre selon AB était droit, c'est-à-dire si l'arc DE valait un quadrant, en représentant par T l'aire d'un triangle trirectangle, l'égalité précédente devient :

$$\frac{\text{fuseau } A'B'C'D'}{2T} = \frac{\text{arc } D'E'}{\text{arc } DE} = \frac{\text{angle } A'}{1 \text{ dr.}}.$$

Enfin, si l'on prend comme unité de surface le triangle trirectangle qui est le $\frac{1}{8}$ de la surface de la sphère, l'égalité devient :

$$\text{Fuseau } A'B'C'D' = 2\,A,$$

ce que l'on énonce en disant :

Un fuseau a pour mesure le double de son angle.

Théorème.

487. *Deux triangles sphériques symétriques sont équivalents.*

Soient OABC, O'A'B'C', deux trièdres symétriques auxquels correspondent les deux triangles sphériques symétriques ABC, A'B'C'. Ces deux triangles sont évidemment composés des mêmes éléments, mais ne sont^{t}

pas superposables. Pour démontrer leur équivalence par
le pôle P du premier, menons
les arcs de grand cercle PA,
PB, PC, arcs qui sont égaux.
Prolongeons PO jusqu'à sa rencontre en P′ avec la sphère et
menons les arcs de grand cercle
P′A′, P′B′, P′C′. Ces arcs sont
égaux entre eux, comme égaux
aux arcs PA, PB, PC, c'est-à-
dire que P′ est le pôle du triangle A′B′C′.

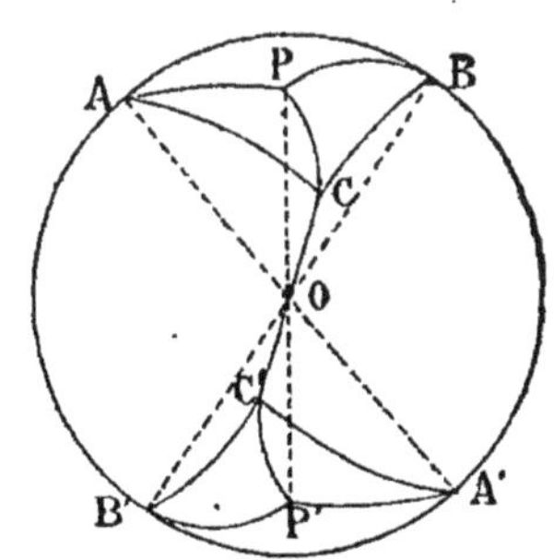

Fig. 309.

Nous avons décomposé, de cette manière, le triangle
ABC en trois triangles isocèles, et le triangle A′B′C′
également en trois triangles isocèles égaux et superposables avec les trois premiers, chacun à chacun. Donc les
deux triangles sphériques ABC, A′B′C′ sont équivalents.

Si le pôle P tombait à l'extérieur du triangle ABC,
ce triangle, au lieu d'être considéré comme une somme
de triangles isocèles, devrait être considéré comme une
différence.

488. COROLLAIRE. *Lorsque deux arcs de grand cercle
se coupent au-dessus d'une demi-sphère, la somme
des deux triangles qui ont un angle opposé par le
sommet est équivalente au fuseau de cet angle.*

Soient les deux arcs de grand cercle CAD, FAE qui
se coupent en A au-dessus de la
demi-sphère CEFDA et les deux
triangles AED, ACF qui ont l'angle
A opposé par le sommet, je dis que
la somme de ces deux triangles est
équivalente au fuseau dont l'angle
est A.

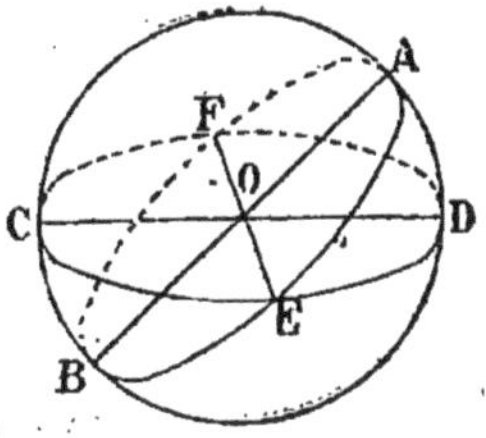

Fig. 310.

En effet ce fuseau se compose de l'un des triangles

ADE et du triangle BED qui est équivalent à son symétrique ACF (487).

Théorème.

489. *Un triangle sphérique a pour mesure son excès sphérique, c'est-à-dire l'excès de la somme de ses angles sur deux droits.*

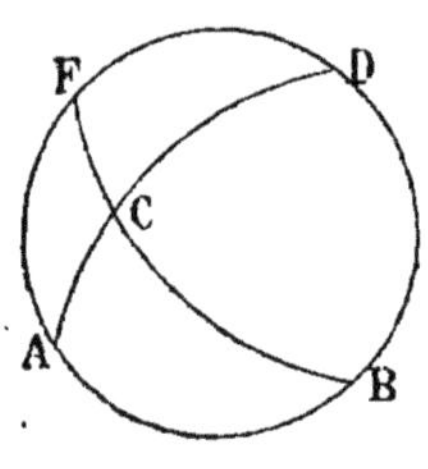

| Fig. 311.

Soit ABC le triangle en question ; prolongeons l'arc de grand cercle AB et au-dessus de cette demi-sphère prolongeons les arcs AC, BC.

En vertu du corollaire précédent on a :

$$ACB + CFD = \text{fus. } C,$$
$$ACB + ACF = \text{fus. } B,$$
$$ACB + CBD = \text{fus. } A ;$$

d'où

$$2.\ (ACB) + (ACB + CBD + CFD + ACF) = \text{fus. } A + \text{fus. } B + \text{fus. } C.$$

Prenons pour unité de surface le triangle trirectangle et pour unité d'angle l'angle droit, en remarquant que $ACB + CBD + CFD + ACF = 4T$, on a :

$$2.\ (ACB) + 4 = 2A + 2B + 2C,$$

d'où

$$(ACB) = (A + B + C) - 2.$$

490. Corollaire I. En prenant les mêmes notations

que ci-dessus : *un polygone sphérique a pour mesure la somme de ses angles moins* 2 ($n - 2$).

Pour justifier cette conséquence, il suffit de décomposer le polygone sphérique en triangles sphériques.

On appelle *polygone sphérique* la portion de la sphère comprise entre plusieurs arcs de grand cercle. Ce polygone est dit *convexe* lorsque chaque côté prolongé laisse dans le même hémisphère le polygone entier, ce qui exige que chaque côté du polygone sphérique soit inférieur à une demi-circonférence de grand cercle.

491. Corollaire II. a', b', c' désignant les côtés opposés aux angles A′, B′, C′ du triangle sphérique polaire du triangle donné ABC, on a :

$$A = 2 - a', \quad B = 2 - b', \quad C = 2 - c'.$$

Alors l'expression de la surface du triangle ABC devient :

$$(ACB) = 4 - (a' + b' + c').$$

Ce que l'on peut énoncer en disant :

L'aire d'un triangle sphérique est égale à 4 moins le périmètre du triangle polaire.

Cette relation s'applique aussi aux polygones sphériques convexes, et en effet :

A, B, C, D, désignant les angles du polygone donné,
a, b, c, d, ... les côtés. . . . .
A′, B′, C′, D′. . . . . . les angles du polygone polaire,
a', b', c', d' . . . . . les côtés. . . . .
On a pour la surface du polygone :

$$S = (A + B + C...) - 2(n - 2), \quad (1)$$

n désigne le nombre des côtés.

Or,

$$A = 2 - a'$$
$$B = 2 - b'$$
$$C = 2 - c',$$

. . . .

d'où

$$A + B + C\ldots = 2n - (a' + b' + c'\ldots).$$

La relation (1) devient :

$$S = 2n - (a' + b' + c'\ldots) - 2n + 4,$$

ou

$$S = 4 - (a' + b' + c' + d').$$

492. APPLICATION. Trouver l'aire d'un triangle dont les angles sont $\alpha = 55° 12'$, $\beta = 70° 15'$, $\gamma = 60° 51'$, ce triangle appartenant à une sphère de rayon $R = 1,2$.

D'après un théorème connu on a :

$$S = (A + B + C) - 2.$$

Cette égalité veut dire que le rapport de la surface du triangle ABC à la surface du triangle trirectangle prise comme unité est égal au rapport de l'excès sphérique à un droit pris aussi comme unité.

Si l'on remarque qu'un rapport est une quantité abstraite ne variant pas avec l'unité choisie ;
en désignant par S la surface estimée en mètres carrés et en prenant comme mesure le degré, pour estimer les angles α, β, γ du triangle ;

R étant le rayon de la sphère, l'égalité ci-dessus devient :

$$\frac{S'}{T} = \frac{\alpha + \beta + \gamma - 180}{90},$$

or,

$$T = \frac{4\pi R^2}{8} = \frac{\pi R^2}{2},$$

donc

$$S = \frac{\alpha + \beta + \gamma - 180}{180} \times \pi R^2.$$

Dans l'exemple proposé $\alpha + \beta + \gamma = 186° \, 18'$; alors $\alpha + \beta + \gamma - 180 = 6° \, 18'$ et, en prenant comme unité la minute,

$$S = \frac{378}{10800} \times \overline{1,2}^2 \times \pi;$$

en enlevant les facteurs 3 et 2 on a :

$$S = 0,63 \times 0,2 \times 0,4 \times \pi = 0,0504 \times \pi;$$

en opérant d'après la méthode de la multiplication abrégée, on a : $S = 15^{déc.c},9$ à $\frac{1}{10}$ de déc. c. près.

Volume de l'onglet sphérique.

493. D'après la définition donnée de l'onglet sphérique, en raisonnant comme on vient de le faire pour le fuseau, on peut établir les théorèmes suivants :

1° Dans une même sphère, ou dans des sphères égales, des onglets égaux ont des angles égaux et réciproquement.

2° Dans une même sphère ou dans des sphères égales, deux onglets sont entre eux comme leurs angles.

3° Un onglet a pour mesure le double de son angle.

On prend comme unité d'angle, l'angle droit, et comme unité de volume, la pyramide qui a pour sommet le centre de la sphère et pour base un triangle trirectangle, c'est 1/8 de la sphère.

4° Une pyramide sphérique triangulaire a pour mesure l'excès sphérique du triangle de base. (On prend les mêmes unités que dans le n° 3.)

5° Une pyramide sphérique quelconque de n côtés, a pour mesure la somme des angles du polygone de base diminuée de $2(n-2)$.

494. REMARQUE. On peut énoncer autrement le théorème 5, en prenant les unités ordinaires du système métrique. Soient, en effet, n le nombre des côtés du polygone de base,

A, B, C, D, E, les angles du polygone de base,

R, le rayon de la sphère,

V, le volume cherché,

S, la surface du polygone de base.

D'après le théorème 5, on a :

$$\frac{V}{\text{vol. (pyr. trirectangle)}} = \frac{A+B+C+\ldots-(2n-4)}{1 \text{ droit.}},$$

ou

$$\frac{V}{\text{vol. (pyr. trir.)}} = \frac{S}{\text{surf. (triangle trirectangle)}},$$

or,

$$\text{vol. (pyr. trir.)} = \frac{1}{8} \cdot \frac{4}{3}\pi R^3 = \frac{\pi R^3}{6},$$

et

$$\text{surf. (tr. trir.)} = \frac{1}{8} \cdot 4\pi R^3 = \frac{\pi R^2}{2},$$

par conséquent :

$$V = S \times \frac{\pi R^3 \times 2}{6 \times \pi R^2} = S \times \frac{R}{3},$$

et le théorème 5 peut s'énoncer comme il suit :

Le volume d'une pyramide sphérique a pour mesure le produit de sa base par le tiers du rayon de la sphère.

On serait arrivé de suite à ce résultat et directement en considérant la pyramide donnée, comme composée d'une infinité de petites pyramides dont la somme des bases élémentaires est égale à la base de la pyramide et la hauteur égale au rayon.

Théorème.

495. *Le plus court chemin d'un point à un autre sur la surface de la sphère est l'arc de grand cercle inférieur à une demi-circonférence, qui joint ces deux points.*

LEMME. Le plus court chemin du pôle P d'un cercle ABC à deux points C et C′ de ce cercle est le même.

Ce lemme est le résultat de la symétrie parfaite de la sphère autour du centre. Et, en effet, soient PC, PC′ les deux plus courts chemins tracés sur la sphère pour aller du pôle P aux deux points C et C′. Faisons tourner la sphère autour de la ligne des pôles PP′, la sphère occupe toujours la même place dans l'espace ; seulement le point C′ vient en C, et vu

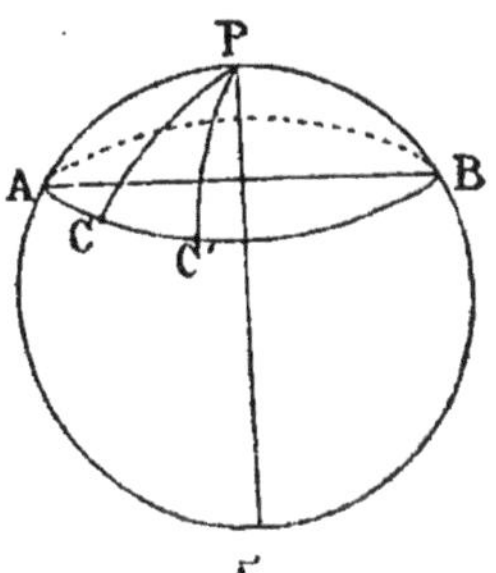

Fig. 312.

la symétrie parfaite de la sphère, le plus court chemin PC doit se confondre avec le plus court chemin PC'. Cela posé, le théorème est facile à démontrer.

Par les deux points A, B, faisons passer un arc de grand cercle et soit I un point quelconque de cet arc, je dis qu'il fait partie du plus court chemin. En effet, des points A et B comme pôles, avec les cordes AI et BI pour rayons, décrivons sur la sphère deux cercles ; remarquons d'abord que ces cercles sont tangents,

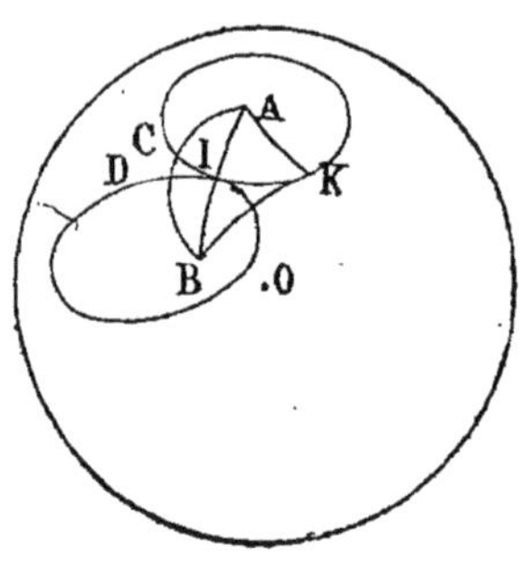

Fig. 313.

car s'ils avaient un second point commun K, en menant les arcs de grand cercle AK, BK, on aurait un triangle sphérique qui donnerait AB < AK + KB, ce qui est impossible, puisque AK = AI et BK = BI, c'est-à-dire AB = AK + KB.

Venons maintenant au plus court chemin. Ce plus court chemin doit se composer de deux parties, du plus court chemin du point A à un point de la circonférence qui a A pour pôle, augmenté du plus court chemin du point B à un point de la circonférence qui a B pour pôle. Ce point est nécessairement le point I, de tangence, car autrement s'il y avait deux points, le point C pour la circonférence A, et le point D pour la circonférence B, le plus court chemin serait augmenté d'une troisième partie, du plus court chemin du point C au point D, attendu que, en vertu du lemme, le plus court chemin du point A au point I est le même que le plus court chemin du point A au point C, et qu'il en est de même pour les plus courts chemins de B en I et de B en D.

EXERCICES SUR LE SEPTIÈME LIVRE

1. Si deux cônes circulaires droits sont semblables, leurs surfaces latérales sont proportionnelles aux carrés des rayons de leurs bases, et leurs volumes proportionnels aux cubes de ces mêmes rayons.

2. Diviser la surface latérale d'un cône circulaire droit en deux parties équivalentes par un plan parallèle à la base.

3. Si l'on fait tourner successivement un triangle rectangle autour de chaque côté de l'angle droit, les volumes des deux cônes qu'il engendre sont inversement proportionnels à leurs hauteurs.

4. Partager la surface latérale ou le volume d'un tronc de cône droit, à bases parallèles, en deux parties qui soient entre elles dans un rapport donné.

5. Trouver la base supérieure d'un tronc de cône circulaire droit à bases parallèles, connaissant les autres dimensions de ce corps et son volume.

6. Si deux cylindres circulaires droits sont semblables, leurs surfaces latérales sont proportionnelles aux carrés des rayons de leurs bases, et leurs volumes proportionnels aux cubes de ces mêmes rayons.

7. Inscrire dans un cône circulaire droit un cylindre dont la surface latérale soit égale à un cercle donné.

8. Diviser, par un plan parallèle à sa base, la surface latérale d'un cylindre circulaire droit en deux parties telles que la base du cylindre soit moyenne proportionnelle entre elles.

9. Si l'on inscrit dans un demi-cercle un demi-polygone régulier, d'un nombre pair de côtés, et qu'on lui circonscrive un demi-polygone semblable, la surface de la sphère engendrée par le demi-cercle tournant autour de son diamètre est moyenne proportionnelle entre les surfaces engendrées par les polygones.

10. Toute zone à une base est équivalente à un cercle ayant pour rayon la corde de l'arc qui engendre la zone. Ce théorème s'applique-t-il à une zone à deux bases?

11. Exprimer la surface d'une sphère en fonction de la circonférence d'un grand cercle.

12. Circonscrire à une sphère un cône droit dont la surface latérale soit le double de la base.

13. Inscrire dans une sphère un cylindre circulaire droit dont la somme des deux bases soit égale à la surface latérale.

14. Couper une sphère par un plan tel que la section soit

équivalente à la différence des deux zones déterminées par le plan sécant.

15. Couper une sphère par un plan tel que l'aire d'un grand cercle soit moyenne proportionnelle entre les deux zones déterminées par ce plan.

16. Si l'on joint par une ligne droite les milieux de deux côtés d'un triangle et qu'ensuite on le fasse tourner autour du troisième côté, quel sera le rapport des volumes engendrés par les deux parties de ce triangle?

17. Exprimer le volume d'une sphère en fonction de la circonférence d'un grand cercle.

18. Démontrer que, si l'on fait tourner un parallélogramme successivement autour de deux de ses côtés non parallèles, les volumes engendrés sont en raison inverse de ces côtés.

19. Couper une sphère par un plan qui divise en deux parties équivalentes le secteur sphérique ayant pour base la plus petite des deux zones déterminées par ce plan.

20. Sur une ligne donnée et sur chacune de ses moitiés, comme diamètres, on décrit trois demi-cercles. Trouver la surface et le volume décrits par la figure comprise entre ces trois demi-cercles, après une révolution complète autour de la ligne donnée.

Problèmes numériques.

1. La hauteur d'un cône circulaire droit égale 20 mètres et son volume 387 mètres cubes. A quelle distance du sommet faut-il mener un plan parallèle à la base pour enlever un cône dont le volume soit de 95 mètres cubes? *Réponse,* 12ᵐ,52.

2. Un cône, dont le rayon de la base vaut 4 mètres et la hauteur égale 6 mètres, est coupé par un plan parallèle à sa base distant du sommet de 2 mètres. Quels sont la surface latérale S et le volume V du tronc de cône? *Réponse,* S $=$ 80ᵐ𝑞,55; V $=$ 96ᵐᶜ,808.

3. La hauteur d'un cône égale 10 mètres et le rayon de sa base vaut 5 mètres. A quelle distance de la base faudrait-il mener un plan parallèle à cette base pour que le volume du tronc fût égal à 20 mètres cubes. *Réponse,* la distance cherchée a pour **expression**

$$\sqrt[3]{1000 - 240 + \frac{1}{\pi}} - 10.$$

4. Un réservoir a la forme d'un tronc de cône dont la base inférieure a 1 mètre de diamètre ; la surface supérieure de l'eau contenue dans ce réservoir a 1^m,6 de diamètre; la hauteur est 1^m,5. On y laisse tomber un bloc cubique de marbre dont le côté est 0^m,4. A quelle hauteur le niveau de l'eau s'élèvera-t-il? *Réponse,* 0^m,0315.

5. Les rayons des bases d'un tronc de cône valent 0^m,75 et 1^m,25; sa hauteur égale 1^m,20. Quelle est, à moins d'un centimètre carré, la surface latérale de ce tronc de cône? *Réponse,* 8^{mq},1681.

6. On verse 12 kilogrammes de mercure dans un vase cylindrique dont le diamètre intérieur est de 0^m,1; à quelle hauteur le liquide s'élèvera-t-il, la densité du mercure étant 13,596? *Réponse,* 0^m,113.

7. Un gramme de mercure occupe dans un tube capillaire une longueur de 0^m,137. Quel est le diamètre intérieur de ce tube, la densité du mercure étant 13,598? *Réponse,* 0^m,82.

8. La hauteur d'un tronc de cône est h; les diamètres de ses deux bases sont 0^m,4 et 2^m,2. Quel diamètre faudrait-il donner à un cylindre de même hauteur pour que son volume fût équivalent à celui du tronc? *Réponse,* 1^m,4.

9. Un rouleau cylindrique de bois de chêne dont la densité est 1,17 a 0^m,3 de diamètre et 2^m,5 de longueur. Quels sont le volume et le poids du rouleau? *Réponse,* V = 0^{mc},177; poids = 206 kilog.

10. Un triangle équilatéral de 9^m,75 de côté tourne autour d'une parallèle à sa base menée par son sommet. Quel est le volume du solide engendré par ce triangle? *Réponse,* 1455^{mc},908.

11. Un demi-hexagone régulier dont le côté est égal à 1 mètre tourne autour de la diagonale; calculer : 1° la surface S engendrée, à moins d'un centimètre carré; 2° le volume V, à moins d'un centimètre cube. *Réponse,* S = 10^{mq},8828; V = 3^{mc},141592.

12. Sur une sphère de 1^m,8 de rayon on donne une zone ayant 0^m,20 de hauteur; trouver le rayon d'un cercle équivalent à la surface de cette zone. *Réponse,* 0^m,85.

13. Le diamètre d'une sphère est de 4 mètres; une corde parallèle à ce diamètre est de 2 mètres. Quelle est la surface engendrée par cette corde tournant autour du diamètre? *Réponse,* 21^{mq},77.

14 Un ballon vide pèse 63^{kil},45 et un mètre carré de l'étoffe qui le forme pèse 0^{kil},250. Calculer la force ascensionnelle de ce ballon, sachant que 100 grammes et 1^{kil},298 sont respectivement les poids d'un mètre cube d'hydrogène impur et d'air. *Réponse,* 329^{kil},138.

15. On inscrit un cylindre de 1^m,05 de hauteur dans une sphère

qui a $1^m,19$ de diamètre. Quel est, à moins d'un centimètre cube, le volume de ce cylindre? *Réponse,* $0^{mc},258615$.

16. On a une sphère de 10 mètres de rayon ; on la coupe par un plan tel que la surface de l'une des zones est moyenne proportionnelle entre la surface de la sphère et celle de l'autre zone. On demande, à moins d'un millimètre, la distance du plan sécant au centre de la sphère. *Réponse,* $2^m,360$.

17. Quel est, à moins d'un millième de millimètre, le rayon intérieur qu'il faut donner à un vase hémisphérique pour que, plein de mercure, il en contienne 5 kil.? La densité du mercure est 13,6. *Réponse,* $0^m,055992$.

LIVRE HUITIÈME

COURBES USUELLES

De l'ellipse, de l'hyperbole, de la parabole et de l'hélice.

NOTIONS PRÉLIMINAIRES

496. Axes, sommets, centre d'une courbe. — On appelle *axe* d'une courbe plane, toute droite qui la divise en deux parties *symétriques*, c'est-à-dire, en deux parties qui s'appliquent exactement l'une sur l'autre quand on fait tourner la première autour de cette droite comme charnière pour la rabattre sur la seconde. Les *sommets* d'une courbe sont les points où elle est rencontrée par ses axes.

On nomme *centre* d'une courbe, le point qui partage en deux parties égales toutes les cordes qui y passent.

§ I. De l'ellipse.

DÉFINITIONS.

497. On appelle *ellipse* une courbe plane telle que la somme des distances de chacun de ses points à deux points fixes F et F', situés dans son plan, est constante.

Les deux points fixes F et F' sont les *foyers* de l'el-

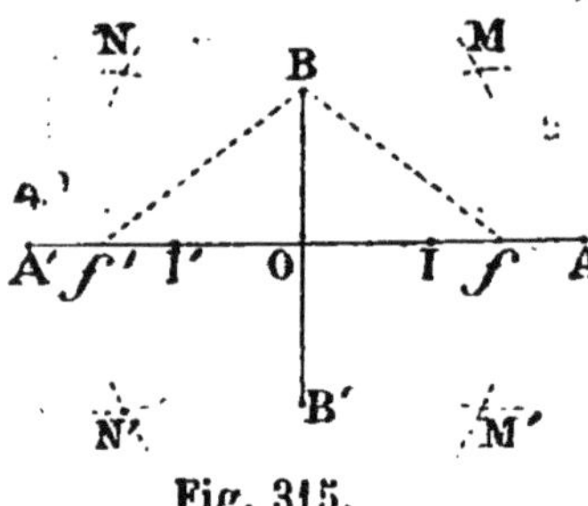

Fig. 314.

lipse et les droites MF, MF', qui vont des foyers en un point M de la courbe, sont les *rayons vecteurs*. La distance FF', qui sépare les deux foyers, s'appelle *distance focale*.

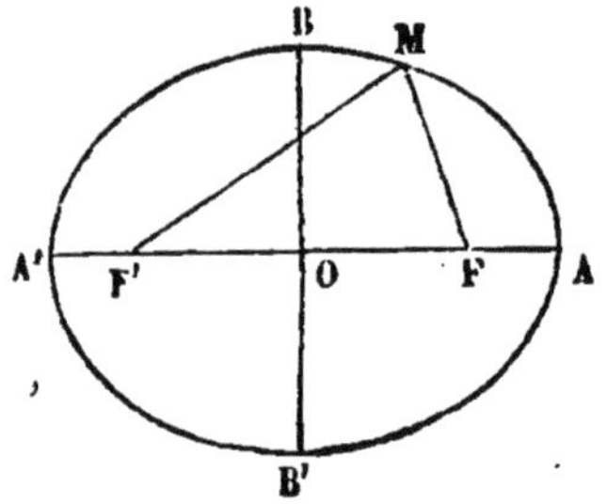

Deux ellipses qui ont les mêmes *foyers* sont dites *homofocales*.

Problème.

498. *Construire l'ellipse par points.*

Soit une ellipse définie par ses foyers f, f', sa distance focale $ff' = 2c$ et la somme constante $2a$ des rayons vecteurs issus d'un point quelconque de la courbe.

Si du point O milieu de ff' nous décrivons un arc de cercle avec a pour rayon, nous obtenons deux points A, A' appartenant à l'ellipse ; l'un à droite de f, l'autre à gauche, puisque $2a$ est toujours plus grand que $2c$, attendu que par définition de l'ellipse $2c$ est toujours la base d'un triangle dans lequel $2a$ est la somme des deux autres côtés. Ces deux points appartiennent à l'ellipse parce que

Fig. 315.

$$fA + f'A = 2a \quad \text{et} \quad fA' + f'A' = 2a.$$

Ces deux égalités sont évidentes, si l'on observe que $fA = f'A'$, quantités égales comme différences de quantités égales chacune à chacune $OA = OA'$, $Of = Of'$. Si en second lieu, des points f et f' nous décrivons des arcs de cercle avec a pour rayon, ces arcs coupent la perpendiculaire élevée en O, puisque le rayon a est plus grand que la distance c du foyer à la perpendiculaire ; nous obtenons les deux points B, B' qui appartiennent encore à l'ellipse, puisque

$$Bf + Bf' = 2a \quad \text{et} \quad B'f + B'f' = 2a.$$

Enfin pour obtenir un point quelconque de l'ellipse, prenons un point I situé entre le point O et le foyer f. Si, du point f' comme centre avec A'I pour rayon et du point f comme centre avec AI pour rayon, nous décrivons des arcs de cercle, nous obtenons par leurs intersections deux points M et M' de l'ellipse, parce que la somme de leurs distances aux foyers est égale à AA', c'est-à-dire à $2a$.

Pour fixer les limites de la variation du point I, il suffit d'examiner les conditions d'intersection des deux circonférences. La distance des centres doit être plus petite que la somme des rayons et plus grande que leur différence. La première condition est toujours remplie puisque la distance des centres est égale à $2c$ et la somme des rayons égale à $2a$. Quant à la seconde, elle sera remplie si

$$ff' > Mf' - Mf,$$

ou

$$ff' > IA' - IA,$$

ou

$$2c > 2a - 2IA,$$

en ajoutant et retranchant IA, ou

$$\text{AI} > \text{A}f ;$$

en d'autres termes, le point I doit être à gauche du foyer f.

En plaçant un point I' entre O et f' on arriverait évidemment à la même conclusion, le point I' doit être à droite de f', ou bien :

Le point I ne peut varier qu'entre les foyers.

Enfin, si l'on observe que, en prenant les points I, I', l'un entre O et f, l'autre entre O et f', mais tels que I$f =$ I'f', les rayons vecteurs sont égaux deux à deux ; on arrive à cette conclusion : Pour obtenir tous les points de l'ellipse, il suffit de faire varier le point I entre le milieu de la distance focale et le foyer f, et de permuter les centres. Chaque opération fournira quatre points de la courbe, symétriques deux à deux. Il résulte encore de cette construction que A'f, ou $a + c$ est le rayon vecteur maximum et que Af, ou $a - c$, est le rayon vecteur minimum ; les cercles sont alors tangents et donnent les points A, A' extrémités d'une ligne qui devient un axe de la courbe.

Problème.

499. *Tracer l'ellipse d'un mouvement continu.*
Fixons aux deux foyers F et F' les extrémités d'un fil inextensible, dont la longueur soit égale à la somme constante des rayons vecteurs, et faisons glisser sur le plan, le long de ce fil, un style ou la pointe d'un crayon, de manière à le tenir toujours tendu ; nous décrivons une ellipse ; car, dans chacune

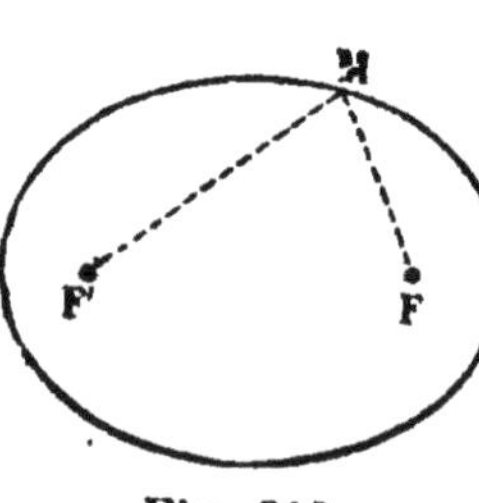

Fig. 316.

des positions du fil, la somme des distances F'M, FM est égale à sa longueur constante. Cette construction montre évidemment que l'ellipse est une courbe fermée.

Ce procédé est celui que l'on emploie quand il s'agit de tracer de grandes ellipses sur le terrain, sur des planches ou sur du carton ; mais le premier est préférable pour décrire des ellipses sur le papier, à cause de la ténuité du fil qu'il faut alors employer et de la difficulté d'en fixer les extrémités aux foyers.

Théorème.

500. *L'ellipse a pour axes : 1° la ligne AA' qui passe par les deux foyers ; 2° la perpendiculaire BB' à cette droite menée par le milieu O de la distance focale FF'.*

1° Soient, en effet, M et M' deux points de l'ellipse, déterminés par l'intersection de deux circonférences de cercle décrites des foyers F et F' comme centres. La ligne AA' qui passe par les centres de ces circonférences de cercle est perpendiculaire sur le milieu de la corde MM' qui leur est commune (122). Si donc nous faisons tourner autour de AA' comme charnière la partie supérieure de l'ellipse, pour la rabattre sur la partie infé-

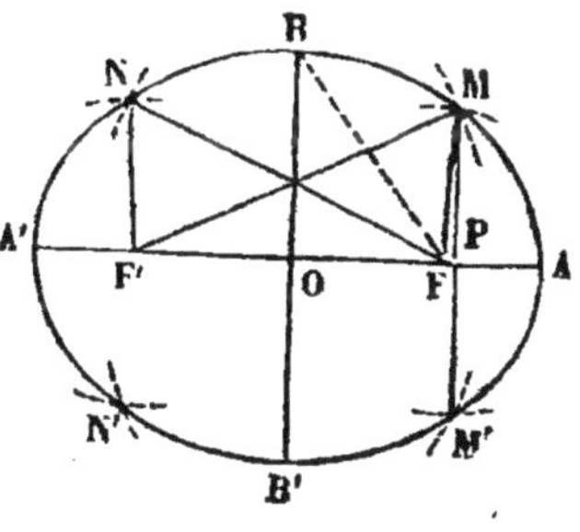

Fig. 317.

rieure, les angles en P étant droits, MP s'applique sur PM', le point M sur le point M' ; et, comme il en est de même pour tous les points deux à deux, la demi-ellipse AMA' coïncide avec la demi-ellipse AM'A'. Ainsi, la droite AA' est un axe.

2º Soient maintenant N et N' deux autres points de la courbe, déterminés par l'intersection de deux circonférences de cercle décrites, la première du foyer F comme centre, avec un rayon F'N égal à FM, la seconde du point F, avec un rayon FN égal à F'M. Les deux triangles FMF', FNF' ont leurs trois côtés égaux chacun à chacun et sont, par conséquent, égaux entre eux. Si nous faisons tourner la partie BAB' de la figure autour de BB' comme charnière, pour la rabattre sur la partie BA'B', la droite OF s'applique sur la droite OF'; et, à cause de l'égalité des angles OFM, OF'N, le côté FM coïncide avec le côté égal F'N; le point M vient donc sur le point N. Par la même raison, le point M' vient sur le point N' et, comme il en est de même pour tous les points deux à deux, la partie BAB' s'applique exactement sur l'autre moitié BA'B'. Ainsi, la droite BB' est un axe.

501. REMARQUE. — L'axe BB' est plus petit que l'axe AA'. Nous avons, en effet, dans le triangle rectangle BOF,

$$BO < BF.$$

Or, le point B étant également éloigné des deux foyers, son rayon vecteur BF égale $\dfrac{AA'}{2}$; donc,

$$BO < \frac{AA'}{2},$$

ou, en multipliant par 2 les deux membres de l'inégalité,

$$2BO = BB' < AA'.$$

L'axe AA' est dit le *grand axe* et BB' le *petit axe* de l'ellipse. Le premier se désigne habituellement par 2a, et le second par $2b$. Les points A, A', B, B' où ces axes rencontrent la courbe, sont les *sommets* de l'ellipse.

Le rapport $\dfrac{FF'}{AA'}$ de la distance focale au grand axe se nomme *excentricité*.

La forme de l'ellipse dépend de la grandeur de son excentricité. Quand l'excentricité est nulle, les deux foyers se confondent avec le centre et la courbe se réduit rigoureusement à une circonférence de cercle. Quand l'excentricité est très petite, les foyers sont très rapprochés du centre, les deux axes diffèrent peu l'un de l'autre, l'ellipse est arrondie et peu différente d'un cercle. A mesure que l'excentricité augmente, en supposant le grand axe constant, les foyers s'écartent, le petit axe diminue et l'ellipse prend une forme de plus en plus aplatie.

Théorème.

502. *Une ellipse a pour centre le milieu* O *de la ligne* FF' *qui joint les foyers.*

Joignons, en effet, le point O à un point quelconque M de la courbe et prolongeons MO d'une longueur égale NO ; le quadrilatère FMF'N, dont les diagonales se coupent mutuellement en parties égales, est un parallélogramme ; donc,

$$FM + F'M = FN + F'N.$$

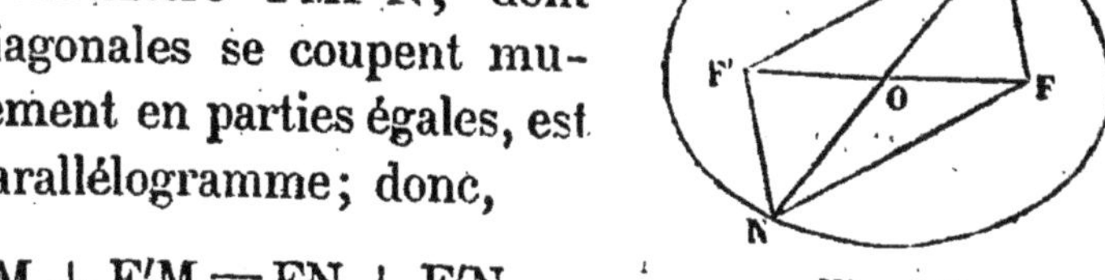

Fig. 318.

Ainsi, le point N est sur l'ellipse et la droite MN est une corde divisée par le point O en deux parties égales.

Or, cette corde étant quelconque, le point O est bien le centre de la courbe (496).

Théorème.

503. *Selon qu'un point est intérieur ou extérieur à l'ellipse, la somme de ses distances aux deux foyers est plus petite ou plus grande que 2a.*

1° Soit I un point extérieur à une ellipse définie par sa distance focale ff' et son grand axe AA'. En joignant ce point aux deux foyers, l'une des droites coupe l'ellipse, qui d'après la construction précédente est une courbe fermée, au point M; joignons ce point au foyer f.

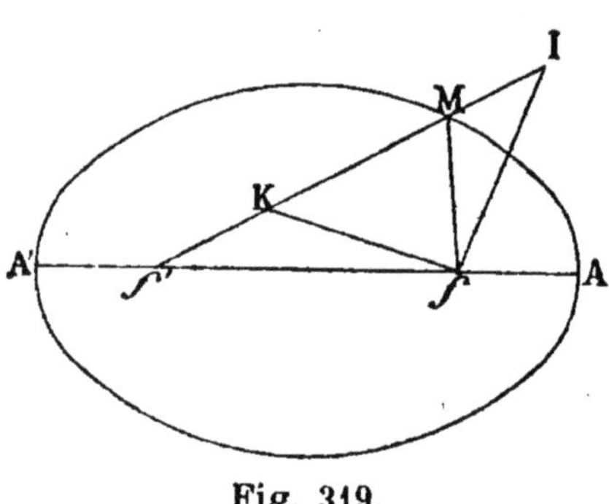

Fig. 319.

L'enveloppée Mff' étant plus petite que l'enveloppante Iff', on a :

$$If + If' > Mf + Mf',$$

ou

$$If + If' > 2a.$$

2° Soit K un point pris dans l'intérieur de l'ellipse; en prolongeant $f'K$, on rencontre l'ellipse au point M, et en joignant ce point au foyer f, on a encore l'enveloppée Kff' plus petite que l'enveloppante Mff', c'est-à-dire

$$Kf + Kf' < Mf + Mf',$$

ou

$$Kf + Kf' < 2a.$$

Théorème fondamental.

504. *La tangente· à l'ellipse fait des angles égaux avec les rayons vecteurs menés au point de contact.*

Pour démontrer ce théorème fondamental, nous établirons deux lemmes qui sont, du reste, très utiles dans l'étude de l'ellipse.

Lemme I. *Si l'on joint un des points de l'intersection d'une droite et d'une ellipse à un foyer et au symétrique de l'autre par rapport à cette droite, la somme des distances est égale au grand axe 2a.*

Cette proposition est une conséquence immédiate de la définition même de deux points symétriques.

Lemme II. *Si l'on considère deux points de l'intersection d'une droite et d'une ellipse, ces deux points ne peuvent se trouver d'un même côté de la droite qui joint un foyer au symétrique de l'autre par rapport à la droite considérée.*

Soient une ellipse définie par sa distance focale ff' et

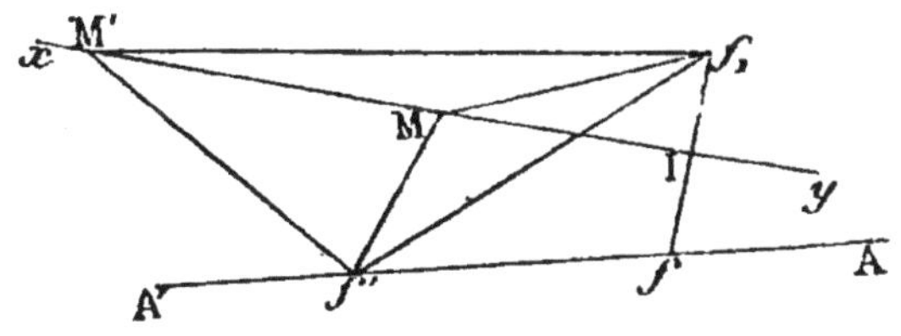

Fig. 320.

son grand axe $AA' = 2a$,

xy la droite,

f_1 le symétrique du foyer f par rapport à xy,

M, M' deux points communs à la droite et à l'ellipse, et situés au-dessus de $f'f_1$, si c'est possible.

Les points M, M' appartenant à l'ellipse, on a par définition, eu égard au premier lemme :

$$Mf' + Mf_1 = 2a$$
$$M'f' + M'f_1 = 2a,$$

d'où
$$Mf' + Mf_1 = M'f' + M'f_1.$$

Ce qui est impossible, puisque l'enveloppée $f'Mf_1$, d'après un théorème de géométrie plane, est plus courte que l'enveloppante $M'f'f_1$; donc, etc.

De ce lemme on peut conclure :

1° Si deux points sont communs à une ellipse et à une droite, l'un est au-dessus, l'autre au-dessous de la droite qui joint un foyer au symétrique de l'autre par rapport à la droite.

2° Une ellipse et une droite ne peuvent avoir plus de deux points communs, c'est-à-dire que l'ellipse est une courbe *convexe*. Car, s'il y avait seulement trois points communs, deux seraient d'un même côté de la droite qui joint un foyer au symétrique de l'autre par rapport à la droite.

3° La ligne qui joint un des foyers au symétrique de l'autre par rapport à une tangente passe au point de contact ; puisque, pour la tangente, les deux points de l'intersection avec l'ellipse étant réunis et de plus, l'un devant se trouver au-dessus, l'autre au-dessous de $f'f_1$, le point de tangence ne peut se trouver que sur $f'f_1$.

Cela posé, arrivons à la démonstration du théorème en question relatif à l'ellipse.

Soient l'ellipse définie par sa distance focale ff' et son grand axe AA',

M un point pris sur la courbe,

xy la tangente au point M.

Prenons le symétrique f_1 de f par rapport à la tangente xy, et menons la ligne f_1f'; d'après ce que l'on a

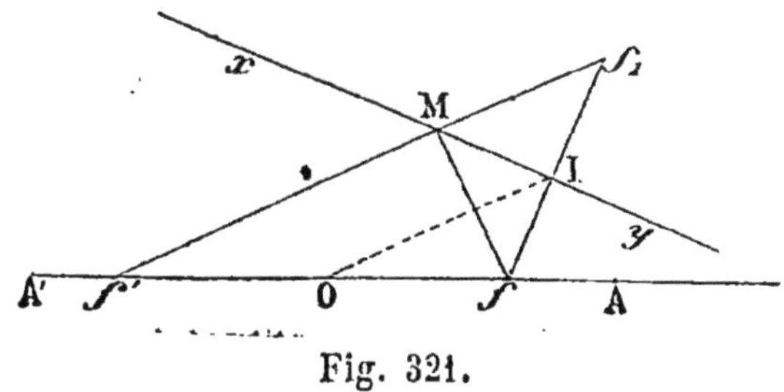

Fig. 321.

démontré, cette ligne passant au point de contact :
$\widehat{xMf'} = \widehat{yMf_1}$, puisque ces angles sont opposés par le sommet ;

or $\widehat{yMf_1} = \widehat{yMf}$, puisque f et f_1 sont symétriques,
donc $\widehat{xMf'} = \widehat{yMf}$.
C. Q. F. D.

505. Corollaire 1. Comme

$$M f_1 = M f \quad \text{et} \quad M f' + M f_1 = 2a,$$

on a :

$$f'f_1 = 2a$$

quantité constante, donc :

Le cercle directeur, c'est-à-dire le cercle décrit de l'un des foyers comme centre, avec le grand axe pour rayon, est le lieu des symétriques de l'autre foyer par rapport aux différentes tangentes menées à l'ellipse.

506. Corollaire II. Comme le point I est milieu de ff_1, et le point O milieu de ff', la ligne IO est parallèle à $f'f_1$ et égale à a, quantité constante, donc :

Le lieu des projections des foyers d'une ellipse sur ses tangentes est le cercle principal, c'est-à-dire la

*circonférence décrite sur le grand axe comme dia-
mètre.*

507. COROLLAIRE III. M étant un point quelconque
de l'ellipse, comme $Mf_1 = Mf$, on a :

*L'ellipse est une courbe dont tous les points sont
équidistants d'un point fixe appelé foyer et d'un
cercle appelé directeur.*

508. COROLLAIRE IV. La normale à l'ellipse est bissectrice de l'angle des rayons vecteurs.

Problème.

509. *Mener une tangente à l'ellipse par un point
pris sur la courbe.*

La tangente étant perpendiculaire sur le milieu de la
ligne qui unit le foyer à son symétrique, tout revient à
trouver ce symétrique. Or, d'après le corollaire I, le lieu
des symétriques d'un foyer relatifs aux tangentes est le
cercle directeur qui a pour centre l'autre foyer ; de plus
ce symétrique se trouve aussi sur la ligne qui joint le
point donné au centre du cercle directeur ; de là la construction suivante : Tirez la ligne $f'M$ qui unit le foyer
f' au point donné M, jusqu'à sa rencontre en f_1 avec le
cercle directeur qui a le même foyer f' pour centre,
joignez ff_1, et du point M abaissez la perpendiculaire My
sur ff_1, vous aurez la tangente demandée.

Problème.

510. *Mener une tangente à l'ellipse par un point
extérieur à la courbe.*

Soient une ellipse définie par sa distance focale ff' et
son grand axe AA', et P le point extérieur. Comme pré-

cédemment, tout revient à la recherche du symétrique du foyer f relatif à la tangente. D'abord, ce symétrique se trouve sur le cercle directeur décrit de l'autre foyer f'

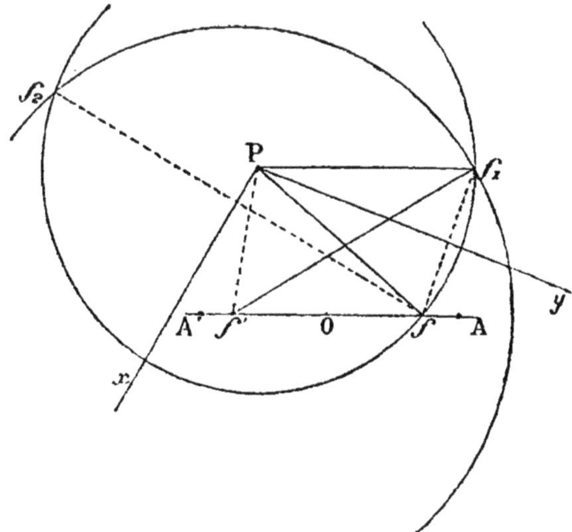

Fig. 322.

comme centre ; ensuite si l'on observe que f et f_1 sont équidistants du point P, c'est-à-dire que f_1 se trouve sur le cercle décrit du point P comme centre avec Pf pour rayon, on arrive à la construction suivante :

Du foyer f' comme centre décrivez le cercle directeur et du point P donné, comme centre, avec la distance de ce point à l'autre foyer f décrivez un second cercle; les deux intersections f_1 et f_2 de ces deux circonférences sont les deux symétriques du foyer f relatifs aux deux tangentes que l'on peut mener du point donné à l'ellipse. Abaissez du point P des perpendiculaires sur ff_1 et sur ff_2, vous aurez les deux tangentes cherchées.

Examinons si les deux cercles se coupent toujours en deux points f_1 et f_2, lorsque le point P donné est extérieur. Il faut et il suffit pour cela que la distance des centres Pf' soit plus petite que la somme des rayons $2a + Pf$, et plus grande que leur différence, $2a - Pf$, si Pf est plus petit que $2a$, ou $Pf - 2a$, si Pf' est plus grand que $2a$, ce qui est possible, le point P étant extérieur à l'ellipse.

La première condition est toujours remplie puisque dans le triangle Pff', qui existe toujours, on a évidemment $Pf' < Pf + ff'$ et à fortiori $Pf' < Pf + 2a$.

La seconde l'est également. En effet, supposons d'abord $Pf > 2a$; le même triangle Pff' donne :

$$Pf' > Pf - ff' \text{ et à fortiori } Pf' > Pf - 2a.$$

Supposons ensuite $Pf < 2a$; le point P étant extérieur à l'ellipse, on a :

$$Pf + Pf' > 2a;$$

d'où

$$Pf' > 2a - Pf.$$

Les deux cercles se coupant toujours, par un point extérieur à une ellipse, on peut toujours mener deux tangentes à la courbe.

511. CorollAIRE. *Le lieu des points P d'où l'on peut mener à l'ellipse deux tangentes à angle droit est un cercle qui a pour centre le centre de l'ellipse et pour rayon la diagonale du rectangle construit sur les demi-axes.*

Dans la figure précédente, les deux tangentes Px, Py étant à angle droit, les deux droites ff_1, ff_2 sont aussi à angle droit, puisque ce sont deux perpendiculaires aux deux tangentes.

Comme, d'un autre côté, cet angle $\widehat{f_1ff_2}$ est inscrit dans une circonférence dont le centre est en P, la ligne $f_1 P f_2$ est droite.

Cela posé, la ligne des centres f'P étant perpendiculaire sur la corde commune $f_1 P f_2$, le triangle $f' P f_1$ est rectangle et donne

$$\overline{Pf'}^2 + \overline{Pf_1}^2 = \overline{f_1 f'}^2,$$

ou, en remarquant que $Pf_1 = Pf$ et que $f_1 f' = 2a$,

$$\overline{Pf'}^2 + \overline{Pf}^2 = 4a^2.$$

Le point P est donc tel que la somme des carrés de ses distances à deux points fixes f, f' est constante; donc, d'après ce que nous savons de la géométrie plane, le lieu des points P est une circonférence dont le centre est en O milieu de ff': comme les perpendiculaires aux extrémités des axes ne sont que des tangentes qui se coupent à angle droit, le rayon de la circonférence est la diagonale du rectangle construit sur les demi-axes et sa valeur est $r = \sqrt{a^2 + b^2}$.

Problème.

512. *Mener à l'ellipse une tangente parallèle à une droite donnée.*

Comme ci-dessus, la question revient à trouver le symétrique du foyer f par rapport à la tangente demandée. Il se trouve évidemment à l'intersection du cercle directeur et de la perpendiculaire abaissée du foyer f sur la direction de la droite donnée.

Le point f étant dans l'intérieur du cercle directeur, il y a deux symétriques f_1, f_2 et, par conséquent, il y a toujours deux tangentes parallèles à la direction donnée.

Pour obtenir les points de contact M, M', il suffit de

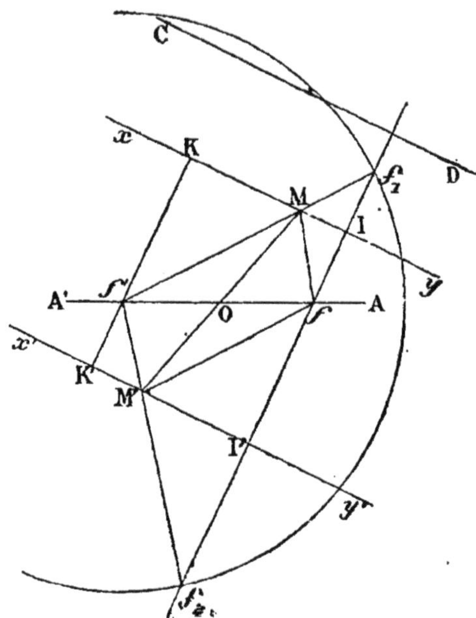

Fig. 323.

joindre le foyer f' aux symétriques f_1, f_2.

513. Corollaire I. *Les deux points de contáct des deux tangentes à l'ellipse sont symétriques relativement au centre.*

En effet, les triangles $ff_1 M$, $ff_2 M'$, $f_1 f_2 f'$ sont évidemment isocèles; comme le troisième a un des angles à la base commun avec chacun des deux premiers, $f M'$ et $f' M$ sont deux lignes parallèles, et il en est de même des deux lignes $f' M'$ et $f M$, par conséquent, la figure $f M f' M'$ est un parallélogramme et la droite MM' est coupée en deux parties égales au point O.

514. Corollaire II. *Le produit des distances d'un foyer à deux tangentes parallèles est constant.*

En effet, le point f est situé dans l'intérieur du cercle principal auquel appartiennent les deux points I et I', donc $f I \times f I' = $ constante.

5 15. Corollaire III. *Le produit des distances des deux foyers à une même tangente quelconque est constante.*

En effet, du foyer f' abaissons la perpendiculaire f'K sur la tangente xy, les deux triangles rectangles f'MK, fM′I′ sont égaux comme ayant les hypoténuses égales et les côtés parallèles, donc f'K $= f$I′, et la relation du corollaire II devient :

$$f'\text{K} \times f\text{I} = \text{const.}$$

ou

$$f'\text{K} \times f\text{I} = b^2.$$

Car, en supposant les tangentes parallèles **au grand axe**, la constante est évidemment b^2.

Problème.

516. *Déterminer les points d'intersection d'une droite et d'une ellipse définie par sa distance focale et son grand axe.*

Soient xy la droite qui coupe l'ellipse définie par son grand axe AA′ et sa distance focale ff' et M le point cherché. Joignons f'M, prolongeons cette ligne jusqu'à sa rencontre en K avec le cercle directeur, et soit de plus f_1, le symétrique du foyer f relatif à la droite xy. Le point cherché M étant également éloigné des points f et f_1 et du cercle directeur, trouver

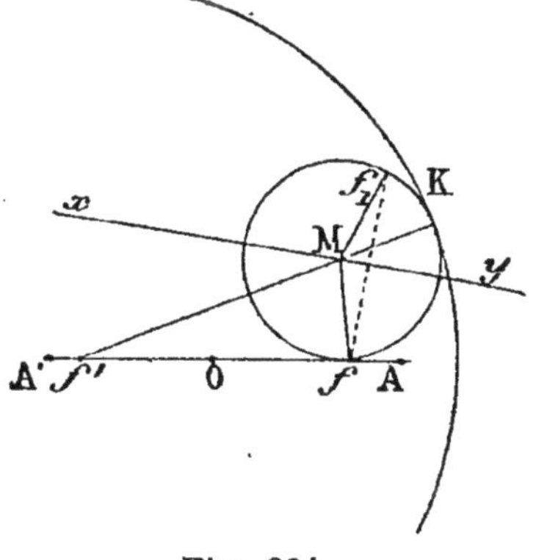

Fig. 324.

ce point, c'est trouver le centre d'un cercle tangent à un cercle donné et passant par deux points donnés.

C'est ce problème que nous allons résoudre.

Soient O le cercle donné,

f, f_1 les deux points par lesquels doit passer la circonférence cherchée.

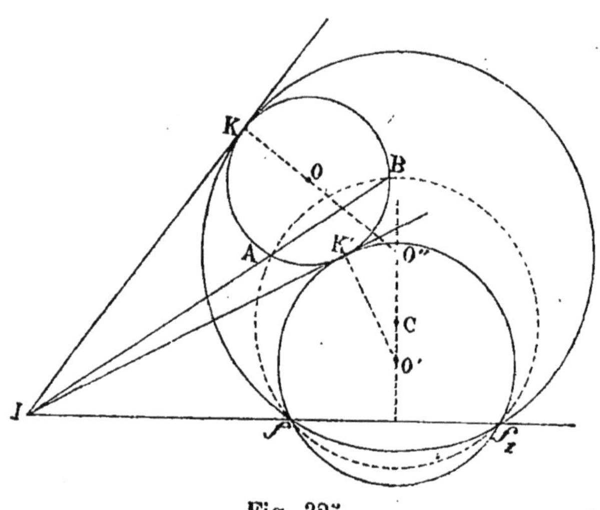

Fig. 325.

Tout le problème revient à déterminer le point de tangence K', ou bien le point I d'intersection de cette tangente avec la corde ff_1.

A cet effet, par un point C quelconque, mais situé sur la perpendiculaire élevée sur le milieu de ff_1, décrivons une circonférence qui coupe la circonférence donnée aux points A et B; cette corde AB prolongée coupe précisément la ligne ff_1 au point I cherché. Car, on a d'abord :

$$\mathrm{I}f \times \mathrm{I}f_1 = \mathrm{IA} \times \mathrm{IB}. \qquad (1).$$

Par le point I, imaginons une tangente au cercle donné, et soit K' le point de tangence, on a :

$$\overline{\mathrm{IK}'}^2 = \mathrm{IA} \times \mathrm{IB}.$$

De même, par ce même point I, imaginons une tangente au cercle cherché O′ et soit K″ le point de tangence, on a :

$$\overline{IK''}{}^{2} = If \times If_1,$$

et en vertu de la relation (1), IK′ = IK″.

C'est-à-dire que IK′ est une tangente commune.

Connaissant le point I, pour avoir le point K′ il suffit de mener une tangente au cercle O et comme on peut toujours en mener deux, on obtient les deux points K et K′.

Le problème donné comporte donc deux solutions, et des deux cercles cherchés O″ et O′, l'un est tangent intérieurement au cercle donné, l'autre est tangent extérieurement.

Il est à remarquer qu'il y a toujours deux solutions lorsque les deux points donnés sont extérieurs ou intérieurs à la circonférence donnée ; qu'il y a une solution seulement lorsque l'un des points donnés est sur la circonférence donnée, ce point n'étant autre que le point de tangence ; enfin qu'il n'y a point de solution lorsque, des points donnés, l'un est à l'extérieur l'autre à l'intérieur de la circonférence donnée.

Si nous revenons maintenant au problème en question relatif à l'ellipse, comme le foyer f est toujours dans l'intérieur du cercle directeur, on peut conclure, d'après ce qui a été dit ci-dessus, que la droite xy coupera en deux points l'ellipse, si le symétrique du foyer f relatif à la droite xy est aussi dans l'intérieur de ce même cercle directeur ; en un seul point, c'est-à-dire sera tangente si le symétrique est sur le cercle directeur ; enfin que cette même droite ne coupera pas l'ellipse si le symétrique f_1 est à l'extérieur.

22.

§ II. — De l'hyperbole[1].

, DEFINITIONS.

517. L'*hyperbole* est une courbe telle que la différence des distances de chacun de ses points à deux points fixes est constante; cette différence se représente habituellement par $2a$.

Les deux points fixes sont les *foyers* de l'hyperbole; les droites qui joignent les foyers à un point quelconque de la courbe sont les *rayons vecteurs* de ce point; la distance qui sépare les deux foyers s'appelle *distance focale* et se représente habituellement par $2c$. Il est clair qu'un point de la courbe et les deux foyers forment un triangle dans lequel on doit toujours avoir : distance focale plus grande que différence des rayons vecteurs, c'est-à-dire $c > a$.

Le rapport $\dfrac{c}{a} > 1$ est l'*excentricité* de l'hyperbole; ce rapport peut varier de 1 à ∞.

Problème.

518. *Construire l'hyperbole par points.*

Soit une hyperbole définie par ses foyers f, f', sa distance focale $ff' = 2c$ et la différence constante $2a$ des rayons vecteurs menés à un point quelconque de la courbe (fig. 326).

Si du point O, milieu dé ff', nous décrivons un arc de cercle avec a pour rayon, nous obtenons deux points A, A', situés entre les foyers, puisque $c > a$.

1. Le paragraphe relatif à l'hyperbole ne figure pas dans le programme du baccalauréat ès sciences.

Ces deux points appartiennent à l'hyperbole. En effet, $f\mathrm{A} = f'\mathrm{A}'$ comme différence de quantités égales chacune à chacune, $\mathrm{OA} = \mathrm{OA}'$ et $\mathrm{O}f = \mathrm{O}f'$; par conséquent la différence $\mathrm{A}f' - \mathrm{A}f$ peut s'écrire $\mathrm{AA}' + \mathrm{A}'f' - \mathrm{A}f$ ou $2a$.

Pour obtenir un point quelconque de l'hyperbole, prenons un point I situé à droite du foyer f. Si du point f' comme centre avec IA' pour rayon, et du point f comme centre avec IA pour rayon, nous décrivons des arcs de cercle, nous obtenons, par leur intersection, deux points M et M' de l'hyperbole, parce que la différence de leurs distances aux foyers est égale à AA', c'est-à-dire à $2a$.

Pour fixer les limites du point I, il suffit d'examiner les conditions d'intersection des deux circonférences.

La distance des centres doit être plus grande que la différence des rayons et plus petite que leur somme.

La première condition est toujours remplie, puisque la distance des centres est égale à $2c$ et la différence des rayons est égale à $2a$, quantités reliées entre elles par l'inégalité $2c > 2a$.

Quant à la seconde, elle sera remplie si l'on a

$$ff' < \mathrm{IA}' + \mathrm{IA} \quad \text{ou} \quad 2c < 2a + 2\mathrm{IA}$$

de là, $\mathrm{IA} > c - a$,

c'est-à-dire $\mathrm{IA} > f\mathrm{A}$.

Le point I doit donc être placé à droite du point f. En prenant un point I' à gauche du point f', on arriverait évidemment à la même conclusion.

Mais, si l'on observe que, en prenant les points I et I', l'un à droite de f, l'autre à gauche de f', mais tels que $\mathrm{I}f = \mathrm{I}'f'$, les rayons vecteurs sont égaux et que les centres sont permutés ; on arrive à cette conclusion :

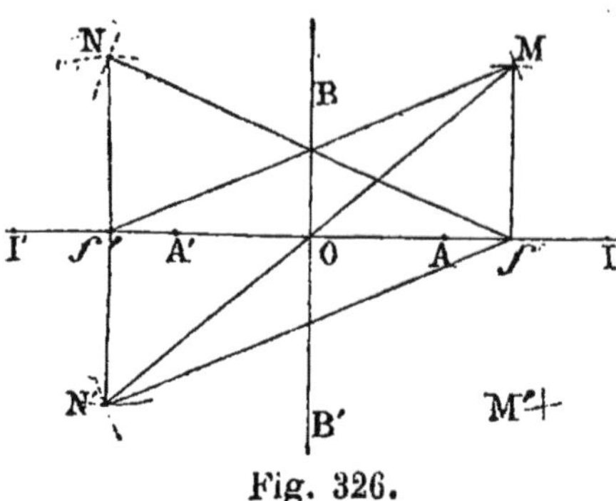

Fig. 326.

Pour obtenir tous les points de l'hyperbole il suffit de prendre le point I à droite de f et de permuter les centres, chaque opération fournit ainsi 4 points de la courbe, symétriques deux à deux.

Il résulte de cette construction que fA, ou $c - a$, est le rayon vecteur minimum, les cercles sont alors tangents et donnent les points A et A′, extrémités du grand axe qui devient un axe de la courbe. Quant au rayon vecteur maximum, il n'y en a point.

Il résulte encore de cette construction que l'hyperbole se compose de deux branches infinies situées symétriquement par rapport à une perpendiculaire élevée au point O. Chaque branche à son tour s'étend indéfiniment dans deux sens et coupe la distance focale en un point qui est le *sommet* de l'*axe* formé par la ligne AA′.

Problème.

519. *Tracer l'hyperbole d'un mouvement continu.*

On prend une règle $f′$M dont l'une des extrémités fixée au foyer $f′$ est cependant susceptible de tourner autour de ce point. A l'autre extrémité B est fixé un fil dont la différence de longueur avec la règle est égale à $2a$. Cela fait, avec un crayon on tend constamment ce fil le long de la règle. La règle tourne alors autour du point $f′$ et le crayon trace la branche d'hyperbole MK, évidemment symétrique relativement à la ligne $ff′$ qui devient un axe de la courbe dont A est un sommet. Cet axe s'appelle l'axe *transverse*. Cette courbe est bien une hyperbole, attendu que la différence entre la règle et le

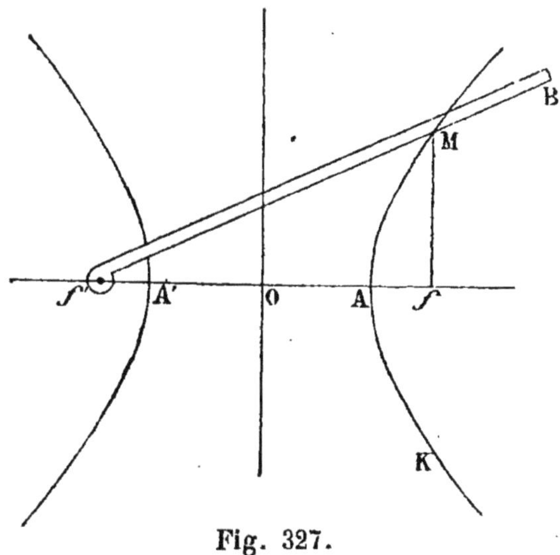

Fig. 327.

fil étant d'abord égale à $2a$, lorsque le crayon est en M, par exemple, cette différence est toujours $2a$, les deux termes de la différence ont simplement diminué de la même quantité MB.

En transportant le centre de rotation en f, on obtient la seconde branche de l'hyperbole, évidemment symétrique de la précédente, relativement à une perpendiculaire élevée sur le milieu O de l'axe transverse. Cet axe s'appelle l'axe *non transverse*.

Il est à observer que chaque branche s'étend indéfiniment dans deux sens, et que non seulement l'axe non transverse ne rencontre pas la courbe, mais au contraire que chaque point de la courbe s'en éloigne constamment. Et, en effet, supposons la règle f'B extrêmement longue, supposons de plus le crayon au point A; pour pouvoir tracer la branche de courbe AM, la règle est obligée de tourner autour du point f' et toujours dans le *même sens*. Comme le rayon vecteur $f'M$ grandit toujours, on en conclut que le point M s'élève constamment au-dessus de ff', c'est-à-dire qu'il s'en éloigne. Ce qui vient d'être dit pour la règle peut s'appliquer au fil Mf, par conséquent le point M s'éloigne de l'axe non transverse. Le point M s'éloigne donc toujours des deux axes.

Théorème.

520. *L'hyperbole a :*

1° *Pour axes, la droite* AA' *qui passe par ses deux foyers et la droite* BB' *perpendiculaire au milieu de la première.*

2° *Pour centre l'intersection de ces deux axes.*

1° D'après ce que nous avons vu, à propos de la construction par points de l'hyperbole, en prenant un point I à droite du foyer f (fig. 326) et en alternant les centres, on obtient 4 points M et M', N et N'. Il est évident que les 2 premiers sont symétriques par rapport à la ligne ff', parce que ces deux points peuvent être considérés comme les intersections de deux circonférences dont ff' est la ligne des centres, et qu'il en est de même des points N et N'. Donc AA' est un axe de la courbe, c'est celui que nous avons appelé *axe transverse*. A, A' sont les deux *sommets*.

En second lieu, les deux triangles $f'fM$ et $f'fN$ étant égaux comme ayant les trois côtés égaux chacun à chacun, si on replie la figure autour de la perpendiculaire BB' élevée au milieu O de AA', comme les angles en O sont droits et que de plus $Of = Of'$, le point f vient en f', la ligne fM prend la direction $f'N$ et le point M vient en N, puisque $fM = f'N$. Donc BB' est un axe de la courbe, c'est celui que nous avons déjà appelé *axe non transverse*. Cet axe ne rencontre pas l'hyperbole ; néanmoins, si du sommet A comme centre avec c pour rayon nous décrivons un arc de cercle qui coupe l'axe non transverse en deux points B et B', la longueur BB' ainsi déterminée s'appelle, par analogie avec l'ellipse, *longueur de l'axe non transverse,* on la désigne par $2b$, et entre les trois quantités a, b, c, on a la relation $c^2 = a^2 + b^2$, tandis que pour l'ellipse on avait $c^2 = a^2 - b^2$.

Lorsque les deux axes a, b sont égaux, l'hyperbole est dite *équilatère*.

2° La figure MN'ff' est un parallélogramme, puisque, d'après la construction, les rayons vecteurs f'M et fN' sont égaux et qu'il en est de même de f'N' et de fM ; donc O, milieu de la diagonale AA', est aussi le milieu de la diagonale MM' ; par conséquent O est le centre de figure de l'hyperbole.

Théorème.

521. *Selon qu'un point est intérieur ou extérieur à l'hyperbole, la différence de ses distances aux deux foyers est plus grande ou plus petite que $2a$.*

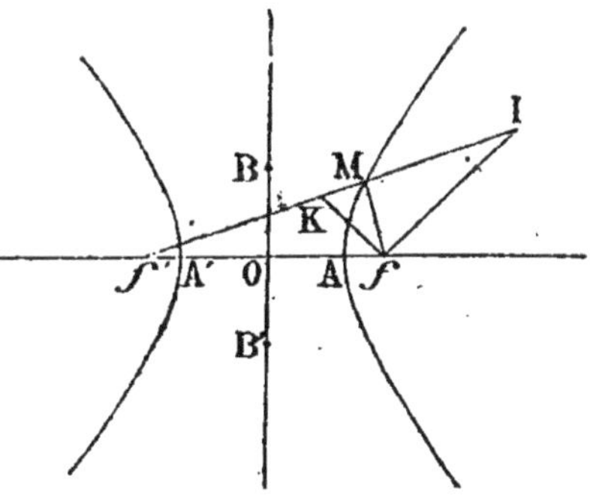

Fig. 328.

1° Soit I un point intérieur, c'est-à-dire situé dans la portion du plan limité par l'hyperbole, mais contenant l'un ou l'autre foyer, en le joignant aux foyers on rencontre l'hyperbole au point M et le triangle IMf donne I$f <$ IM $+$ Mf.

Retranchons cette inégalité de l'identité $\mathrm{I}f' = \mathrm{I}f'$, on a :

$$\mathrm{I}f' - \mathrm{I}f > \mathrm{I}f' - \mathrm{IM} - \mathrm{M}f',$$

ou

$$\mathrm{I}f' - \mathrm{I}f > \mathrm{M}f' - \mathrm{M}f,$$

c'est-à-dire

$$\mathrm{I}f' - \mathrm{I}f > 2a.$$

2° Soit K, un point extérieur, c'est-à-dire situé dans la portion du plan limité par les deux branches de l'hyperbole, portion qui contient le centre. En joignant ce point aux foyers et en prolongeant la ligne Kf jusqu'à la courbe en M, le triangle MfK donne

$$\mathrm{K}f + \mathrm{KM} > \mathrm{M}f.$$

Retranchons cette inégalité de l'identité $\mathrm{M}f' = \mathrm{M}f'$, on a :

$$\mathrm{M}f' - \mathrm{K}f - \mathrm{KM} < \mathrm{M}f' - \mathrm{M}f,$$

ou

$$\mathrm{K}f' - \mathrm{K}f < 2a.$$

Théorème fondamental.

522. *La tangente à l'hyperbole fait des angles égaux avec les rayons vecteurs menés au point de contact.*

La démonstration de ce théorème est tout à fait analogue à la démonstration déjà donnée pour l'ellipse ; nous établirons donc aussi deux lemmes qui, avec leurs conséquences, sont très utiles dans l'étude de l'hyperbole.

LEMME I. *Si l'on joint un des points de l'intersection d'une droite et d'une hyperbole à un foyer et au symétrique de l'autre par rapport à cette droite, la différence des distances est égale à l'axe transverse $2a$.*

Cette proposition est une conséquence immédiate de la définition même de deux points symétriques.

LEMME II. *Si l'on considère deux points de l'intersection d'une droite et de l'hyperbole, ces deux points ne peuvent se trouver d'un même côté de la droite qui joint un foyer au symétrique de l'autre par rapport à la droite considérée.*

Soient une hyperbole définie par sa distance focale ff' et son axe transverse AA',

xy la droite considérée,

M, M′ deux points communs à la droite et à l'hyperbole, situés au-dessus de $f_1 f'$, si c'est possible,

f_1 le symétrique de f par rapport à xy.

Les deux points M et M′ appartenant à l'hyperbole on a, en ayant égard au lemme I :

$$\mathrm{M}f' - \mathrm{M}f_1 = 2a,$$

$$\mathrm{M}'f' - \mathrm{M}'f_1 = 2a,$$

d'où

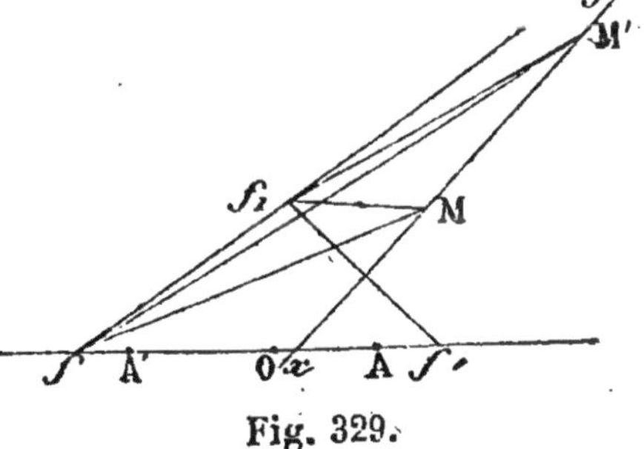

Fig. 329.

$$\mathrm{M}f' - \mathrm{M}f_1 = \mathrm{M}'f' - \mathrm{M}'f_1,$$

et par suite :

$$\mathrm{M}f' + \mathrm{M}'f_1 = \mathrm{M}'f' + \mathrm{M}f_1.$$

Égalité impossible, puisque les deux triangles $\mathrm{M}\mathrm{M}'f'$, $\mathrm{M}\mathrm{M}'f_1$, ayant un côté commun $\mathrm{M}\mathrm{M}'$ et le sommet f' se trouvant en dehors du triangle $MM'f_1$, la somme des lignes qui ne se coupent pas est plus petite que la somme des lignes qui se coupent ; donc, etc.

De ce lemme on peut conclure :

1° Si deux points sont communs à une hyperbole et à une droite, l'un est au-dessus, l'autre au-dessous de la droite qui joint un foyer au symétrique de l'autre par rapport à la droite.

2° Une hyperbole et une droite ne peuvent avoir plus de deux points communs, c'est-à-dire que l'hyperbole est une courbe *convexe*. Car, s'il y avait seulement trois points communs, deux seraient d'un même côté de la droite qui joint un foyer au symétrique de l'autre par rapport à la droite, ce qui est contraire au lemme II.

3° La ligne qui joint un des foyers au symétrique de l'autre par rapport à une tangente passe au point de contact.

(Voir la démonstration donnée pour l'ellipse).

Cela posé, on peut démontrer très facilement le théorème en question relatif à l'hyperbole.

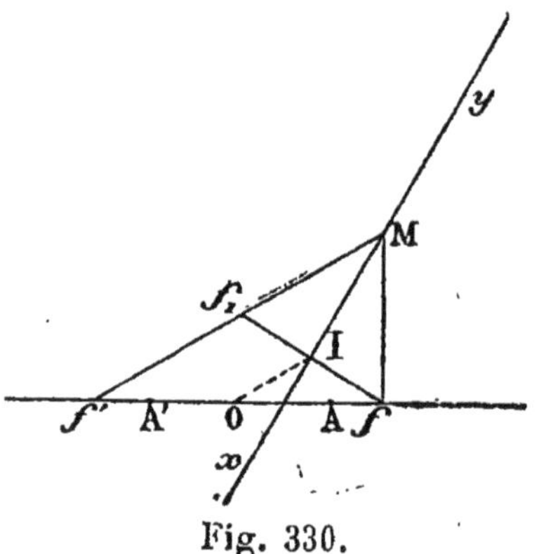

Fig. 330.

Soient l'hyperbole définie par sa distance focale ff' et son axe transverse AA',

M un point pris sur la courbe,

xy la tangente au point M.

Prenons le symétrique f_1 de f par rapport à la tangente xy, et menons la ligne f_1f' ; d'après ce que l'on a démontré, cett ligne passe au point de contact. Donc $\widehat{xMf'} = \widehat{xMf_1}$, puisque Mff_1 est un triangle isocèle.

523. COROLLAIRE I. Comme $Mf_1 = Mf$, et $Mf' - Mf_1 = 2a$ ou $f'f_1 = 2a$, quantité constante :

Le cercle décrit de l'un des foyers comme centre avec l'axe transverse pour rayon est le lieu des symétriques de l'autre foyer par rapport aux différentes tangentes menées à l'hyperbole.

Cette circonférence s'appelle *cercle directeur* de l'hyperbole.

524. COROLLAIRE II. Comme le point I est milieu de ff_1 et le point O milieu de ff', la ligne IO est parallèle à $f'f_1$ et égale à a, quantité constante, donc :

Le lieu des projections des foyers d'une hyperbole sur ses tangentes est la circonférence décrite sur l'axe transverse comme diamètre.

Cette circonférence s'appelle *cercle principal* de l'hyperbole.

Problème.

525. *Mener une tangente à l'hyperbole par un point pris sur la courbe.*

D'après le théorème précédent, il suffit de mener les deux rayons vecteurs de ce point et de mener la bissectrice de l'angle ainsi formé.

Il est bon d'observer que la tangente est tout entière située entre les deux branches de l'hyperbole, puisque l'hyperbole est une courbe convexe.

Problème.

526. *Mener une tangente à l'hyperbole par un point extérieur à la courbe.*

Soient une hyperbole définie par sa distance focale ff' et son axe transverse AA', et P le point extérieur.

Tout revient évidemment à la recherche du symétrique du foyer f, relatif à la tangente.

D'abord, ce symétrique est sur le cercle décrit de l'autre foyer f' comme centre avec $2a$ pour rayon; ensuite si l'on observe que f et f_1 sont équidistants du point P, on arrive à la construction suivante :

Du foyer f' comme centre, avec $2a$ pour rayon, décrivez un premier cercle, et du point P donné comme centre, avec la distance de ce point à l'autre foyer, décrivez un second cercle, les intersections f_1, f_2 de ces deux circonférences sont les deux symétriques du foyer f

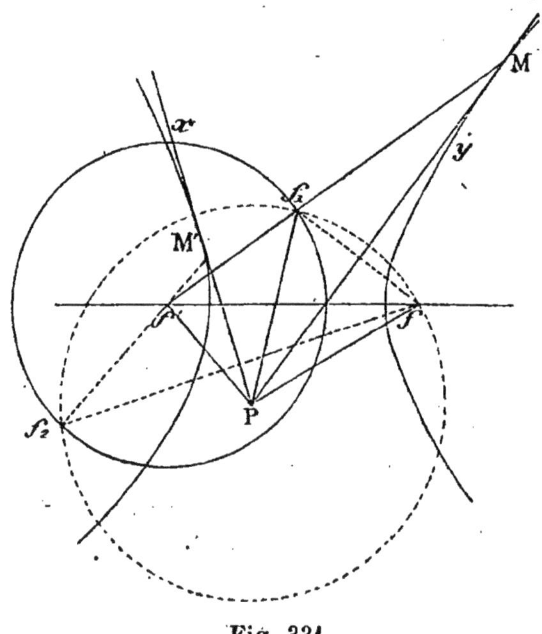

Fig. 331.

relatifs aux deux tangentes que l'on peut mener du point donné à l'hyperbole.

Abaissez du point P des perpendiculaires sur ff_1 et

sur ff_2, et vous aurez les deux tangentes demandées.

Quant aux points de contact, on les obtient sans tracer la courbe; ils se trouvent à l'intersection des tangentes avec les deux lignes qui joignent le foyer f' aux deux symétriques f_1, f_2 du foyer f. Examinons si les deux cercles se coupent toujours en deux points f_1 et f_2, lorsque le point donné est extérieur. Les deux points P et f' étant les centres des cercles, et f_1 un des points de l'intersection, le triangle $Pf'f_1$ sera possible si un côté quelconque est plus petit que la somme des deux autres, condition toujours réalisée lorsque le point donné est extérieur. En effet, supposons pour fixer les idées $Pf' < Pf$, on en conclut *à fortiori* d'abord, $Pf' < Pf_1 + f_1f'$, puisque $Pf_1 = Pf$. En second lieu, le point P étant extérieur à l'hyperbole, on a :

$$Pf - Pf' < 2a;$$

d'où

$$Pf_1 < Pf' + 2a,$$

ou

$$Pf_1 < Pf' + f_1f'.$$

En troisième lieu, dans toute hyperbole $2a < 2c$.

Or, le triangle Pff' donne $2c < Pf' + Pf$ et *à fortiori* $2a < Pf' + Pf_1$.

Le triangle $Pf'f_1$ est donc toujours possible.

527. Corollaire. *Le lieu des points* P *d'où l'on peut mener à l'hyperbole deux tangentes à angle droit est un cercle qui a pour centre, le centre de l'hyperbole, et pour rayon le côté d'un rectangle qui a pour diagonale le demi-axe transverse et pour autre côté le demi-axe non transverse.*

La démonstration est entièrement analogue à la démonstration donnée plus haut pour l'ellipse. Et en effet, dans la figure précédente, l'angle $\widehat{xPy}$ des tangentes étant droit, les deux perpendiculaires à ces tangentes sont aussi à angle droit ; mais l'angle $\widehat{f_1 ff_2}$ est inscrit dans une circonférence qui a P pour centre, donc $f_1 P f_2$ est un diamètre.

Cela posé, la ligne $f'P$ des centres étant perpendiculaire sur la corde commune $f_1 P f_2$, le triangle $f'P f_1$ est rectangle et donne

$$\overline{Pf'}^2 + \overline{Pf_1}^2 = \overline{f_1 f'}^2,$$

ou

$$\overline{Pf'}^2 + \overline{Pf}^2 = 4a^2.$$

Le point P est donc tel que la somme des carrés de ses distances à deux points fixes f et f' est constante, c'est-à-dire que le lieu est une circonférence dont le centre est en O milieu de ff', et dont le rayon r est donné par la relation (p. 132)

$$4a^2 = 2r^2 + 2c^2.$$

Or,

$$c^2 = a^2 + b^2,$$

donc

$$2a^2 = r^2 + a^2 + b^2,$$

c'est-à-dire

$$r = \sqrt{a^2 - b^2}.$$

Le problème n'est donc possible que dans le cas où on

a $a > b$, c'est-à-dire que l'axe transverse doit être plus grand que l'axe non transverse.

Problème.

528. *Mener à l'hyperbole une tangente parallèle à une droite donnée.*

Comme ci-dessus, la question revient à trouver le sy-

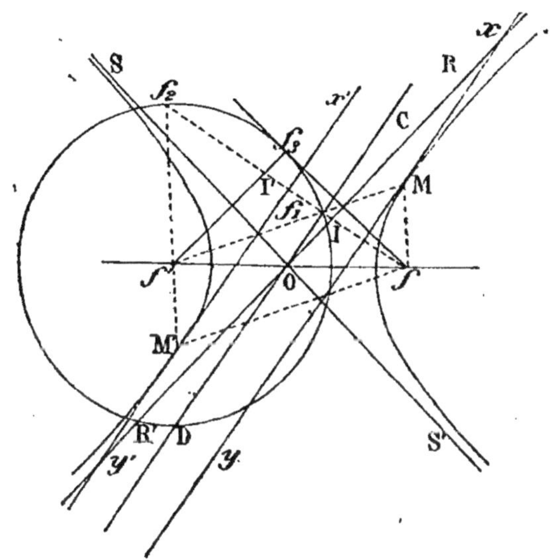

Fig. 332.

métrique du foyer par rapport à la tangente demandée. Ce symétrique se trouve évidemment à l'intersection du cercle directeur de l'hyperbole et de la perpendiculaire abaissée du foyer f sur la droite donnée, que nous pouvons supposer menée par le centre O de l'hyperbole. Dans la figure ci-jointe, il y a deux symétriques f_1 et f_2. En élevant des perpendiculaires sur les milieux des lignes ff_1 et ff_2, on obtient les deux tangentes demandées xy, $x'y'$. Il est à remarquer que l'on peut obtenir les points de tangence M et M' sans tracer la courbe, il suffit de joindre $f'f_1$ et $f'f_2$.

Les deux symétriques se réduisent à un seul f_3, lorsque la perpendiculaire abaissée du foyer f sur la droite donnée est tangente au cercle directeur; dans ce cas la droite donnée RR' parallèle à $f'f_3$ n'est autre que la tangente cherchée, puisque cette ligne passant par le milieu O de ff' passe par le milieu de ff_3. Quant au point de contact, il se trouve à l'intersection des lignes OR et $f'f_3$; or ces droites étant parallèles, il est à l'infini.

Enfin le symétrique n'existe plus, ou en d'autres termes, le problème est impossible lorsque la perpendiculaire abaissée du foyer f sur la droite donnée ne rencontre plus le cercle directeur.

Pour que le problème soit possible, la perpendiculaire abaissée du foyer sur la droite donnée doit donc être comprise dans l'angle f_3ff', ou bien, la droite donnée, que l'on peut supposer menée par le point O, doit être comprise dans l'angle complémentaire de ROf.

En résumé : Si l'angle que fait une tangente à l'hyperbole décroît depuis un droit jusqu'à ROf, le point de tangence s'éloigne de plus en plus au delà de toute limite La ligne RR' qui est la limite des positions des tangentes à l'hyperbole s'appelle une *asymptote*. La symétrie de la courbe par rapport au point O fait que cette droite RR' est aussi asymptote à la branche opposée.

Vu la symétrie des branches de l'hyperbole, la ligne SS' symétrique de RR' par rapport à l'axe transverse est aussi asymptote aux deux autres branches.

Remarque. Dans la figure précédente, le triangle rectangle OIf a l'hypoténuse égale à c, et le côté OI de l'angle droit égal à a; donc If est le demi-axe non transverse b ; par conséquent, les deux asymptotes RR′, SS′ ne sont que les prolongements des diagonales du rectangle construit sur les axes.

529. COROLLAIRE I. *Les deux points de contact de deux tangentes à l'hyperbole, parallèles à une droite donnée, sont symétriques relativement au centre.*

La démonstration est identique à la démonstration donnée plus haut pour l'ellipse ; la notation est aussi la même. Nous ferons une remarque analogue pour les deux corollaires suivants.

530. COROLLAIRE II. *Le produit des distances d'un foyer à deux tangentes parallèles est constant.*

531. COROLLAIRE III. *Le produit des distances des deux foyers à une même tangente quelconque est constant.*

Problème.

532. Déterminer les points de l'intersection d'une droite et d'une hyperbole définie par sa distance focale et son axe transverse.

La construction est exactement la même que pour l'ellipse.

§ III. De la parabole.

DÉFINITIONS

533. La *parabole* est une courbe plane telle, que chacun de ses points est équidistant d'un point fixe et d'une droite fixe.

Le point fixe est le *foyer* de la parabole ; la droite fixe en est la *directrice* ; la ligne qui joint le foyer avec un

23.

point quelconque de la courbe s'appelle *rayon vecteur*; la distance du foyer à la directrice porte le nom de *paramètre* de la parabole et se représente par p.

Problème.

534. *Construire la parabole par points.*

Soit une parabole définie par son foyer f et sa directrice DD'. Si du point f nous abaissons la perpendicu-

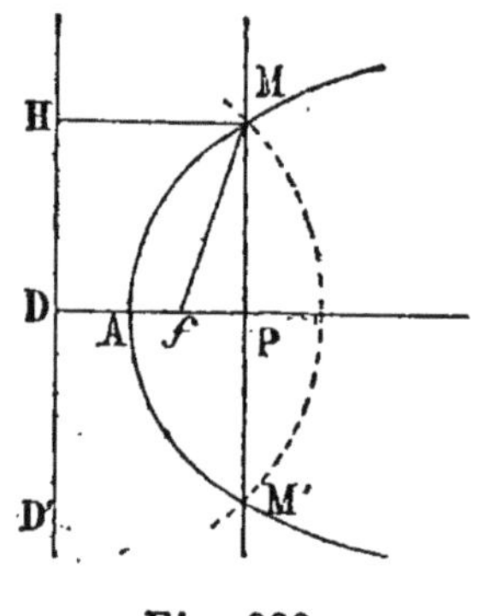

Fig. 333.

laire FD sur la directrice DD', le point A milieu de FD appartient à la parabole. Ce point A s'appelle le *sommet* de la parabole.

Pour obtenir un point quelconque de la parabole, prenons un point P situé à droite du sommet A, et par ce point élevons une perpendiculaire à fD.

Si du point f comme centre avec DP pour rayon nous décrivons un arc de cercle qui coupe la perpendiculaire en deux points M et M', ces deux points appartiennent à la parabole, puisque, en abaissant du point M une perpendiculaire MH à la directrice, on a :

$$MH = DP = fM.$$

En réunissant par un trait continu tous les points ainsi obtenus, on obtient la parabole qui a évidemment pour *axe* la perpendiculaire abaissée du foyer f sur la directrice.

Pour fixer les limites du point P, il suffit d'examiner les conditions de l'intersection de la circonférence et de la perpendiculaire. Il faut et il suffit que le rayon fM soit plus grand que la distance fP du centre à la droite, c'est-à-dire que l'on doit avoir : DP $>$ fP ; le point P est donc assujetti à être toujours à droite du point A. Lorsque le point P est en A, le cercle est tangent à la perpendiculaire qui devient une tangente à la courbe, courbe qui a par conséquent tous ses points à droite de la perpendiculaire à l'axe, menée par le point A.

Il résulte de cette construction que fA est le rayon vecteur minima ; quant au rayon vecteur maxima, il n'y en a point, rien ne limitant la position du point P à droite du point A.

Il résulte encore de cette construction que le point M s'éloigne indéfiniment, d'abord de la directrice DH, ce qui est évident, et ensuite de l'axe de la parobole ; en effet, le triangle rectangle fPM donne :

$$\overline{MP}^2 = \overline{Mf}^2 - \overline{fP}^2,$$

ou

$$\overline{MP}^2 = (Df + fP)^2 - \overline{fP}^2,$$

en développant

$$\overline{MP}^2 = \overline{Df}^2 + 2 \times Df \times fP.$$

Or Df est une quantité constante, c'est le paramètre ; comme fP dépasse toute limite, il en est de même de MP^2 et par conséquent de MP.

En résumé, la parabole se compose donc de deux branches indéfinies qui s'écartent constamment de la directrice et de l'axe et qui de plus sont symétriques rela vement à la perpendiculaire abaissée du foyer sur la directrice, perpendiculaire qui est un axe de la courbe.

Problème.

535. *Tracer la parabole d'un mouvement continu.*
Plaçons le bord d'une règle sur la directrice DE et

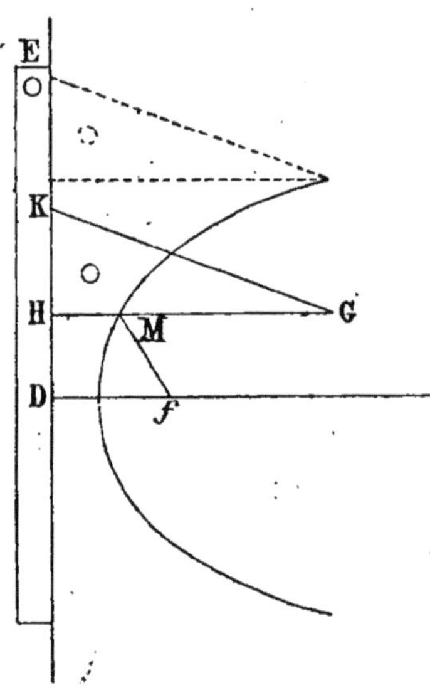

Fig. 334.

appliquons contre cette règle le plus petit côté HK de l'angle droit d'une équerre GHK ; puis ayant attaché aux points *f* et G un fil dont la longueur est exactement égale à celle du côté GH, tendons ce fil en appliquant, contre le côté GH de l'équerre, un style ou la pointe d'un crayon. Si nous faisons mouvoir l'équerre le long de la règle, la pointe glisse le long du côté GH et décrit la parabole ; car la longueur du fil étant, par hypothèse, égale à GH ou à GM + MH, la distance M*f* est constamment égale à la distance MH. Le point M est donc sur une parabole ayant pour foyer le point *f* et pour directrice la droite DE.

Théorème.

536. *Selon qu'un point est intérieur ou extérieur à la parabole, sa distance au foyer est plus petite ou plus grande que sa distance à la directrice.*
1° Soit I un point intérieur, c'est-à-dire situé dans la portion du plan limité par la parabole contenant le foyer, joignons ce point au foyer et abaissons la perpen-

diculaire IH sur la directrice. Cette perpendiculaire rencontre la parabole au point M tel que $Mf = MH$.

Cela posé, le triangle IMf donne :

$$If < IM + Mf,$$

ou

$$If < IM + MH,$$

c'est-à-dire

$$If < IH.$$

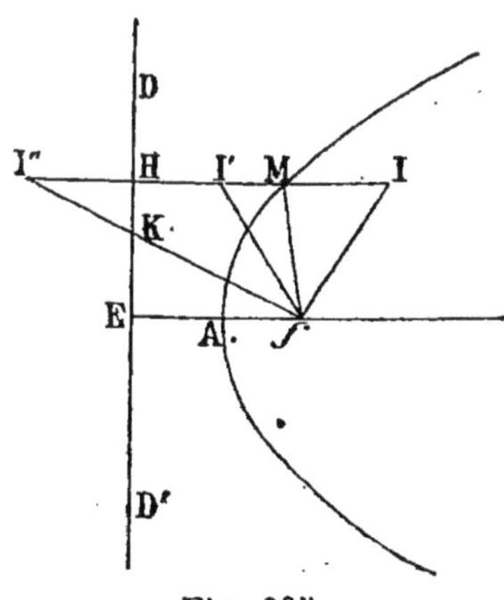

Fig. 335.

2° Soit I′ un point extérieur, mais situé entre la parabole et la directrice. En faisant pour I′ les constructions faites ci-dessus pour le point I, on obtient le triangle I′Mf qui donne

$$I'f > Mf - MI',$$

ou

$$I'f > MH - MI',$$

c'est-à-dire

$$I'f > I'H.$$

3° Soit I″ un point extérieur, mais situé à gauche de la directrice ; en joignant ce point au foyer, on coupe la directrice au point K, et en abaissant une perpendiculaire sur la directrice, on a entre l'oblique I″K et la perpendiculaire I″H la relation

$$I''K > I''H,$$

et *à fortiori*

$$I''f > I''H.$$

Théorème fondamental.

537. *La tangente à la parabole fait des angles égaux avec la parallèle à l'axe et le rayon vecteur menés par le point de contact.*

Pour démontrer ce théorème, nous établirons, comme pour l'ellipse et l'hyperbole, deux lemmes très utiles du reste dans l'étude de la parabole.

LEMME I. *Si l'on joint un point de l'intersection d'une droite et d'une parabole au symétrique du foyer par rapport à la droite, cette distance est égale à la distance du point à la directrice.*

Cette proposition est une conséquence immédiate de la définition de deux points symétriques.

LEMME II. *Si l'on considère deux points de l'inter-section d'une droite et d'une parabole, ces deux points ne peuvent se trouver d'un même côté de la parallèle à l'axe menée par le symétrique du foyer par rapport à la droite.*

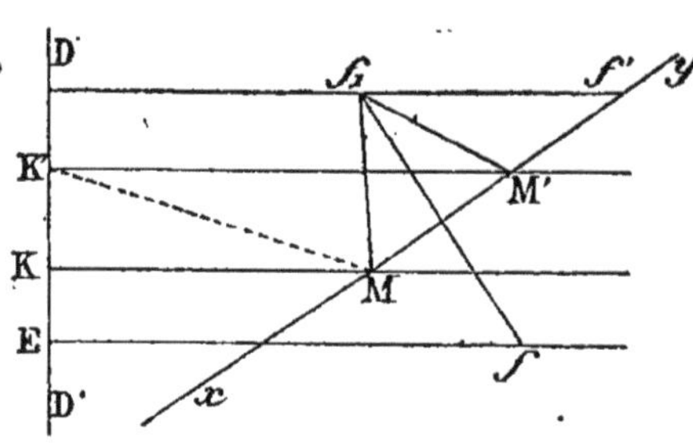

Fig. 336.

Soient une parabole définie par son foyer f et sa directrice DD',

xy la droite,

f_1 le symétrique de f par rapport à cette droite,

M, M' deux points communs à la droite et à la parabole situés au-dessous de la parallèle f_1f', si c'est possible.

Les deux points M, M' appartenant à la parabole on a, en ayant égard au Ier lemme :

$$M'f_1 = M'K',$$
$$Mf_1 = MK;$$

d'où

$$\mathrm{M}'f_1 + \mathrm{MK} = \mathrm{M}f_1 + \mathrm{M}'\mathrm{K}'.$$

Si, dans cette dernière égalité, nous remplaçons MK par l'oblique MK', nous avons :

$$\mathrm{M}'f_1 + \mathrm{MK}' > \mathrm{M}f_1 + \mathrm{M}'\mathrm{K}',$$

ce qui est impossible, puisque, lorsque deux triangles $\mathrm{MM}'f_1$, $\mathrm{MM}'\mathrm{K}'$ ont un côté commun MM', et si de plus le sommet f_1 est extérieur au triangle $\mathrm{MM}'\mathrm{K}'$, la somme des lignes qui ne se coupent pas $\mathrm{M}'f_1 + \mathrm{MK}'$ est plus petite que la somme des lignes qui se coupent $\mathrm{M}f_1 + \mathrm{M}'\mathrm{K}'$, donc, etc.

De ce lemme on peut conclure.

1° Si deux points sont communs à une droite et à une parabole, l'un est au-dessus, l'autre au-dessous de la parallèle à l'axe menée par le symétrique du foyer par rapport à cette droite.

2° Une parabole et une droite ne peuvent pas avoir plus de deux points communs, c'est-à-dire que la parabole est une courbe *convexe*.

3° La parallèle à l'axe, menée par le symétrique du foyer par rapport à une tangente, passe au point de contact.

Cela posé, on peut démontrer très facilement le théorème fondamental relatif à la parabole.

Soient la parabole définie par son foyer f et sa directrice DD',

xy la tangente au point M,

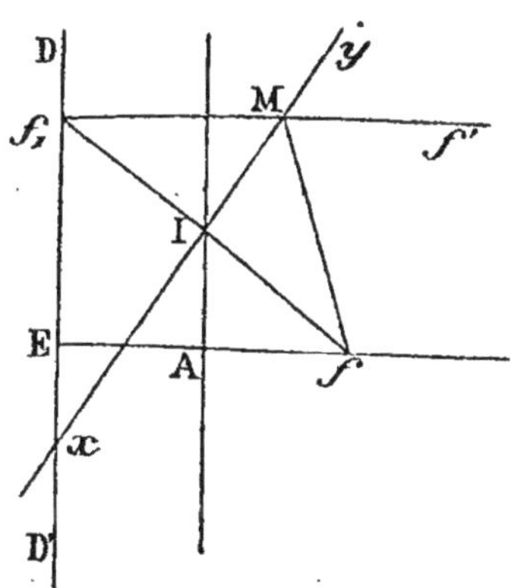

Fig. 337.

f_1 le symétrique de f par rapport à xy.

Par f_1 menons la parallèle à l'axe, cette droite, d'après ce que l'on vient de démontrer, passe au point de contact, donc : $\widehat{yMf'} = \widehat{f_1Mx}$, puisque les angles sont opposés par le sommet ; or $\widehat{f_1Mx} = \widehat{fMx}$, puisque f et f_1 sont symétriques, donc $\widehat{fMx} = \widehat{f'My}$.

538. CoROLLAIRE I. Les deux points f et f_1 étant symétriques par rapport à la tangente xy, $Mf_1 = Mf$, c'est-à-dire que le point f_1 est sur la directrice, donc :

La directrice est le lieu des symétriques du foyer par rapport aux différentes tangentes menées à la parabole.

539. CoROLLAIRE II. Comme le point I est milieu de ff_1 et le point A milieu de fE, la ligne AI est parallèle à la directrice, donc :

La tangente au sommet de la parabole est le lieu des projections du foyer sur les différentes tangentes à la courbe.

Problème.

540. *Mener une tangente à la parabole par un point pris sur la courbe.*

D'après le théorème précédent, il suffit de mener par le point le rayon vecteur et une perpendiculaire à la directrice, et ensuite, de mener la bissectrice de l'angle ainsi formé.

Problème.

541. *Mener une tangente à la parabole par un point extérieur à la courbe.*

Soient une parabole définie par son foyer f et sa directrice DD' et P le point extérieur. Comme précédemment tout revient à trouver le symétrique f_1 du foyer f.

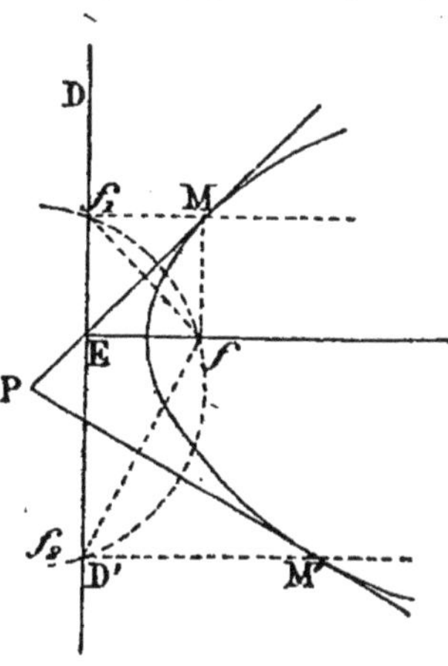
Fig. 338.

D'abord ce symétrique se trouve sur la directrice; ensuite, si l'on observe que f et f_1 sont équidistants du point P, f_1 se trouve aussi sur le cercle décrit du point P comme centre avec Pf pour rayon. Cette construction donne deux symétriques f_1 et f_2 et, en abaissant du point P deux perpendiculaires PM et PM' sur ff_1 et ff_2, on obtient les deux tangentes demandées.

Il y a toujours deux tangentes et, en effet, le problème aura deux solutions si le rayon Pf est plus grand que la distance du point P à la directrice; or cette condition est toujours remplie, lorsque le point P est extérieur à la courbe. Lorsque le point P est sur la courbe, le cercle est tangent à la directrice et il n'y a qu'une solution; enfin lorsque le point P est intérieur, il n'y a pas de solution.

COROLLAIRE. *Le lieu des points P d'où l'on peut mener à la parabole deux tangentes à angle droit n'est autre que la directrice.*

Dans la figure précédente, les deux tangentes PM et PM' étant à angle droit, les deux droites ff_1 et ff_2 sont aussi à angle droit, puisque ce sont deux perpendiculaires aux deux tangentes. Comme d'un autre côté cet angle $\overline{f_1ff_2}$ est inscrit dans une circonférence dont le centre est en P, la ligne f_1Pf_2 est droite et P se trouve sur la directrice.

Problème.

542. *Mener à la parabole une tangente parallèle à une droite donnée.*

Comme ci-dessus, la question revient à trouver le symétrique du foyer f par rapport à la tangente demandée.

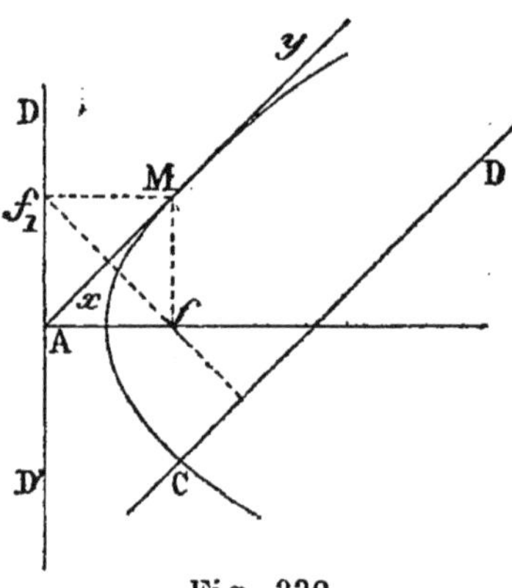

Fig. 339.

Il se trouve évidemment à l'intersection de la directrice et de la perpendiculaire abaissée du foyer f sur la droite donnée CD. Comme deux droites n'ont qu'un point commun, on ne peut mener à la parabole qu'une seule tangente parallèle à la droite donnée. De plus, si la perpendiculaire à CD se trouve parallèle à la directrice, il n'existe plus de tangente ; c'est-à-dire que la parabole n'a pas de tangentes parallèles à l'axe.

Problème.

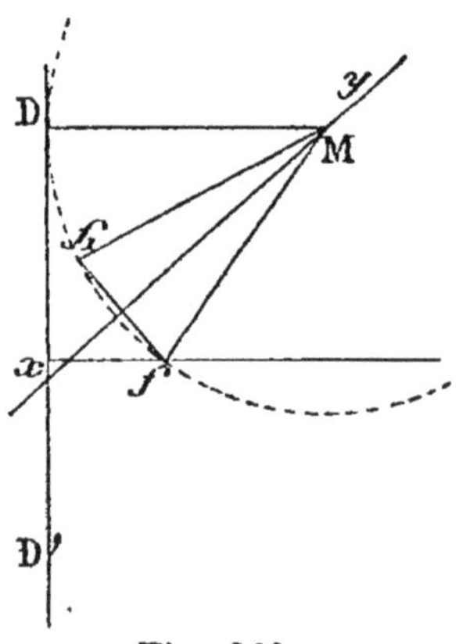

Fig. 340.

543. *Déterminer les points de l'intersection d'une droite et d'une parabole définie par son foyer et sa directrice.*

Supposons le problème résolu, et soit M un des points de l'intersection de la droite donnée xy avec la parabole définie par son foyer f et sa directrice DD′.

Si nous prenons le symétrique f_1 de f relatif à la droite xy, comme le point M est équidistant du foyer et de la directrice, pour trouver M il suffit de déterminer le centre d'un cercle passant par deux points f et f_1 et tangent à une droite donnée DD'. C'est ce problème de géométrie plane que nous allons résoudre.

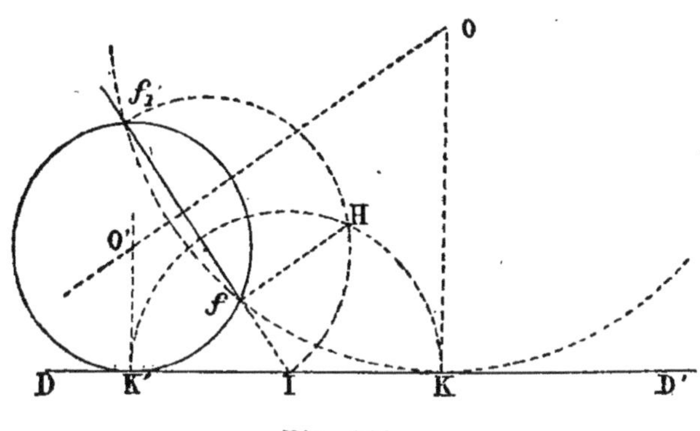

Fig. 341.

Soient DD' la droite donnée,

f, f_1 les deux points donnés.

Prolongeons ff_1 jusqu'à sa rencontre en I avec DD', la distance du point de tangence cherché au point I est donnée par la relation : $\overline{IK}^2 = If \times If_1$, c'est-à-dire par une moyenne proportionnelle entre If et If_1. On rabat ensuite cette moyenne proportionnelle IH à l'aide d'un arc de cercle, en K et K'. Il ne reste plus qu'à faire passer un cercle par les trois points f, f_1, K, ou f, f_1, K'. Le problème comporte donc habituellement deux solutions ; ces deux solutions se réduisent à une, si f vient en I. f est alors le point de contact cherché.

Enfin si ff_1 était parallèle à DD', il n'y a plus qu'une solution, le point de contact s'obtenant par une perpendiculaire élevée au milieu de ff_1.

Si, de plus, les deux points f et f_1 ne sont pas situés d'un même côté de la droite DD', il est évident que le problème est impossible.

Revenons maintenant au problème en question relatif à la parabole :

1° Si le symétrique du foyer relatif à la droite donnée tombe à gauche de la directrice, la droite ne rencontre pas la parabole.

2° Si ce symétrique se trouve sur la directrice, la droite est tangente à la parabole.

3° Si la droite qui joint le foyer au symétrique est parallèle à la directrice, la droite donnée, qui dans ce cas est parallèle à l'axe, n'est pas tangente, mais rencontre néanmoins la parabole en un seul point.

4° Si la droite, qui joint le foyer au symétrique, rencontre la directrice, la droite donnée coupe la parabole en deux points.

Théorème.

544. *Dans la parabole la sous-normale est constante et égale au paramètre.*

Projetons sur l'axe de la parabole la portion MN de la normale comprise entre l'axe et la courbe; la projection PN se nomme *sous-normale.*

Cela posé, menons MH parallèle à l'axe et joignons FH. Cette dernière ligne étant perpendiculaire à la tangente OT, est parallèle à la normale MN; les triangles rectangles

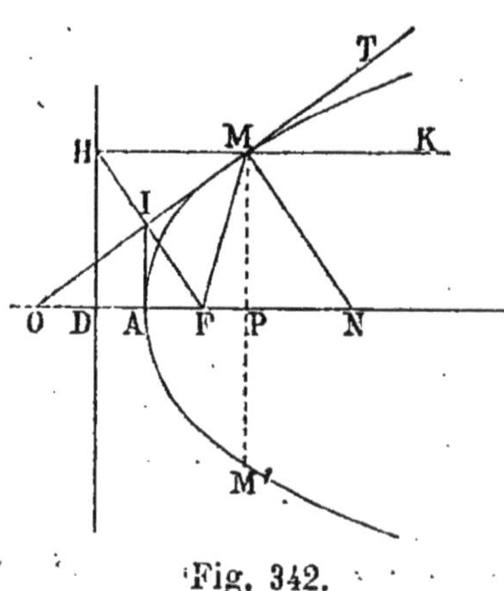

Fig. 342.

MNP, FDH sont donc égaux, puisque les côtés MP et DH sont parallèles et compris entre parallèles et qu'il en est de même des hypoténuses MN, FH ; par conséquent le côté PN égale le côté FD ; c'est-à-dire que la sous-normale PN est égale au paramètre FD de la parabole.

Théorème.

545. *Dans la parabole la sous-tangente est double de l'abscisse.*

Si nous projetons sur l'axe de la parabole la partie MO de la tangente comprise entre l'axe et le point de contact, la projection PO se nomme *sous-tangente*.

Dans le triangle HDF, les points A et I étant milieux des côtés DF et FH, la ligne AI est parallèle à DH et égale à $\dfrac{DH}{2}$, ou est parallèle à MP et égale à $\dfrac{MP}{2}$, puisque MP est parallèle et égale à DH. De là, on peut conclure que dans le triangle OPM, A est milieu de OP.

Or, OP s'appelle la sous-tangente, et AP, c'est-à-dire la distance du sommet de la parabole au pied de la perpendiculaire abaissée d'un point de la courbe sur l'axe, s'appelle l'*abcisse*, donc la sous-tangente est double de l'abscisse.

Théorème.

546. *Le carré d'une corde MM' perpendiculaire à l'axe est proportionnel à la distance de cette corde au sommet de la parabole.*

Dans la figure précédente le triangle rectangle OMN donne

$$\overline{MP}^2 = OP \times PN.$$

Mais PN est la sous-normale et l'on sait que PN $= p$ et OP est la sous-tangente et l'on sait que OP $= 2x$, (x représentant l'abscisse du point de contact).

Si y représente la perpendiculaire abaissée d'un point de la courbe sur l'axe, perpendiculaire qui prend alors le nom de *ordonnée* du point, on a : $y^2 = 2px$.

Or, MP $= \dfrac{\text{MM}'}{2}$, donc

$$\frac{\overline{\text{MM}'}^2}{4} = 2px \quad \text{d'où} \quad \frac{\overline{\text{MM}'}^2}{x} = 8p.$$

Les orbites décrites par la plupart des comètes sont des ellipses tellement allongées qu'on peut les regarder comme des paraboles dont le foyer commun est le centre du soleil. Mais c'est en physique qu'il est surtout question de paraboles. La parabole est la courbe que décrivent, à la surface de la terre, les corps pesants qui ne tombent pas suivant la verticale ; ainsi, le boulet, au sortir du canon, décrit un arc de parabole.

Si des rayons lumineux, calorifiques ou sonores, issus du foyer d'un *paraboloïde*, engendré en faisant faire à la parabole une demi-révolution autour de son axe, viennent tomber sur la surface de ce corps, ils se réfléchissent parallèlement à l'axe ; car, il est facile de le voir, la normale au point d'incidence est bissectrice de l'angle formé par le rayon incident et une parallèle à l'axe. Réciproquement, tous les rayons lumineux, calorifiques ou sonores qui viennent tomber sur la face concave du paraboloïde, dans une direction parallèle à l'axe se réfléchissent à son foyer.

C'est d'après ce principe que l'on construit les réflecteurs employés dans les réverbères et les lanternes de voiture. La surface réfléchissante, en métal poli, est la surface concave d'un paraboloïde. La lumière est placée au foyer; les rayons lumineux réfléchis, étant tous parallèles à l'axe, se propagent sans se disperser et éclairent à une grande distance.

C'est aussi d'après le même principe, que l'on emploie des miroirs paraboliques dans la construction des télescopes. L'axe étant tourné vers un astre, les rayons lumineux émanés de celui-ci se réfléchissent sur le miroir de manière à former au foyer une image brillante de l'astre.

§ IV. Étude de l'ellipse considérée comme projection d'un cercle[1].

547. Les problèmes précédents relatifs à l'ellipse peuvent se résoudre très facilement en considérant l'ellipse comme la projection d'un cercle,

Théorème.

548. *La projection d'une circonférence sur un plan quelconque est une ellipse.*

Soit O une circonférence dont le rayon est égal à a; nous pouvons sans nuire à la généralité de la question, supposer que le plan de projection passe par le centre, attendu qu'*une figure plane se projette en vraie grandeur sur un plan qui lui est parallèle ;* du reste cette dernière proposition se démontre comme il suit :

Supposons un triangle ABC, qui se projette selon A′B′C′, sur un plan qui lui est parallèle; AA′, BB′ sont deux lignes égales et parallèles (307-310), donc la figure

___

1. Le paragraphe IV n'est pas exigé des candidats au baccalauréat ès sciences.

AA'BB' est un parallélogramme et l'on en conclut AB = A'B'; on démontrerait de même que BC = B'C' et que AC = A'C', les deux triangles ABC, A'B'C' sont donc égaux. Cette proposition étant vraie pour un triangle, est vraie pour un polygone que l'on peut regarder comme composé de triangles, et par suite pour une figure plane quelconque que l'on peut toujours envisager comme limite d'un polygone dont les côtés sont infiniment nombreux et infiniment petits.

Cela posé, par le centre O, traçons deux diamètres per-pendiculaires AA', B_1B_2; le premier n'étant que l'intersection du plan de la circonférence avec le plan de projection, plans qui font entre eux un angle constant α.

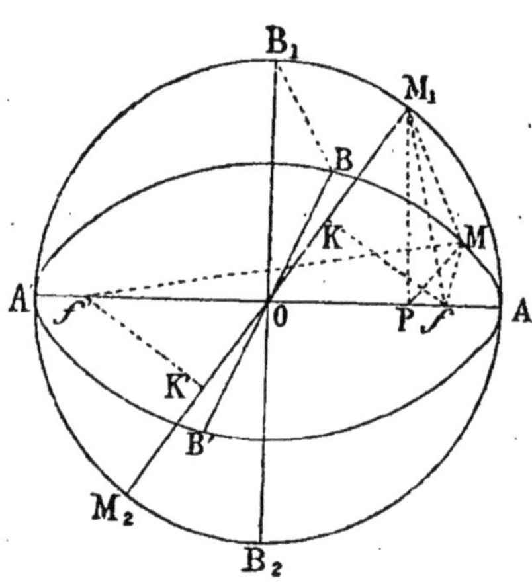

Fig. 343.

Le diamètre OB_1 se pro-jette selon OB, et un point quelconque M_1 se projette en M; du point M abaissons une perpendiculaire MP sur AA' et joignons M_1P; en vertu du théorème des trois perpendiculaires M_1P est perpendiculaire sur AA', par conséquent $\widehat{M_1PM} = \widehat{B_1OB} = \alpha$. Les deux triangles rectangles OB_1B, PM_1M étant équiangles sont semblables et l'on a :

$$\frac{MM_1}{PM_1} = \frac{c}{a}, \qquad (1)$$

en représentant par c la distance BB_1.

Prenons $Of' = Of = BB_1 = c$ et de ce point f, que nous joignons au point M, abaissons la perpendiculaire

fK sur le diamètre M_1M_2. Les deux triangles rectangles OM_1P, OKf qui ont les angles en O communs, étant semblables, donnent :

$$\frac{PM_1}{a} = \frac{Kf}{c} \qquad (2).$$

En multipliant les égalités (1) et (2) on a : $MM_1 = Kf$.

Considérons maintenant les deux triangles rectangles MM_1f, M_1Kf. Ces deux triangles sont égaux, comme ayant l'hypoténuse commune M_1f et le côté $MM_1 = Kf$, comme on vient de le voir ; donc $Mf = M_1K$. C'est-à-dire que si l'on projette le foyer f sur le diamètre passant par le point M_1, la distance de ce dernier point à la projection du foyer est égale à la distance de la projection M de M_1 au même foyer.

Par conséquent, si nous projetons le foyer f' sur le même diamètre M_1M_2 on a $M_1K' = Mf'$.

Mais les deux triangles rectangles OKf, $OK'f'$ sont égaux, comme ayant les hypoténuses égales, par construction, et les angles en O égaux ; donc $OK = OK'$ et par suite $M_1K = M_1K'$.

De tout cela il résulte que :

$$M_2K' = Mf$$
$$M_1K' = Mf'.$$

En additionnant ces deux égalités membre à membre on a :

$$Mf + Mf' = M_1K' + K'M_2 = 2a.$$

C'est-à-dire que la courbe projetée AA'BB' est telle que la somme des distances de chacun de ses points à deux points fixes est constante, la courbe est donc une ellipse.

549. RÉCIPROQUEMENT. *Toute ellipse peut être con-*

sidérée comme la projection d'une circonférence. Il suffit de décrire le cercle principal dont le centre est en O et le rayon égal à a et de le faire tourner autour du grand axe d'un angle α, qui est l'un des angles aigus d'un triangle rectangle OBB_1 ayant pour hypoténuse le demi-grand axe et pour autre côté le demi-petit axe. En trigonométrie, cet angle est donné par la relation

$$\cos \alpha = \frac{b}{a}.$$

Théorème.

550. *Le rapport de l'ordonnée de l'ellipse à l'ordonnée correspondante du cercle principal est constant et égal au rapport des deux demi-axes de l'ellipse.*

Dans la figure précédente faisons tourner le cercle O de rayon a d'un angle α. Ce cercle devient alors le cercle principal, et comme les lignes OB et OB_1, PM_1 et PM, sont perpendiculaires à l'axe de rotation AA', OB_1 se rabat selon OB, et M_1P selon MP.

De plus, avant le rabattement, les deux triangles OBB_1 PMM$_1$ étant semblables, donnaient :

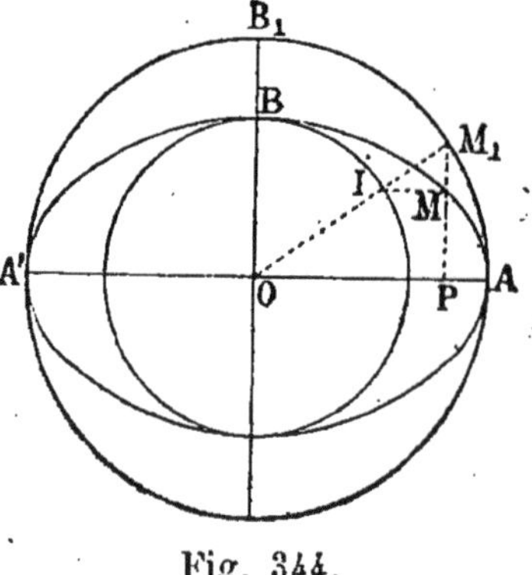

Fig. 344.

$$\frac{MP}{M_1P} = \frac{OB}{OB_1}.$$

Après le rabattement, les quatre lignes précédentes, n'ayant pas changé de longueur, sont encore en proportion, mais alors :

MP est l'ordonnée y du point M de l'ellipse,

M_1P est l'ordonnée Y du cercle projetant l'ellipse,

OB est la moitié du petit axe de l'ellipse et OB_1 le demi-grand axe, la proportion ci-dessus peut s'écrire :

$$\frac{y}{Y} = \frac{b}{a},$$

ce qui démontre le théorème énoncé.

La réciproque de ce théorème est évidente.

551. Corollaire. Ce théorème fournit un nouveau moyen de construire l'ellipse par points et d'un mouvement continu.

1° *Construction par points*. Soit l'ellipse définie par ses demi-axes a et b. Du point O comme centre avec a et b pour rayons décrivons deux cercles, tirons un rayon quelconque OM_1 qui coupe le petit cercle au point I, par les points I et M_1 menons une parallèle et une perpendiculaire au grand axe, le point M de rencontre est un point de l'ellipse. En effet les deux triangles IMM_1 et OPM_1 étant semblables, on a :

$$\frac{MP}{M_1P} = \frac{OI}{OM_1}, \quad \text{ou} \quad \frac{y}{Y} = \frac{b}{a},$$

C'est-à-dire, en vertu de la réciproque, que M est un point de l'ellipse.

2° *Construction de l'ellipse d'un mouvement continu, a et b étant les deux demi-axes*, on prend une droite rigide HK d'une longueur égale à $a + b$, et l'on fixe en M un crayon, le point M divisant la droite en deux parties HM $= a$ et MK $= b$; puis on fait glisser cette droite sur deux règles ox, oy, faisant entre elles un angle droit. Le point M décrit l'ellipse.

En effet, du point M abaissons la perpendiculaire MP

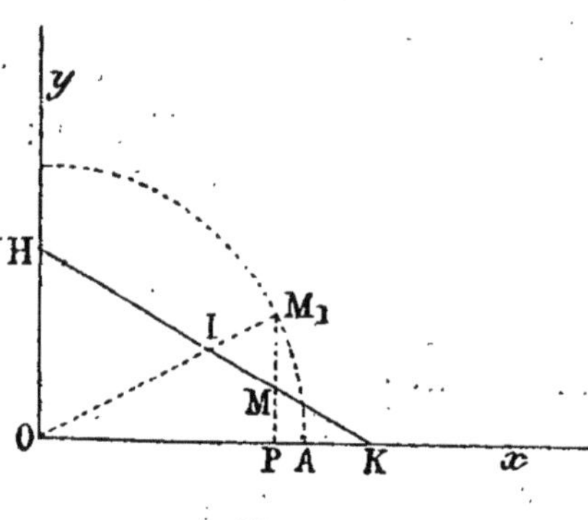

Fig. 345.

sur ox, perpendiculaire qui rencontre le cercle principal au point M_1 ; les deux triangles HOI, IMM$_1$ sont semblables et isocèles, par conséquent l'angle M_1 égale l'angle $\widehat{IMM_1}$ lequel égale l'angle PMK. On conclut de là la similitude des deux triangles rectangles PMK et OPM$_1$ qui donnent

$$\frac{MP}{M_1P} = \frac{MK}{OM_1},$$

ou

$$\frac{y}{Y} = \frac{b}{a},$$

c'est-à-dire que M est un point de l'ellipse.

Théorème.

552. *L'aire de l'ellipse est donnée par la formule πab, b et a étant les deux demi-axes.*

Soient l'ellipse de centre O, et son cercle principal. Partageons le grand axe AA' en un grand nombre de parties égales pP, pP', etc. et par les points de division menons les ordonnées correspondantes du cercle et de l'ellipse.

Les points P', p, P, etc. étant très rapprochés, les

trois points M_2, m_1, M_1 situés sur l'arc de cercle peuvent être considérés comme placés sur une ligne droite, et il en est de même des trois points M', m, M, situés sur l'arc d'ellipse.

Cela posé, représentons par Σ l'aire de l'ellipse composée de petits trapèzes tels que $P'pM'M$ dont les surfaces seront σ, σ', σ'', etc.

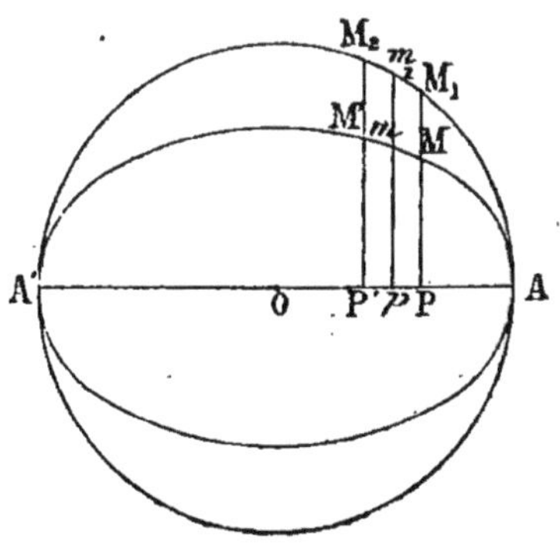

Fig. 346.

De même représentons par S l'aire du cercle, composée de petits trapèzes tels que $P'pM_2m_1$ dont les surfaces seront s, s', s'', etc. on a :

$$\frac{\sigma}{s} = \frac{P'p \times mp}{P'p \times m_1p} = \frac{y}{Y} = \frac{b}{a},$$

de même :

$$\frac{\sigma'}{s'} = \frac{b}{a},$$

par conséquent,

$$\frac{\sigma}{s} = \frac{\sigma'}{s'} = \frac{\sigma'''}{s''} \cdots = \frac{b}{a},$$

d'où

$$\frac{\sigma + \sigma' + \sigma'' + \cdots}{s + s' + s'' + \cdots} = \frac{b}{a},$$

ou

$$\frac{\Sigma}{S} = \frac{b}{a}.$$

24.

Mais $S = \pi a^2$, donc:

$$\Sigma = \frac{\pi a^2 b}{a} = \pi ab.$$

553. REMARQUE. Cette formule $\Sigma = \pi ab$, n'est qu'une conséquence d'un théorème très utile. Ce théorème est le suivant :

La projection d'une figure plane quelconque sur un plan est équivalente à cette surface multipliée par le cosinus de l'angle que fait son plan avec le plan de projection.

Démontrons d'abord la proposition pour un triangle.

Supposons, en premier lieu, que le triangle ABC ait un côté BC dans le plan de projection M.

Ce triangle se projette selon A′BC.

Du point A′ menons la hauteur A′H du triangle A′BC

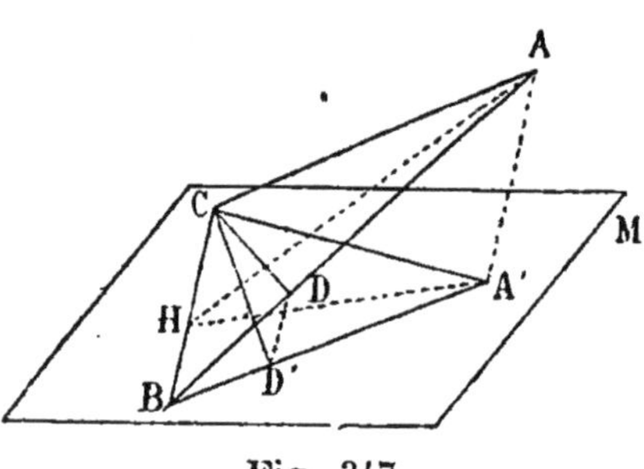

Fig. 347.

et joignons AH; en vertu du théorème des trois perpendiculaires, AH est la hauteur du triangle ABC. Par conséquent, en représentant par (ABC), (A′BC), les surfaces des triangles ABC, A′BC on a :

$$2.\ (A'BC) = CB \times A'H,$$
$$2.\ (ABC) = CB \times AH,$$

d'où

$$\frac{(A'BC)}{(ABC)} = \frac{A'H}{AH}.$$

Mais le triangle rectangle AHA′ donne $A'H = AH \cos \alpha$. α représentant l'angle des deux plans, angle mesuré par l'angle AHA′.

Remplaçons A'H par sa valeur dans la proportion ci-dessus, on a :

$$\frac{(\text{A}'\text{BC})}{(\text{ABC})} = \cos \alpha, \quad \text{d'où} \quad (\text{A}'\text{BC}) = (\text{ABC}) \cos \alpha.$$

Supposons, en second lieu, que le triangle donné ACD n'ait que le point C de commun avec le plan. Prolongeons le côté AD jusqu'à sa rencontre en B avec le plan.

D'après ce que nous avons démontré :

$$(\text{A}'\text{BC}) = (\text{ABC}) \cos \alpha$$
$$(\text{CBD}') = (\text{CBD}) \cos \alpha,$$

d'où $\quad (\text{A}'\text{BC}) - (\text{CBD}') = \big[(\text{ABC}) - (\text{CBD})\big] \cos \alpha,$

c'est-à-dire

$$(\text{A}'\text{CD}') = (\text{ACD}) \cos \alpha.$$

Enfin, en troisième lieu, si le triangle donné n'avait aucun de ses sommets sur le plan de projection, la proposition ci-dessus, relative au triangle, devient évidente en ayant égard à ce qui a été démontré au n° 548 : « Une figure plane se projette en vraie grandeur sur un plan qui lui est parallèle. »

Si, maintenant, on considérait un polygone dont la surface S est composée de triangles dont les aires sont $s,\ s',\ s''$, etc. ; S se projetterait suivant un polygone dont la surface Σ serait composée de triangles $\sigma,\ \sigma',\ \sigma''$. α étant l'angle du plan de la figure et du plan de projection, on a, d'après ce que l'on a démontré :

$$\sigma = s \cos \alpha$$
$$\sigma' = s' \cos \alpha$$
$$\sigma'' = s'' \cos \alpha,$$

d'où $\sigma + \sigma' + \sigma'' \ldots = (s + s' + s'' \ldots)\cos \alpha,$

ou $\Sigma = S \cos \alpha.$

Le théorème étant vrai pour un polygone est aussi vrai pour une figure plane quelconque.

Cela posé, S étant l'aire du cercle principal,

Σ étant l'aire de l'ellipse,

α étant l'angle du plan du cercle et du plan de l'ellipse on a :

$$\Sigma = S \cos \alpha.$$

Mais,

$$\cos \alpha = \frac{b}{a}, \quad \text{donc} \quad \Sigma = \pi a^2 \times \frac{b}{a} = \pi a b.$$

Problème.

554. *Mener une tangente à l'ellipse par un point pris sur la courbe.*

Pour résoudre ce problème, nous nous appuierons sur le principe suivant : « La tangente à une courbe quel-

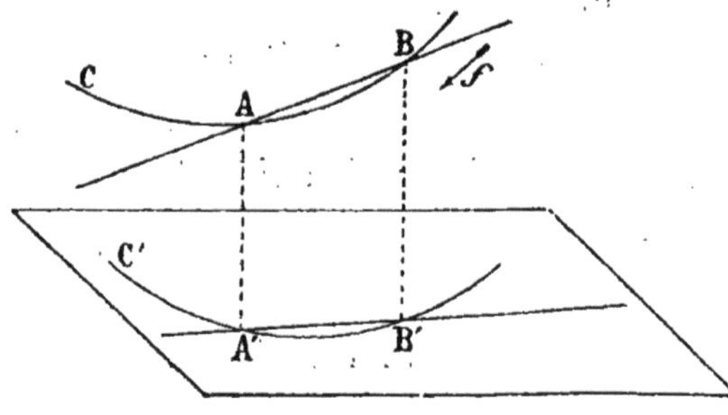

Fig. 348.

conque située dans l'espace a pour projection une tangente à la courbe projetée. »

En effet, soit C une courbe qui se projette en C' sur un plan M.

Considérons la sécante AB à la courbe, cette sécante se projette selon A'B'. Si nous faisons tourner le plan ABA'B' dans le sens de la flèche f, et autour de l'axe AA', jusqu'à ce que le point B se confonde avec le point A, le point B' se confondra au même moment avec le point A'; AB sera tangent à la courbe, et A'B', qui ne cesse pas d'être la projection de AB sera tangent à la courbe projetée C'.

Soit maintenant l'ellipse définie par ses demi-axes a, b; la tangente cherchée menée par le point M peut être considérée comme la projection de la tangente au cercle en un point M_1 qui a pour projection le point M ; ce cercle faisant avec le plan de l'ellipse un angle α. Si

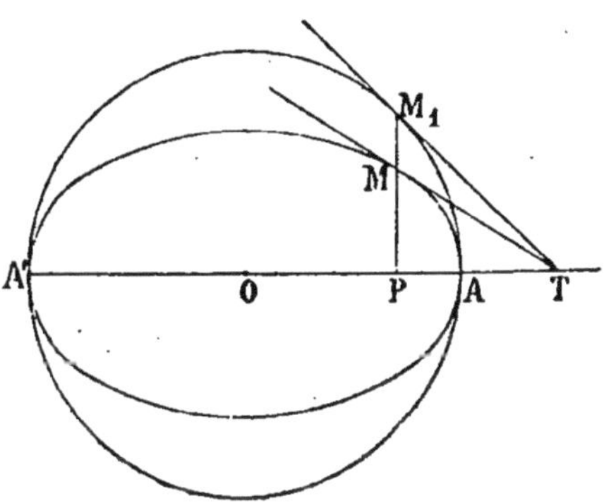

Fig. 349.

l'on rabat ce cercle autour de AA', le point M_1, comme on le sait, se rabat sur l'ordonnée MP en M_1, de plus le point T où la tangente au cercle perce le plan de l'ellipse ne bouge pas ; donc, en vertu du principe précédent, T est un point de la tangente cherchée. Il suffit de le joindre au point M.

Problème.

555. *Mener une tangente à l'ellipse par un point extérieur P.*

Soient l'ellipse définie par ses axes $2a$, $2b$, et P le

point donné; nous considérerons la tangente cherchée issue du point P comme la projection d'une tangente au cercle de rayon a incliné d'un angle α sur le plan de l'ellipse qu'il coupe selon AA'. Cherchons cette tangente, lorsque le cercle projetant de l'ellipse a tourné d'un angle α, afin d'obtenir le point T comme ci-dessus. A cet effet, joignons PB et prolongeons jusqu'en K, où cette ligne rencontre l'axe; lorsque le cercle projetant tourne autour de AA', le point K ne bouge pas et le point projetant de P vient en P_1, intersection de l'ordonnée PI et de la droite KB_1. Par le point P_1 menons au cercle principal les deux tangentes P_1T et P_1T'.

Les deux lignes TP et T'P sont les deux tangentes cherchées. Pour effectuer toutes ces constructions, il n'est

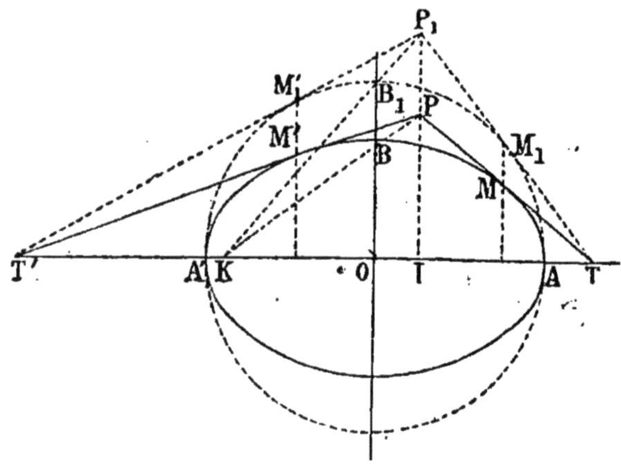

Fig. 350.

pas nécessaire que l'ellipse soit tracée ; de plus pour obtenir les points de tangence, il suffit, des points M_1, M_1', d'abaisser des perpendiculaires à l'axe AA', qui coupent les tangentes aux points M, M' projections des points M_1, M_1'. Comme il est facile de le voir, il y a toujours deux solutions lorsque le point P_1 est en dehors du cercle principal, une lorsque P_1 est sur le cercle principal et enfin il n'y a pas de solution lorsque P_1 est intérieur au même cercle.

Problème.

556. *Mener à l'ellipse une tangente parallèle à une droite donnée.*

Soient l'ellipse définie par ses axes $2a$, $2b$, et OI la droite donnée.

Nous considérerons la tangente cherchée parallèle à OI

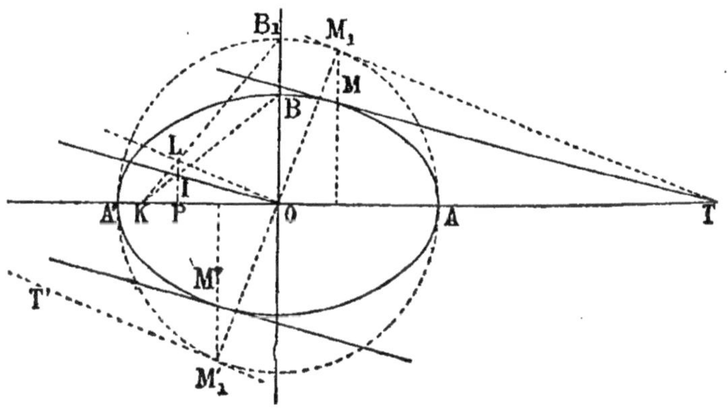

Fig. 351.

comme la projection d'une tangente au cercle de rayon a incliné d'un angle α sur le plan de l'ellipse. Cherchons cette tangente lorsque le cercle projetant de l'ellipse a tourné d'un angle α. A cet effet, joignons BI et joignons KB_1; I_1 intersection de KB_1 et de l'ordonnée IP est le point projetant de I, mais rabattu sur le plan de l'ellipse.

Menons au cercle principal deux tangentes parallèles à OI_1, et par les points T et T' menons des parallèles à OI, nous aurons les deux tangentes demandées.

Pour obtenir les points de tangence, il suffit de mener les ordonnées des points M_1, M_1'.

Si l'on observe que dans un cercle, le centre est milieu du diamètre M_1 M_1', on peut conclure que MM' a pour milieu le point O, en se rappelant que le milieu d'une droite se projette au milieu de la droite projetée.

Des diamètres conjugués de l'ellipse.

Soient une ellipse définie par ses axes, et O le centre du cercle principal. Dans ce cercle traçons deux diamètres perpendiculaires OM_1, OD_1. Il est clair que chacun d'eux divisera en deux parties égales les cordes parallèles à l'autre, ces deux diamètres rectangulaires formeront ce que l'on appelle *un système de diamètres conjugués.*

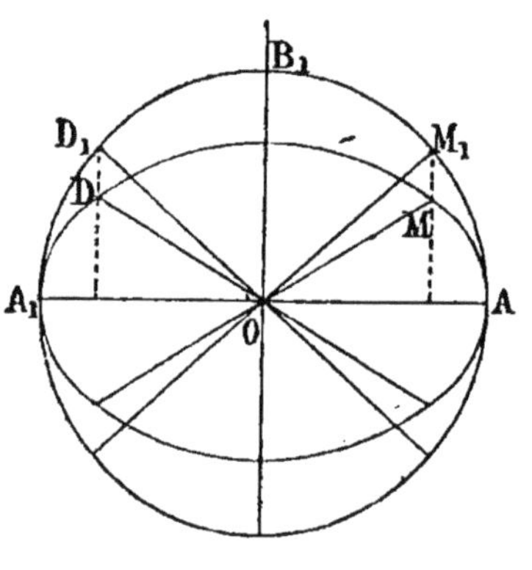

Fig. 352.

Or les cordes parallèles se projettent sur le plan de l'ellipse suivant des cordes parallèles ; le milieu d'une corde a pour projection le milieu de la projection de la corde ; chacun des diamètres OM, OD, projections des premiers, divise donc en deux parties égales les cordes parallèles à l'autre ; ce sont donc deux *diamètres conjugués de l'ellipse.*

Ces premières notions établies, on peut démontrer très facilement les deux théorèmes d'Apollonius.

Théorème.

557. *Dans l'ellipse, la somme des carrés de deux demi-diamètres conjugués est égale à la somme des carrés des demi-axes.*

Soit le cercle O de rayon a, faisant avec un plan de projection un angle α tel que $\cos \alpha = \dfrac{b}{a}$. Traçons dans ce cercle deux rayons OM_1, OD_1 perpendiculaires. Le cercle a pour projection une ellipse dont les axes sont $2a$ et $2b$, les deux rayons perpendiculaires se projettent selon deux diamètres conjugués de l'ellipse OD, OM, que nous représenterons par a' et b'; il faut démontrer que l'on a :

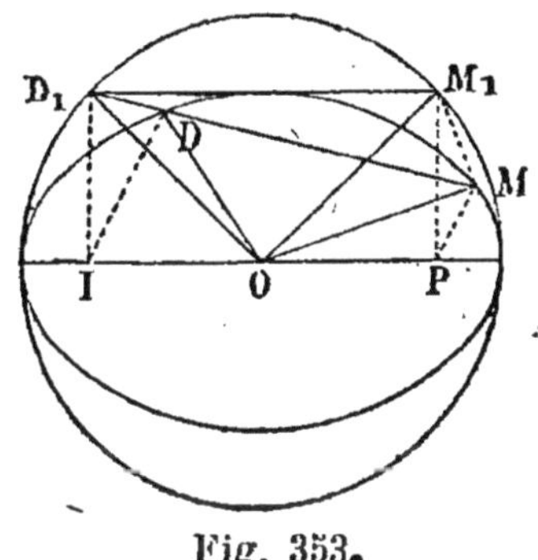

Fig. 353.

$$a'^2 + b'^2 = a^2 + b^2.$$

A cet effet, menons les ordonnées M_1P, D_1I du cercle et joignons les points P et I aux points M et D.

Les triangles rectangles OMP, ODI donnent :

$$\overline{OM}^2 = \overline{OP}^2 + \overline{PM}^2,$$
$$\overline{OD}^2 = \overline{OI}^2 + \overline{DI}^2,$$

d'où $\quad \overline{OM}^2 + \overline{OD}^2 = \overline{OP}^2 + \overline{OI}^2 + \overline{PM}^2 + \overline{DI}^2.$ $\quad$ (1)

Mais les deux triangles rectangles OID_1, OPM_1 qui ont les hypoténuses égales et les côtés perpendiculaires sont égaux, par conséquent $\overline{OI}^2 = \overline{M_1P}^2$;

par suite, le triangle rectangle OPM_1 donne

$$\overline{OP}^2 + \overline{OI}^2 = \overline{OP}^2 + \overline{M_1P}^2 = \overline{OM_1}^2 = a^2.$$

De plus, les triangles rectangles MPM_1, DID_1 donnent

$$PM = PM_1 \cos \alpha = PM_1 \times \frac{b}{a},$$

$$DI = ID_1 \cos \alpha = ID_1 \times \frac{b}{a},$$

d'où

$$\overline{PM}^2 + \overline{DI}^2 = \frac{b^2}{a^2}\left(\overline{PM_1}^2 + \overline{ID_1}^2\right) = \frac{b^2}{a^2}\left(\overline{OI}^2 + \overline{ID_1}^2\right)$$

$$= \frac{b^2}{a^2} \times a^2 = b^2.$$

Par conséquent l'égalité (1) devient :

$$a'^2 + b'^2 = a^2 + b^2.$$

Théorème.

558. *Le parallélogramme construit sur deux demi-diamètres conjugués est équivalent au rectangle construit sur les deux demi-axes.*

En effet, dans la figure précédente, le triangle ODM est la moitié du parallélogramme construit sur les demi-axes. Or ce triangle est la projection du triangle rectangle isocèle OD_1M_1 ; donc, α étant l'angle des deux plans de ces triangles, d'après un théorème connu on a :

$$\Sigma = S \cos \alpha,$$

ou

$$\Sigma = a^2 \times \frac{b}{a} = ab.$$

Problème.

559. *Déterminer les points de l'intersection d'une droite et d'une ellipse définie par ses axes 2a, 2b.*

Soient l'ellipse définie par ses axes $2a$ et $2b$, et Tx la droite donnée. Considérons l'ellipse comme la projection d'un cercle, d'un rayon a, incliné sur le plan de cette ellipse d'un angle α tel que $\cos \alpha = \dfrac{b}{a}$; considérons encore Tx comme la projection d'une droite située dans le plan du cercle projetant, droite qui coupe le cercle en deux points qui ont comme projections les deux points cherchés. Rabattons ce cercle sur le plan de l'ellipse, en le faisant tourner autour du grand axe de l'ellipse d'un angle α. Le point T ne bouge pas et soit I un point quelconque de la droite donnée, ce point se rabat comme ci-dessus en I_1 et, par conséquent, Tx_1 est le rabattement de la droite qui était la projetante de Tx.

Cette droite Tx_1 coupe le cercle principal en deux points M_1 et D_1 qui peuvent être considérés comme le rabattement des deux points projetant les deux points M et D cherchés. Pour les obtenir, il suffit de mener les ordonnées M_1P, D_1H. Il est facile de voir par cette construction que la ligne donnée Tx ne coupe pas l'ellipse, si la ligne Tx_1 ne coupe pas le

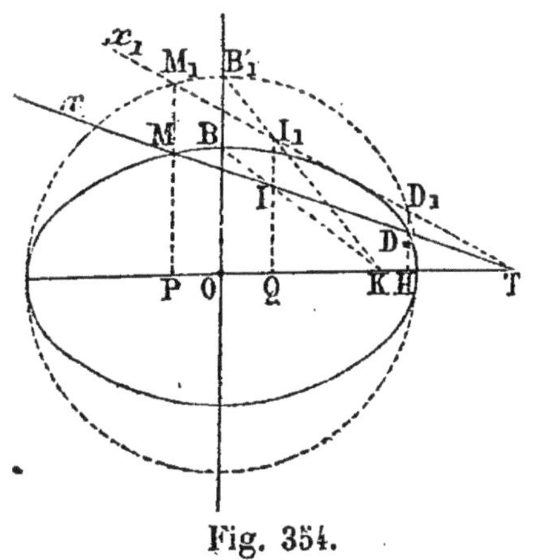

Fig. 354.

coupe pas l'ellipse, si la ligne Tx_1 ne coupe pas le

cercle principal; que les deux points se réduisent à un, lorsque la ligne Tx_1 est tangente à ce même cercle principal.

§ V. Étude de la parabole considérée comme limite d'une ellipse [1].

560. Les différentes propriétés de la parabole peuvent s'établir très rapidement en considérant cette courbe comme la limite d'une ellipse ou d'une hyperbole.

Théorème.

561. *La parabole est la forme limite d'une ellipse dont un des foyers et le sommet voisin restent fixes, tandis que son grand axe croît de plus en plus.*

Soit une ellipse définie par ses foyers f et f' et par son grand axe; si de f' comme centre nous décrivons le cercle directeur, chaque point M de l'ellipse peut être considéré comme équidistant de l'autre foyer f et de ce cercle. Cela posé, supposons que la distance Af soit invariable et que le centre O, et par conséquent le foyer f', s'éloigne indéfiniment sur le grand axe; le cercle

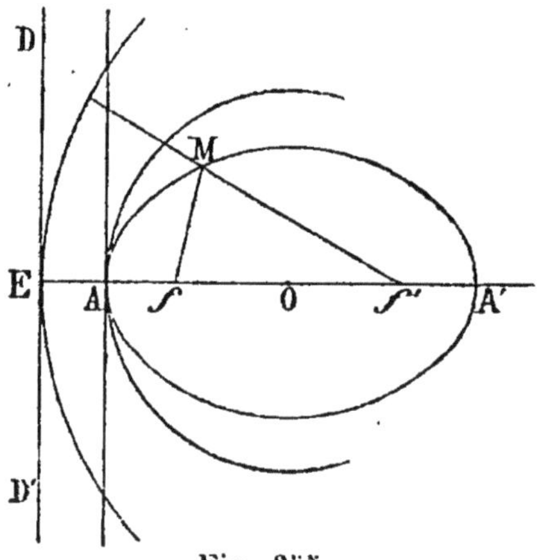

Fig. 355.

foyer f', s'éloigne indéfiniment sur le grand axe; le cercle

1. Le paragraphe V n'est pas exigé des candidats au baccalauréat ès sciences.

directeur coupera toujours la ligne Af prolongée au point
E, et, à la limite, se confondra avec sa tangente au même
point E ; la courbe ne sera plus fermée et se composera
de deux branches infinies symétriques relativement à Af
qui devient un *axe* de la courbe. Cette courbe, qui comme
l'ellipse, ne cessera pas d'être *convexe*, peut se définir
en disant que chacun de ses points est équidistant d'un
point fixe et d'une droite fixe appelée *directrice*. C'est
donc une *parabole*. Ce théorème permet de déduire une
série de propriétés de la parabole, des propriétés correspondantes de l'ellipse. Ainsi :

1° La tangente à la parabole fait des angles égaux avec
la parallèle à l'axe et le rayon vecteur du point de contact. En effet, dans la figure précédente, la tangente à
l'ellipse au point M fait des angles égaux avec le rayon
vecteur Mf et la ligne Mf' ; lorsque l'ellipse s'est transformée en parabole, le point f' étant à l'infini, Mf' devient une parallèle à l'axe, donc :

2° Le cercle directeur devenant à la limite la directrice,
Le lieu des symétriques du foyer par rapport aux différentes tangentes menées à la parabole est la directrice :

3° Le cercle principal dans l'ellipse devenant à la limite
une tangente au sommet :
Le lieu des projections du foyer sur les différentes
tangentes à la parabole est la tangente au sommet.

4° Le lieu des points d'où l'on peut mener à la parabole deux tangentes à angle droit est la directrice.

En effet, examinons d'abord la relation qui existe entre
ce que nous avons appelé le paramètre dans la parabole
et les axes de l'ellipse qui s'est transformée.

Lorsque l'ellipse devient parabole, c et a deviennent
infinis, tandis que la distance Af, ou $\dfrac{p}{2}$ reste finie ; or

on a évidemment $\dfrac{p}{2} = a - c$,

mais, $c = \sqrt{a^2 - b^2}$,

donc

$$\frac{p}{2} = \frac{\left(a - \sqrt{a^2 - b^2}\right)\left(a + \sqrt{a^2 - b^2}\right)}{a + \sqrt{a^2 - b^2}} = \frac{b^2}{a + \sqrt{a^2 - b^2}}.$$

Divisons les deux termes de cette fraction par a :

$$\frac{p}{2} = \frac{\dfrac{b^2}{a}}{1 + \sqrt{1 - \dfrac{b^2}{a} \times \dfrac{1}{a}}}.$$

Si nous supposons que $\dfrac{b^2}{a}$ tende vers une limite fixe, lorsque a devient infini,

alors $p = \dfrac{b^2}{a}$.

Cela posé, dans l'ellipse, le lieu analogue était un cercle qui avait son centre sur le grand axe, dont le rayon était égal à $\sqrt{a^2 + b^2}$ et qui coupait par conséquent l'axe Af à une distance de A marquée par $\sqrt{a^2 + b^2} - a$. Donc dans la parabole le lieu cherché est une perpendiculaire à l'axe de la courbe élevée en un point distant du sommet A d'une quantité égale à $\sqrt{a^2 + b^2} - a$.

Cette expression peut s'écrire

$$\frac{\left(\sqrt{a^2 + b^2} - a\right)\left(\sqrt{a^2 + b^2} + a\right)}{\sqrt{a^2 + b^2} + a},$$

ou en réduisant, et divisant par a :

$$\dfrac{\dfrac{b^2}{a}}{\sqrt{1 + \dfrac{b^2}{a} \cdot \dfrac{1}{a} + 1}}.$$

or, $\dfrac{b^2}{a} = p,$ donc on a : $\dfrac{p}{2},$

puisque $a = \infty,$

c'est-à-dire que cette perpendiculaire n'est autre chose que la directrice.

5° Le lieu des milieux d'un système quelconque de cordes parallèles est une droite parallèle à l'axe, puisque dans l'ellipse ce lieu est une droite passant par le foyer f', droite qui devient parallèle à l'axe.

Théorème.

562. *La surface comprise entre l'axe d'une parabole, la courbe elle-même et l'ordonnée d'un point quelconque est égale aux deux tiers du rectangle construit sur l'ordonnée et l'abcisse du même point.*

Soit M un point d'une parabole ; du point M menons l'ordonnée $MP = y$, alors $PA = x$ est l'abscisse. Partageons l'ordonnée y en un très grand nombre de parties égales et, par les points de division, menons des paral-

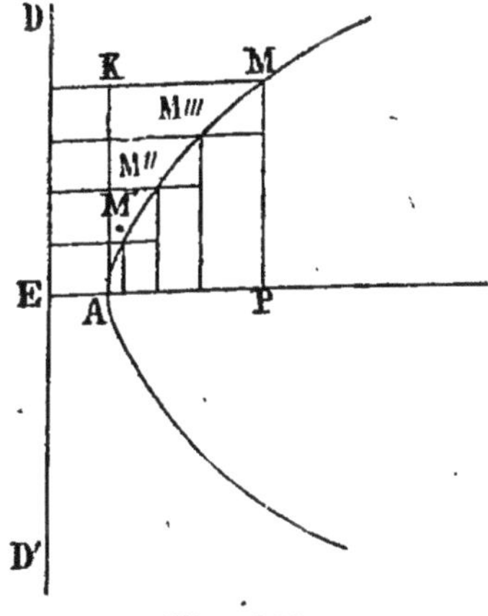

Fig. 356.

lèles à l'axe, puis par les points de rencontre M', M'' avec la courbe, menons des perpendiculaires à ce même axe. La surface AMK, comprise entre la tangente au sommet, la courbe et la parallèle MK peut s'évaluer facilement. En effet, cette surface se compose d'une infinité de rectangles qui ont tous pour hauteur $\dfrac{y}{n}$ et pour bases les différentes abscisses x', x'', x''' des points M', M'', M'''. Or ces abscisses peuvent s'obtenir à l'aide d'un théorème de la parabole qui démontre que deux abscisses sont entre elles comme les carrés des deux ordonnées correspondantes, c'est-à-dire que;

x', $\dfrac{y}{n}$ étant les coordonnées de M',

x, y...... M;

on a :

$$\frac{x'}{x} = \frac{\frac{y^2}{n^2}}{y^2}, \quad \text{d'où} \quad x' = \frac{x}{n^2},$$

on aurait de même :

$$x'' = \frac{4x}{n^2},$$

$$x''' = \frac{9x}{n^2}.$$

On a donc :

$$\text{Surf. (AMK)} = \frac{y}{n} \cdot \frac{x}{n^2} + \frac{y}{n} \cdot \frac{4x}{n^2} + \frac{y}{n} \cdot \frac{9x}{n^2} + \dots$$

ou

$$\text{Surf. (AMK)} = \frac{y}{n} \cdot \frac{x}{n^2} (1 + 4 + 9 + 16 + \dots).$$

Or la somme des carrés des n premiers nombres est donnée par la formule

$$\frac{n\,(n+1)\,(2n+1)}{6},$$

donc,

$$\text{Surf. (AMK)} = \frac{y}{n} \cdot \frac{x}{n^2}\,\frac{n\,(n+1)\,(2n+1)}{6}$$

$$= \frac{xy}{6}\left(1+\frac{1}{n}\right)\left(2+\frac{1}{n}\right);$$

faisons $n = \infty$,

$$\text{Surface (AMK)} = \frac{xy}{3}.$$

La surface (AMK) une fois connue, on a de suite :

$$\text{Surf. (AMP)} = xy - \frac{xy}{3} = \frac{2}{3}\,xy.$$

REMARQUE I. Joignons le sommet A au point M, l'aire comprise entre l'arc de parabole et sa corde s'obtient par la formule

$$S = \frac{2}{3}\,xy - \frac{xy}{2} = \frac{xy}{6}.$$

REMARQUE II. Dans la démonstration du théorème précédent, nous nous sommes appuyé sur la formule

$$S_2 = \frac{n\,(n+1)\,(2n+1)}{6}$$

qui donne la somme S_2 des carrés des n premiers nombres ; voici comment on peut établir très facilement cette formule.

25.

Dans l'égalité

$$(n + 1)^3 = n^3 + 3n^2 + 3n + 1,$$

donnons à n successivement les n valeurs

$$1, 2, 3, 4 \ldots n,$$

nous formons le tableau suivant :

$$2^3 = 1^3 + 3 \cdot 1^2 + 3 \cdot 1 + 1$$
$$3^3 = 2^3 + 3 \cdot 2^2 + 3 \cdot 2 + 1$$
$$4^3 = 3^3 + 3 \cdot 2^2 + 3 \cdot 3 + 1$$
$$5^3 = 4^3 + 3 \cdot 3^2 + 3 \cdot 4 + 1$$

$$\cdots \cdots \cdots \cdots \cdots$$

$$(n + 1)^3 = n^3 + 3n^2 + 3n + 1.$$

Ajoutons toutes ces égalités membre à membre et supprimons la somme $(2^3 + 3^3 \ldots + n^3)$ qui se trouve aux deux membres de l'égalité résultante, on obtient :

$$(n + 1)^3 = 1^3 + 3(1^2 + 2^2 + 3^2 \ldots + n^2)$$
$$+ 3(1 + 2 \ldots + n) + n,$$

ou

$$(n + 1)^3 = (n + 1) + 3S_2 + 3S_1 ;$$

en représentant par S_2 la somme des n carrés et par S_1 la somme des n nombres, laquelle est égale à $\dfrac{n(n+1)}{2}$, d'après un théorème connu sur les progressions arithmétiques.

De la dernière égalité il est facile de dégager S_2

$$3(S_1 + S_2) = (n + 1)^3 - (n + 1) = (n + 1)(n^2 + 2n)$$
$$= n(n + 1)(n + 2),$$

d'où

$$3S_2 = n(n+1)(n+2) - \frac{3n(n+1)}{2} = \frac{n(n+1)(2n+1)}{2},$$

et enfin

$$S_2 = \frac{n(n+1)(2n+1)}{6}.$$

§ VI. Des sections coniques [1].

Théorème.

563. *La section d'un cylindre circulaire droit par un plan quelconque oblique à la base est une ellipse.*

Le plan sécant donné coupe l'axe du cylindre en un point. Par ce point élevons une perpendiculaire à ce même plan, et prenons pour plan de figure le plan donné par cette perpendiculaire et l'axe du cylindre. Les deux génératrices LL′, KK′ représenteront le cylindre et la droite AA′ représentera la courbe d'intersection projetée sur le plan de figure, puisque le plan sécant

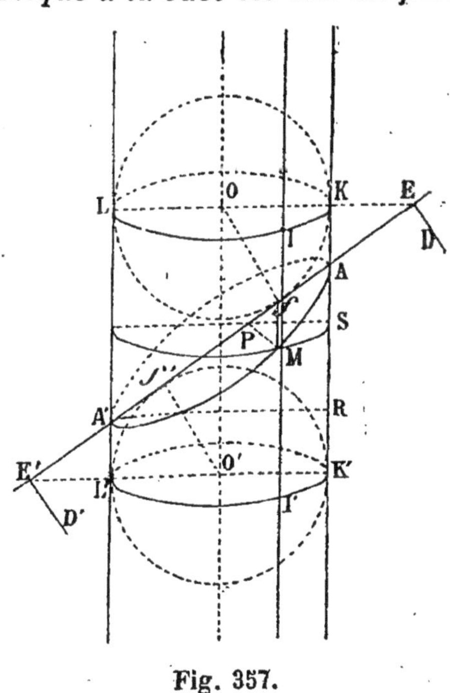

Fig. 357.

1. Le paragraphe VI ne fait pas partie du programme du bac-calauréat ès sciences.

et le plan de figure sont alors deux plans perpendiculaires. Cela posé, je dis que la courbe d'intersection AA′M est une ellipse.

En effet, aux points A et A′ menons les bissectrices des angles KAA′, L′A′A ; les points O, O′, où ces bissectrices rencontrent l'axe, sont les centres de deux cercles tangents aux droites AA′, LL′, KK′. De plus, les deux lignes Of, O′f' perpendiculaires à la droite AA′, sont perpendiculaires au plan sécant, AA′ n'étant autre chose que l'intersection de deux plans perpendiculaires.

Enfin, faisons tourner la figure autour de l'axe OO′; la génératrice KK′ formera le cylindre, pendant que les deux cercles formeront deux sphères tangentes au cylindre selon les cercles LIK, L′I′K′.

Ces constructions étant faites, considérons un point M quelconque de la courbe en question que nous joindrons aux points f et f'.

Mf＝MI, comme tangentes à une même sphère issues d'un même point ;

Mf' ＝ MI′, comme tangentes à une même sphère O′, tangentes issues d'un même point ;

De là : Mf + Mf' ＝ II′.

Mais II′ ＝ KK′, puisque dans le mouvement de rotation considéré plus haut, KK′ s'est transporté en II′. Sa somme des distances d'un point quelconque de la courbe à deux points fixes f, f' est égale à la constante KK′; donc la courbe est une ellipse, dans laquelle les foyers sont f, f' et le grand axe AA′.

Remarque. Les deux droites DE, D′E′, intersections du plan sécant et des plans des cercles de contact LIK, L′I′K′, sont les *directrices* de l'ellipse. Ces deux droites étant chacune l'intersection de deux plans perpendiculaires au plan de la figure sont elles-mêmes perpendiculaires au plan de la figure et par conséquent à l'axe AA'.

Soit MP l'intersection du plan de l'ellipse et d'un plan perpendiculaire à l'axe ; MP étant perpendiculaire au plan de la figure est perpendiculaire à l'axe AA' de l'ellipse.

Cela posé, le rapport des distances du point M au foyer f et à la ligne DE est égal à $\dfrac{\mathrm{M}f}{\mathrm{PE}}$, ou à $\dfrac{\mathrm{MI}}{\mathrm{PE}}$, puisque $\mathrm{M}f = \mathrm{MI}$, ou enfin à $\dfrac{\mathrm{KS}}{\mathrm{PE}}$. puisque $\mathrm{MI} = \mathrm{KS}$. D'un autre côté, les deux triangles semblables AKE, APS donnent :

$$\frac{\mathrm{KA}}{\mathrm{AS}} = \frac{\mathrm{AE}}{\mathrm{AP}},$$

ou

$$\frac{\mathrm{KS}}{\mathrm{AS}} = \frac{\mathrm{PE}}{\mathrm{AP}},$$

ou

$$\frac{\mathrm{KS}}{\mathrm{PE}} = \frac{\mathrm{AS}}{\mathrm{AP}}.$$

Mais des deux triangles APS, AA'R on tire : $\dfrac{\mathrm{AS}}{\mathrm{AP}} = \dfrac{\mathrm{AR}}{\mathrm{AA'}}$.

Le rapport des deux distances du point M au foyer f et à la droite DE est donc égal à $\dfrac{\mathrm{AR}}{\mathrm{AA'}}$, c'est-à-dire au rapport de deux quantités constantes. Cette droite est ce que l'on appelle la *directrice* de l'ellipse. On démontrerait de même que D'E', intersection du plan de l'ellipse et du plan du cercle de contact L'I'K, est aussi une directrice de l'ellipse.

Il faut remarquer que ce rapport constant n'est autre que l'excentricité de l'ellipse.

En effet, on a évidemment : $AR = AK' - RK'$.

Mais, $AK' = Af'$, comme tangentes à un même cercle, tangentes issues du même point A.

$$RK' = A'L' = A'f' = Af.$$

Donc

$$AR = Af' - Af = ff'.$$

Le rapport précédent devient :

$$\frac{ff'}{AA'} \quad \text{ou} \quad \frac{c}{a},$$

rapport inférieur à l'unité.

Théorème.

564. *La section d'un cône circulaire droit par un plan est une ellipse, une hyperbole ou une parabole.*

1° Comme pour le cylindre, nous pouvons supposer le plan sécant perpendiculaire au plan de la figure ; la projection de la courbe d'intersection est alors une ligne droite. Supposons d'abord que cette ligne droite AA' rencontre deux génératrices opposées SL', SK' du cône ; la courbe alors est une ellipse.

En effet, soient O, O' les deux cercles, l'un inscrit, l'autre ex-inscrit au triangle SAA'. Si nous imprimons à toute la figure un mouvement de rotation autour de l'axe du cône, SK' formera le cône, pendant que les deux cercles O, O' engendreront deux sphères, tangentes au cône selon les deux cercles LIK, L'I'K', et de plus tangentes au plan sécant, l'une en f, l'autre en f'.

Cela posé, soit M un point quelconque de la courbe ; en joignant ce point aux deux points f, f', on a :

$Mf = MI$, comme tangentes à une même sphère O, issues du même point M,

$Mf' = MI'$, comme tangentes à une même sphère O' issues du même point M.

Donc $Mf + Mf' = II' = KK'$, puisque II' n'est autre chose que la génératrice KK' transportée.

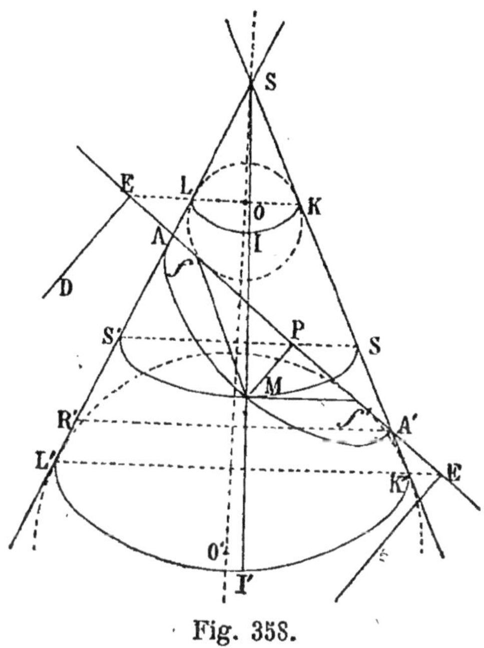

Fig. 358.

Or, KK' est une quantité constante; la courbe d'intersection est donc une ellipse dont les deux foyers sont f et f' et le grand axe AA'.

Considérons maintenant la droite DE, intersection du plan sécant et du plan du cercle LIK. Si du point M nous menons un plan perpendiculaire à l'axe du cône, le cône sera coupé selon un cercle MS, et le plan sécant suivant une ligne MP perpendiculaire au plan de la figure; le rapport des distances du point M au foyer f et à la droite DE (perpendiculaire à AA') est $\dfrac{Mf}{PE}$.

Mais, $Mf = MI = LS'$.

Le rapport est donc : $\dfrac{LS'}{PE}$.

D'un autre côté, les triangles semblables AEL, APS' donnent :

$$\frac{AL}{AS'} = \frac{AE}{AP}, \quad \text{ou} \quad \frac{LS'}{AS'} = \frac{PE}{AP}, \quad \text{ou} \quad \frac{LS'}{PE} = \frac{AS'}{AP};$$

de même, les deux triangles APS', AA'R' donnent :

$$\frac{AS'}{AP} = \frac{AR'}{AA'}.$$

Le rapport des distances du point M au foyer f et à la droite DE est donc égal au rapport des deux lignes fixes AR' et AA', c'est-à-dire que ce rapport est constant, DE est donc la directrice de l'ellipse.

On démontrerait de même que D'E' intersection du plan sécant et du plan du cercle L'I'K' est une seconde directrice de l'ellipse.

Il faut, comme plus haut, observer que ce rapport est inférieur à l'unité et égal à $\dfrac{c}{a}$.

2° Lorsque l'on fait tourner un angle ASg' autour de sa bissectrice SO', la surface engendrée est un cône circulaire droit ; en supposant les côtés SA, Sg' prolongés au delà du sommet, la surface engendrée se compose alors de deux parties ou *nappes* du cône.

Si le plan sécant rencontre les deux nappes du cône, la section est une hyperbole.

En effet, comme plus haut, supposons le plan sécant perpendiculaire au plan de la figure.

Soient AA' la trace de ce plan sécant, O, O' les

centres de deux cercles tangents à AA' et aux génératrices du cône. En imprimant un mouvement de rotation autour de OO', nous formons les deux nappes du

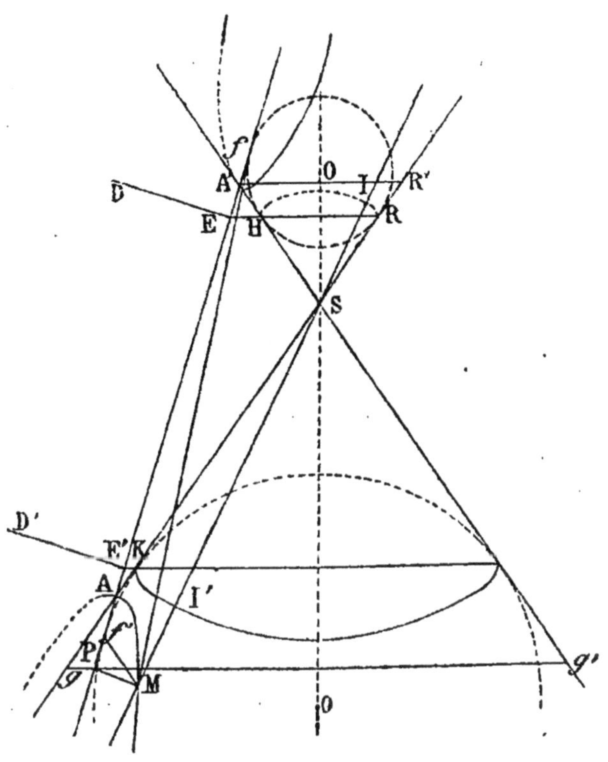

Fig. 359.

cône, et deux sphères tangentes au cône suivant les deux
cercles RI, KI', et de plus tangentes au plan sécant en
f et f'.

Cela posé, soit M un point de la courbe, on a :

$Mf' = MI'$, comme tangentes à une même sphère,

$Mf = MI$ pour la même raison.

De là : $Mf' - Mf = MI' - MI = II'$, quantité constante.

La courbe est donc une hyperbole qui a pour axe AA'
et pour foyers f, f'.

Considérons maintenant la droite D'E', intersection de deux plans perpendiculaires au plan de la figure, le plan sécant et le plan du cercle de contact de la sphère O' avec le cône, ligne par conséquent perpendiculaire au plan de la figure.

Si par le point M, nous menons un plan perpendiculaire à l'axe OO', nous obtenons dans le plan sécant la ligne MP également perpendiculaire au plan de la figure.

Le rapport des distances du point M au foyer f' et à la droite D'E' est alors $\dfrac{Mf'}{PE'}$.

Mais, $Mf' = MI' = g\mathrm{K}$,

le rapport devient donc : $\dfrac{g\mathrm{K}}{PE'}$.

Comme les deux triangles AgP, AKE' sont semblables :

$$\frac{g\mathrm{K}}{\mathrm{PE'}} = \frac{\mathrm{AK}}{\mathrm{AE'}}.$$

Les deux triangles semblables AKE', AA'R' donnent

$$\frac{\mathrm{AK}}{\mathrm{AE'}} = \frac{\mathrm{AR'}}{\mathrm{AA'}}.$$

Le rapport des distances du point M au foyer f' et à la droite D'E' est donc égal au rapport des deux lignes fixes AR' et AA', c'est-à-dire que ce rapport est constant ; D'E' est donc la directrice de l'hyperbole.

On démontrerait de même que DE, intersection du plan sécant et du cercle RI de contact de la sphère O et du cône, est une seconde directrice de l'hyperbole.

Le rapport $\dfrac{\mathrm{AR'}}{\mathrm{AA'}}$ est plus grand que l'unité et égal à $\dfrac{c}{a}$.

En effet AR' = AR + RR'.

Mais $AR = Af$ et $RR' = A'H = A'f$.

Donc

$$\frac{AR'}{AA'} = \frac{Af + A'f}{AA'} = \frac{fA + Af'}{AA'} = \frac{ff'}{AA'} = \frac{c}{a}.$$

3° Supposons le plan sécant parallèle à une des génératrices du cône.

Soient A'A la trace du plan sécant que l'on peut toujours, sans nuire à la généralité de la question, supposer perpendiculaire au plan de la figure, cette trace par hypothèse est parallèle à la génératrice SL';

O le centre d'un cercle tangent à la trace AA', en f, et aux deux génératrices SL', SL du cône.

Imprimons à toute la figure un mouvement de rotation autour de l'axe SO. La ligne SL engendrera le cône

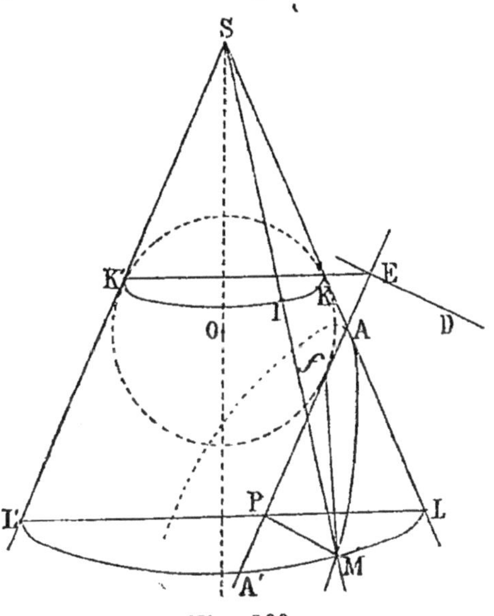

Fig. 360.

pendant que le cercle O formera une sphère tangente en f au plan sécant et au cône suivant le cercle KIK'.

Cela posé, par un point M quelconque de la courbe d'intersection, menons un plan perpendiculaire à l'axe du cône, ce plan coupera le plan sécant suivant une ligne MP perpendiculaire au plan de la figure. De même aussi, le plan du cercle KIK' coupera le plan sécant suivant une ligne DE perpendiculaire au plan de la figure et par conséquent parallèle à MP.

Le rapport des distances du point M au point f et à la droite DE est $\dfrac{Mf}{PE}$.

Mais, $Mf = MI = KL$,

PA $= AL$, puisque le triangle PAL est isocèle,

AE $= AK$, puisque le triangle AEK est isocèle.

Par conséquent, $PE = AL + AK = KL$.

Le rapport des distances du point M au point f et à la droite DE étant égal à l'unité, la courbe est une parabole dont AA' est l'axe, f le foyer et DE la directrice.

§ VII. **De l'hélice.**

565. Considérons un cylindre circulaire droit coupé par un plan passant par son axe. En prenant ce plan

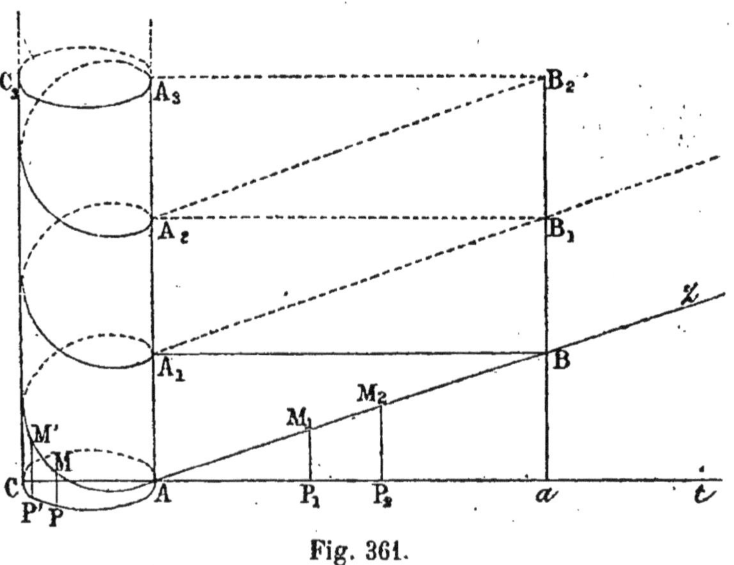

Fig. 361.

pour plan de figure, il sera représenté par les deux parallèles AA_3, CC_3.

Au point A, élevons une perpendiculaire At et menons la droite indéfinie Az formant avec At un angle aigu. Si l'on fait tourner le plan tAz autour de AA$_3$, afin de l'enrouler autour du cylindre donné, la ligne At s'appliquera sur la circonférence ACP pendant que la ligne Az en s'appliquant sur le cylindre tracera une courbe AMA$_1$ appelée *hélice*. Dans ce mouvement, une perpendiculaire quelconque P$_1$M$_1$, élevée sur At restant toujours parallèle à la génératrice AA$_3$, finira par coïncider avec une génératrice PM du cylindre ; la longueur de l'arc AP égal à AP$_1$ s'appelle l'*abscisse* curviligne du point P, tandis que la portion MP de la génératrice passant au point P, portion égale à M$_1$P$_1$ s'appelle l'*ordonnée* du même point.

L'abscisse se représente par la lettre x, et l'ordonnée par la lettre y, de plus les deux longueurs x et y sont dites les *coordonnées* du point P.

Cela posé, si sur At, nous prenons A$a = 2\pi$R, c'est-à-dire une longueur égale à la circonférence de la base du cylindre, R étant le rayon de cette circonférence, en enroulant le plan A$t z$, le point a viendra en A, la perpendiculaire aB viendra en AA$_1$. La portion AMA$_1$ de l'hélice s'appelle une *spire;* c'est la portion de l'hélice comprise entre les deux points b consécutifs d'intersection de la courbe avec une même génératrice. De même aussi la distance AA$_1$ s'appelle le *pas* de l'hélice; c'est la distance comprise entre deux points consécutifs de l'intersection de la courbe avec une même génératrice.

Lorsque le point B est venu en A$_1$, la ligne Bz a pris une direction A$_1$B$_1$ parallèle. Si l'on continue l'enroulement, A$_1$B$_1$ tracera sur le cylindre une nouvelle spire, et ainsi de suite. On aurait pu obtenir d'un seul coup, c'est-à-dire en enroulant une seule fois le plan, toutes les spires. Il suffisait de partager la génératrice AA_3 en parties égales au pas de l'hélice, d'élever la perpendiculaire aB, et de mener les différentes diagonales AB, A_1B_1, A_2B_2 des rectangles AA_1aB, $A_1A_2BB_1$....

Théorème.

566. *Le rapport de l'ordonnée d'un point de l'hélice à son abcisse curviligne est constant.*

Soient M, un point de l'hélice,

$AP = x$ l'abscisse de ce point,

$MP = y$ l'ordonnée du même point,

M_1P_1 la position de la génératrice MP, lorsque l'on déroule le cylindre sur le plan de figure.

Les deux triangles semblables AM_1P_1, AaB donnent :

$$\frac{M_1P_1}{AP_1} = \frac{aB}{Aa},$$

ou

$$\frac{y}{x} = \frac{h}{2\pi r};$$

r étant le rayon du cylindre, h le pàs de l'hélice.

Remarque. La propriété exprimée par le théorème précédent est caractéristique, c'est-à-dire que si les différents points d'une courbe tracée sur la surface d'un cylindre sont tels que les rapports de leurs coordonnées soient égaux, la courbe est une hélice.

Soient x, y les coordonnées d'un point M,

x', y' les coordonnées d'un point M'.

Déroulons la surface du cylindre sur un plan passant par une génératrice AA_3.

MP viendra en M_1P_1 et M'P' en M_2P_2;

comme on a :

$$\frac{x}{y} = \frac{x'}{y'}, \quad \text{ou} \quad \frac{AP_1}{M_1P_1} = \frac{AP_2}{M_2P_2},$$

les deux triangles rectangles AM_1P_1, AM_2P_2 ont un angle égal compris entre deux côtés proportionnels, c'est-à-dire qu'ils sont semblables ; le point M_2 se trouve donc sur la droite AM_1. On démontrerait qu'il en est de même pour les points M_3, M_4. La courbe tracée sur le cylindre provenait donc de l'enroulement d'un angle tAz sur le cylindre, c'était une hélice.

Théorème.

567. *La sous-tangente à l'hélice est égale a l'abcisse curviligne du point de contact.*

Si, en un point M d'une hélice donnée, on mène une tangente MT, T étant le point de rencontre de la tangente avec le plan de la base du cylindre ; la projection de cette portion MT de la tangente sur le plan de base du cylindre, s'appelle *sous-tangente*.

Pour démontrer le théorème énoncé, considérons une sécante M'MI à l'hélice, I étant le point où cette sécante perce le plan de la base du cylindre, et menons les ordonnées $MP = y$, $M'P' = y'$, x et x' étant les abscisses correspondantes.

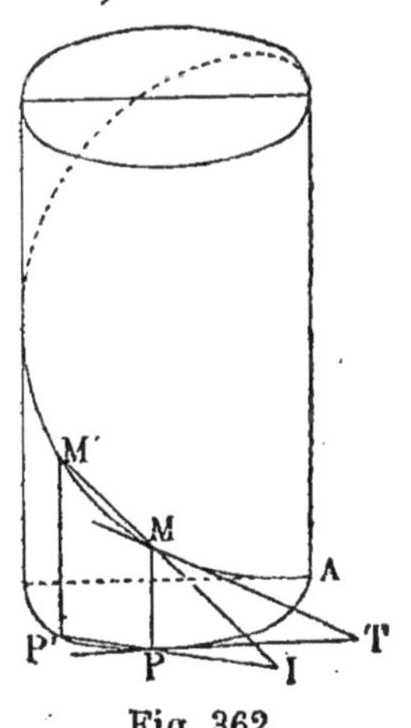

Fig. 362.

Les triangles semblables MPI, M'P'I donnent :

$$\frac{IP}{IP'} = \frac{MP}{M'P'} = \frac{y}{y'},$$

Or (566),

$$y = x \times \frac{h}{2\pi r}, \quad y' = x' \cdot \frac{h}{2\pi r},$$

donc

$$\frac{IP}{IP'} = \frac{x}{x'}, \quad \text{d'où} \quad \frac{IP}{IP' - IP} = \frac{x}{x' - x},$$

de là :

$$IP = x \times \frac{\text{corde } PP'}{\text{arc } PP'}.$$

Si l'on fait tourner le plan du triangle autour de MP, de manière à amener le point M' en M, la sécante M'I deviendra la tangente MT, le rapport de la corde à son arc deviendra égal à l'unité, et l'on a :

$$\text{Lim. } IP = x,$$

ou

$$TP = x.$$

Théorème.

568. *La tangente à l'hélice fait un angle constant avec la génératrice du cylindre.*

D'après le théorème précédent, la sous-tangente TP étant égale à l'abscisse curviligne x du point de contact, le rapport des deux côtés MP, PT du triangle rectangle MTP est $\dfrac{y}{x}$.

Or ce rapport est constant (566), le triangle MTP reste donc semblable à lui-même, si l'on fait varier le point M sur l'hélice ; en d'autres termes l'angle PMI est constant.

Il faut remarquer que cet angle n'est autre que le complément de l'angle que fait la droite Az (565) avec la ligne At perpendiculaire à la génératrice, droite Az qui, en s'enroulant autour du cylindre, engendre l'hélice.

569. L'hélice est une des courbes les plus fréquemment employées dans les arts. La vis ordinaire n'est autre chose qu'une hélice dont les filets saillants sont fixés autour du cylindre. Le filet de la vis est triangulaire dans les vis à bois, les vis de pression; ou bien carré, comme dans les presses à imprimer, les balanciers.

La vis est d'un puissant secours dans les machines à diviser et dans les mesures micrométriques.

Mais une des plus belles applications qu'on ait faites de l'hélice a été sa substitution aux roues à aubes des navires à vapeur.

Théorème.

570. *Construire les projections d'une hélice sur deux plans perpendiculaires, l'un étant parallèle à l'axe du cylindre, et l'autre se confondant avec le plan de la base du même cylindre.*

Faisons passer le plan vertical, non seulement par l'axe du cylindre, mais encore par le point a', origine de l'hélice.

Le cylindre sera représenté par les deux parallèles $a'z$ et $g't$, $a'g'$ étant égal au diamètre du cercle de base. Soit de plus a'P la ligne droite donnée, génératrice de l'hélice. Assimilons la circonférence de la base à un duodécagone régulier inscrit, prenons sur $a'x$ des longueurs a'B, BC, CD… égales au côté du polygone régulier inscrit.

Enfin par les douze points B, C, D... élevons des perpendiculaires BI, CK, DL qui coupent la ligne a'P en

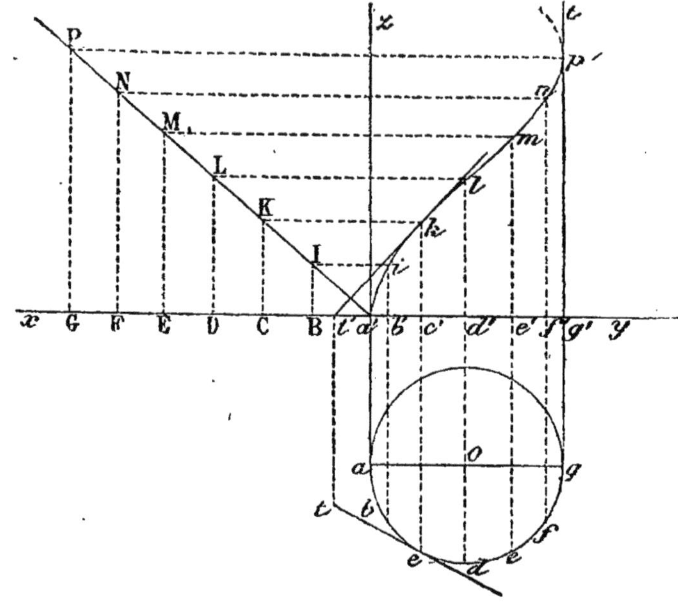

Fig. 363.

douze points I, K, L... Si l'on fait tourner le plan P$a'x$ autour de $a'z$, afin de l'enrouler autour du cylindre, la ligne BI s'appliquera sur une génératrice du cylindre, et le point I_4 de l'hélice se projettera sur une parallèle Ii à xy.

Dans le mouvement précédent, le point B vient en b, sur le cercle de base, cercle que nous avons décrit sur un diamètre ag parallèle à $a'g'$, au lieu de le décrire sur $a'g'$.

Pour avoir la projection du point b sur le plan vertical, il suffit évidemment d'abaisser la perpendiculaire bb' sur xy. Comme de plus les génératrices sont parallèles au plan vertical, elles se projettent selon des perpendiculaires à la ligne xy. Donc, si au point b nous menons la perpendiculaire bb' à xy, le point i d'intersection avec $\mathrm{I}i$ est la projection du point I_4 de l'hélice.

On obtiendra de même les autres points k, l, m... de l'hélice et l'on fera passer un trait continu par ces points. Sur la figure nous n'avons construit qu'une demi-spire.

Quant à la projection de l'hélice sur le plan horizontal, elle n'est autre que le cercle décrit sur $a'g'$ comme diamètre.

REMARQUE I. Si le plan vertical, au lieu de passer par l'axe du cylindre, avait été simplement parallèle à l'axe, comme on le suppose habituellement en géométrie descriptive, il n'y aurait rien à changer à la figure précédente. En effet, le cercle O peut être considéré comme la projection du cylindre et de l'hélice sur le plan horizontal.

xy étant la ligne de terre, c'est-à-dire l'intersection des deux plans de projection, plans perpendiculaires entre eux, ag étant un diamètre parallèle à xy, le rectangle $a'g'tz$ est la projection du cylindre. Mais si sur $a'g'$ nous décrivons un cercle, nous aurons un cylindre dont l'axe sera dans le plan vertical, a' étant l'origine de l'hélice engendrée par $a\mathrm{P}$; nous obtiendrons la projection $a'ikl$ de l'hélice sur le plan vertical en procédant comme ci-dessus.

Cette projection n'est autre que la projection de l'hélice tracée sur le cylindre qui a pour base le cercle de centre O.

En effet, considérons l'hélice F tracée sur le cylindre O ; en la projetant sur un plan vertical passant par le diamètre ag, nous obtenons une courbe F'. Si nous projetons F' sur le plan vertical ayant pour trace xy, nous aurons la courbe $\mathrm{F}_{,,}$ identique à F', puisque les projections d'une même figure sur deux plans parallèles sont identiques.

Mais si d'un autre côté nous considérons la même hélice F tracée sur le cylindre d', en la projetant sur un plan vertical passant par le diamètre $a'g'$, nous obtenons évidemment la courbe F', et par conséquent la courbe F_1. Donc la courbe $a'ik$, obtenue précédemment, est la projection de l'hélice tracée sur le cylindre O.

REMARQUE II. Il est facile de construire les projections de la tangente à l'hélice en un point donné K_1 par exemple. L'hélice ayant pour projection horizontale le cercle O, en menant au point c, projection du point K_1, une tangente au cercle, nous aurons la projection horizontale de la tangente (554). En prenant $ct = a'c$, nous aurons la trace de la tangente sur le plan de base. Ce point t se projette en t' sur la ligne de terre, et, en joignant kt' nous avons la projection verticale de la tangente à l'hélice.

EXERCICES SUR LE HUITIÈME LIVRE

1. Les tangentes menées à une ellipse par un point extérieur font des angles égaux avec les droites menées de ce point aux deux foyers, et la droite qui joint ce point à l'un des foyers est bissectrice de l'angle des rayons vecteurs menés aux points de contact des deux tangentes.

2. Dans l'ellipse, le demi-petit axe est moyen proportionnel : 1° entre les distances d'un foyer aux extrémités du grand axe ; 2° entre les distances des deux foyers à une même tangente.

3. Dans l'ellipse, la projection, sur un rayon vecteur mené au point de contact, de la portion de la normale comprise entre le point de contact et le petit axe, est égale au demi-grand axe.

4. Construire une ellipse, connaissant, 1° les deux foyers et un point; 2° la longueur des axes, un foyer et un point : 3° les deux foyers et une tangente; 4° trois tangentes et un foyer;

5° un foyer, deux tangentes et l'un des points de contact; 6° le sommet, un foyer et une tangente.

5. Quel est le lieu géométrique des points également distants de deux circonférences dont l'une est intérieure à l'autre ?

6. Construire une hyperbole, connaissant : 1° les foyers et un point; 2° la longueur des axes, un foyer et un point; 3° les deux foyers et une tangente; 4° trois tangentes et un foyer; 5° un foyer, deux tangentes et l'un des points de contact; 6° un sommet, un foyer et une tangente.

7. Quel est le lieu géométrique des points également distants de deux circonférences dont l'une n'est pas intérieure à l'autre ?

8. Les tangentes menées d'un même point à une parabole font des angles égaux avec la droite qui joint ce point au foyer et avec une parallèle à l'axe menée par ce point. La droite qui joint ce point au foyer est bissectrice de l'angle formé par les rayons vecteurs qui vont aux deux points de contact.

9. La droite, qui joint le foyer d'une parabole au point de rencontre d'une tangente et de la directrice, est perpendiculaire sur le rayon vecteur mené au point de contact.

10. Construire une parabole, connaissant : 1° le foyer et deux points; 2° la directrice et deux points : 3° le foyer et deux tangentes: 4° la directrice et deux tangentes; 5° le foyer ou la directrice, un point et une tangente.

11. Quel est le lieu géométrique des points également distants d'une droite et d'une circonférence de cercle ?

12. Le plus court chemin de deux points de la surface d'un cylindre circulaire droit, mesuré sur cette surface elle-même, est le plus petit des arcs d'hélice qui joint ces deux points.

13. Si, par un point de l'espace, on mène des parallèles aux tangentes de tous les points d'une spire d'hélice, ces droites forment la surface latérale d'un cône circulaire droit

14. Le produit des distances des deux foyers d'une hyperbole à une tangente quelconque est constant.

26.

COMPLÉMENT

A LA MESURE DES VOLUMES

Jaugeage des tonneaux.

571. Nous avons dit (430) que, pour obtenir la capacité d'un tonneau, on pouvait faire usage de la formule

$$V = \frac{1}{3}\,\pi H\left(2R^2 + r^2\right),$$

H étant la longueur, R et r les rayons du *bouge* et du fond du tonneau. On opère encore de la manière suivante :

On assimile le tonneau à un cylindre ayant pour hauteur la longueur intérieure et pour diamètre celui du bouge, *moins le tiers de la différence qui existe entre ce diamètre et le diamètre moyen des fonds.*

Soit, par exemple, un tonneau ayant 0^m,90 de longueur, 0^m,60 pour le diamètre du bouge, 0^m,51 pour le diamètre des fonds ; le diamètre du cylindre sera

$$0{,}60 - \frac{0{,}60 - 0{,}51}{3} = 0{,}57.$$

En appliquant la formule du volume du cylindre, on a pour la capacité du tonneau

$$V = \pi \times \overline{0,285}^2 \times 0,90 = 0^{mc},230.$$

Ce tonneau contient donc 230 litres.

Enfin, nous signalerons la formule

$$V = 0,625 \times D^3$$

qui permet de jauger les tonneaux ordinaires d'une manière très rapide et suffisamment approchée en mesurant seulement la diagonale D qui va de la *bonde* au point le plus bas de l'un des fonds. Les *jauges diagonales* sont surtout employées dans les octrois. En calculant d'avance, à l'aide de la formule précédente, les valeurs de V qui répondent aux diverses valeurs de D et inscrivant ces valeurs sur la tige de fer que l'on introduit dans le tonneau, on obtient la capacité du fût par une simple lecture.

Mesure des bois.

572. 1° **Bois en grume.** — Les bois en *grume*, c'est-à-dire qui possèdent encore l'écorce et l'aubier, s'assimilent à un cylindre dont la circonférence de la base serait la circonférence de l'arbre prise au milieu de la longueur. Nous avons donné un exemple du calcul à faire (n° 433).

2° **Bois équarri.** — Les bois *équarris* sont des prismes droits; leur volume est donc égal à la surface de l'une des extrémités multipliée par la longueur de la poutre.

Lorsque les deux extrémités ont un équarrissage difféɪent, on calcule séparément leurs surfaces et on prend la demi-somme qu'on multiplie par la longueur de la pièce de bois. On pourrait encore prendre la surface de section moyenne et la multiplier par la longueur totale.

Cubage des matériaux, moellons, pierres, bois, cailloux, sables, etc.

573 Pour mesurer des matériaux tels que *moellons, bois, pierres*, etc., on les dispose en parallélipipèdes rectangles, et le volume s'obtient en faisant le produit des trois arêtes aboutissant à un même sommet.

Les *terres* et les *sables* peuvent être disposés de la même manière, mais les côtés prennent un talus dont il faut tenir compte. On peut alors décomposer le solide en deux prismes tronqués, comme nous l'avons fait (n° 388). Le procédé suivant donne un résultat suffisant dans la pratique.

Ajoutons la longueur de la base inférieure à celle de la base supérieure et prenons la demi-somme de ces deux longueurs ; prenons également la demi-somme des deux largeurs ; en multipliant les deux demi-sommes l'une par l'autre et le résultat obtenu par la hauteur du tas de terre ou de sable, nous avons très approximativement le volume cherché.

Volume d'une voûte, de la maçonnerie d'un puits.

1° VOUTE PLEIN CINTRE.

574. Pour obtenir le volume d'une voûte plein cintre, on évalue les volumes de deux cylindres qui auraient pour hauteur commune la longueur de la voûte, et pour rayons, l'un le rayon du cercle extérieur, l'autre le rayon du cercle intérieur. La demi-différence de ces deux volumes donne celui de la voûte.

Soit, par exemple, une voûte dont le rayon intérieur est $9^m,8$, le rayon extérieur $12^m,4$ et la longueur $30^m,5$; nous avons pour le premier cylindre,

$$\pi \times \overline{9,8}^2 \times 3o,5,$$

et pour le second,

$$\pi \times \overline{12,4}^2 \times 3o,5.$$

Le volume de la voûte est donc

$$\frac{\pi \times 3o,5 \left(\overline{12,4}^2 - \overline{9,8}^2\right)}{2} = 2765^{mc},33o.$$

Le volume du *manchon creux* de la maçonnerie d'un puits ou celui d'une colonne creuse s'obtient également en calculant les volumes de deux cylindres ayant pour hauteur commune la profondeur du puits, et pour rayons, l'un le rayon extérieur, l'autre le rayon intérieur. La différence de ces deux volumes donne celui du manchon.

2° VOUTE SURBAISSÉE.

Lorsque la voûte est *surbaissée*, c'est-à-dire telle que le rayon de la hauteur soit plus petit que celui de la base, les deux cylindres ne sont plus circulaires. On peut alors opérer de la manière suivante :

On mesure la courbe intérieure et la courbe extérieure de la voûte, c'est-à-dire, les courbes déterminées par l'intersection de la surface extérieure et de la surface intérieure de la voûte avec un plan perpendiculaire à sa longueur. On prend la demi-somme de ces courbes. Cette demi-somme multipliée par l'épaisseur de la voûte et le résultat par la longueur, donne le volume cherché.

Soit une voûte surbaissée dont la courbe intérieure a $5^m,40$, la courbe extérieure $6^m,20$, l'épaisseur $1^m,25$, et la longueur 30^m ; son volume V est

$$V = \frac{5,40 + 6,20}{2} \times 1,25 \times 30 = 217^{mc},500.$$

DEUXIÈME PARTIE

GÉOMÉTRIE APPLIQUÉE

GÉOMÉTRIE APPLIQUÉE

LEVÉ DES PLANS. — ARPENTAGE.
NIVELLEMENT

LEVÉ DES PLANS.

DÉFINITIONS.

1. On appelle *plan d'un terrain*, une figure semblable à celle de ce terrain.

2. *Lever le plan d'un terrain*, c'est exécuter sur ce terrain toutes les opérations nécessaires à la détermination des lignes et des angles avec lesquels on veut construire ce plan.

3. Il suit de là que, pour lever le plan d'un terrain, nous avons toujours à résoudre, quelle que soit la méthode suivie, les problèmes suivants : *Tracer sur le terrain une droite passant par deux points. — Mesurer une droite ou une portion de droite. — Tracer des perpendiculaires ou des parallèles. — Mesurer l'angle des deux droites.* Occupons-nous d'abord de la solution de ces différents problèmes.

4. Dans tout ce qui va suivre, nous supposerons que le terrain est horizontal, ou que, sans erreur sensible, on peut le regarder comme tel. Nous verrons, dans un article spécial, les modifications à apporter, lorsque le terrain est fortement incliné à l'horizon.

§ I. **Tracé des droites sur le terrain.**

5. Lorsque la droite à tracer n'a pas une longueur considérable, on tend d'une extrémité à l'autre un cordeau dont la direction représente celle de la ligne elle-même. Cette opération se pratique journellement dans les rues, dans les jardins et dans les bâtiments en construction.

6. **Jalons.** — Si, au contraire, la longueur de la droite dépasse 15 ou 20 mètres, on se contente d'indiquer sa direction au moyen de *jalons*. Ce sont des tiges de bois ou de fer d'une certaine épaisseur, ayant environ 1^m,50 de hauteur, pointues par le bout qui doit s'enfoncer dans le sol et fendues par l'autre extrémité, de manière à pouvoir retenir une feuille de papier blanc ou une plaque de couleur vive qui les rend visibles à une certaine distance.

Dans les opérations peu importantes, les jalons sont des baguettes de bois léger, bien ébranchées et terminées par un morceau de papier blanc placé à l'extrémité supérieure, dans une fente qui y est pratiquée.

Fig. 1.

Problème.

7. *Jalonner une droite entre les points* A *et* B.

On plante d'abord un jalon à chacune des extrémités A et B de la droite, en ayant soin de leur donner, à l'aide du fil à plomb, une direction parfaitement verticale ; puis on en fait placer un troisième C dans l'intervalle. Pour cela, l'opérateur se met derrière l'un des

jalons extrêmes, le jalon A par exemple, et, visant le
jalon B, il fait signe de la main à son aide de porter le

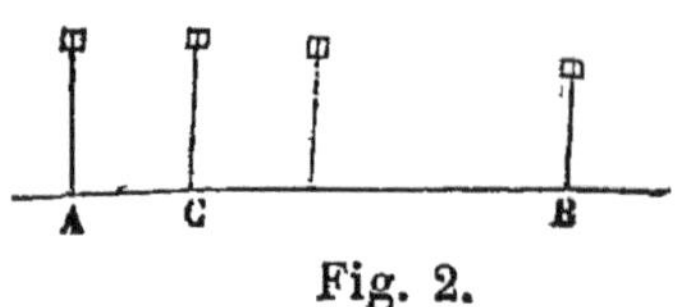

Fig. 2.

jalon C à droite ou à gauche,
jusqu'à ce qu'il paraisse à
l'œil se confondre avec les
deux autres. Alors les trois
jalons A, C, B sont bien sur

une même ligne droite; et, pour mieux déterminer celle-
ci, on fait planter, toujours de la même manière, plusieurs autres jalons intermédiaires.

8. Le procédé que nous venons d'indiquer suppose au
moins deux personnes. S'il n'y avait qu'un seul opérateur, il agirait de la manière suivante :

Après avoir planté deux jalons aux points extrêmes
A et B, il prend derrière l'un d'eux, le jalon A par
exemple, une position telle, qu'ils se confondent dans son

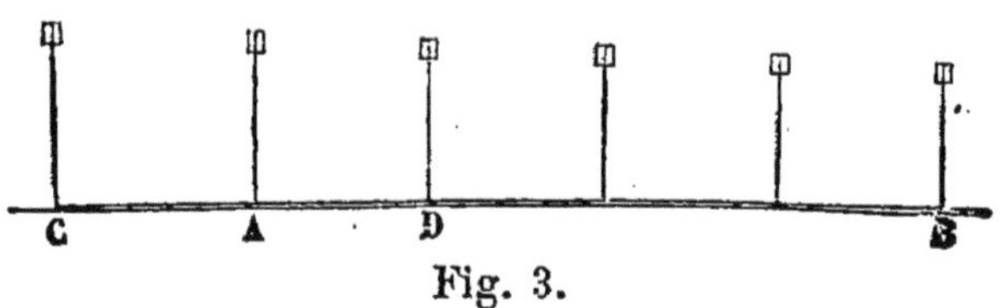

Fig. 3.

rayon visuel. Cette position une fois trouvée, il y plante
un troisième jalon C; puis se plaçant entre A et B, de
manière à voir coïncider les jalons A et C, sa position
détermine celle du quatrième jalon D qui est dans l'alignement CADB, puisque les deux points A et C, qui sont
sur la droite AB, suffisent pour la déterminer. Il peut
planter ainsi autant de jalons qu'il veut entre les extrémités A et B de la ligne à tracer.

9. Ce procédé suppose que la ligne AB peut être prolongée au delà de l'une de ses extrémités. S'il n'en était
pas ainsi, l'opérateur serait obligé de recourir au tâton-

nement, en plaçant un jalon D, à peu près dans l'alignement, et regardant du point A si le jalon D se confond avec ceux plantés en A et en B. Dans la cas contraire, il le porte à droite ou à gauche, d'une quantité égale à son écart de la ligne AB, puis recommence l'essai.

Problème.

10. *Jalonner une droite entre deux points* A *et* B *invisibles de l'un à l'autre.*

On plante par tâtonnement deux jalons intermédiaires C et D, de manière que l'œil placé en C aperçoive les

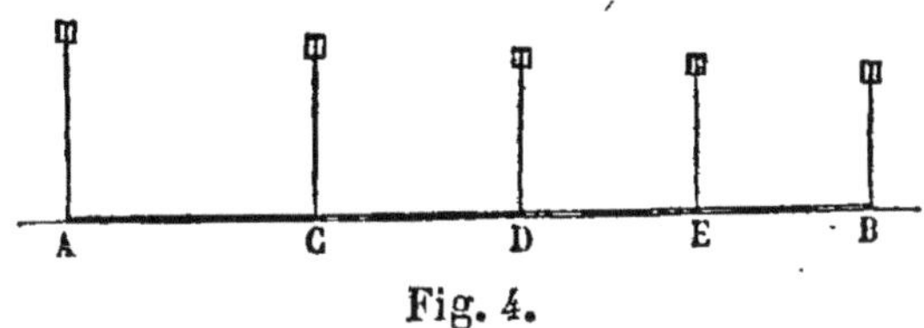

Fig. 4.

jalons C, D, E, B en ligne droite, et que, placé en D, les jalons D, C, A se confondent dans son rayon visuel.

On opérerait de la même manière pour jalonner une droite entre deux points inaccessibles. Mais, dans ces deux derniers cas, l'usage de l'équerre, dont nous parlerons plus tard, abrégerait les tâtonnements.

Problème.

11. *Prolonger une droite* AC *sur un terrain (fig. 4).*

On prend un jalon et, après avoir reculé d'une certaine distance, on le plante en D, de manière que les jalons A et C soient cachés par ce dernier ; on continue ainsi, tant que cela est nécessaire, et l'on parvient à planter les jalons E, B, etc.

§ II. **Mesure d'une droite sur un terrain.**

12. Si la droite à mesurer est peu considérable, on porte sur elle, à partir de l'une de ses extrémités, le mètre ou le double mètre ; le nombre de fois qu'il y est contenu se nomme *mesure de la ligne.*

13. Chaîne d'arpenteur. — Si la longueur de la droite dépasse 15 ou 20 mètres, on emploie, pour la mesurer, la *chaîne d'arpenteur.* Cet instrument se compose de chaînons rectilignes en gros fil de fer, reliés entre eux par des anneaux et formant une longueur.

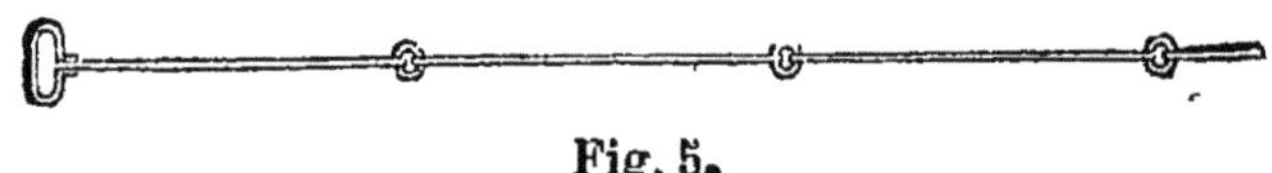

Fig. 5.

totale de 10 mètres. Chaque chaînon a 2 décimètres, y compris la moitié de chaque anneau. Quand on passe d'un mètre à l'autre, l'anneau qui réunit deux chaînons est en cuivre ; celui du milieu de la chaîne, c'est-à-dire celui qui relie le 5e mètre au 6e, porte de plus une petite tige de fer ou de cuivre de 4 à 5 centimètres.. Enfin, à chaque extrémité, est une poignée, dont la longueur est prise sur celle du dernier chaînon.

14. Fiches. — La chaîne est accompagnée d'un paquet de dix *fiches* ou tiges en gros fil de fer, terminées en pointe par le bout qui doit s'enfoncer dans le sol et arrondies à l'autre, en forme d'anneau ; elles ont une longueur de $0^m,50$ environ.

Problème.

15. *Mesurer avec la chaîne la longueur d'une droite AB.*

Après avoir jalonné la droite AB, l'arpenteur et son aide prennent la chaîne. Le premier se place au point de départ et appuie contre le jalon A le bord extérieur de sa poignée, tandis que le second, tenant l'autre poignée d'une main et les dix fiches de l'autre, marche dans la direction AB. Quand la chaîne est tendue et que tous deux se sont assurés qu'aucun nœud, aucune torsion n'en diminue la longueur, l'aide se baisse pour planter une fiche ; l'arpenteur lui fait signe de la main de déplacer la chaîne à droite ou à gauche, suivant que le prolongement de la ligne qu'elle forme laisse le jalon B à droite ou à gauche ; et, quand le prolongement de cette ligne passe par le point B, l'aide enfonce sa fiche dans le sol, en la faisant glisser contre le bord intérieur de sa poignée.

Ceci fait, l'aide se relève et s'avance vers B ; l'arpenteur le suit d'un pas égal. Arrivé près de la fiche, il s'arrête et appuie contre elle le bord extérieur de sa poignée, tandis que l'aide plante, comme précédemment, une deuxième fiche ; puis tous deux se mettent de nouveau en marche et continuent l'opération, jusqu'à ce que la ligne entière ait été parcourue.

Chacune des fiches plantées par l'aide est enlevée par l'arpenteur et gardée soigneusement par lui ; elles indiquent le nombre des dizaines de mètres contenus dans la longueur de la droite AB. Pour mesurer le reste de la ligne, on compte les anneaux de cuivre compris entre la dernière fiche et le point B, puis les chaînons compris entre le dernier anneau de cuivre et le même point B, et l'on évalue enfin à simple vue, ou avec un double décimètre divisé en centimètres, la distance du dernier chaînon à l'extrémité de la droite AB.

16. Lorsque la longueur de la droite AB dépasse

100 mètres, l'arpenteur, arrivé près de la 10e fiche, la remplace par un piquet et rend à son aide les dix fiches qu'il a ramassées. Tous deux notent sur un registre, ou sur la ligne correspondante du croquis, cet échange qui représente une longueur de 100 mètres. Ils continuent ensuite l'opération comme précédemment.

17. Observations pratiques. — *1° L'aide doit avoir soin d'enfoncer les fiches bien verticalement ; car si cette condition n'était pas remplie, on trouverait une longueur qui ne serait pas exacte ; il doit aussi, en tendant la chaîne, éviter de tirer trop fort de peur de l'allonger ou de déformer les anneaux.*

2° Avant de se servir d'une chaîne, l'arpenteur doit la vérifier, si déjà elle ne l'a pas été. Pour cela, on trace sur une surface plane une ligne d'une longueur égale à celle du décamètre : cette longueur sert d'étalon. Quand les extrémités de la chaîne ne coïncident pas avec celles de la ligne prise pour étalon, il faut l'allonger ou la raccourcir jusqu'à ce que la coïncidence ait lieu ; il suffit, pour la raccourcir, de courber un ou plusieurs chaînons. Ajoutons, cependant, que la chaîne ne pouvant jamais être rigoureusement tendue sans s'exposer à la rompre ou à déformer les anneaux, on lui donne en plus de dix mètres, une longueur de 5 ou 6 millimètres, pour compenser l'erreur qui résulte du défaut de la tension.

3° Quelque soin que l'on prenne pour mesurer une droite, il est presque impossible de le faire sans erreur. On peut diminuer cette erreur en recommençant plusieurs fois l'opération et en prenant la moyenne arithmétique des différents résultats, c'est-à-dire en divisant leur somme par le nombre de fois qu'on a mesuré.

§ III. **Tracé des perpendiculaires.**

18. Le tracé des perpendiculaires sur le terrain peut se faire ou avec un cordeau, ou avec un instrument nommé *équerre d'arpenteur* ; nous allons d'abord en faire la description.

19. Equerre d'arpenteur. — L'*équerre d'arpenteur* est un prisme droit en cuivre dont les bases sont deux octogones réguliers. Chacune des huit faces latérales est divisée en deux parties égales dans le sens de sa longueur, par une fente appelée *pinnule*. Les pinnules de deux faces opposées déterminent un plan passant par l'axe du prisme et qu'on nomme *plan de visée*. Il y a donc dans l'équerre quatre plans de visée ; chacun d'eux fait avec celui qui le précède ou qui le suit un angle de 45°, de sorte que le premier est perpendiculaire avec le troisième et le second perpendiculaire avec le quatrième.

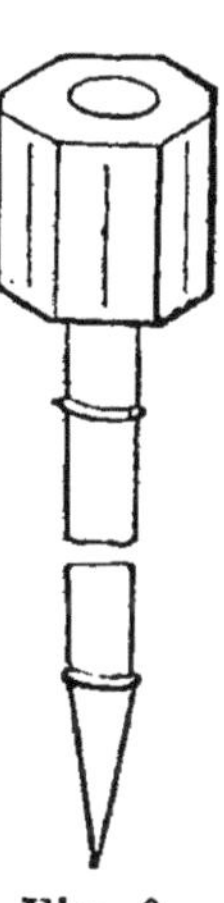

Fig. 6.

Quatre des fentes qui déterminent deux plans de visée perpendiculaires entre eux sont ordinairement moitié fenêtre, moitié pinnule, de telle manière que la fenêtre *cdef* d'une face correspond à la pinnule de la face opposée et que la pinnule *ab* de la première correspond à la fenêtre de la seconde ; c'est-à-dire que, si la fenêtre d'une face est en bas, celle de la face opposée est en haut. Un fil de soie *gh* ou un crin très fin est tendu à travers la fenêtre dans la direction prolongée de la pinnule. C'est par les

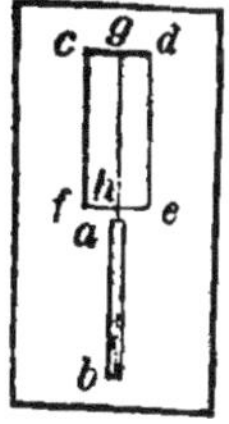

Fig. 7.

pinnules qui correspondent aux fenêtres opposées que se fait l'observation.

L'équerre s'adapte, au moyen d'une douille D, à un bâton ferré nommé *pied de l'équerre*. Ce bâton, qui a environ 1^m,50 de longueur, est quelquefois divisé en décimètres et en centimètres et peut servir à mesurer la chaîne, lorsqu'on le juge nécessaire. On remplace ce bâton par un trépied, pour opérer dans des endroits garnis de pierres.

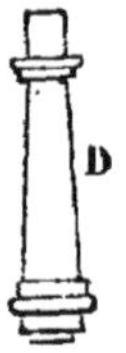

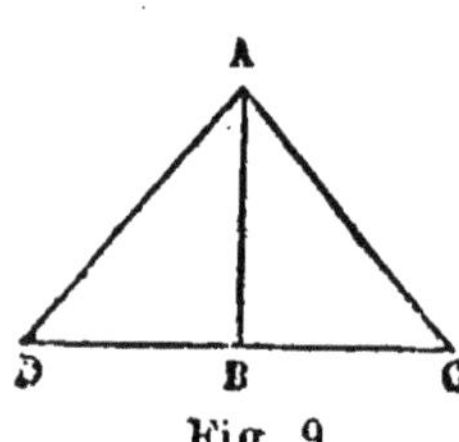
Fig. 8.

Problème.

20. *Par un point donné sur une droite, mener une perpendiculaire à cette droite.*

1° Usage du cordeau. — Soit B le point donné sur la droite DC. Prenons, à droite et à gauche de ce point, deux longueurs égales DB et BC ; puis, fixons aux points D et C, avec des piquets, les extrémités d'un cordeau préalablement divisé en deux parties égales et dont le milieu est marqué par un nœud. On tend le cordeau en le tirant par le nœud ; la position A que celui-ci prend sur le terrain est un point de la perpendiculaire qui aurait pour pied le point B ; car le point A est à égale distance des points D et C. Nous pouvons ensuite prolonger la perpendiculaire AB, autant que cela est nécessaire (11).

Fig. 9.

2° Usage de l'équerre d'arpenteur. — Après avoir jalonné la droite MN, on plante au point donné O une équerre ABCD dans une position verticale ; puis on tourne l'instrument de manière que le plan de visée AC contienne la droite MN. On vise ensuite par la pinnule B et l'on fait planter un ou plusieurs jalons dans cette direction ; la droite OP, ainsi tracée, est la perpendiculaire demandée.

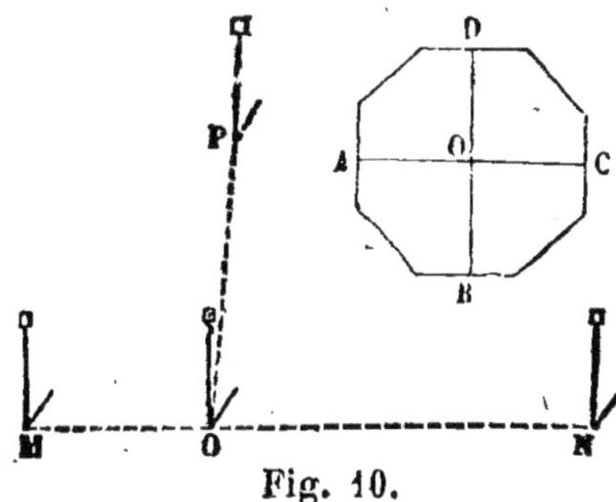

Fig. 10.

21. Vérification de l'équerre. — La construction que nous venons de faire permet de reconnaître si l'équerre est bonne, c'est-à-dire si les plans de visée AC et BD sont bien perpendiculaires l'un sur l'autre. Pour cela, après avoir jalonné la droite OP, on fait tourner l'instrument sur son pied jusqu'à ce que le plan de visée BD contienne la droite MN ; l'autre plan de visée AC doit alors, si l'équerre est exacte, contenir la droite OP.

Problème.

22. *Par un point extérieur à une droite, mener une perpendiculaire à cette ligne.*

1° Usage du cordeau. — Soit A le point donné en dehors de la droite DC (*fig. 9*). On fixe un cordeau au point A et on le tend jusqu'à ce qu'il rencontre la droite au point D : tendu de nouveau, il la rencontre au point C. En prenant le milieu de la droite DC avec la chaîne, ou de toute autre manière, on a le pied B de la perpendiculaire demandée ; connaissant deux de ses points, il est facile de la tracer (7).

27.

2° Usage de l'équerre d'arpenteur. — On promène l'équerre sur la droite donnée MN, de manière à conserver celle-ci dans un même plan de visée et on cherche la position C, telle que le point donné soit dans le plan de visée perpendiculaire au premier. Le point C est le pied de la perpendiculaire demandée.

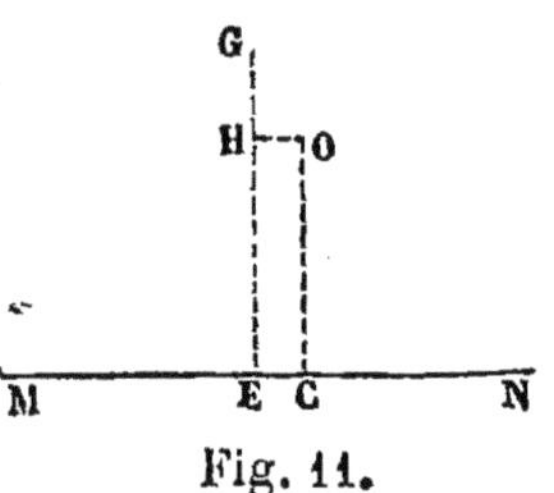

Fig. 11.

Le pied d'une telle perpendiculaire ne se détermine ordinairement qu'après des tâtonnements toujours assez longs : on les abrége en opérant de la manière suivante. On cherche approximativement à vue d'œil la position inconnue du point C. Si l'on présume que ce soit E, on y plante l'équerre et l'on fait planter un jalon G dans la direction perpendiculaire. Lorsque le point O se trouve sur EG, cette droite est la perpendiculaixe demandée; dans le cas contraire, on mesure la distance OH du point O à la droite EG, puis on prend sur la droite MN, à partir du point E, une longueur EC égale à OH, et le point C est le pied de la perpendiculaire menée du point donné O sur la droite MN.

§ IV. Tracé des parallèles.

23. Le tracé des parallèles sur un terrain se fait, comme celui des perpendiculaires, de deux manières : 1° *avec la chaîne d'arpenteur* ; 2° *avec l'équerre*.

Problème.

24. *Par un point donné sur un terrain, mener une parallèle à une droite donnée.*

1° Usage de la chaîne. — Soient D le point et BG la

droite donnés. On trace une droite BD qu'on mesure et qu'on prolonge d'une longueur DA égale à BD ; puis à partir du point A, on trace une autre droite AC qui rencontre BC et l'on prend le milieu E de AC. En joignant DE, on a la parallèle demandée.

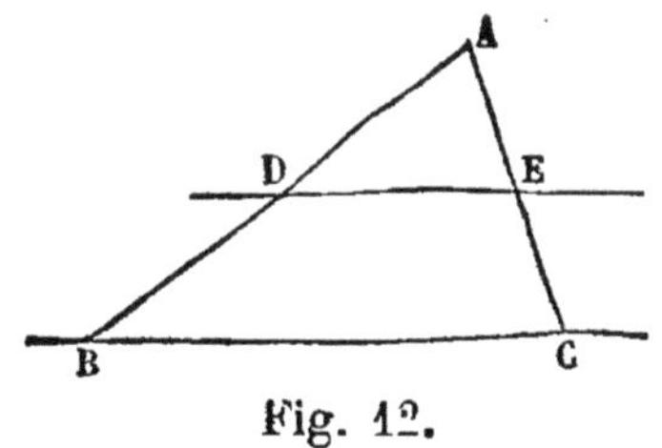

Fig. 12.

La construction précédente suppose que la droite BD peut être prolongée au delà du point D. Si la chose n'était pas possible, on joindrait le point D à un point F de la droite BC ; on mesurerait DF et on marquerait le milieu A de cette ligne. On joindrait un point G de BC au point A et on prolongerait GA d'une longueur égale AE ; la droite DE serait la parallèle demandée.

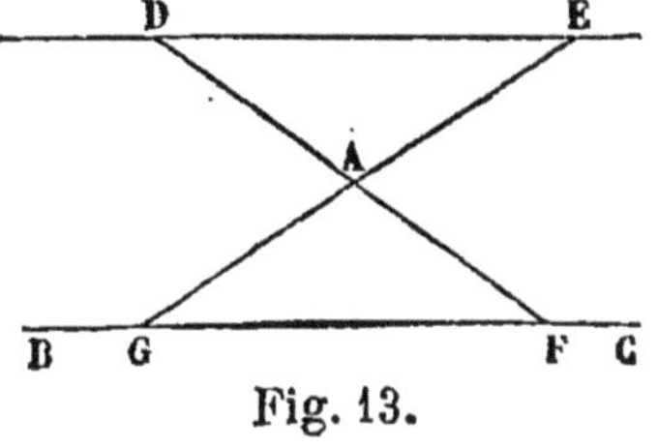

Fig. 13.

2° Usage de l'équerre. — Du point A, on mène AD perpendiculaire à BC (22), puis AE perpendiculaire à AD ; les droites AE, BC, perpendiculaires à une même troisième AD, sont parallèles entre elles.

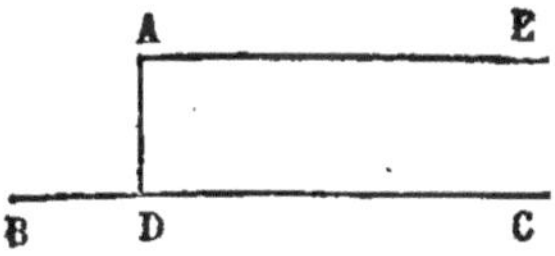

Fig. 14.

§.V. **Mesure des angles.**

25. Pour mesurer les angles sur le terrain, on fait usage de deux instruments, la *boussole* et le *graphomètre* : nous allons d'abord les décrire.

Boussole. — La *boussole*, que l'on emploie quand on

n'a pas besoin d'une grande approximation dans la mesure des angles, consiste en une boîte carrée dans laquelle se trouve un cadran divisé; au centre de celui-ci est

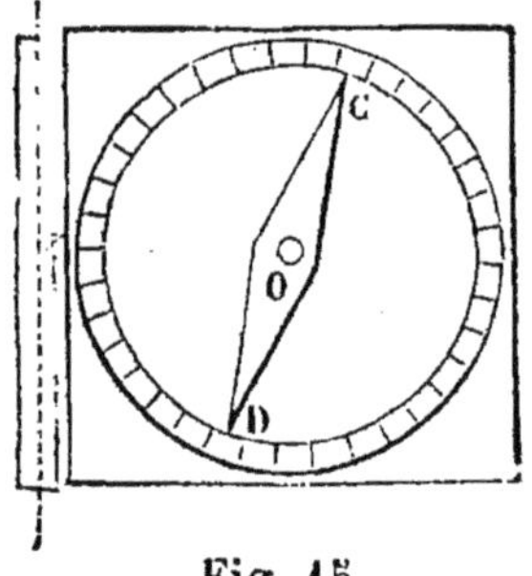

Fig. 15.

suspendue, sur un pivot aigu, une aiguille aimantée CD, qui jouit de la propriété remarquable, non pas de se tourner vers le nord, comme on le dit communément, mais de prendre une position constante dans un même lieu, pendant un assez long intervalle de temps, et d'y revenir par une suite d'oscillations, quand elle en a été écartée. Elle peut donc être considérée comme une direction fixe.

Sur un côté de la boîte est une lunette ou un tube terminé par deux cercles percés en leur centre d'une petite ouverture. Lá ligne 0° — 180° est parallèle au côté de la boîte qui porte la lunette. La boussole est portée sur un pied à trois branches et peut recevoir un mouvement de rotation horizontale.

26. Graphomètre. Lorsqu'on veut obtenir la mesure des angles avec une certaine précision, on se sert du *graphomètre*. C'est un demi-cercle de cuivre évidé, dont le limbe est divisé en degrés et demi-degrés et porte une double graduation de 0° à 180° et *vice versâ*.

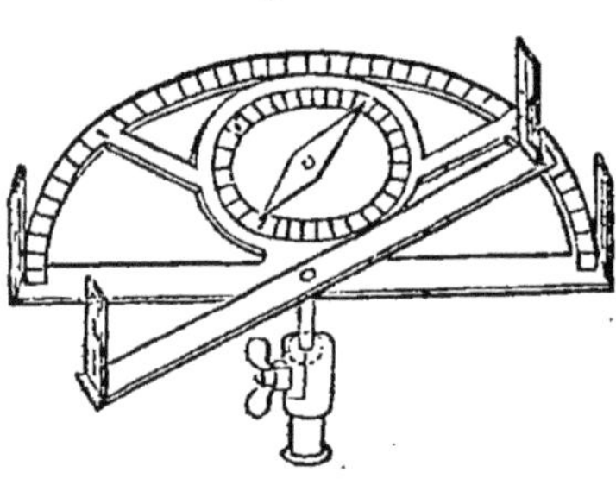

Fig. 16.

Aux deux extrémités du diamètre 0° — 180° du demi-cercle s'élèvent, perpendiculairement au plan du limbe, deux plaques de cuivre sur le milieu desquelles on a pratiqué une ouverture moitié pinnule, moitié fenêtre.

Dans l'une de ces plaques, la pinnule est supérieure à la fenêtre ; c'est le contraire dans l'autre ; de sorte qu'en approchant l'œil de l'une des pinnules, on aperçoit le fil de soie ou le crin qui partage la fenêtre opposée en deux parties égales. La direction du rayon visuel ainsi déterminée est la *ligne de visée*.

Une règle ou *alidade* mobile, dont les extrémités sont également pourvues de pinnules et de fenêtres, est fixée par son milieu au centre du demi-cercle. Sur cette règle

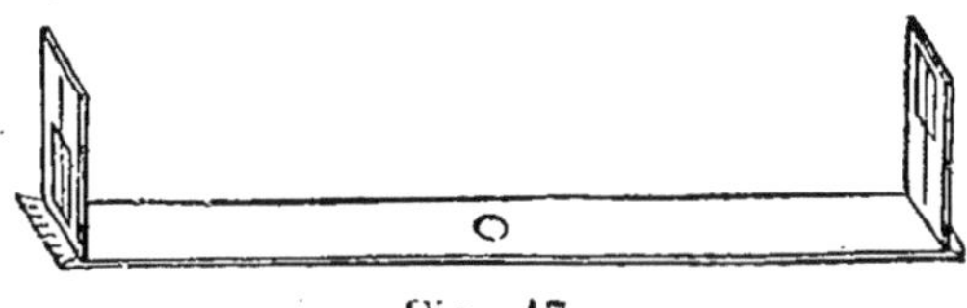

Fig. 17.

qui peut prendre toutes les positions possibles sur le demi-cercle, est tracée une ligne passant par le centre de celui-ci et dont les extrémités sont marquées 0° — 0° ; ce sont elles qui indiquent sur le limbe les degrés de l'angle observé.

Enfin, le centre du cercle supporte inférieurement une tige terminée par une sphère ; celle-ci est embrassée par deux coquilles dont l'adhérence plus ou moins grande est obtenue à l'aide d'une vis qui les rapproche : ce mode d'articulation s'appelle *genou à coquilles*. Ces coquilles sont le prolongement d'un cylindre creux dans lequel s'emmanche un pied composé de trois branches mobiles autour de leur origine commune ; de telle sorte qu'on peut placer l'instrument dans une position et à une hauteur convenables.

27. Dans les graphomètres destinés à des opérations d'une certaine étendue, les alidades à pinnules sont remplacées par des lunettes dont l'une est portée par

l'alidade mobile, l'autre est placée au-dessous du diamètre 0° — 180° qu'on peut regarder comme une alidade
fixe. Ces lunettes permettent de voir nettement les objets
à d'assez grandes distances. Nous reviendrons d'ailleurs
plus tard sur la description du graphomètre ainsi modifié.

28. Vérification du graphomètre. — Les divisions
du limbe ne sont jamais rigoureusement égales entre
elles. On peut vérifier l'inexactitude de l'instrument en
mesurant successivement les trois angles d'un triangle ;
la somme de ces angles devant être égale à 180°, la différence, s'il y en a une, divisée par 3, indique l'erreur
moyenne que l'on a pu commettre sur chaque angle. On
peut encore, sans changer de station, mesurer les angles
consécutifs formés par les rayons visuels menés du centre
du graphomètre à différents points remarquables. Après
avoir tourné, dans le même sens, l'alidade mobile jusqu'à
ce que l'on soit arrivé à l'objet d'où l'on est parti, on doit
trouver 360° pour la somme de tous les angles observés.
La différence, s'il y en a une, divisée par le nombre des
angles, indique encore l'erreur moyenne que l'on a pu
commettre sur chacun d'eux. Cette moyenne doit être
moindre qu'une division du limbe pour qu'on puisse se
servir du graphomètre.

Problème.

29. *Mesurer un angle sur le terrain.*
1° Usage de la boussole. — On dispose la boussole
de manière que son plan soit horizontal, le centre du
cadran divisé étant au-dessus du sommet de l'angle et la
lunette dirigée suivant l'un des côtés. On remarque à
quelle division du cadran correspond la pointe bleue de
l'aiguille aimantée. On fait ensuite tourner la boîte pour

amener la lunette sur l'autre côté de l'angle ; l'aiguille, qui est fixe, correspond à une autre division. Si elle marquait d'abord 27° et qu'elle marque maintenant 49° 30', la différence 22° 30' est la quantité dont la boîte a tourné et par suite la valeur de l'angle observé.

L'emploi de la boussole, pour la mesure des angles, ne permet pas de compter sur une approximation plus grande qu'un quart de degré.

2° Usage du graphomètre. — Soit à mesurer, avec le graphomètre, l'angle des deux droites jalonnées OA, OB. Après avoir enlevé le jalon O, on dispose les trois branches du pied de l'ins-trument autour du point O, de manière que le centre du limbe se trouve sur la verti-cale du sommet de l'angle à mesurer. On s'assure que cette condition est remplie en laissant tomber du centre du graphomètre une petite pierre, ou bien encore le fil à plomb ; cette pierre, ou le fil à plomb, doit tomber dans le trou où était le jalon O. Cette condition à peu près remplie, on donne de la stabilité à l'instrument en en-fonçant dans le sol les trois branches du pied. Cela fait, on rend au genou sa liberté de mouvement en desserrant modérément la vis qui rapproche les coquilles, puis on dispose horizontalement le plan du limbe : un niveau à bulle d'air justifie cette position ; on fait tourner le limbe sur lui-même, en lui conservant sa position horizontale, de manière à amener l'alidade fixe dans la direction OA ; l'œil placé contre l'une des pinnules doit voir le fil de la fenêtre opposée se confondre avec le jalon A. Alors on serre fortement la vis des coquilles et l'on dirige de

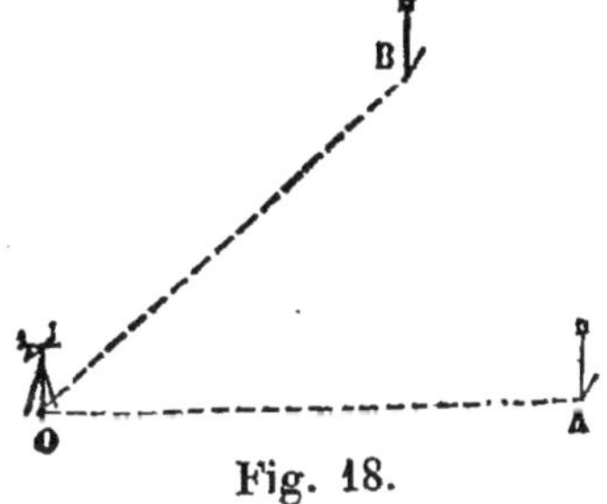

Fig. 18.

la même manière l'alidade mobile vers le jalon B. L'angle formé par le diamètre 0° — 180° du limbe et par la ligne 0° — 0° de l'alidade mobile est l'angle demandé AOB ; sa valeur se trouve indiquée, à un demi-degré près, par la division en face de laquelle se trouve le trait marqué sur l'alidade mobile ; la lecture se fait sur la graduation dont le zéro se trouve dans la direction OA.

Pour évaluer les minutes, l'alidade mobile porte un *vernier circulaire* : c'est un petit arc qui peut glisser sur le limbe du graphomètre. La longueur du vernier vaut 29 divisions du limbe et elle est divisée en 30 parties

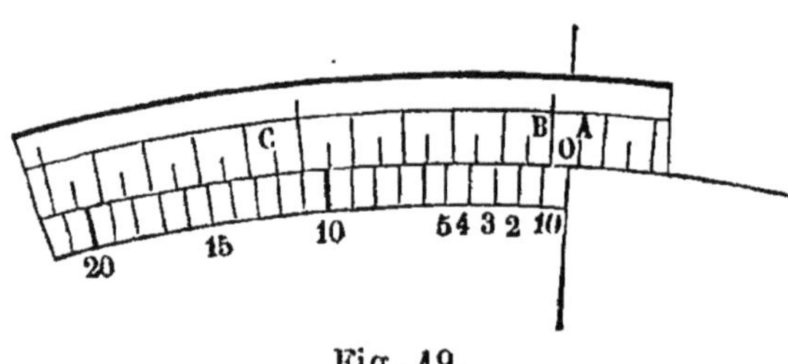

Fig. 19.

égales. Par conséquent, chaque division du vernier vaut les $\frac{29}{30}$ d'un demi-degré ou les $\frac{29}{60}$ d'un degré, c'est-à-dire 29 minutes, et il y a une différence d'une minute entre une division du graphomètre et une division du vernier. De plus, le zéro du vernier est sur la ligne visée de l'alidade mobile.

Cela posé, lorsqu'en mesurant un angle avec le graphomètre, on trouve le zéro du vernier compris entre deux divisions A et B du limbe, la division A fait connaître le nombre de demi-degrés contenus dans cet angle. Pour évaluer ensuite la grandeur de l'arc AO, on cherche la division du vernier qui coïncide avec une division du limbe ; supposons que ce soit la 12e, en C. De ce point au point A, il y a 12 divisions du limbe ; et, du même point au point O, il y a 12 divisions du vernier ; donc AO égale la différence entre 12 divisions du limbe et 12 divisions du vernier, c'est-à-dire 12 fois la différence entre une division du limbe et une division du vernier ou 12 minutes.

30. Observations pratiques. — *1° Dans ce qui précède nous avons supposé que les jalons A et B sont plantés bien verticalement. Comme cette condition n'est pas toujours rigoureusement remplie, on aura soin de diriger chaque alidade de manière que la ligne de visée passe par le pied du jalon, ce qui, à cause de la longueur des pinnules, est facile à obtenir, sans détruire l'horizontalité du plan du limbe.*

2° Après avoir amené l'alidade fixe dans la direction OA et avoir serré la vis des coquilles pour fixer le plan du limbe, quand on fait ensuite tourner l'alidade mobile, il faut avoir bien soin d'éviter les mouvements brusques qui pourraient déranger le plan du limbe. Au reste si l'on a quelque crainte à ce sujet, il est facile de jeter un coup d'œil à travers l'alidade fixe, pour s'assurer que la ligne de visée coïncide toujours avec OA.

31. Autres usages du graphomètre. — Le graphomètre ne sert pas seulement à mesurer les angles, il est encore utile pour résoudre, sur le terrain, un certain nombre de problèmes, pour quelques-uns desquels nous avons employé le cordeau et l'équerre ; donnons des exemples.

Problème.

32. *Par un point pris sur une droite, mener avec le graphomètre une perpendiculaire à cette droite.*

On place l'instrument au point donné et on dirige l'alidade fixe de manière que sa ligne de visée coïncide avec la droite donnée. Puis, mettant l'alidade mobile sur 90°, on a la direction de la perpendiculaire demandée et on fait placer un ou plusieurs jalons dans la direction de la ligne de visée.

Problème.

33. *Par un point pris hors d'une droite, mener une perpendiculaire à cette droite à l'aide du graphomètre.*

On plante d'abord un jalon au point donné O et, plaçant le graphomètre en un point arbitraire K de la droite MN, on mesure l'angle OKP. L'instrument est ensuite transporté au point O, l'alidade fixe dirigée suivant la droite OK et l'alidade mobile amenée à une graduation qui soit la différence de l'angle OKP, avec 90° : la droite OP,

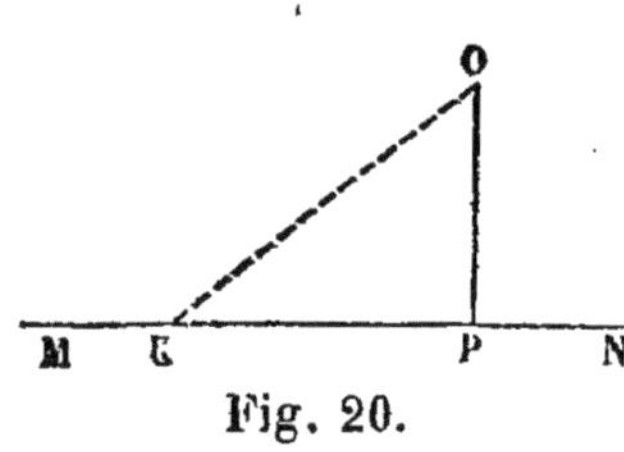

Fig. 20.

ainsi déterminée, est la perpendiculaire demandée ; car, dans le triangle OKP, la somme des angles OKP, KOP étant égale à un angle droit, le troisième angle OKP est droit et, par suite, OP est perpendiculaire sur la droite MN.

Problème.

34. *Faire en un point et sur une droite donnés un angle égal à un angle donne.*

On installe le graphomètre au point donné et on dirige l'alidade fixe de manière que sa ligne de visée contienne la droite jalonnée. On tourne ensuite l'alidade mobile d'une quantité égale à l'angle voulu, et on fait planter un ou plusieurs jalons dans la direction de sa ligne de visée.

Il est facile de voir ce qu'il y aurait à faire pour diviser un angle en parties égales, ou pour en prendre une fraction voulue.

Problème.

35. *Par un point donné A mener avec le graphomètre une parallèle à une droite donnée BC.*

Si la droite BC est accessible, on prend arbitrairement. C sur la droite BC; on installe le graphomètre sur ce dernier et l'on mesure l'angle ACB. Transportant ensuite l'instrument au point A, on fait un angle CAD égal à l'angle ACB (34). La droite AD est parallèle à la droite BC, à cause de l'égalité des angles alternes internes.

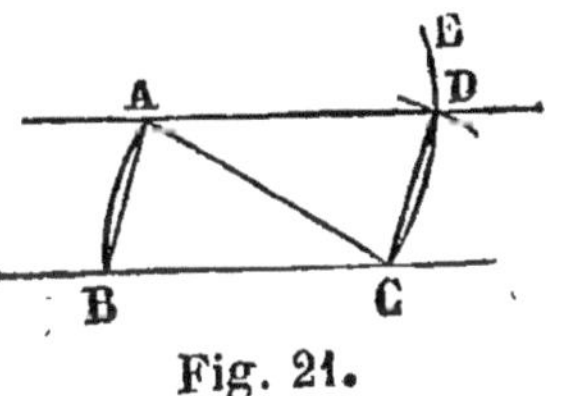

Fig. 21.

Si la droite BC était inaccessible, il faudrait opérer comme nous l'avons fait (n° 24 2°) ; et, dans ce cas, on pourrait encore faire usage du graphomètre.

Levé des plans.

36. L'étude du levé des plans se divise en deux parties : 1° *le levé sans instruments*; 2° *le levé avec instruments*. Mais, avant d'établir les principes relatifs à chacune de ces divisions, expliquons d'abord ce qu'on entend par *échelle d'un plan*.

37. Échelle du plan. — Lorsqu'on a déterminé, par les procédés que nous exposerons bientôt, la mesure des lignes et des angles qui doivent servir à dresser le plan d'un terrain, on rapporte ce plan sur le papier, en s'aidant du *croquis* [1] fait sur les lieux, c'est-à-dire, on construit, avec la règle, le compas ou l'équerre et le rapporteur, une figure semblable à celle du terrain. Or, les figures semblables ayant leurs angles égaux et leurs côtés homologues proportionnels, les longueurs réelles des lignes du terrain doivent être, sur le papier, réduites toutes dans un même rapport. C'est ce rapport qu'on appelle *échelle du plan*.

38. La composition d'une échelle est tout à fait arbitraire, mais néanmoins subordonnée au rapport qui existe entre les dimensions du terrain et les dimensions de la feuille de papier qui doit en recevoir le plan. La forme la plus commode consiste à prendre le millimètre pour représenter 1, 2, 3 mètres ou $\frac{1}{2}, \frac{1}{3}, \frac{3}{4}$ de mètre. Si l'on suppose, pour fixer les idées, que le millimètre représente 2 mètres, le plan sera à l'échelle de $\frac{1}{2000}$, c'est-à-dire qu'une ligne sur le plan sera la 2000[e] partie de la ligne correspondante du terrain.

---

1. Avant de lever le plan d'un terrain, on le parcourt d'abord pour en connaître toutes les démarcations et tous les accidents; puis on dessine à main levée l'ensemble de la figure, en indiquant les détails dont on veut tenir compte sur le plan. Cette représentation grossière d'un terrain, qui sert à fixer les idées et sur laquelle on inscrit, dans leur ordre, les mesures des lignes et des angles, s'appelle *croquis* ou *canevas* du plan.

39. Le rapport entre les dimensions des lignes sur e plan et leurs dimensions sur le terrain s'exprime en général par une fraction dont le numérateur est l'unité, telle que $\frac{1}{100}$, $\frac{1}{1000}$, $\frac{1}{2500}$ ..... Il en résulte un moyen très simple de passer des longueurs mesurées sur le plan aux longueurs mesurées sur le terrain, et réciproquement. En effet, le dénominateur de l'échelle exprimant combien de fois l'unité de mesure adoptée sur le terrain contient la longueur qui lui correspond sur le plan, si on connaît la longueur d'une ligne prise sur ce dernier, on aura sa longueur sur le terrain en la multipliant par le dénominateur de l'échelle. On connaîtrait ce que vaut sur le plan une longueur mesurée sur le terrain en la divisant par ce même dénominateur.

40. Différentes échelles adoptées. — Les échelles les plus adoptées suivant les usages particuliers auxquels on les destine, sont :

$\frac{1}{100}$ pour les plans de bâtiments, d'usines, de projets d'architecture, etc., et

$\frac{1}{1000}$, $\frac{1}{2000}$, $\frac{1}{2500}$ pour les terrains de peu d'étendue. La dernière a été employée pour les feuilles des plans du cadastre.

Si le terrain est trop vaste pour qu'on puisse le représenter avec tous ses détails sur une seule feuille de papier, on le divise en plusieurs parties dont on lève les plans à l'échelle donnée sur des feuilles différentes. On fait ensuite le levé de l'ensemble, à une échelle plus petite, pour indiquer la disposition relative des feuilles de détail. On prend alors les échelles suivantes :

$\dfrac{1}{2500}$ pour les plans spéciaux de peu d'étendue, et

$\dfrac{1}{5000}$ pour leur ensemble;

$\dfrac{1}{10000}$ pour les plans spéciaux de moyenne

grandeur, et $\dfrac{1}{20000}$ pour leur ensemble.

La carte de France à été construite à l'échelle

de $\dfrac{1}{40000}$ pour les feuilles de détail et $\dfrac{1}{80000}$

pour l'ensemble de ces feuilles.

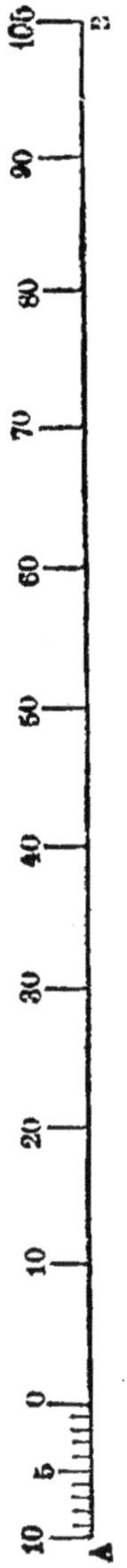

41. Construction et usage des échelles de réduction. Pour rapporter sur le plan les longueurs mesurées sur le terrain, on peut se servir du double décimètre, divisé en centimètres et en millimètres. Mais souvent il est plus avantageux de construire sur le papier une droite qu'on divise en parties égales représentant chacune l'unité de longueur. Ces droites divisées servent à réduire les longueurs réelles du terrain à des dimensions proportionnelles; c'est pourquoi on les appelle *échelles de réduction.* Voici comment on les construit.

On porte sur une droite AB, à partir d'un point O et toujours dans une même direction, 10 longueurs égales qui, dans le rapport adopté, représentent chacune 10 unités de longueur; l'unité est le mètre quand le terrain a une médiocre étendue, le décamètre quand il est très grand. Si l'on suppose, pour fixer les idées, que le rapport choisi soit $\dfrac{1}{2500}$, l'unité principale étant le

Fig. 22.

mètre, les longueurs portées sur AB seront de 0^m,004. Dans un sens opposé, mais toujours à partir du point 0, on porte une de ces 10 longueurs qu'on divise à son tour en 10 parties égales ; par conséquent, chaque division représente un mètre.

Pour prendre, sur cette échelle, une longueur de 34 mètres, on place la pointe d'un compas sur la division 30 et l'autre sur le 4e trait de division à gauche du point 0.

Une échelle telle que nous venons de la décrire, accompagne toujours le plan d'un terrain ; elle permet d'en apprécier les dimensions réelles.

42. On comprend que, si le rapport adopté pour la construction du plan est très petit, s'il est par exemple $\frac{1}{2500}$, les divisions qui, sur l'échelle précédente, indiquent les mètres, seront tellement rapprochées qu'il sera difficile de les distinguer. Mais ces petites longueurs peuvent être mesurées avec une grande précision à l'aide de l'échelle suivante.

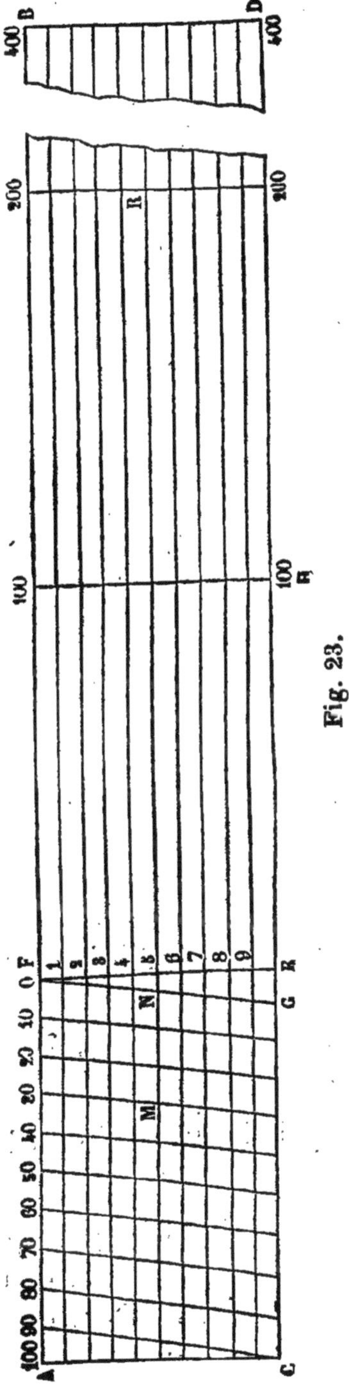

On prend sur une droite indéfinie AB une longueur AF de $0^m,04$ que l'on divise en 10 parties égales; chacune de ces parties représente 10 mètres, puisque la ligne AF représente 100, c'est-à-dire $0^m,04 \times 2500$ (39). Aussi les points de divisions sont désignés par 0,10,20... 100. On porte ensuite la droite AF sur son prolongement, au moins autant de fois qu'il y a de centaines de mètres dans la plus grande distance qu'on ait à considérer sur le terrain, et l'on indique ces nouvelles divisions par les nombres 100, 200, 300... Par chacun des points A, F, 100... B on élève des perpendiculaires à la droite AB; sur la première et la dernière de ces perpendiculaires, on porte 10 longueurs arbitraires mais égales, et l'on joint les points de division par des droites parallèles à AB, qu'on numérote 1, 2, 3... 10. Enfin, on prend sur la dernière parallèle CD, à la gauche du point E, une longueur EG égale au 10ᵉ de AF, on tire la transversale FG et, par tous les points de division de AF, on mène des parallèles à FG.

Il est aisé de voir que les parties des droites longitudinales comprises entre les deux transversales FE, FG, sont respectivement égales à 1, 2, 3... 10 mètres; par exemple, la partie N5 veut 5 mètres; car dans le triangle EFG, la droite N5 étant parallèle au côté EG, on a :

$$\frac{N5}{EG} = \frac{F5}{FE} = \frac{5}{10}.$$

Donc la longueur N5 est les $\frac{5}{10}$ du côté EG qui réprésente 10 mètres.

43. Cela posé, pour prendre sur l'échelle une longueur de 235 mètres, on met une pointe du compas sur 200, et on fait lisser cette pointe sur la perpendiculaire

200-200, jusqu'à ce qu'elle arrive sur la ligne 5 parallèle à la droite AB, au point R ; on ouvre le compas de manière que l'autre pointe tombe au point de croisement de cette dernière ligne et de la transversale 30, au point M. La distance MR représente 235 mètres ; car elle se compose des trois droites MN, N5, 5R qui sont respectivement égales à 30 mètres, 5 mètres et 200 mètres.

Réciproquement, pour connaître la longueur d'une droite tracée sur le plan, on prend une ouverture de compas égale à la longueur à mesurer et on la porte sur l'échelle, à partir de la droite EF, ce qui donne cette longueur à 100 mètres près. Si la droite à mesurer est comprise entre 200 et 300 mètres, on fera glisser le compas sur les parallèles successives, jusqu'à ce que, l'une des pointes étant sur la perpendiculaire 200-200, l'autre rencontre une des transversales. Si cette dernière est numérotée 30 et si l'on est sur la 5e parallèle à AB, on en conclut que la longueur à mesurer est de 535 mètres.

Des échelles de réduction, telles que celle que nous venons de construire en dernier lieu, se trouvent toutes tracées sur des règles en buis, en ivoire ou en cuivre.

§ VI. Levé des plans sans instruments.

LEVÉ AU MÈTRE.

44. Cette méthode, qui n'exige qu'une chaîne d'arpenteur, consiste à partager le terrain en triangles et à mesurer les trois côtés de chacun d'eux, en notant avec soin sur le croquis les nombres trouvés. Cela fait, en prenant pour les côtés de ces triangles des longueurs proportionnelles, d'après l'échelle convenue, on construit sur le papier des triangles semblables.

Cette méthode, inexécutable sur de grandes étendues, à cause de la longueur des opérations, est commode quand on l'applique à de petites surfaces, telles que jardins, cours, places publiques, parcs, appartements. Or, comme ce sont là les besoins les plus communs, elle est de la plus grande utilité. Nous allons l'appliquer à quelques exemples.

Problème.

45. *Lever le plan d'un terrain* ABCDEF *dont l'intérieur est accessible et découvert.*

On décompose d'abord le terrain en triangles, et on fait un croquis à vue d'œil. On mesure ensuite avec soin les trois côtés de chacun des triangles, inscrivant exactement les longueurs trouvées sur les lignes correspondantes du croquis.

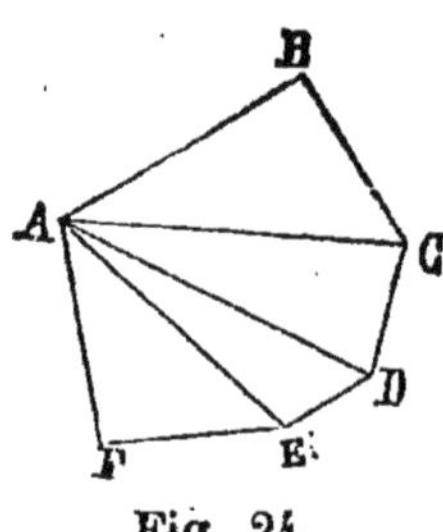

Fig. 24.

Pour rapporter le plan, on trace une droite indéfinie AB, sur laquelle on porte, au moyen de l'échelle, une longueur proportionnelle à son homologue du terrain; puis sur cette longueur, on construit un polygone semblable à la figure du terrain.

Si le contour du terrain présente des parties curvilignes, on les remplace par des lignes droites qui s'en écartent le moins possible. Mais les lignes courbes doivent être tracées sur le plan, au lieu des lignes droites qu'on leur a substituées.

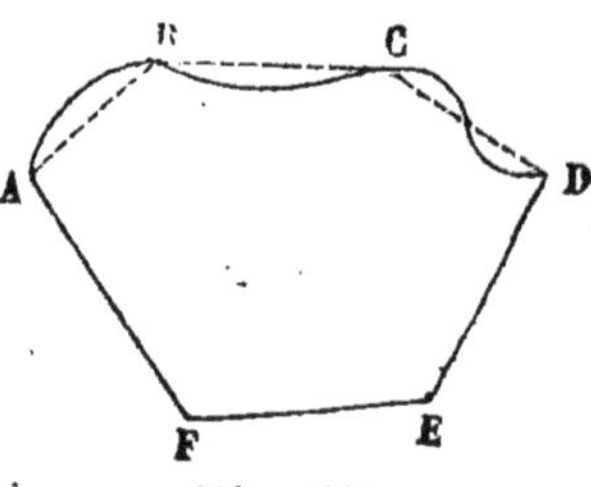

Fig. 25.

On s'aide pour cela d'un croquis fait sur le terrain ou de la vue du terrain lui-même.

Problème.

46. *Lever le plan d'un terrain* ABCDE, *dont l'intérieur est inaccessible ou couvert.*

On mesure avec la chaîne successivement les côtés AB, BC..., et on inscrit les longueurs trouvées sur les lignes correspondantes du croquis. Chemin faisant, on lève les angles. Soit l'angle A : on prend sur les côtés AB, AE deux longueurs arbitraires Aa, Aa_1, le plus simple est de les prendre égales, de 10 mètres par exemple ; puis on mesure aa_1. Connaissant les trois

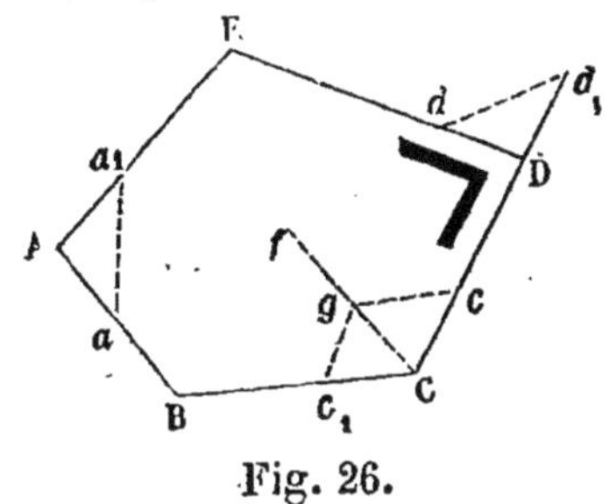

Fig. 26.

côtés du triangle Aaa_1, on peut le construire et avoir la valeur de l'angle A. On opère de même en chacun des autres sommets.

Si un obstacle quelconque empêche la formation du triangle par lequel on détermine un angle, par exemple l'angle D, on mesure son supplément dDd_1.

Pour rapporter le plan, on prend une longueur AB, réduite à l'échelle, et, aux extrémités A et B, on fait des angles égaux à ceux du terrain. Prenant encore des longueurs BC, AE, proportionnelles à leurs homologues du terrain, on construit aux points C et E les angles BCD, AED, et ainsi de suite.

Rigoureusement, il suffirait de mesurer tous les côtés, moins un, et tous les angles, moins deux, ou bien encore, tous les côtés, moins deux, et tous les angles, moins un ; mais, en mesurant tous les côtés et en levant tous les angles, on se ménage des vérifications.

§ VII. **Levé des plans avec instruments.**

1° LEVÉ A L'ÉQUERRE.

47. Le levé à l'équerre, qui n'exige que la chaîne et l'équerre d'arpenteur, consiste à décomposer le terrain en trapèzes droits et en triangles rectangles. Quelques exemples feront facilement comprendre cette méthode.

Problème.

48. *Lever à l'équerre un terrain représenté par le croquis* ABCDEFG.

On plante d'abord les jalons aux sommets A, B, C...G des angles du terrain; puis on trace une diagonale AE, qui sert de base à l'opération, et qu'on nomme *directrice*. Des sommets du polygone on abaisse sur la directrice, à l'aide de l'équerre, les perpendiculaires BH, GI, CK.... On mesure chacune d'elles avec la chaîne, ainsi que les distances AH, HI, IK..., qui séparent leurs pieds et l'on inscrit les longueurs trouvées sur les lignes correspondantes du croquis.

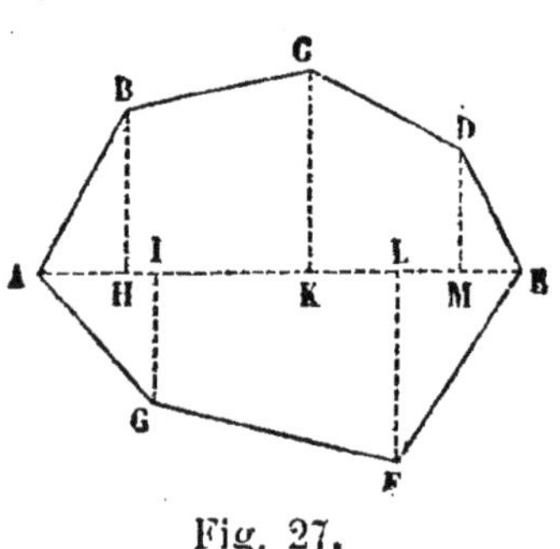

Fig. 27.

Pour rapporter le plan, on trace sur le papier une droite AE, sur laquelle on prend des longueurs AH, HI, IK..., réduites à l'échelle; puis, aux points de division H, I, K..., on élève, dans un sens convenable, les perpendiculaires BH, GI, CK..., qu'on réduit encore à la même échelle. En joignant AB, BC, AG..., on obtient le polygone ABCD..., semblable au terrain.

Il n'est pas nécessaire de prendre une diagonale pour base de l'opération, on peut prendre une ligne quelconque, abaisser des perpendiculaires sur cette ligne de tous les sommets du terrain et opérer comme précédemment.

Problème.

49. *Lever à l'équerre le plan d'un terrain ABCD...,* *dont l'intérieur n'est pas accessible.*

Soit B un bois ou un étang : on trace sur le terrain

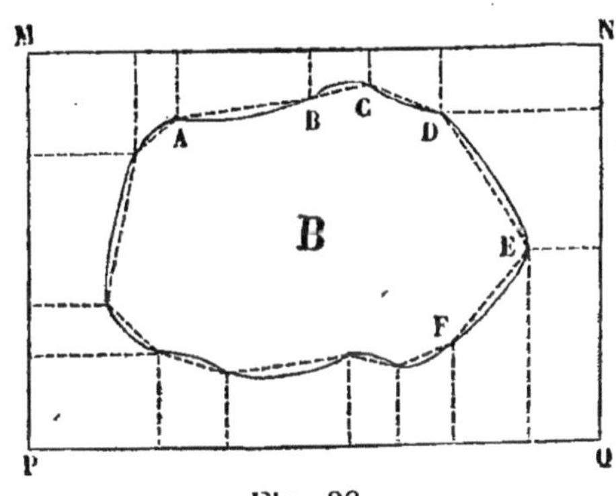

Fig. 28.

accessible un rectangle MNPQ qui l'enveloppe de toutes parts ; puis, des points A, B, C..., convenablement choisis sur la lisière de ce bois ou de cet étang, on abaisse, sur les côtés du rectangle, des perpendiculaires dont on mesure les longueurs avec la chaîne, ainsi que les distances qui séparent leurs pieds ; on mesure également les côtés du rectangle.

Pour rapporter le plan, on construit sur le papier un rectangle semblable au rectangle MNPQ et réduit à l'échelle convenue ; on porte sur ses côtés des longueurs proportionnelles aux distances qui séparent les pieds des perpendiculaires menées sur le terrain, puis, aux points de division, on élève des perpendiculaires, sur lesquelles on prend des longueurs proportionnelles aux lignes correspondantes mesurées sur le terrain. En joignant les extrémités de ces perpendiculaires et en s'aidant du croquis pour dessiner les sinuosités, on a le plan demandé.

Problème.

50. *Lever le plan d'une courbe* AB, *figurant un cours d'eau, une route*, etc.

On jalonne une directrice AB, qui coupe la courbe en C; puis, au moyen de l'équerre, on élève des per-

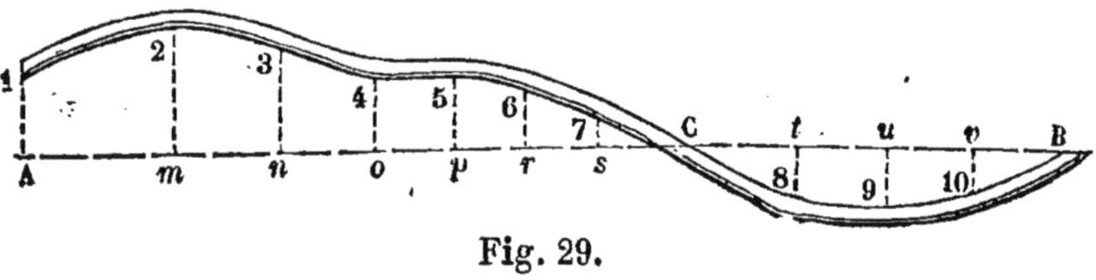

Fig. 29.

pendiculaires sur la directrice AB, de A en I, de m en 2, de n en 3... On mesure chacune d'elles et chaque distance Am, mn, no... Pour rapporter le plan, on trace sur le papier une droite indéfinie, sur laquelle on porte les distances Am, mn, no..., réduites à l'échelle. Par les points de division, on élève des perpendiculaires, sur lesquelles on prend des longueurs proportionnelles aux lignes correspondantes mesurées sur le terrain. En joignant les extrémités de ces perpendiculaires et en s'aidant du croquis pour dessiner les sinuosités, on a le plan de la courbe.

Problème.

51. *Lever à l'équerre le plan d'une propriété présentant la forme ABCDEF, et bornée d'un côté par une rivière CB.*

On jalonne d'abord une directrice BC et on lève le plan de la partie comprise entre cette directrice et la rivière, par la méthode indiquée dans le problème précédent.

Il reste un polygone ABCDEF. Après avoir fait planter des jalons aux angles de ce polygone, on trace une nouvelle directrice AC et l'on opère comme au n° 48. La construction du plan n'offre aucune difficulté.

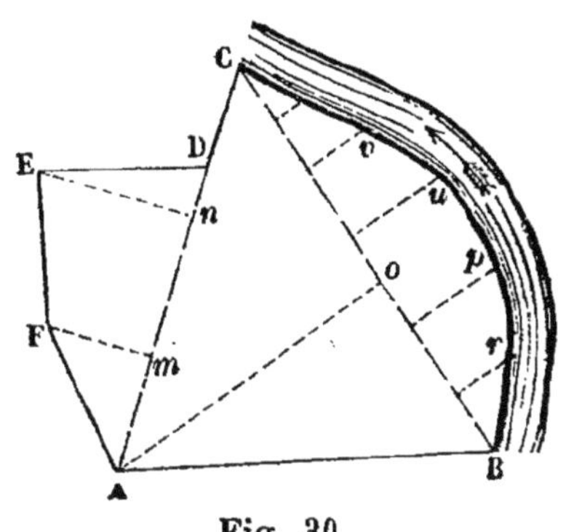

Fig. 30.

Problème.

52. *Lever à l'équerre le plan d'un terrain ABCDE inaccessible.*

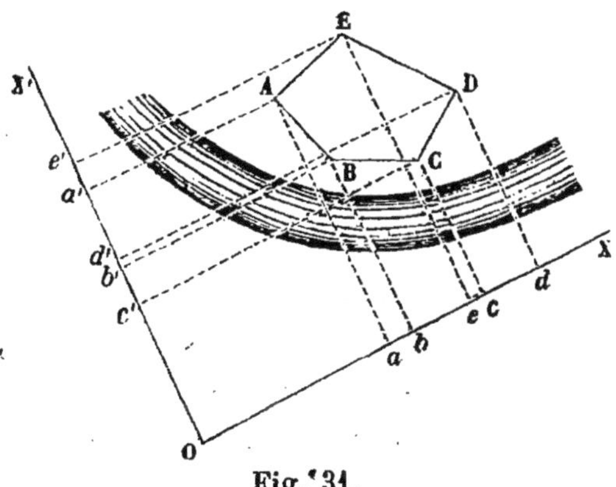

Fig. 31.

On trace sur le terrain qu'on peut parcourir deux bases rectangulaires OX, OX', d'où l'on aperçoit tous les sommets du polygone. On abaisse ensuite des perpendiculaires de chaque sommet sur ces bases et on mesure des distances Oa, Oa' Ob, Ob'...

Pour rapporter le plan, on trace sur le papier deux droites rectangulaires, sur lesquelles on porte, à partir de leur intersection, les distances Oa, Oa', Ob, Ob'... réduites à l'échelle. Par les points de division, on élève des perpendiculaires qui se coupent deux à deux et déterminent ainsi la position de chaque sommet du polygone.

2° LEVÉ AU GRAPHOMÈTRE.

53. Le levé au graphomètre n'exige que la chaîne et le graphomètre. Il peut se faire par trois méthodes ; 1° *méthode par cheminement;* 2° *des intersections;* 3° *par rayonnement.* Nous développerons ces trois méthodes en parlant du levé à la planchette; nous ne parlerons, pour le levé au *graphomètre*, que de la méthode par *intersections;* c'est d'ailleurs celle que l'on suit généralement.

Problème.

54. *Lever au graphomètre le plan d'un terrain* ABCDEF.

Après avoir fait planter des jalons à tous les sommets, on cherche deux points aussi éloignés que possible, et desquels on puisse apercevoir la plupart des objets qu'il s'agit de représenter. Soient A et B ces deux points; on mesure la distance AB avec la chaîne.

Cela fait, on installe le graphomètre au point A et, dirigeant l'alidade fixe suivant la droite AB, on fait

tourner l'alidade mobile autour du centre, sans déranger
l'instrument, pour viser successivement chacun des
sommets C, D, E, F ; on détermine ainsi la valeur des
angles BAC, BAD, BAE,
BAF, qu'on inscrit sur le
croquis. Transportant le
graphomètre au point B,
on mesure de même les
angles ABC, ABD, ABE,
ABF.

Pour rapporter le plan,
on trace sur le papier
une droite *ab*, réduction
à l'échelle choisie de la
longueur AB mesurée
sur le terrain ; aux ex-
trémités *a* et *b* on fait des

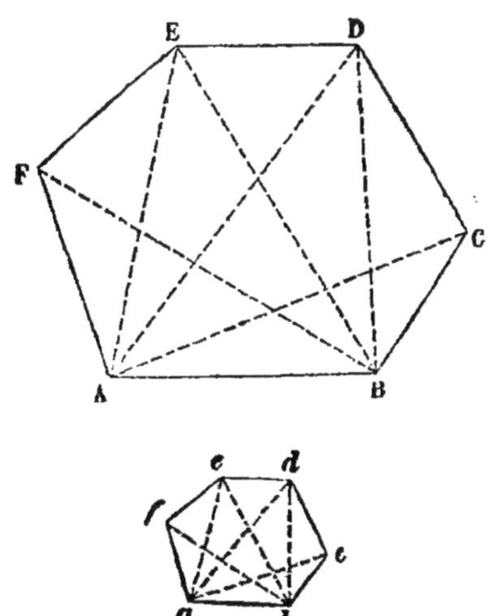
Fig. 32.

angles *bac*, *bad*... *abe*, *abf* respectivement égaux aux
angles BAC, BAD... ABE, ABF ; les intersections de
leurs côtés donnent des points qui sont la représentation des sommets du terrain.

55. Nous avons supposé qu'on visait des extrémités de
la base AB tous les sommets du terrain à lever ; mais,
en général, on ne peut apercevoir des extrémités d'une
base la totalité de ces sommets. Alors on prend pour
nouvelle base la droite qui joint deux des points déterminés dans la première opération, et on observe de ses
extrémités les points qui échappaient à la vue des points
A et B. C'est ainsi que, si du point B, on ne peut apercevoir le sommet D, on le détermine, en prenant pour
base nouvelle la droite AC. On peut prolonger l'opération
aussi loin que l'on veut et lever de la sorte une grande
étendue de pays.

56. Si la droite AB, base de tout le travail, n'était pas mesurée avec exactitude, mais que du reste la mesure des angles eût une précision suffisante, il est aisé de reconnaître que le dessin serait néanmoins une image exacte du terrain ; seulement toutes les dimensions en seraient rapetissées ou augmentées dans le rapport de la longueur réelle de la base à sa mesure erronée. Toutefois, si l'on est obligé de prendre pour nouvelles bases quelques-unes des lignes déterminées précédemment avec erreur, il est aisé de voir qu'il en résulterait nécessairement des erreurs sur les angles et, par suite, une foule d'inexactitudes ; de là l'importance d'une mesure très précise pour la droite AB.

57. Nous avons pris pour la base AB de l'opération un des côtés du terrain, cela n'est pas nécessaire ; on peut la choisir dans la partie la plus favorable. Ses dimensions doivent être telles que les angles des triangles qui s'y appuient ne soient ni trop aigus ni trop obtus ; car alors les intersections des lignes sur le papier ne se dessineraient pas d'une manière assez nette, et il en résulterait des erreurs de position.

3° LEVÉ A LA BOUSSOLE.

58. La boussole peut remplacer le graphomètre dans le levé des plans et être employée d'après les mêmes principes ; mais les résultats qu'elle fournit sont peu exacts. On n'en fait généralement usage que pour relever quelques détails d'un plan, tels que le cours d'une rivière, les sinuosités d'une route.

Problème.

59. *Lever à la boussole le cours d'une rivière.*

On remplace les sinuosités de la rivière par des droites AB, BC... qui s'en écartent le moins possible, et on fait planter perpendiculairement des jalons aux angles A, B... Ensuite, on établit la boussole au point A (sur son pied comme le graphomètre et bien horizontalement), et on fait tourner la boîte pour viser le point B avec la lunette. Soit AM la direction de l'aiguille

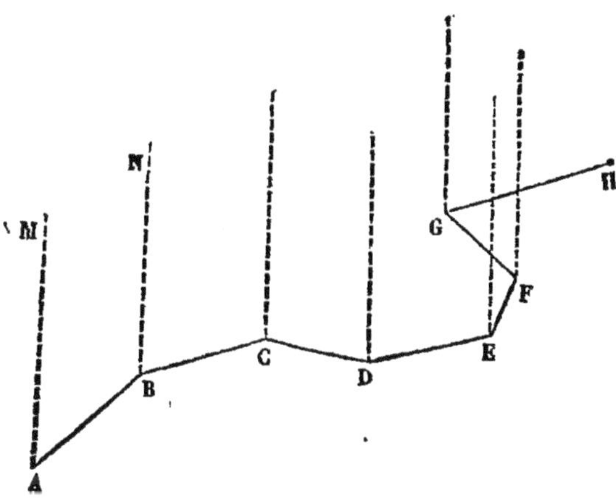

Fig. 33.

aimantée; on note l'angle MAB indiqué, et l'on mesure à la chaîne la longueur AB. On transporte la boussole au point B; l'aiguille prend la direction BN parallèle à AM; en visant le point C avec la lunette, on détermine l'angle NBC et on mesure la ligne BC. On continue l'opération en se transportant aux points C, D..., ayant toujours soin d'inscrire sur le croquis la valeur numérique des angles et des côtés mesurés.

Pour rapporter le plan, on trace une droite qui représente la direction de l'aiguille aimantée, et on tire successivement chacune des portions de la ligne brisée, dans la direction donnée par la boussole, en portant sur chacune d'elles la longueur réduite à l'échelle.

4° LEVÉ A LA PLANCHETTE.

60. Ce qui caractérise le levé à la planchette et en fait le principal avantage, c'est que, par la même opération, on lève et on dessine le plan.

La *planchette* consiste en une tablette rectangulaire en bois, portée sur un trépied comme le graphomètre. Sur cette tablette est collée la feuille de papier qui doit recevoir le plan. Quelquefois cette feuille, au lieu d'être collée, est tendue par deux cylindres fixés suivant leur axe aux côtés de la planchette et mobiles autour de cet axe. Une alidade à pinnules,

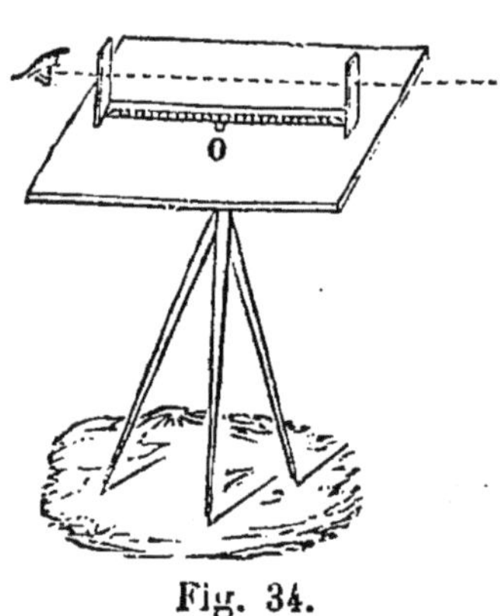

Fig. 34.

comme celle du graphomètre, accompagne la planchette; elle est libre et peut se placer dans tous les sens. Le plan de visée des pinnules passe par l'arête

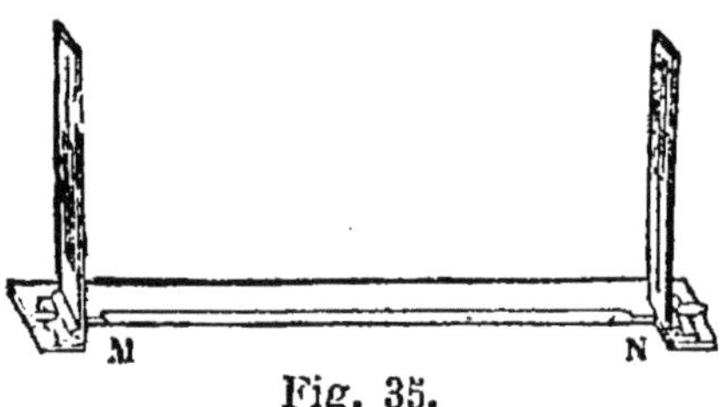

Fig. 35.

MN de l'alidade ou lui est parallèle; de sorte que la droite menée sur la planchette, le long de cette arête, qu'on appelle *ligne de foi*, représente la projection du rayon visuel, ou lui est parallèle.

La vérification du parallélisme du plan de visée et de la ligne de foi est facile. Il suffit, en effet, de reconnaître

si l'on aperçoit un même objet à travers les pinnules,
en donnant à l'alidade deux positions différentes sur
une table horizontale, le long de la même droite et du
même côté de cette droite. Si l'objet reste dans le plan
de visée, quand on passe de la première position à la
deuxième, la ligne de foi est parallèle à ce plan ; dans
le cas contraire, leurs directions prolongées se rencontrent et l'alidade est fausse. Quelquefois on remplace
les pinnules par une lunette qui peut tourner autour
d'un axe horizontal et perpendiculaire à la ligne de foi.

61. Pour lever un plan à la planchette, on peut faire
usage de trois méthodes : 1° la *méthode par cheminement ;* 2° la *méthode des intersections ;* 3° la *méthode
par rayonnement.*

Problème.

62. *Lever à la planchette le plan d'un terrain*
ABCDE.

I. **Méthode par cheminement.** — On plante d'abord
des jalons à tous les
angles du terrain, puis
on mesure avec la
chaîne l'un des côtés,
par exemple le côté
AB, et on prend sur
la planchette le point
a et la droite *ab* pour
les projections du som-
met A et de la droite
AB réduite à l'échelle
donnée ; dès lors, le

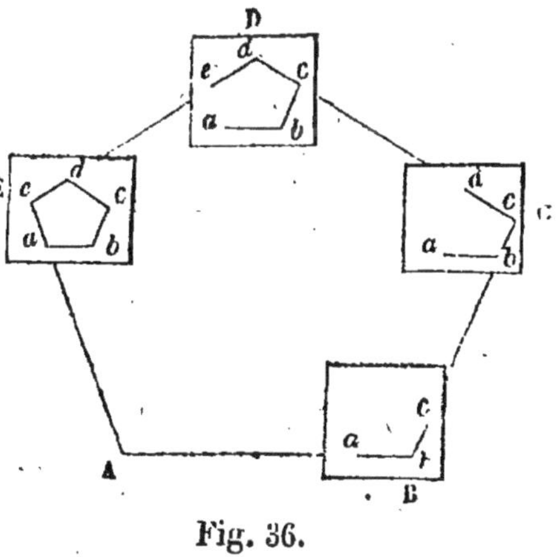

Fig. 36.

point *b* sera la projection du sommet B.

Cela fait, on se transporte au point B et on y établit la planchette de manière que les points *b* et B soient sur une même verticale. On y arrive par tâtonnement à l'aide du fil à plomb, ou plus simplement, en abandonnant à elle-même, au-dessous de *b*, une petite pierre qui doit tomber en B. En même temps, on dirige la droite *ab* dans la direction AB. Pour cela, on place l'alidade sur *ab* ; puis, visant par les pinnules, on fait tourner la planchette sur son axe jusqu'à ce qu'on aperçoive le point A.

Ce résultat obtenu, on s'assure, soit au moyen du niveau à bulle d'air, soit au moyen d'une bille que l'on fait rouler, que la planchette est horizontale ; alors on la fixe et, plantant une aiguille fine au point *b*, on appuie contre elle l'une des extrémités de l'alidade, en dirigeant l'autre sur le jalon C et on trace sur le papier la droite visée *bc* en suivant la ligne de foi. On mesure avec la chaîne la longueur BC et on prend *bc* réduite à l'échelle ; l'angle ABC est, par conséquent, déterminé sur le papier.

En transportant la planchette aux points C et D, on détermine de la même manière le point *d* au moyen de la base CD, le point *e* au moyen de la base DE. Arrivé, enfin, au dernier sommet E, pour reconnaître si les opérations précédentes sont exactes, on dirige l'alidade suivant la droite EA et on trace sur le plan la droite représentée par la ligne de foi. Lorsque cette droite passe par le point *a* et que la distance *ea* est égale à la longueur EA réduite, le plan est bien levé ; dans le cas contraire, il faut recommencer.

63. II. Méthode des intersections. — On jalonne et on mesure à la chaîne un des côtés, par exemple le côté AB, qui sert de base à l'opération, et on porte sur la planchette sa longueur réduite à l'échelle donnée. On établit la planchette au point A, bien horizonta-lement et de manière que les points A et *a* soient sur la même verticale, et que les droites AB et *ab* soient dans un même plan vertical. On plante une aiguille au point *a* et, appuyant contre elle le bord de la ligne de foi, on vise successivement les sommets C, D, E, in-

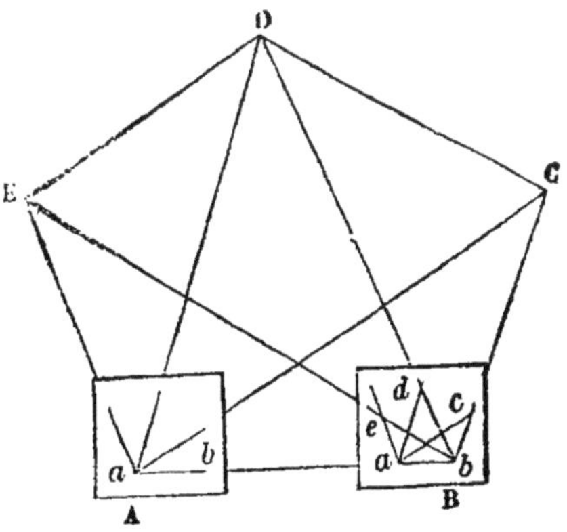

Fig. 37.

diqués au besoin par des jalons et on trace sur la planchette les droites *ac*, *ad*, *ae*, en suivant la ligne de foi.

On transporte ensuite la planchette au point B, de manière que les points *b* et B soient sur la même verticale et la droite *ba* dans la direction de la droite BA; puis, on plante l'aiguille au point *b*. Appuyant contre elle le bord de la ligne de foi, on vise de nouveau les sommets C, D, E, et on trace sur la planchette les droites *bc*, *bd*, *be*. Les sommets *c*, *d*, *e* se trouvent ainsi déterminés par l'intersection des droites deux à deux. En joignant *bc*, *cd*, *de*, *ea*, on a sur la planchette une figure semblable à celle du terrain.

Pour vérifier ce levé, on peut mesurer à la chaîne un ou deux côtés du polygone ABCDE, et voir si leurs longueurs réduites à l'échelle sont égales aux lignes correspondantes du plan.

64. III. **Méthode par rayonnement.** — On choisit dans l'intérieur du terrain une position favorable et de laquelle on peut apercevoir tous les sommets du poly-gone à lever. Soit O cette position; on marque un point *o* sur la planchette; on installe bien horizontalement l'instrument, et de manière que les points *o* et O soient sur la même verticale, puis on fixe une aiguille au

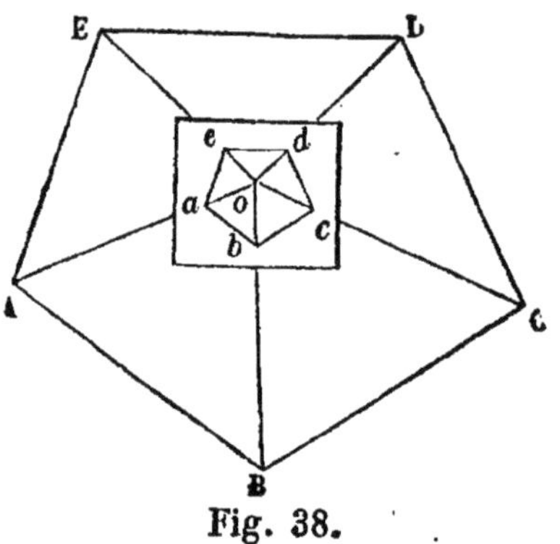
Fig. 38.

point *o*. Appuyant contre elle la ligne de foi de l'alidade, on vise successivement tous les sommets A, B... du terrain et on trace les droites *o*A, *o*B... On porte sur ces lignes les longueurs correspondantes *oa*, *ob*... mesurées à la chaîne et réduites à l'échelle choisie; en joignant *ab*, *bc*, *cd*... on a une figure *abcde* semblable à celle du terrain.

Pour vérifier le levé, on peut mesurer un ou plusieurs côtés du polygone et voir si leurs longueurs sont égales aux côtés correspondants du plan.

65. REMARQUE I. — Nous avons supposé, dans ce qui précède, que le terrain était limité par un polygone. Si quelque partie de son contour est une courbe irrégulière, on marque sur cette courbe un nombre de points remarquables A, B, C... suffisants pour en accuser la forme; on lève alors, par les procédés indiqués, le polygone ABCD..., et sur le plan on remplace les droites AB, BC... par des courbes qui diffèrent le moins possible des courbes du terrain. Le plan, ainsi exécuté, représente d'autant mieux le terrain qu'on a mieux choisi les points A, B, C... et en plus grand nombre.

66. REMARQUE II. — Dans le levé à la planchette, la méthode des intersections est celle que l'on suit généralement, parce qu'on n'a qu'un seul côté à mesurer à la chaîne, opération toujours assez longue et qui souvent présente des difficultés. La méthode par cheminement, quoique très simple, n'est employée que lorsqu'on se voit empêché de faire autrement, par la présence, sur le terrain, de bois, broussailles, flaques d'eau, etc.

67. Observations pratiques. — *1° L'opérateur doit vérifier de temps en temps si la planchette est toujours bien horizontale et si la droite qu'il a choisie pour base a conservé sa direction.*

2° Les jalons visés devront toujours être placés dans une position bien verticale : lorsqu'on quitte une station pour aller opérer à une autre, il faut avoir soin de remplacer le jalon au même endroit, surtout s'il doit encore servir de point de vue.

3° La droite choisie pour base d'opération doit être mesurée avec le plus grand soin (56). On agit de même pour chaque base lorsque la nature du terrain oblige d'en prendre plusieurs.

Avantages et désavantages dans l'emploi
de l'équerre, du graphomètre, de la boussole
et de la planchette.

68. 1° Équerre. — Le levé des plans à la chaîne et à l'équerre est une opération infiniment simple; on en fait un usage continuel; mais les difficultés qui résultent des divers accidents du terrain, de tous les obstacles qui peuvent gêner la vue, enfin, de la lenteur des opérations, ont rendu nécessaire l'emploi des autres instruments.

2° Graphomètre. — Le levé au graphomètre est très facile, quoiqu'il soit un peu plus compliqué qu'avec l'équerre. C'est le procédé qu'on préfère lorsqu'il s'agit d'opérations importantes; car tous les résultats qu'il donne sont d'autant plus rigoureux qu'on a apporté plus de soin dans l'évaluation des angles et dans la mesure des bases.

3º **Boussole.** — Le levé à la boussole est très expéditif et facile dans les terrains fourrés et boisés. Mais le peu d'exactitude qu'on obtient dans la mesure des angles, à cause des variations auxquelles l'aiguille est soumise, devra faire rejeter cet instrument lorsqu'il s'agira d'assigner avec rigueur la position des points principaux d'un terrain.

4º **Planchette.** — Le levé à la planchette est moins précis que le levé au graphomètre; mais il est tellement commode qu'on en fait toujours usage toutes les fois qu'une très grande exactitude n'est pas indispensable. La facilité avec laquelle il est possible de vérifier le travail et sa marche rapide sont d'assez précieux avantages pour faire préférer cet instrument, surtout lorsqu'il s'agit de déterminer, sur le plan, la position d'un nombre de points assez considérable.

§ VIII. **Problèmes divers.**

Problème.

69. *Déterminer la distance d'un point donné* A *à un point visible mais inaccessible* B.

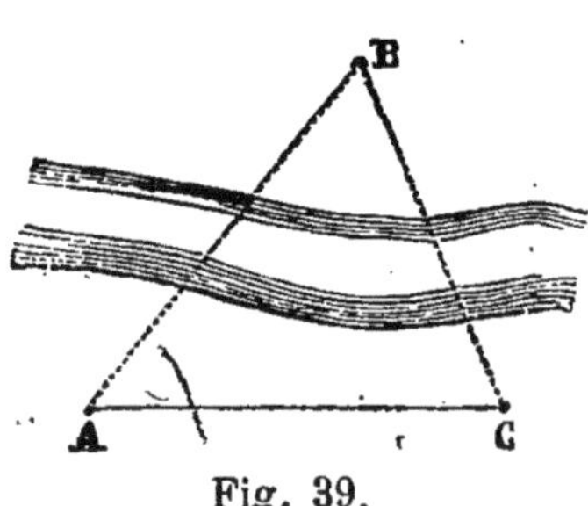

Fig. 39.

1º **Usage du graphomètre.** — On prend sur le terrain, en avant de l'obstacle, une base AC, qu'on mesure à la chaîne; et, plaçant le graphomètre aux points A et C, on mesure les angles BAC, BCA. Cela fait, on construit sur le papier, à une échelle quelconque, un triangle semblable au triangle ACB, puis on évalue, à l'aide de la même échelle, la distance demandée.

2° Usage de l'équerre. — On installe l'équerre au point A et on dirige sur le point B l'un des plans de visée, puis on fait jalonner la direction perpendiculaire A M. Cela fait, on promène l'équerre sur la droite AM jusqu'en un point C, tel que l'angle BCA, visé avec l'équerre, soit de 45°. Alors le triangle ABC est isocèle et la distance cherchée AB est égale au côté AC qu'on peut mesurer directement.

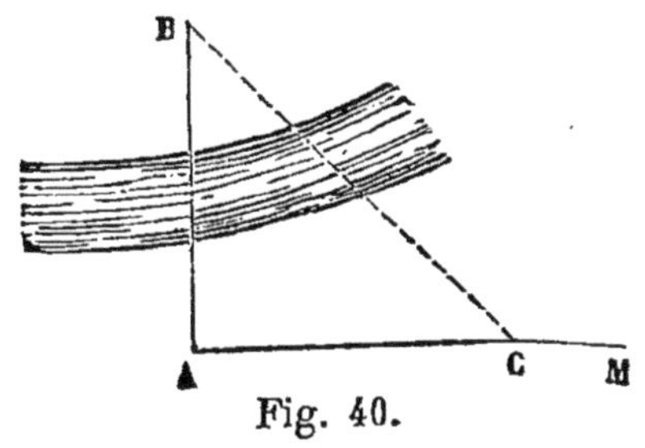

Fig. 40.

On peut aussi, pour ce second procédé, se servir du graphomètre; puisque, à l'aide de cet instrument, on peut élever des perpendiculaires et faire des angles donnés : son emploi demanderait ici un peu plus de temps.

Problème.

70. *Déterminer la distance des deux points inaccessibles mais visibles* A *et* B.

1° Usage du graphomètre. — On choisit sur le terrain une base CM et on lève le plan ABCM par la méthode des intersections, c'est-à-dire qu'on mesure avec la chaîne la base CM et, avec le graphomètre, les angles ACM, BCM. AMC, BMC. On rapporte ce plan sur le papier et

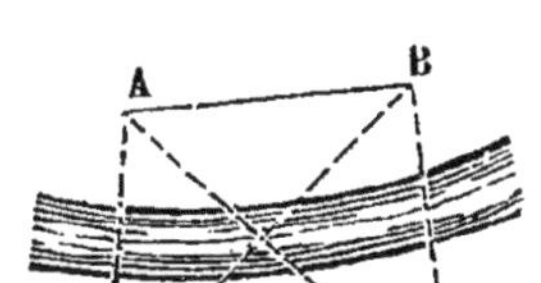

Fig. 41.

on mesure sur le plan la droite AB avec le compas et l'échelle adoptée.

2° **Usage de l'équerre.** — Par un point C, convenablement choisi sur le terrain accessible, on trace les droites CD, CE respectivement perpendiculaires aux droites CA, CB. Cela fait, on promène l'équerre sur la droite CE, en maintenant l'un des plans de visée dans cette direction, et on s'arrête lorsque le plan de visée, qui fait avec la première un angle de 45°, passe par le point B. Soit B′ la position de l'équerre. On promène de même l'équerre sur la droite CD, jusqu'à ce qu'on ait trouvé un point A′, tel que l'angle AA′C soit de 45°. La distance A′B′ est la distance cherchée; car les côtés CA′, CB′ étant respectivement égaux aux côtés CA, CB et l'angle A′CB′ égal à l'angle ACB, les triangles ABC, A′B′C sont égaux et, par suite, A′B′ égale AB.

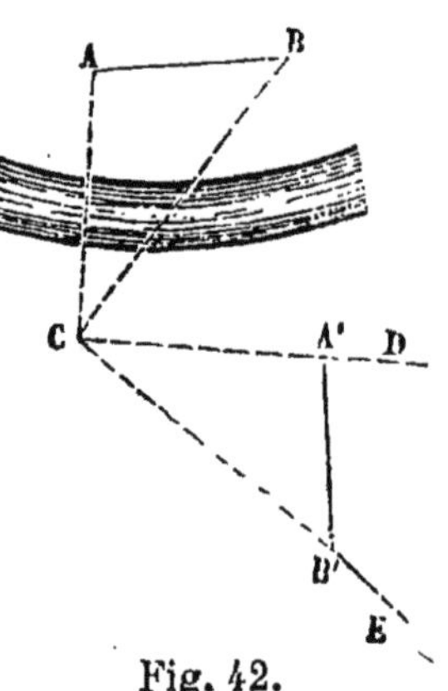

Fig. 42.

Problème.

71. *Déterminer la hauteur verticale d'une tour dont le pied est accessible.*

On mesure à la chaîne une base AC, partant du pied de la tour, et on installe le graphomètre au-dessus du point C, de manière que le limbe soit vertical et l'alidade fixe horizontale. La première condition est remplie quand un fil à plomb s'applique dans le plan du limbe, et la seconde, quand un fil à plomb, passant par le centre,

passe aussi par la 90ᵉ division. On vise avec l'alidade mobile le sommet B de la
tour et on lit sur le
limbe la valeur de l'angle
BC′A′. Cela fait, on construit sur le papier, à une
échelle quelconque, un
triangle semblable au
triangle rectangle A′C′B;
puis on évalue, à l'aide
de la même échelle, la
hauteur AB; en y ajou-
tant la hauteur du graphomètre, on a la hauteur demandée.

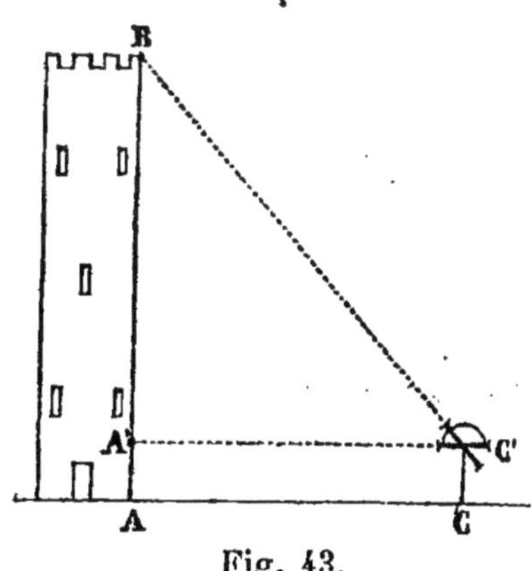

Fig. 43.

Problème.

72. *Déterminer la hauteur d'une montagne au-
dessus du niveau d'une plaine.*

En supposant la plaine horizontale, on trace une base
BC que l'on mesure avec
la chaîne et on détermine
la distance BA du point
accessible B au point
inaccessible A (69). Ima-
ginant à l'intérieur la verticale AD et mesurant
avec le graphomètre l'an-
gle formé par AB et la
verticale menée par le
point D, on en déduit son
complément ABD; par conséquent, dans le triangle rectangle ABD, on connaît l'hypoténuse AB et l'angle ABD;

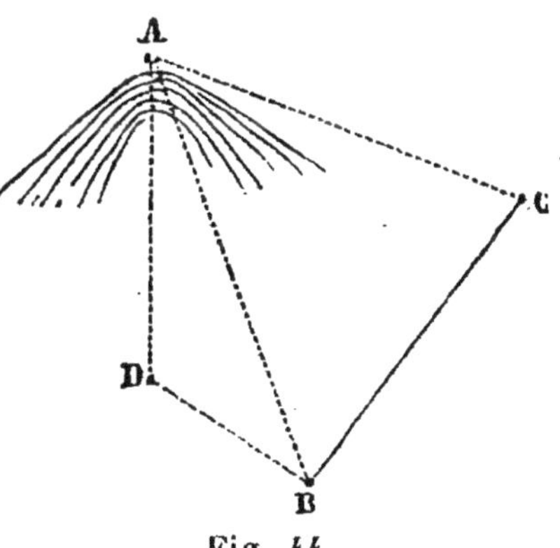

Fig. 44.

29.

on peut construire un triangle semblable et évaluer, à l'aide de l'échelle adoptée, la hauteur AD.

On mesurerait de la même manière la hauteur d'une tour dont le pied est inaccessible.

Problème.

73. *Prolonger sur le terrain une droite* AG *au delà d'un obstacle qui arrête la vue.*

En un point A de la droite AG, on élève la perpendiculaire AB qu'on mesure avec la chaîne; on élève ensuite une perpendiculaire BD à AB; puis, prenant une longueur convenable BC, on mène une perpendi-

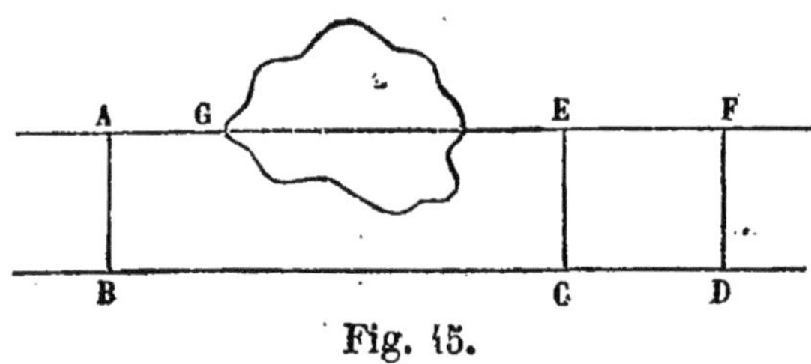

Fig. 45.

culaire CE à la droite BD et égale à AB. Déterminant également le point F par la perpendiculaire DF, les jalons plantés aux points E et F donnent une nouvelle ligne qui est le prolongement de AG.

74. On peut encore opérer de la manière suivante.

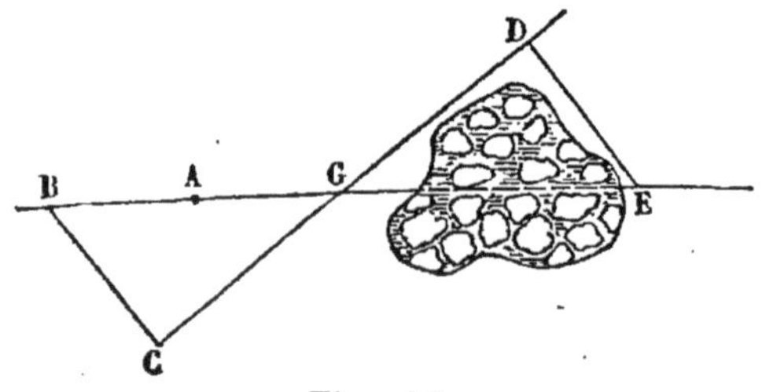

Fig. 46.

On jalonne une droite CD, inclinée d'une manière quelconque sur la droite AG et passant par un de ses points G; on détermine un point D sur cette droite, tel que la perpendiculaire DE à la droite CD dépasse l'obstacle. On prend une longueur GC égale à GD, et on mesure la perpendiculaire CB à la droite CD. Sur la perpendiculaire élevée au point D, on prend une longueur DE égale à CB. Le point E est un point du prolongement demandé. On s'en procure un second en faisant varier la longueur GD ou l'inclinaison de la droite CD.

Problème.

75. *Par trois points donnés A, B, C, mener une circonférence de cercle lorsqu'on ne peut approcher du centre.*

On place un graphomètre au point A et on dirige l'alidade fixe sur le point C; puis on fait tourner l'alidade mobile de 5°, 10°, 15°... j'usqu'à ce qu'elle soit revenue dans la direction AC, et l'on trace les alignements AC', AC″, AC‴... qui correspondent aux positions successives de la ligne de visée de l'alidade mobile. On transporte ensuite le graphomètre au point B et on dirige sur le point C l'alidade fixe. Cela fait, on trace les aligne-

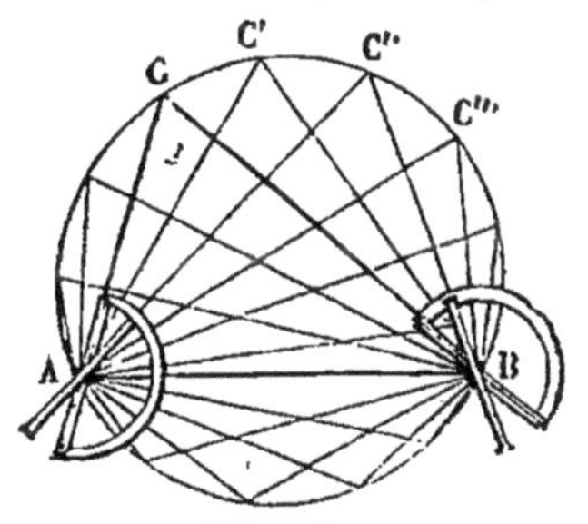

Fig. 47.

ments BC', BC″, BC‴... qui font avec BC des angles de 5°, 10°, 15°... et on détermine les intersections C', C″, C‴... des alignements de même ordre aux deux stations. Chacun de ces points appartient à la circonférence cherchée.

En effet, considérons un quelconque de ces points, C″ par exemple, on a :

$$C''BA = CBA + 10°$$
$$C''AB = CAB - 10°$$
$$\overline{C''AB + C''BA = CAB + CBA.}$$

La somme des deux angles à la base du triangle C″AB étant égale à la somme des angles à la base du triangle CAB, l'angle C″ est égal à l'angle C ; donc le point C″ est sur le segment capable de l'angle C décrit sur la droite AB ; en d'autres termes, il est sur la circonférence de cercle qui passe par les trois points A, B, C.

La détermination du point C″ s'effectue rapidement quand il y a deux opérateurs et un aide. L'un des opérateurs se place au point A et l'autre au point B, munis chacun d'un graphomètre ; l'aide, sur leurs indications, plante des jalons aux points d'intersection des lignes de visée des deux alidades mobiles.

Problème.

76. *Trouver le rayon d'une tour ou d'un bassin circulaire inaccessible.*

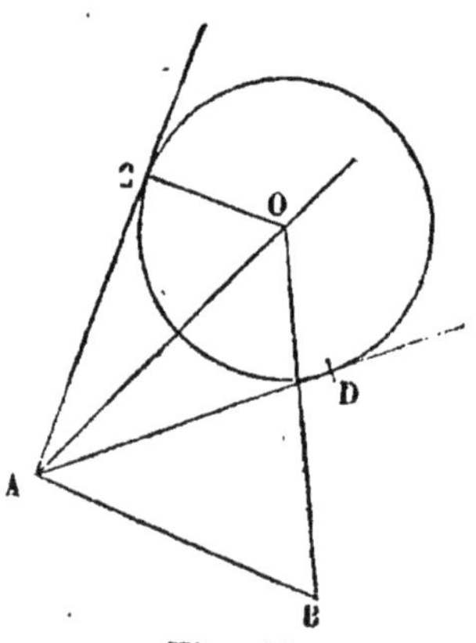

Fig. 48.

On trace sur le terrain une base AB, que l'on mesure exactement ; puis, au point A, on mène, à l'aide du graphomètre, deux rayons visuels tangents à la circonférence du bassin ; soient a et a' les angles qu'ils font avec la droite AB. La bissectrice AO de l'angle de ces deux rayons passe par le centre

O du bassin et fait avec la droite AB un angle égal à $\dfrac{a + a'}{2}$. On trouve de même l'angle des deux droites AB, BO et, par conséquent, on peut rapporter le triangle ABO et évaluer la droite AO à l'aide de l'échelle. Il ne reste plus, pour connaître la droite OC, qu'à construire un triangle semblable au triangle rectangle ACO, dans lequel on connaît l'hypothénuse AO et l'angle aigu OAC.

ARPENTAGE

77. Mesurer les surfaces, les partager dans les rapports voulus : tel est l'objet de l'arpentage. Dans ce qui va suivre, nous supposerons, comme nous l'avons fait pour le levé des plans, que le terrain est sensiblement horizontal.

§ I. Mesure des surfaces.

78. Nous avons exposé dans la première partie de cet ouvrage les principes d'après lesquels on évalue l'aire d'un terrain ayant la forme d'un rectangle, d'un triangle, d'un trapèze ou d'un polygone quelconque ; nous n'ajouterons ici que quelques exemples pour achever de faire comprendre la marche à suivre dans certains cas. Nous croyons utile de rappeler que, sur le terrain, les hauteurs des triangles et, en général, les perpendiculaires se tracent avec l'équerre d'arpenteur ou le graphomètre et se mesurent avec la chaîne.

Problème.

79. *Évaluer la superficie d'un terrain limité par*

une ligne sinueuse continue, et dont l'intérieur est accessible.

On plante d'abord des jalons aux points où les sinuosités sont le plus sensibles, et on réunit ces points par des droites AB, BC..., qu'on trace sur le terrain. On

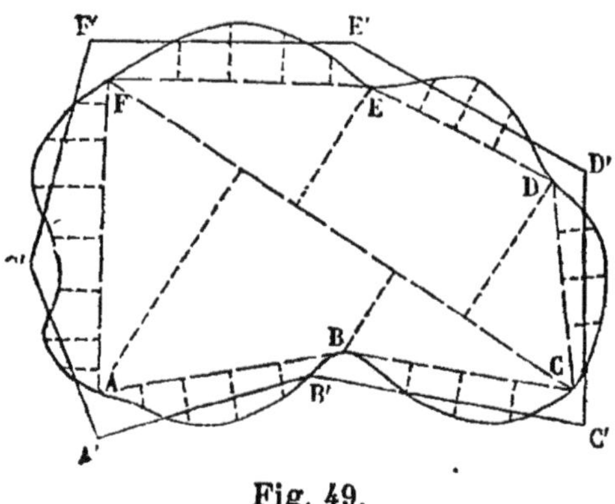

Fig. 49.

obtient ainsi un polygone ABCDEF, inscrit dans le terrain, et dont on évalue l'aire en le décomposant en triangles rectangles et en trapèzes droits.

Ceci fait, on marque sur la ligne sinueuse des points assez rapprochés pour que la portion de cette ligne, comprise entre deux points consécutifs, puisse, sans erreur sensible, être considérée comme rectiligne. Puis, abaissant de chacun de ces points des perpendiculaires sur les côtés du polygone, on obtient encore des triangles rectangles et des trapèzes droits. Il ne reste plus qu'à mesurer la longueur des bases et celle des hauteurs de chaque triangle et de chaque trapèze. En calculant séparément l'aire de ces figures élémentaires et, en faisant la somme des résultats, on a l'aire totale du terrain.

Le procédé que nous venons d'indiquer est celui que l'on emploie toujours lorsqu'on doit construire exacte-

ment le plan du terrain qu'on a d'abord arpenté. Si on
veut seulement calculer rapidement sa superficie, et si
d'ailleurs la nature de la limite sinueuse et du terrain
lui-même le permet, on opère de la manière suivante :

On plante des jalons en A′, B′, C′, D′, E′, F′, G′, pour
former un polygone dont l'aire égale, à peu de chose
près, celle du terrain; pour cela, on établit les côtés de
ce polygone de manière que les portions retranchées
soient compensées par les parties ajoutées. Un peu d'exer-
cice pratique permet d'établir les jalons dans la position
convenable pour les compensations. Cependant, si l'on
veut une exactitude rigoureuse, on calculera, d'une part,
les aires que l'on ajoute, et, de l'autre, celles que l'on
retranche. Les nombres obtenus doivent être évidemment égaux ou différer très peu; dans le cas contraire,
on compense l'erreur, en replaçant convenablement un
ou deux jalons.

Problème.

80. *Mesurer un terrain* ABCDE, *dont le contour
est rectiligne, et dont l'intérieur est inaccessible.*

On trace un rectangle MNPQ, dans lequel le terrain
ABCDE qu'on veut mesurer
soit compris; puis on décompose en trapèzes et en rectangles la portion de ce rectangle qui entoure le terrain,
au moyen des perpendicu-
laires menées des sommets

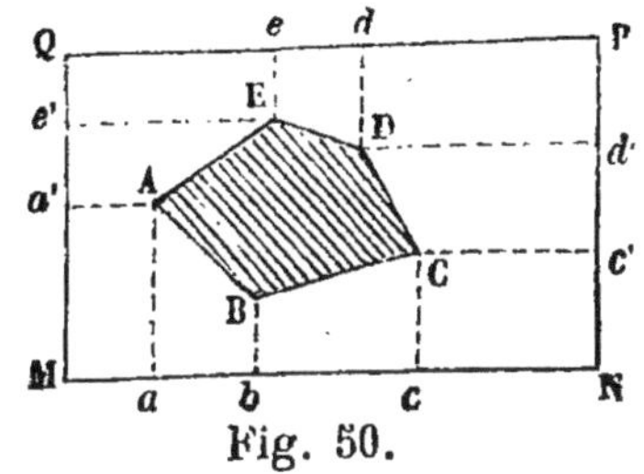

Fig. 50.

du polygone ABCDE sur les côtés du rectangle. On mesure ensuite les lignes nécessaires au calcul de l'aire
des trapèzes et du rectangle. Ce calcul effectué, on ob-

tient l'aire du terrain proposé, en retranchant de l'aire du rectangle total MNPQ la somme des aires des trapèzes et des rectangles partiels.

Si le contour du terrain, au lieu d'être rectiligne, était une ligne sinueuse, on prendrait sur celle-ci des points assez rapprochés pour que les portions comprises entre deux points consécutifs puissent être considérées, sans erreur sensible, comme rectilignes; puis on continuerait l'opération comme nous venons de l'indiquer.

81. Aire de l'ellipse. La méthode précédente peut également être employée pour évaluer l'aire d'un parterre ayant la forme d'une ellipse dont on ne connaît ni le grand ni le petit axe. Mais, lorsque ces deux lignes sont connues, on obtient exactement l'aire de l'ellipse *en multipliant le produit des deux axes par le rapport π de la circonférence au diamètre, et divisant le résultat par* 4. Supposons, pour fixer les idées, que le grand axe d'une ellipse soit **7** mètres, et le petit **4** mètres, la surface S est

$$S = \frac{7 \times 4 \times \pi}{4} = \frac{7 \times 4 \times 3,1416}{4} = 21^{mq},9912.$$

82. Nous terminerons par l'exposé d'une méthode très utile pour la mesure des triangles. Il arrive souvent qu'il est impossible d'abaisser des perpendiculaires sur la base d'un triangle; le moyen suivant remédie à cette difficulté quand les côtés sont accessibles.

De la demi-somme des trois côtés d'un triangle, retranchez successivement ces trois côtés; multipliez les trois restes entre eux et leur produit par la même demi-somme; extrayez la racine carrée : vous avez l'aire du triangle.

Ces opérations sont indiquées par la formule suivante :

$$S = \sqrt{p\,(p-a)\,(p-b)\,(p-c)}$$

dans laquelle p représente la demi-somme des côtés et a, b, c ces côtés; nous en conseillons l'usage, même lorsque nul obstacle n'empêcherait de mener une perpendiculaire sur l'un quelconque des côtés. Car, les côtés d'un triangle se mesurant bien plus exactement qu'une perpendiculaire, quel que soit d'ailleurs le soin pris pour la mener, le résultat est beaucoup plus certain.

§ II. **Partage des terrains.**

83. Pour diviser les propriétés rurales en parties égales, ou suivant des rapports donnés, les arpenteurs font usage de procédés divers, suivant les circonstances. Nous allons donner ici quelques exemples des cas les plus usuels.

Problème.

84. *Partager en parties égales un terrain rectangulaire ou carré.*

Supposons qu'on veuille partager en cinq parties égales le rectangle ABCD. Après avoir mesuré la base BC, on prend sur elle, à partir du point B, quatre distances successives, égales à $\dfrac{BC}{5}$, et on plante des jalons aux points de division G, H, E...; puis on élève des perpendiculaires GK, HL, EF...

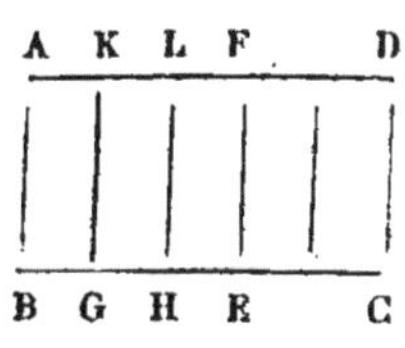

Fig. 51.

à BC. On obtient de la sorte cinq rectangles égaux; car ils ont des bases égales et des hauteurs égales.

On divise de la même manière un terrain carré en parties égales.

Problème.

85. *Diviser un terrain rectangulaire ou carré en parties qui aient entre elles un rapport donné.*

Après avoir mesuré à la chaîne la base de ce rectangle ou de ce carré, on la partage en parties qui soient entre elles dans le rapport donné; et, par les points de division, on élève, avec l'équerre d'arpenteur, des perpendiculaires à cette base. On obtient ainsi des rectangles qui sont entre eux dans le rapport donné.

Problème.

86. *Diviser en parties égales, ou en parties qui aient entre elles un rapport donné, un terrain ayant la forme d'un parallélogramme.*

On divise deux côtés opposés de ce parallélogramme en parties égales, ou en parties qui soient entre elles dans le rapport donné, et on joint deux à deux les points de division. On obtient ainsi des parallélogrammes qui sont égaux, ou qui sont entre eux comme leurs bases, c'est-à-dire dans le rapport donné.

Problème.

87. *Diviser un terrain ABC, de forme triangulaire, en deux parties équivalentes, de manière que chaque co-partageant puisse, par sa portion, avoir accès au point C.*

Le terrain doit être, d'après l'énoncé, divisé en deux triangles. Si l'on prend le côté AB pour la base, on le divise en deux parties égales; car les deux triangles ACM, BCM ayant même hauteur CD, pour que leurs aires soient équivalentes, il faut que leurs bases AM, BM soient égales.

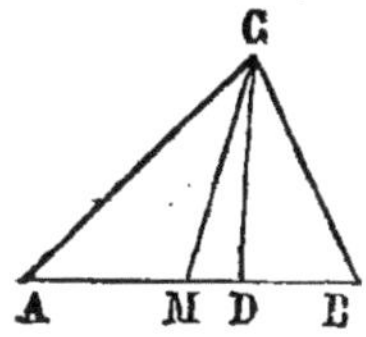

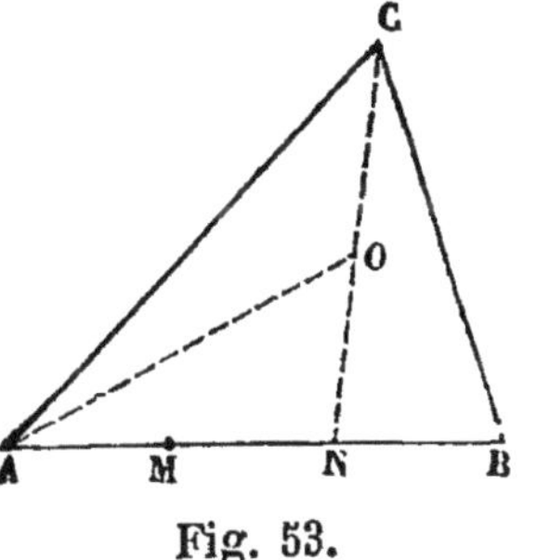
Fig. 52.

Si on voulait diviser ce terrain en deux parties qui fussent entre elles dans un rapport donné, par exemple, comme 3 est à 2, il faudrait diviser la base AB dans le même rapport et joindre le point B aux points de division de cette base.

Problème.

88. *Diviser un terrain triangulaire* ABC *en trois parties égales par deux lignes partant des angles* A *et* C.

On partage d'abord la base AB en trois parties égales et, par le point N, on mène la droite NC; cette ligne détermine le triangle NCB qui est le tiers du triangle total ABC. En partageant en deux parties égales la droite NC, pour mener, du point de division O, la droite AO; on obtient les trois triangles égaux BCN, AON, ACO, comme il est facile de le reconnaître, d'après ce que nous avons dit précédemment.

Fig. 53.

Problème.

89. *Partager en deux parties égales un jardin de forme triangulaire ABC, de manière que chaque partie du terrain aboutisse à une maison préalablement divisée en deux habitations.*

On commence par évaluer l'aire totale du jardin : supposons qu'elle soit de 11 ares 18 centiares, chaque partie égalera $\dfrac{11,18}{2} = 5$ ares 59 centiares. Le point O, qui est déterminé sur le milieu de la façade de la mai-

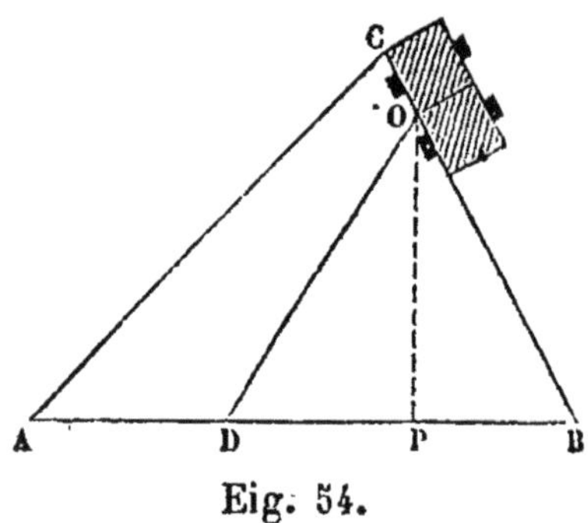

Fig. 54.

son, peut être considéré comme un sommet duquel on peut abaisser une perpendiculaire OP sur le côté AB choisi comme base de la figure. En mesurant cette perpendiculaire et en la prenant comme hauteur, il est facile de déterminer la base de la partie aboutissant au point O. Pour cela, on divise l'aire 5 ares 59 centiares d'une portion par la moitié de la hauteur OP ; le quotient exprime la longueur de la base BD.

Problème.

90. *Diviser en parties équivalentes, ou en parties qui soient entre elles dans un rapport donné, un terrain ayant la forme d'un trapèze.*

Le moyen le plus simple consiste à diviser chacune des deux bases parallèles du trapèze en parties égales, ou en parties proportionnelles aux nombres donnés. En joignant deux à deux les points de division, on obtient des trapèzes qui sont égaux, ou qui, ayant même hauteur, sont entre eux comme leurs bases, c'est-à-dire comme les nombres donnés.

91. Partage des polygones irréguliers. — Lorsque le terrain à diviser est un polygone irrégulier, on peut employer la méthode générale suivante: elle consiste à diviser le polygone en parties de forme arbitraire, qui ont les diverses valeurs numériques assignées aux parties demandées. L'exécution de cette méthode dépend de la forme du terrain et de la sagacité de l'arpenteur; mais, en général, elle revient à prendre arbitrairement les bases des figures et à en calculer les hauteurs d'après la contenance qu'elles doivent avoir; ou bien, on se donne le sommet d'un triangle et la direction de sa base, et on calcule la longueur que doit avoir celle-ci. Les exemples suivants suffiront pour éclaircir ce qu'il peut y avoir d'obscur dans l'énoncé de cette règle.

Problème.

92. *Partager un terrain* ABCDE *en quatre parties équivalentes.*

On commence par évaluer l'aire de ce terrain par les procédés ordinaires: soit cette superficie égale à 20 ares, dont le quart est 5 ares. Il s'agit de former dans ce polygone 4 figures ayant chacune 5 ares de surface.

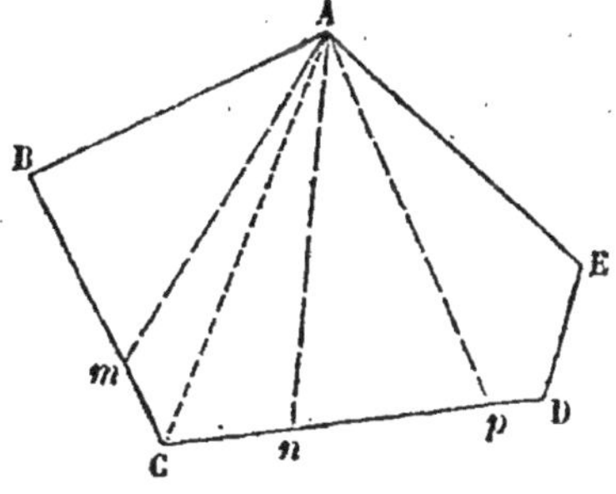

Fig. 55.

Pour cela, on prend sur le côté BC, s'il est suffisamment grand, une longueur B*m* telle que le demi-produit de cette longueur par la perpendiculaire abaissée du point A sur Bm, soit égal à 5 ares; car telle est la valeur de l'aire du triangle ABm. La perpendiculaire, que nous n'avons pas représentée pour ne pas compliquer la figure, étant supposée de 35 mètres, on divise 5 ares ou 500 mètres carrés par 35 ; le quotient 14^m,285 est la demi-base et son double 28^m,57 est la base totale Bm. Si donc on prend Bm égal à 28^m,57 et qu'on joigne Am, le triangle ABm est évidemment de 5 ares, ou 500 mètres carrés, et, par conséquent, l'une des quatre parties demandées.

Si le côté BC avait une longueur suffisante, on prendrait sur cette ligne une autre longueur de 28^m,57. Ce serait la base d'un nouveau triangle ayant son sommet au point A et dont l'aire serait aussi de 5 ares. Mais supposons que le côté BC n'ait pas une longueur suffisante. On mesure l'excédent mC ; soit 10^m,43 cette longueur; le triangle AmC aura pour surface $\dfrac{10,43 \times 35}{2}$ $= 182^m$,525. Il est donc moindre que l'une des quatre parts de $500 - 182,525 = 317^m$,475. Par suite, il faut prendre sur le côté CD, une longueur Cn, telle que, multipliée par la moitié de la perpendiculaire abaissée du point A sur le côté CD, il en résulte un produit égal à 317^{mq},475. Soit 44 mètres cette perpendiculaire : on divise 317,475 par $\dfrac{44}{2} = 22$, ce qui donne pour quotient 14,43 à un centimètre près ; c'est la longueur à prendre sur le côté CD ; en menant An, on a évidemment pour la seconde part le quadrilatère AmCn. Si CD a une longueur suffisante, comme cela arrive dans le cas présent, on prend sur cette ligne une longueur np égale $\dfrac{500}{22}$, c'est-à-dire, une longueur np de 22^m,72;

en joignant A*p*, on a pour la troisième part le triangle A*np*.

On a déjà trois des quatre parties équivalentes qu'il faut former dans le terrain ; la quatrième part est évidemment ce qui reste de celui-ci, après les opérations précédentes. La mesure directe de cette dernière part qui doit se trouver de 5 ares, ou en différer très peu, sert de vérification au partage.

93. Nous avons supposé le point A, auquel on fait aboutir toutes les parts, pris sur le contour du terrain. On pourrait être assujetti à faire aboutir ces différentes parts à un point donné dans l'intérieur, comme le point O qui serait un puits, un moulin, une maison. On

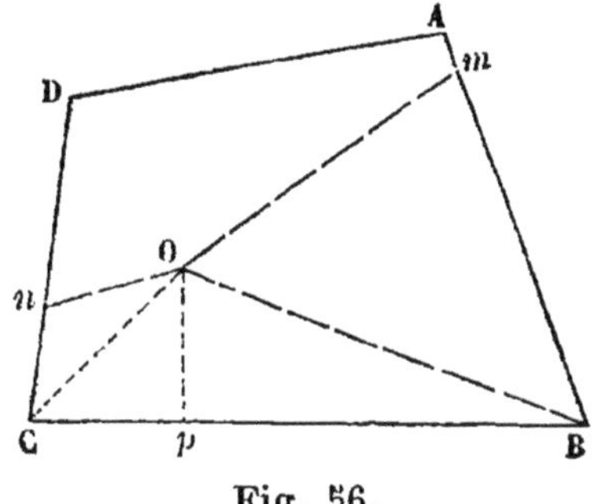

Fig. 56.

peut appliquer ici les principes de l'exemple précédent.

En effet, après avoir mesuré par les procédés connus l'aire du quadrilatère ABCD, qu'on trouve être de 11 ares 1 centiare et qu'il s'agit de diviser en trois parties égales, par exemple, ce qui donne pour la valeur de chaque part 3 ares 67 centiares, on mesure la perpendiculaire O*p*, abaissée du point donné sur le côté BC : soit cette hauteur 13 mètres. Le demi-produit de cette hauteur par la longueur du côté BC que nous supposerons être 47^m, donne 305^{mq},5 ; ce produit est inférieur à 367^{mq} de 61^m,5. Il faut donc ajouter au triangle OBC un triangle CO*n*, qu'on détermine de la manière indiquée dans l'exemple précédent et qui a pour aire 61^m,5. La première part sera donc le quadrilatère *n*OBC ; les deux autres se trouveront de la même manière.

LEVÉ DES PLANS
ET ARPENTAGE DES TERRAINS INCLINÉS.

94. Dans tout ce qui précède, nous avons supposé le terrain horizontal ou à peu près horizontal. Quand il est incliné, c'est le plan de sa projection sur une surface horizontale que l'on lève, et c'est l'aire de cette projection qu'il s'agit ordinairement d'évaluer. Cela exige donc la mesure des projections de certaines lignes sur un plan horizontal, et l'évaluation des angles de ces projections. Mais, avant d'indiquer la marche à suivre dans ces cas particuliers, disons d'abord ce qu'on appelle *projection* d'un point, d'une ligne et, en général, d'une figure quelconque sur un plan.

95. On appelle *projection d'un point* sur un plan le pied de la perpendiculaire menée du point sur le plan.

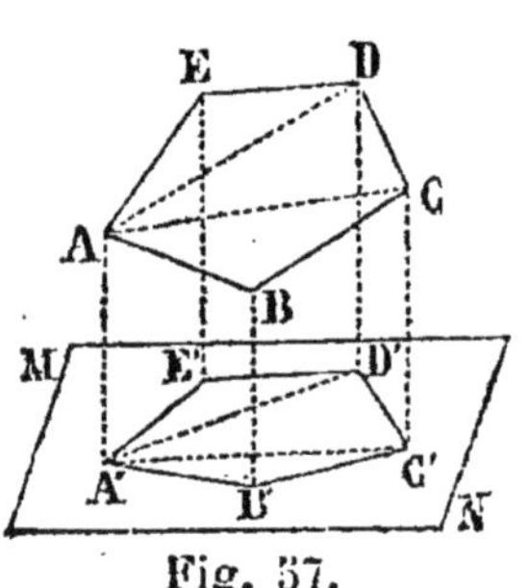

Fig. 57.

La projection d'une *figure quelconque*, ligne, surface, corps, *sur un plan* est le lieu des projections de tous les points de cette figure. Ainsi le polygone A'B'C'D'E' est la projection du polygone ABCDE sur le plan MN. Lorsque le plan sur lequel on projette la figure est horizontal, la projection est dite *horizontale*. Cela posé, apprenons à mesurer la projection horizontale d'une droite et l'angle des projections de deux droites.

Problème.

96. *Mesurer la projection horizontale d'une ligne* AB.

Après avoir jalonné la ligne à mesurer, l'opérateur et
son aide prennent la chaîne ; le premier tient sa poignée
fortement appuyée sur le sol au point A, tandis que l'aide
tend horizontalement la chaîne suivant AP dans la direction AB. Lorsque la hauteur du point P au-dessus du
sol ne dépasse pas la longueur d'une fiche, l'aide plante
la fiche au point C, en la tenant bien verticale et en l'ap-

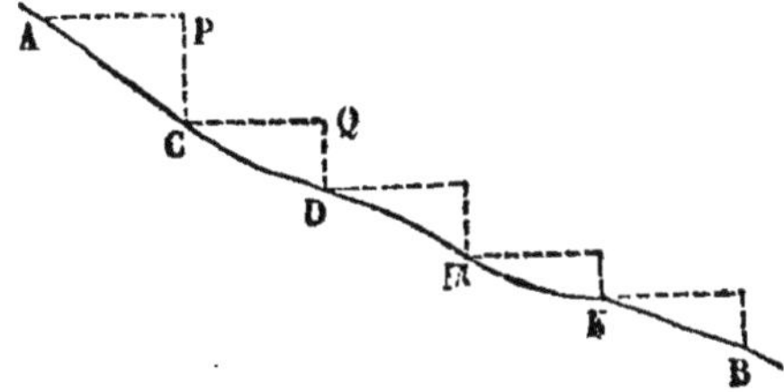

Fig. 58.

puyant intérieurement contre sa poignée. L'opérateur
se transporte ensuite au point C et appuie sa poignée
extérieurement contre la fiche en ce point ; l'aide tend
de nouveau la chaîne horizontalement suivant CQ et
plante une fiche au point D et ainsi de suite. La ligne AB
aura évidemment pour projection la somme des longueurs AP, CQ, etc.

Lorsque la pente est plus rapide et que la hauteur PC
surpasse la longueur d'une fiche, on se sert, pour déterminer le point C, du fil à plomb qu'on laisse tomber de
l'extrémité P de la chaîne. Enfin, lorsque la pente est
très rapide et qu'on ne peut pas tendre à la fois toute la
chaîne, on n'en tend que la moitié ou même seulement
quelques mètres. On peut aussi, dans ce dernier cas,
employer un ruban métrique ou un cordeau de longueur
connue.

97. Cercle. — L'angle des projections de deux droites
et, en général, l'angle de deux plans verticaux, se mesure

30

avec le *graphomètre à lunette plongeante*. Cet instrument, ordinairement appelé *cercle*, se compose essentiellement d'un limbe gradué MN porté par un cylindre

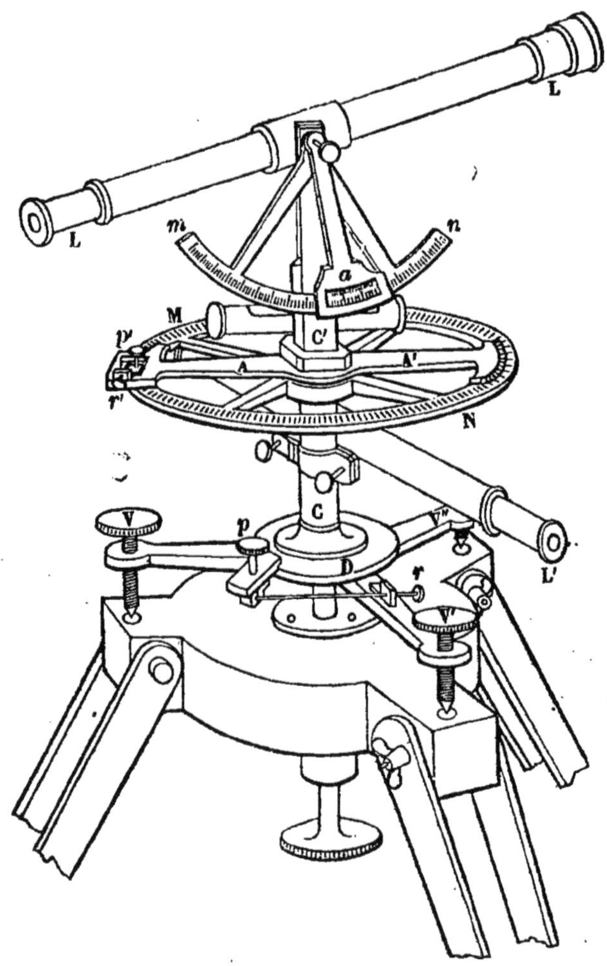

Fig. 59.

creux C, implanté perpendiculairement à son plan et mobile autour d'un axe qui le traverse et fait corps avec un pied à trois branches. L'axe se prolonge au-dessus du limbe et porte un second cylindre C' indépendant du premier et sur lequel repose une lunette LL, mobile dans un plan vertical. A ce second cylindre C′ est encore fixée une alidade AA′ munie de deux verniers circulaires. La projection de la ligne de visée[1] de la lunette passe par le centre du limbe et par les zéros des deux verniers de l'alidade. Le cylindre C se termine à sa partie inférieure par un disque de cuivre D, parallèle au plan du limbe. De cette manière le cylindre C′ et les pièces qu'il porte peuvent avoir, autour de l'axe intérieur, un mouvement de rotation indépendant de celui du cylindre C, et *vice versâ*.

Le disque D et, par suite, le cylindre C et le limbe MN peuvent être fixés à l'une des branches du pied à l'aide d'une vis de pression p; une vis de rappel r permet de donner à toute la partie inférieure de l'instrument un mouvement lent de rotation autour de l'axe intérieur. Le cylindre C′ et les pièces qui en dépendent peuvent également être fixées au limbe MN par une vis de pression p' et recevoir ensuite, à l'aide d'une vis de rappel r', un mouvement très lent de rotation autour de l'axe, le limbe restant lui-même immobile.

Enfin, l'instrument tout entier repose sur une table très solide par trois vis calantes V, V′, V″ qui servent à donner au limbe une position parfaitement horizontale. Un niveau à bulle d'air placé sur ce limbe, ou fixé au cylindre C′, fait connaître quand cette condition est remplie.

---

1. La lunette du cercle est munie d'un réticule, sorte d'anneau métallique traversé par deux fils très fins et placés au foyer de l'objectif. Lorsqu'on veut viser un point déterminé, on dirige la lunette de manière à amener l'image du point au croisement des fils du réticule; la ligne qui va du croisement des fils à l'objet visé est ce que l'on peut appeler *la ligne de visée* ou l'axe optique de la lunette.

Problème.

98. *Mesurer l'angle des projections de deux droites AB, AC.*

Après avoir installé [l'instrument de manière que le sommet de l'angle et le centre du limbe soient sur la même verticale, on donne au plan de ce dernier une po-

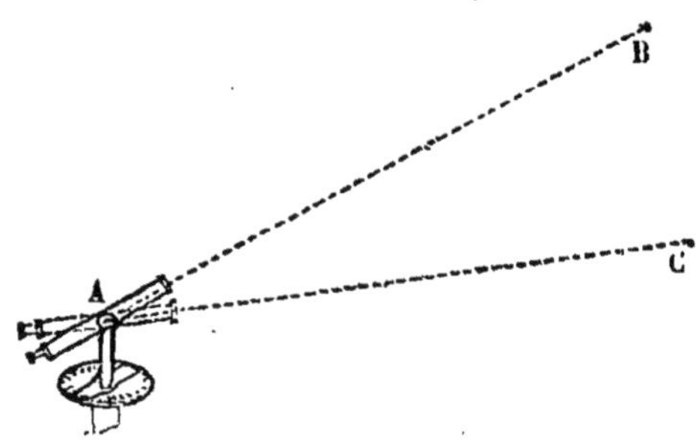

Fig. 60.

sition horizontale en tournant convenablement les vis calantes V, V', V". Ceci fait, on amène le zéro de l'alidade sur le zéro du limbe et on serre la vis de pression p' : si la coïncidence des deux zéros n'est pas parfaite, on la produit en donnant à l'alidade un mouvement lent de rotation, au moyen de la vis de rappel r'. On fait ensuite tourner tout l'appareil autour de l'axe intérieur pour diriger la lunette LL sur le côté AC; puis on fixe le limbe en serrant la vis de pression p et, à l'aide de la vis de rappel r, on ramène le jalon C juste au point de croisement des fils du réticule. Laissant le limbe immobile, on desserre la vis p' et on fait tourner la lunette pour la diriger suivant la droite AB; puis, serrant de nouveau la vis p', on amène, avec la vis de rappel r', le jalon B juste au point de croisement des fils du réticule. L'arc du limbe compris entre les deux positions successives du zéro de l'alidade est la mesure de la projection de l'angle BAC sur le plan horizontal du limbe. Cette projection d'un angle se nomme *angle réduit à l'horizon*.

99. Ordinairement une seconde lunette L′ est placée au-dessus du limbe MN; elle sert uniquement à constater que ce limbe est resté immobile pendant la rotation imprimée à la lunette LL pour la diriger sur le second côté de l'angle. Après avoir visé avec cette dernière le premier jalon et fixé le limbe au pied de l'instrument, on amène la ligne de visée de la lunette L′ dans la direction d'un objet quelconque facile à reconnaître. On profite pour cela d'un petit mouvement que la lunette L′ peut exécuter à droite ou à gauche, au moyen d'une vis particulière. On s'assure que le limbe est resté immobile pendant la rotation de la lunette LL, en regardant si la ligne de visée de la lunette L′ est toujours bien exactement dans la direction du même objet.

100. Quelquefois, au cylindre C′ (*fig*. 59) est fixé un arc de cercle vertical gradué *mn*, ayant pour centre le petit axe autour duquel la lunette LL se meut dans un plan vertical. Cet arc gradué permet de mesurer, à l'aide du cercle, la hauteur d'un édifice ou d'une montagne, bien plus exactement qu'avec le graphomètre; on opère d'ailleurs comme avec ce dernier instrument. Une alidade *a* fixée à la lunette, et dont l'index coïncide avec le zéro de l'arc quand la lunette est horizontale, indique l'angle que la ligne de visée fait avec l'horizon.

Dans les cercles ordinaires, l'arc vertical *mn* ne dépasse guère 90 degrés, ce qui ne permet pas de mesurer les inclinaisons supérieures à 45°. Quand l'instrument est muni d'un limbe vertical complet, on lui donne le nom de *théodolite*.

30.

GÉOMÉTRIE APPLIQUÉE

NIVELLEMENT

101. Le plan d'un terrain accidenté, c'est-à-dire sa projection sur un plan horizontal réduite à une échelle connue, ne peut donner qu'une idée très imparfaite de sa forme; car les différents points du sol étant représentés seulement par leurs projections, rien n'indique les différences de hauteur de ces points, et par suite les ondulations et les accidents divers du terrain. Pour compléter la description de ce terrain, il faut encore connaître les distances des points élevés au plan de projection.

102. Le *nivellement* a pour objet de déterminer les distances des points remarquables d'un terrain à un même plan horizontal.

Le plan choisi pour plan de projection se nomme *plan de comparaison* ou *plan de niveau*. La distance d'un point au plan de niveau s'appelle *cote* du point. La différence des cotes de deux points, quand ils sont d'un même côté du plan de niveau, ou leur somme quand ils sont de part et d'autre de ce plan, est la *différence de niveau* des deux points : c'est aussi la hauteur de l'un au-dessus de l'autre.

103. Le nivellement s'applique à un grand nombre de recherches des plus importantes. Veut-on savoir, par exemple, s'il est possible de conduire l'eau d'une source à un point donné? Il faut prendre la différence de niveau entre la source et le point où l'on veut diriger l'eau; car l'opération n'est possible qu'autant que celui-ci n'est pas plus élevé que la source. On nivelle le terrain qui doit servir de lit à un canal projeté, pour déterminer le sens du courant, le nombre et l'étendue des bassins d'écluses. On détermine par le nivellement les hauteurs des montagnes, les déblais et les remblais des routes. Enfin, dans l'intérieur des villes, on l'applique au pavage des rues, et c'est par son moyen qu'on détermine les directions à donner aux courants des ruisseaux, pour les amener aux différents égouts.

Les principaux instruments employés dans le nivellement sont le *niveau d'eau* et la *mire*.

Du niveau d'eau.

104. Le *niveau d'eau* est un instrument dont la construction repose sur ce principe de physique, que les

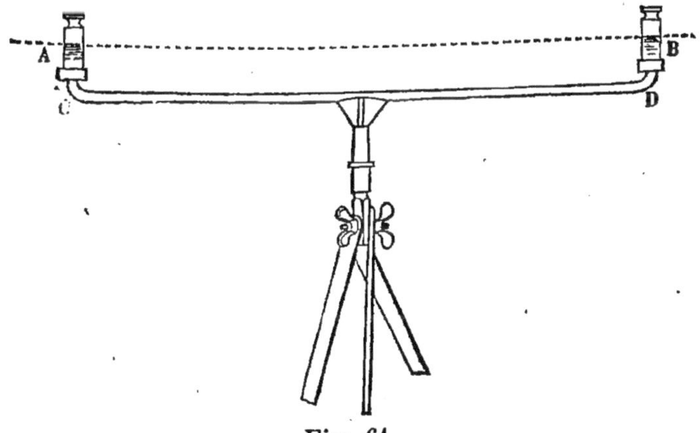

Fig. 61.

surfaces d'un liquide, dans deux vases qui communiquent, appartiennent à un même plan horizontal, ou sont de niveau, quelles que soient la forme des vases et la quantité de liquide contenu. Il se compose d'un tube CD, long d'environ 1^m,50, ordinairement en fer-blanc, et recourbé à ses deux extrémités de manière à recevoir deux fioles A et B en verre blanc, le plus transparent possible. Ces fioles sont à ouverture étroite et sans fond et elles sont mastiquées aux branches recourbées du tube. Celui-ci est muni en son milieu d'une douille, au moyen de laquelle l'instrument peut s'emmancher à frottement doux sur un pied à trois branches et y céder à un mouvement de rotation horizontale.

Pour se servir du niveau, on le place sur son pied et, après avoir rempli le tube et environ la moitié de chaque fiole d'une eau colorée avec un peu de vin ou quelques gouttes d'encre (en hiver on se sert d'eau-de-vie), on s'assure qu'il est à peu près horizontal en lui donnant deux directions différentes; l'eau doit toujours s'élever à la même hauteur dans les deux fioles; des traits marqués sur chacune d'elles, dans un plan parallèle à l'axe du tube, servent à constater que cette condition est remplie. On se place ensuite à 1 mètre ou 1^m,50 de l'instrument, et on mène un rayon visuel tangent extérieurement ou intérieurement aux cercles qui limitent les surfaces libres du liquide.

Pendant qu'on opère en une même station, le volume du liquide doit rester le même; il faut donc éviter toute déperdition et chasser avec soin les bulles d'air qui restent dans le tube. On fait sortir ces bulles en bouchant l'une des fioles et en inclinant l'instrument, alors l'air s'élève et s'échappe par l'autre fiole.

Lorsqu'on transporte le niveau d'une station à une autre, on bouche l'une des fioles et on incline le tube pour que l'eau ne puisse se répandre, et quand on le remet en place, on ouvre peu à peu la fiole bouchée afin que l'eau reprenne doucement son niveau. C'est aussi

en bouchant par intervalles une des fioles avec le doigt,
que l'on parvient à dominer le balancement de la colonne
fluide occasionné par le mouvement donné au niveau
pour le diriger sur la mire.

De la mire.

105. Mire simple. La *mire simple* est une règle
en bois AB, longue de
2 mètres environ, et di-
visée en décimètres et en
centimètres sur l'une de
ses faces. Elle est ter-
minée, à sa partie infé-
rieure, par un talon en
fer T ; à ce talon est
adaptée une pédale P,
sur laquelle on appuie
le pied pour maintenir
la mire verticale. Une
plaque rectangulaire V,
nommée *voyant*, atta-
chée à un collier C qui
embrasse la règle, peut
glisser le long de cette
règle. Cette plaque est
divisée en quatre rec-
tangles égaux par une
horizontale et une ver-
ticale ; deux de ces rec-
tangles, opposés diagona-
lement, sont peints en
blanc, les deux autres en noir ou en rouge.

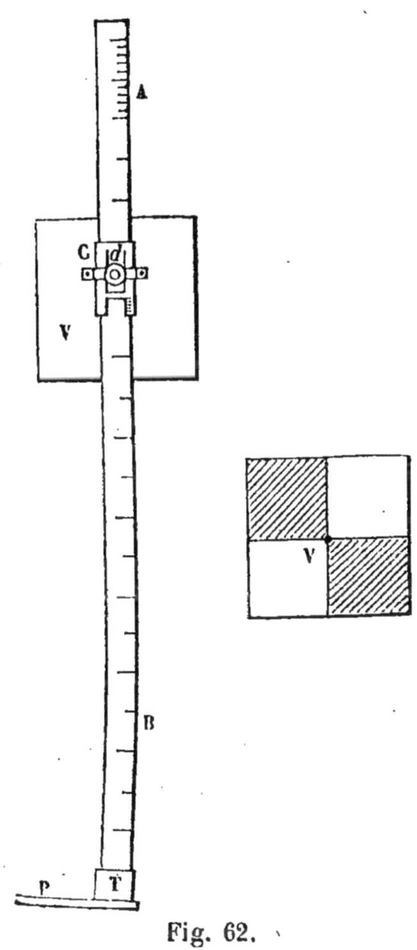

Fig. 62.

Le voyant peut être fixé à la hauteur que l'on veut au moyen d'une vis de pression d. La face postérieure du collier est échancrée, de manière à laisser voir les traits de division de la règle, et l'un des bords de son échancrure est divisé en millimètres. Le zéro de cette division est à la même hauteur que le centre du voyant.

Voici comment on mesure une hauteur avec la mire simple. Quand le voyant est fixé, on lit la division de la règle immédiatement inférieure au zéro du collier C, et on ajoute à cette hauteur autant de millimètres qu'il y en a entre cette division et le zéro du collier.

106. Mire à coulisse. — Cette mire, qui sert à mesurer les hauteurs de 0 à 2 mètres et de 2 à 4 mètres, se compose de deux règles RR' et mm' (*fig.* 63), ayant chacune 2 mètres de longueur et la même largeur. Une rainure à coulisse est creusée sur une face de l'une RR'; une languette à rebords fait saillie sur une face de l'autre mm'. La languette s'engageant dans la rainure, on peut faire monter ou descendre la seconde règle devant la première à l'aide d'un collier C attaché au bas de la règle mobile et les embrassant toutes les deux. La règle fixe RR' est terminée inférieurement par un talon T muni d'une pédale P ; elle est divisée en centimètres sur deux faces adjacentes; l'une des divisions commence à partir de la pédale et l'autre à partir du talon T.

Il y a aussi un voyant o dont le collier C' peut glisser le long des deux règles et même sur le talon T' de la règle mm'. Il est arrêté dans cette position extrême par le taquet l d'un ressort s placé à la partie supérieure de la mire. Ce collier peut être fixé à une hauteur quelconque, au moyen de la vis de pression d'; sa face postérieure est échancrée et divisée comme celle du voyant de la mire simple (*fig.* 62). La face du collier C appliquée sur la division de la règle RR′ qui commence au talon est de même échancrée et divisée en millimètres.

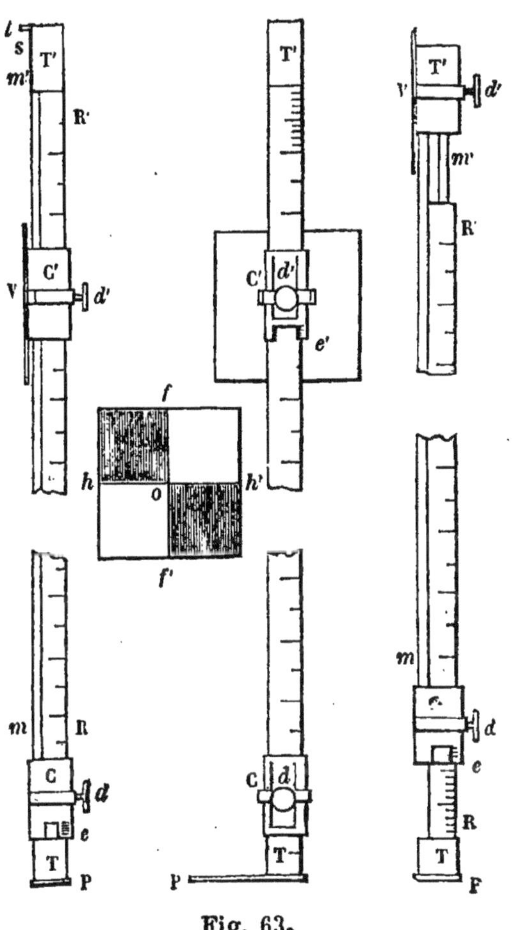

Fig. 63.

Pour mesurer avec la mire à coulisse les hauteurs qui ne dépassent pas 2 mètres, on fait glisser la règle mobile *mm′* jusqu'à ce que son extrémité inférieure vienne buter contre le talon T, puis on serre la vis du collier C. Le système des deux règles constitue alors une mire

simple semblable à celle que nous avons décrite au
nº 105.

Si la hauteur du point à niveler dépasse 2 mètres, on
fixe d'abord le voyant sur la talon T'; puis, desserrant
la vis du collier C, on fait glisser la règle *mm* dans la
coulisse, jusqu'à ce que le centre du voyant soit dans le
plan de niveau ; on serre alors la vis de pression d et on
lit, sur la division de RR' commençant au talon T, la
hauteur à laquelle est parvenu le zéro du collier C.
En ajoutant 2 mètres à cette hauteur, on a la cote du
point nivelé.

Nivellement simple. — Nivellement composé.

107. On distingue deux sortes de nivellements : le
nivellement simple et le *nivellement composé*.

Le nivellement simple est celui qui se fait sans changer
de station, soit en se plaçant sur l'un des points à niveler
pour diriger le rayon visuel sur l'autre, soit en se plaçant à peu près au milieu de la distance qui sépare ces
ces deux points et en dirigeant le niveau successivement
sur chacun d'eux, sans déranger l'instrument de sa position.

Le *nivellement composé* n'est qu'une série de nivellements simples que l'on pratique entre deux points trop
éloignés l'un de l'autre et entre lesquels se trouvent beaucoup d'inégalités, ou, enfin, entre deux points situés sur
une pente tellement rapide qu'il n'est pas possible de
déterminer d'une seule station leur différence de niveau.

108. L'emploi du niveau d'eau exige de la part du
niveleur une grande justesse de coup d'œil. Quelque
soin que l'on mette d'ailleurs à bien viser, on ne peut
guère le faire avec précision qu'à des distances au plus

égales à 25 mètres et, par suite, effectuer un nivellement simple qu'entre deux points au plus distants de 50 mètres. Dans les grands travaux de nivellement, on remplace le niveau d'eau par un niveau à bulle d'air muni d'une lunette pour assurer la visée et, par conséquent, susceptible d'une plus grande précision.

Problème.

109. *Déterminer la différence de niveau de deux points* A *et* B.

Nivellement simple. — Après avoir installé le niveau en un point C, situé, autant que possible, à égale distance de A et de B, le niveleur fait placer la mire au

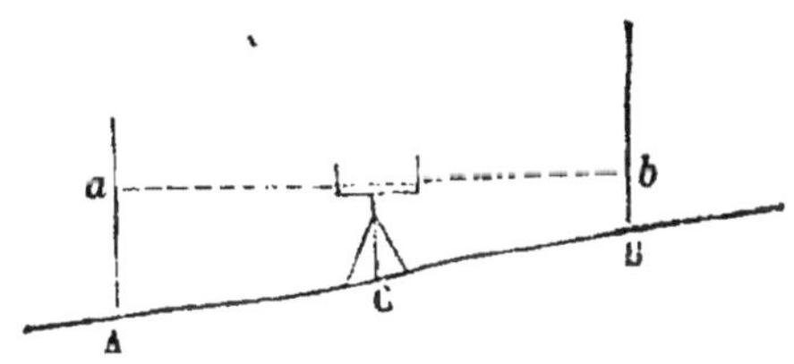

Fig. 64.

point A dans une position bien verticale, le voyant tourné contre lui; et, à l'aide de signes convenus, il fait monter ou baisser le voyant jusqu'à ce que le centre de ce dernier se trouve dans la direction du rayon visuel tangent intérieurement ou extérieurement aux cercles qui limitent les surfaces libres du liquide des fioles.

Cette condition obtenue, le niveleur fait fixer le voyant et s'assure, en visant une dernière fois, que le centre n'a pas été déplacé par le serrement de la vis; puis, se faisant apporter la mire, il lit et inscrit sur le croquis du nivellement la cote du point visé A. Ce premier coup de niveau s'appelle *coup d'arrière*[1]. Il fait ensuite placer la mire au point B, et il opère pour celui-ci, comme il l'a fait pour le point A. Ce second coup de niveau prend, relativement au précédent, le nom de *coup d'avant*.

Lorsque les cotes obtenues sont égales, les points A et B sont de niveau; si, au contraire, elles sont inégales, l'un est plus bas que l'autre; le plus bas est celui qui a la plus grande cote, et la différence de niveau est égale à la différence des cotes trouvées. Supposons que la cote Aa du coup d'arrière soit 1^m,80 et que la cote Bb du coup d'avant ne soit que 1^m,25; la différence 1,80 — 1,25 $=$ 0,55 exprime que le point A est plus bas que le point B de 0^m,55.

110. Nivellement composé. — Lorsque la pente du terrain est trop grande, ou que les points A et B sont trop éloignés l'un de l'autre pour qu'il soit possible de déter-

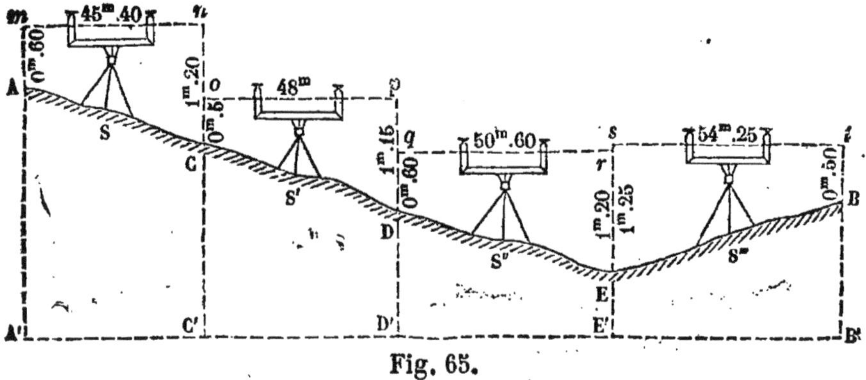

Fig. 65.

miner d'une seule station leur différence de niveau, on choisit un certain nombre de points intermédiaires, C, D, E, assez rapprochés pour qu'on puisse faire, sans une

---

1. Lorsqu'on fait un nivellement, on part d'un point pour se diriger vers un autre; on appelle *coups d'arrière* les coups de niveau dirigés vers le point d'où l'on part, et *coups d'avant* ceux dirigés vers le point où l'on va.

trop grande difficulté et avec exactitude, un nivellement simple entre les points A et C, un autre entre les points C et D; et ainsi de suite.

D'une première station S, placée à peu près à égale distance des points A et C, on détermine, par la méthode indiquée dans le numéro précédent, la différence de niveau de ces deux points; d'une seconde station S', aussi à peu près à égale distance des points C et D, on détermine la différence de niveau des points C et D; et ainsi de suite.

En examinant attentivement la marche suivie, il est facile de reconnaître que chacun des nivellements simples se rattache au précédent par le coup de niveau d'arrière, et au suivant par le coup de niveau d'avant. En effet, dans la première station S, le coup de niveau d'arrière donne la cote Am, et le coup d'avant la cote Cn. Dans la seconde station S', le coup d'arrière est encore déterminé sur Cn, et le coup d'avant donne la cote Dp. Donc le nivellement de la station en S' se trouve relié au nivellement de la station en S par les cotes obtenues au point C. Il en est de même pour la station S'' et pour toute autre.

Après avoir établi le croquis du nivellement, on inscrit les cotes *arrière* de chaque point à la droite des perpendiculaires élevées en ces points, et les cotes *avant* à la gauche des mêmes perpendiculaires, comme nous l'avons d'ailleurs indiqué sur la figure.

111. Le nivellement achevé, il reste à déterminer la différence de niveau des deux points extrèmes A et B, connaissant sur le croquis toutes les cotes *arrière* et toutes les cotes *avant*. Or, en se reportant à la figure 65, on vérifie aisément que la différence de niveau entre les points A et B est égale à

$$(Am - Cn) + (Co - Dp) + (Dq - Er) + (Es - Bt),$$

ou, $\quad (Am + Co + Dq + Es) - (Cn + Dp + Er + Bt)$.

Par conséquent, *pour avoir la différence de niveau des deux points extrêmes considérés, on fait la somme des cotes* arrière *et la somme des cotes* avant, *et on retranche la plus petite de la plus grande. Le point d'arrivée est plus haut ou plus bas que le point de départ, suivant que la somme des cotes* arrière *est la plus grande ou la plus petite.*

Pour faciliter l'application de cette règle, on inscrit les cotes, à mesure qu'on les détermine, sur un tableau préparé à l'avance ; nous en donnons le modèle.

STATIONS.	POINTS nivelés.	DISTANCES horizontales consécutives.	COTES DES NIVELLEMENTS partiels.	
			ARRIÈRE.	AVANT.
S	A	$45^m,40$	$0^m,60$	»
S'	C	$48^m,00$	$0^m,50$	$1^m,20$
S''	D	$50^m,60$	$0^m,60$	$1^m,15$
S'''	E	$54^m,25$	$1^m,25$	$1^m,20$
	B		»	$0^m,50$
Sommes		$198^m,25$	$2^m,95$	$4^m,05$
				$2^m,95$
Différence				$1^m,10$

112. Lorsqu'on doute de l'exactitude du nivellement que l'on a opéré, on peut le vérifier. Pour cela, on recommence l'opération en marchant du point B vers le point A, soit en repassant par les mêmes points, soit, ce qui est préférable, en prenant une autre route. Si le nivellement opéré est exact, on doit retrouver entre les points A et B la même différence de niveau.

Plan général de nivellement ou plan de comparaison.

113. Dans les opérations de nivellement que nous venons d'expliquer, les points considérés ont été rapportés deux à deux à des plans de niveau différents, *mn*, *op*... qui correspondent aux différentes stations S, S', S″, S‴. Pour faciliter le calcul de la différence de niveau de deux quelconques de ces points, on détermine souvent leurs cotes par rapport à un même plan horizontal, que l'on prend arbitrairement soit au-dessus, soit au-dessous de tous les plans des niveaux partiels et qu'on appelle *plan général de nivellement ou plan de comparaison.*

114. Reprenons le nivellement précédent et suppo-

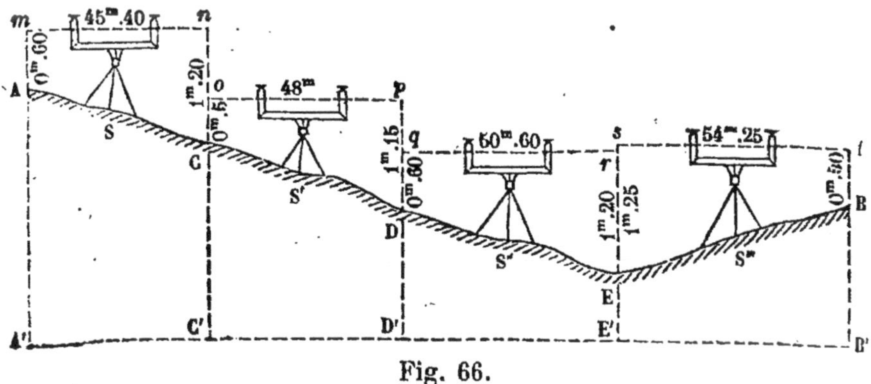

Fig. 66.

sons, pour fixer les idées, que ce plan de comparaison

passe par-dessous tous les points nivelés et que l'on ait assigné la cote AA' du point de départ A, relativement à ce plan. Pour les autres cotes, prolongeons les verticales des points C, D, E, B jusqu'au plan de comparaison A'B'; les droites mn, A'C' étant parallèles, comme intersections de deux plans de niveau par le plan vertical A'n, la figure A'mnC' est un rectangle et nous avons évidemment :

$$CC' + Cn = AA' + Am ;$$

d'où,

$$CC' = AA' + Am - Cn. \qquad (1)$$

On trouverait semblablement

$$DD' = CC' + Co - Dp,$$

et ainsi de suite; *donc, pour avoir la cote d'un point quelconque par rapport au plan de comparaison, on ajoute à la précédente le coup d'arrière qui lui correspond et on retranche de la somme obtenue le coup d'avant donné sur le point que l'on considère.*

Remarquons que l'expression (1) peut s'écrire :

$$CC' = AA' + (Am - Cn).$$

Or, $Am - Cn$ est la différence de niveau des points A et C, et cette différence est positive ou négative, suivant que le point A est plus bas ou plus haut que le point C : on peut donc encore dire que, *pour avoir la cote d'un point quelconque, par rapport au plan de comparaison, il faut augmenter ou diminuer la cote du point précédent de la différence de niveau de ces deux points. On augmente, quand cette différence est positive, et on diminue dans le cas contraire.*

Ordinairement, on fait entrer les données et les calculs dans un tableau à colonnes. Voici un exemple de cette disposition :

STATIONS.	POINTS NIVELÉS.	DISTANCES horizontales consécutives.	COTES des nivellements partiels.		DIFFÉRENCES de niveau.		COTES du nivellement général.
			Arrière.	Avant.	Positives.	Négatives.	
		- m.	m.	m.			m.
S	A	45,40	0,60	»	m.	m.	4,00
					»	0,60	
S′	C	48,00	0,50	1,20			3,40
					»	0,65	
S″	D	50,60	0,60	1,15			2,75
					»	0,60	
S‴	E	54,25	1,25	1,20			2,15
					0,75	»	
	B		»	0,50			2,90
			2,95	4,05			

$$\text{Vérification du calcul.} \ldots \left\{ \begin{array}{l} 4 - 2,90 = 1,10 \\ 4,05 - 2,95 = 1,10 \end{array} \right.$$

La vérification de ces calculs consiste dans la recherche de la différence de niveau des points extrêmes A et B par deux méthodes différentes. Dans l'une, on prend la différence des cotes des points relativement au plan général ; dans l'autre, on calcule l'excès de la somme des cotes *avant* de tous les points sur la somme des cotes *arrière*.

115. Si la cote toute connue qui indique la hauteur du plan général de comparaison, au lieu d'être celle du premier point nivelé, était celle de tout autre point tel que D, on partagerait la série en deux autres, savoir, ACD, DEB; celle-ci rentrerait dans les cas déjà traités; mais, pour trouver les cotes de la partie ACD, il faudrait rétrograder dans l'ordre DCA, et alors les coups *arrière* et *avant*, qu'on a dans l'ordre ACD, deviendraient des coups *avant* et *arrière* ; en d'autres termes, les quantités qui s'ajoutaient en suivant cet ordre, se retranchent quand on suit l'ordre DCA, et *vice versa*. Ces changements n'offrent aucune espèce de difficulté.

116. Nous avons jusqu'ici rapporté le nivellement à un plan de comparaison inférieur; ce mode présente cet avantage que les cotes sont d'autant plus grandes que les points auxquels elles se rapportent sont eux-mêmes plus élevés, ce qui constitue un système de représentation plus naturel et se prête mieux à l'intelligence immédiate des résultats du nivellement. Le plan de comparaison adopté dans le service des Ponts et Chaussées est le niveau moyen de la mer, ou, du moins, on indique la position du plan choisi par rapport à ce niveau.

Il est inutile de remarquer que, si l'on voulait rapporter le nivellement à un plan supérieur, toutes les opérations se feraient d'une manière semblable, à cela près que les additions et les soustractions seraient remplacées respectivement par des soustractions et des additions.

Enfin, si d'un plan de comparaison inférieur à tous les points nivelés, on voulait passer à un plan supérieur à tous ces points, ou réciproquement, les nouvelles cotes s'obtiendraient en retranchant les anciennes de la distance donnée qui séparerait le second plan de comparaison du premier.

117. Nivellement par rayonnement. — La méthode que nous avons employée pour déterminer la différence de niveau de deux points A et B se nomme *nivellement par cheminement*. Lorsqu'il s'agit d'obtenir, d'une seule station, les cotes de tous les points qui se trouvent dans un certain rayon autour de l'instrument, la marche à suivre est toute différente ; on opère par *rayonnement*.

On choisit pour cela un point O du terrain à peu près également distant des points à niveler, A, B, C, D, E, F, G ; puis, de la station O, on donne successivement un coup de niveau sur chacun des points considérés. Appelons a, b, c, d, e, f, g les hauteurs lues sur la mire et a la cote donnée du point A. Si nous posons

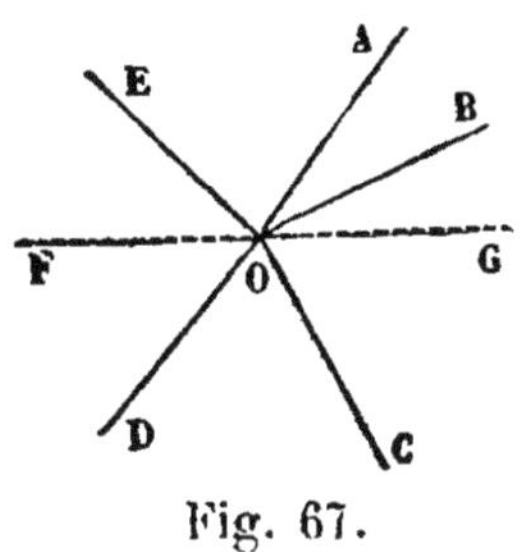
Fig. 67.

$$A + a = A' ;$$

A$'$ sera la cote du *plan de niveau*, c'est-à-dire sa hauteur au-dessus du plan de comparaison, que nous supposerons inférieur à tous les points. Or,

$$B + b = A + a = A'.$$

Nous tirons de là

$$B = A' - b.$$

Nous aurions de même :

$$C = A' - c,$$

et ainsi de suite. Par conséquent, le nombre A$'$ une fois trouvé, nous obtenons les cotes des points B, C, D... en retranchant de A$'$ les coups de niveau b, c, d... Pour plus de facilité et de régularité, on résume le travail du nivellement dans un tableau comme celui-ci :

31.

POINTS nivelés.	COUPS de niveau.	COTE du plan de niveau.	COTE des points nivelés.
A	1ᵐ,20		100ᵐ,00
B	1ᵐ,35		99ᵐ,85
C	1ᵐ,15		100ᵐ,05
D	1ᵐ,36	101ᵐ,20	99ᵐ,84
E	1ᵐ,40		99ᵐ,80
F	1ᵐ,50		99ᵐ,70
G	1ᵐ,62		99ᵐ,58

Nivellement général du terrain.

118. Dans tout ce qui précède, nous n'avons appliqué le nivellement qu'à une seule ligne, il nous reste à indiquer la marche à suivre lorsqu'on doit l'étendre à une surface. Dans ce dernier cas, on opère par *rayonnement*.

Après avoir groupé les points remarquables du terrain le plus avantageusement possible et de telle sorte que chacun des groupes, considérés dans un certain ordre, ait au moins un point commun avec le précédent, on nivelle le premier groupe, puis on passe de celui-ci au second, en prenant pour cote de départ la cote du point qui leur est commun. On rattache de même le nivellement du troisième groupe à celui du second, et ainsi de suite.

Si la cote du point de départ du premier nivellement est rapportée à un certain plan général de niveau, toutes les cotes sont aussi rapportées à ce même plan. Cette première cote est ordinairement celle d'un point de *repère*, c'est-à-dire celle d'un point de position aussi immuable que possible et dont on connaît la cote de hauteur relative au plan de comparaison choisi. Mais, pour mieux faire comprendre ces principes généraux, appliquons-les à un exemple.

Problème.

119. *Déterminer les cotes des points a, b, c, d... situés dans le voisinage des sommets* A, B, C... *du contour polygonal* ABC... *d'un terrain.*

Après avoir nivelé *par cheminement* le contour polygonal ABCD,.. et inscrit dans un tableau spécial (114),

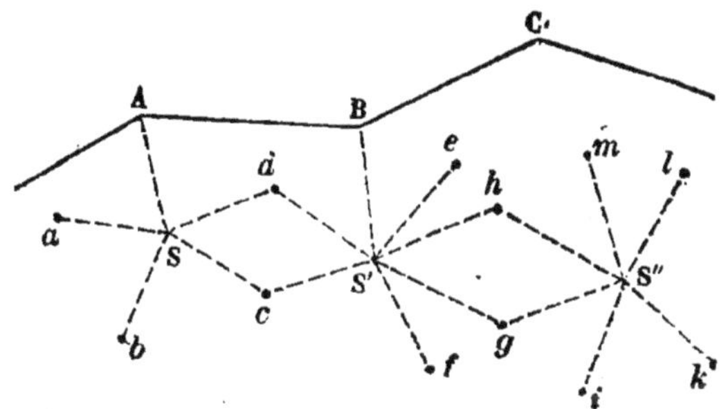

Fig. 68.

les cotes des sommets A, B, C... on prend ces sommets comme repères; puis on choisit un point S à peu près équidistant des points A, a, b, c, d; un point S' à peu près équidistant des points B, c, d, e, f, g, h; un point S" à peu près équidistant de g, h, i, j, l, m. Cela fait, on place le niveau en S et on détermine les hauteurs de mire des points A, a, b, c, d. De la station S' on vise les points c et d, déjà visés de S et les points B, e, f, g, h; ainsi de suite. Quand les points, comme i et k, s'éloignent trop de l'un des sommets du contour polygonal, on les rattache à un des points déjà nivelés.

Les coups de niveau s'inscrivent, à mesure qu'on les obtient, dans un tableau auquel on peut donner la forme suivante :

STATIONS et repères.	POINTS nivelés.	COUPS de niveau.	COTE CALCULÉE		OBSERVATIONS.
			de chaque plan de niveau	de chaque point.	
S A	A a b c d	$1^m,81$ $1^m,06$ $1^m,72$ $1^m,49$ $1^m,91$	$101^m,81$	$100^m,00$ $100^m,75$ $100^m,09$ $100^m,32$ $99^m,90$	
S′ B	B c d e f g h	$1^m,57$ $0^m,97$ $1^m,39$ $2^m,75$ $2^m,13$ $2^m,15$ $2^m,09$	$101^m,29$	$99^m,72$ $100^m,32$ $99^m,90$ $98^m,54$ $99^m,16$ $99^m,14$ $99^m,20$	
S″ C	g h i k l	$3^m,01$ $2^m,95$ $2^m,47$ $2^m,38$ $2^m,29$	$102^m,15$	$99^m,14$ $99^m,20$ $99^m,68$ $99^m,77$ $99^m,86$	

Voici l'explication de ce tableau :

1ᵉʳ Nivellement par rayonnement. — *Station* S. *Points nivelés* A, a, b, c, d, la cote de départ est celle du point A.

La hauteur de mire du point A étant $1^m,81$ et sa cote 100^m, la cote du plan horizontal déterminé par le niveau placé en S est $101^m,81$. Cette cote connue, pour obtenir celle des points a, b, c, d, on a retranché de $101^m,81$ les hauteurs de mire correspondant à ces différents points (117).

2e Nivellement. — *Station S'. Points nivelés* B, c, d, e, f, g, h.

De la hauteur de mire du point B et de sa cote donnée par le nivellement du contour polygonal (113), on a déduit la cote du plan horizontal déterminé par le niveau placé en S'. Pour avoir les cotes des points c, d, e, f, g, h, on a retranché de 101,29 les hauteurs de mire correspondant à ces différents points. Les cotes des points c et d, trouvées une seconde fois, offrent deux vérifications de l'exactitude des opérations.

3e Nivellement. — *Station S''. Points nivelés,* g, h, i, k, l, m; la cote de départ est celle de g.

On se sert de la cote du point g, comme on s'est servi de celle du point A et du point B. La cote de h, trouvée une seconde fois, offre une vérification.

§ II. Profils

120. Lorsqu'on a déterminé, par les procédés que nous avons exposés, les hauteurs relatives des points remarquables d'un terrain, on peut, pour donner une idée de sa forme, se contenter de consigner sur le plan les cotes des points nivelés, ou chercher à présenter aux yeux un relief du sol. Le dernier de ces modes, qui est le plus usité, consiste à construire des *profils* du terrain. Nous reviendrons sur le premier, qui est connu sous le nom de *plan coté*.

121. Profil en long. — Supposons qu'on ait nivelé une ligne tracée comme on voudra à la surface d'un terrain, et soit ABC... le plan de cette ligne. Sur une droite horizontale A'B'C'... on prend des longueurs A'B', B'C', respectivement égales à AB, BC... Puis, élevant aux points A', B', C'... des perpendiculaires égales aux cotes réduites à l'échelle de ces différents points, on joint les extrémités a, b, c... de ces perpendiculaires; la figure ainsi obtenue est le *profil* du terrain suivant la ligne ABC..., c'est-à-dire son *profil en long*.

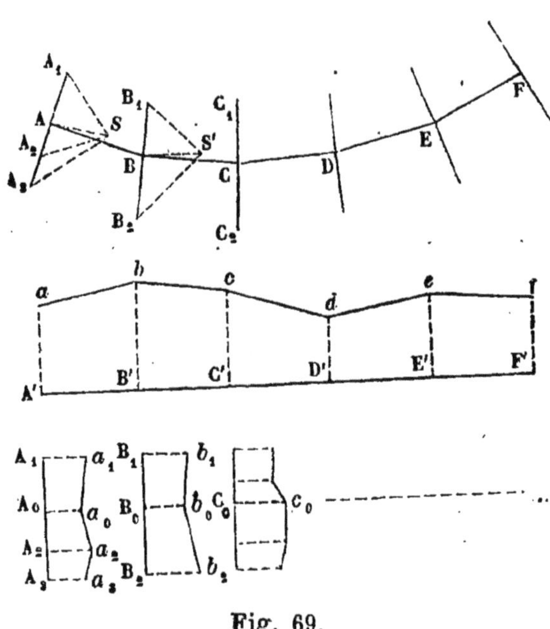

Fig. 69.

Si les points nivelés sont suffisamment rapprochés, et surtout s'ils sont choisis aux endroits où l'inclinaison du sol change d'une manière sensible, le profil est éminemment propre à donner une idée claire des formes du terrain que des cotes numériques, si nombreuses qu'elles soient, ne feraient jamais comprendre aussi bien.

122. Pour un profil en long, il y a avantage à construire les cotes verticales A'a, B'b, C'c... à une échelle beaucoup plus grande que celle avec laquelle on rapporte les distances horizontales A'B', B'C', C'D'... Car le but qu'on se propose étant de rendre sensibles aux yeux les inégalités du sol, on obtient bien mieux cet effet en leur donnant des dimensions doubles, quintuples et même décuples de celles qui résulteraient de l'adoption d'une échelle unique. Mais le papier destiné à recevoir le plan du profil étant limité dans sa hauteur, il arrive souvent que certaines cotes sont trop grandes pour pouvoir y être placées. Alors on construit le profil avec des cotes toutes diminuées d'un même nombre de mètres. Cela revient à déplacer l'horizontale A'B'C'... parallèlement à elle-même pour la rapprocher des points a, b, c... On n'altère en aucune façon la forme de la ligne abc... dont l'aspect seul donne l'idée des variations de pente et des ondulations du terrain.

Lorsque le profil en long est nivelé et construit sur le papier, on écrit ordinairement les cotes de hauteur le long des perpendiculaires A'a, B'b... et les distances horizontales entre les pieds de ces mêmes perpendiculaires, sur les droites A'B', B'C'.... A l'une des extrémités de l'horizontale A'B'C'... on écrit le nombre de mètres dont les cotes ont été diminuées sur le dessin.

123. Profil en travers. — Le profil en long ne fait connaître la forme d'un terrain que dans le sens de la longueur; souvent, lorsqu'il s'agit, par exemple, d'étudier le projet d'une route, d'un chemin de fer, d'un canal, etc., on a besoin de connaître aussi la forme du terrain suivant la largeur. On lève alors un certain nombre de profils transversaux dits *profils en travers*; leur direction est généralement perpendiculaire à celle du profil en long et ils embrassent de chaque côté de celui-ci une étendue en rapport avec les besoins du projet qu'il s'agit de dresser ou des ouvrages qui doivent être exécutés.

Le nivellement des profils en travers se fait ordinairement par rayonnement et en même temps que celui des profils en long. Soit ABC... (*fig.* 69) le plan de ce dernier; de la station S qui a servi à donner le coup arrière sur A, on vise successivement dans les directions SA_1, SA, SA_2, SA_3; alors tous les coups de niveau se trouvent rapportés au plan de visée de la station et les cotes des différents points a_1, $a_0{}^1$, a_2, a_3, se déduisent de celles de ce plan (117).

On pourrait encore, de la station S, niveler le profil B_1, B_2, mais, pour la régularité des opérations, il est préférable d'attendre que le niveau soit à la station suivante S′, située par rapport à B_1, B_2, comme la station S l'est par rapport à A_1, A_2. En d'autres termes, il convient de ne lever de chaque station qu'un seul profil, ne donnant que des coups *arrière*. Rien n'empêcherait sans doute de choisir le système des coups *avant* ; mais l'important est de ne pas changer sans nécessité, dans le cours d'une opération, la marche qu'on a adoptée en commençant.

124. Par la méthode qui précède, on se procure des profils en travers naturellement rattachés au profil en long. Si des circonstances locales ou d'autre espèce s'opposaient à ce que celui-ci fût levé en même temps que ceux-là, il ne serait pas difficile de les rapporter au même plan de comparaison, puisque les points a, b,... appartiendraient aux deux espèces de profils. Enfin, quand les profils en travers doivent avoir une certaine étendue, il peut arriver qu'on soit dans l'impossibilité de les niveler des stations choisies pour le profil en long : on transporte alors le niveau sur ces profils eux-mêmes

---

1. Les points A_0, B_0, a_0, b_0... des profils en travers correspondent aux points A, B, a, b... du profil en long.

et on les partage en autant de stations qu'il est nécessaire, comme pour un nivellement en long.

125. Les profils en travers se construisent comme les
profils en long, avec une ou deux échelles, suivant l'usage
auquel ils sont destinés. On les dispose ordinairement en
regard du profil en long (*fig.* 69), en les distinguant par
les mêmes numéros d'ordre ou marques indicatives que
les points correspondants de celui-ci. Les cotes de hauteur et les distances horizontales s'écrivent sur les profils en travers de la même manière que sur les profils
en long.

§ III. **Plans cotés**

126. Nous avons dit (120) qu'on pouvait donner une
idée de la forme d'un terrain, en inscrivant sur le plan
la cote de chaque point auprès de sa projection. Ce procédé, connu sous le nom de *plan coté*, est dans quelques
circonstances, le seul que l'on puisse employer ; il est
principalement usité pour certains détails qui se décrivent
mieux par la projection horizontale de leurs contours que
par une élévation ; tels sont les ruisseaux d'écoulement
qui reçoivent les eaux des chaussées dans les rues des
villes et des villages, les trottoirs, les entrées des mai-
sons et, en général, tous les ouvrages qui occupent sur
le plan un espace considérable en s'écartant peu du sol.

Un plan coté doit représenter le terrain dans son
ensemble, de manière qu'on puisse en étudier la forme
dans tous les sens ; il doit fournir le moyen de construire des profils dans toutes les directions. Par suite,
on choisit, pour les niveler, tous les points saillants ou

sensiblement déprimés, en un mot, tous les points propres à faire concevoir plus nettement la forme du sol. Lorsqu'il se présente, par exemple, des accidents de terrain, des roches, des ravins, des cours d'eau, etc., c'est sur les arêtes vives et sur les berges qu'on donne les coups de niveau.

L'usage s'est établi d'écrire chaque cote de nivellement entre parenthèses. Cette précaution a pour but d'empêcher que l'on ne confonde ces cotes avec les distances horizontales, quand ces dernières sont inscrites sur le plan coté; mais on peut s'en affranchir dans beaucoup de cas, attendu que le point auprès duquel la cote verticale est inscrite en désigne suffisamment la signification.

127. Courbes de niveau. — Lorsqu'un terrain ne présente pas d'objets remarquables, susceptibles d'être décrits par la projection de leurs contours, les cotes de nivellement par lesquelles on voudrait en définir le relief ne pourraient remplir ce but. Un plan couvert de cotes numériques serait extrêmement pénible, pour ne pas dire impossible à lire. Loin de parler aux yeux, il ne présenterait qu'une confusion de chiffres d'autant plus inintelligibles que ceux-ci seraient plus nombreux. On a dû alors recourir à un moyen purement géométrique.

On conçoit le terrain coupé par une suite de plans horizontaux équidistants; les intersections de ces plans avec le terrain déterminent une suite de courbes dites *courbes de niveau* qu'on peut se représenter comme les traces qu'auraient laissées sur le sol des inondations successives qui se seraient élevées à des niveaux différents. L'on projette ces courbes de niveau sur le plan de comparaison, elles indiquent assez bien les mouvements du terrain, surtout si leur équidistance est convenablement choisie, pour que leurs projections soient suffisamment rapprochées.

128. Les courbes de niveau s'obtiennent par divers moyens, dont quelques-uns supposent la connaissance d'instruments que nous n'avons pas décrits et dont les détails sortent du programme que nous nous sommes tracé. Mais on peut concevoir qu'à partir d'un certain point du terrain, pris comme centre, on détermine plusieurs profils de nivellement verticaux suivant diverses directions et qu'on cherche sur chaque profil les points qui appartiennent aux différentes sections horizontales; en joignant ces points par un trait continu, dont les sinuosités représentent autant que possible celles du terrain, on obtient les courbes de niveau avec d'autant plus d'exactitude qu'on a déterminé un plus grand nombre de profils verticaux se croisant au point considéré et, dans chacun de ceux-ci, un plus grand nombre de points.

Ces courbes, étant obtenues, peuvent ensuite servir elles-mêmes à tracer des profils dans des directions quelconques.

La figure de la page suivante représente deux montagnes voisines; les lignes qu'on y voit tracées sont les projections des courbes de niveau déterminées par des plans horizontaux menés à diverses hauteurs. Le premier plan est mené à 40 mètres, le second à 50, etc.

Dans les endroits où les courbes de niveau paraissent très rapprochées les unes des autres, la pente est très grande; là, au contraire, où les lignes de niveau paraissent très espacées, la pente est faible.

A côté de la figure on voit une coupe de pays par un

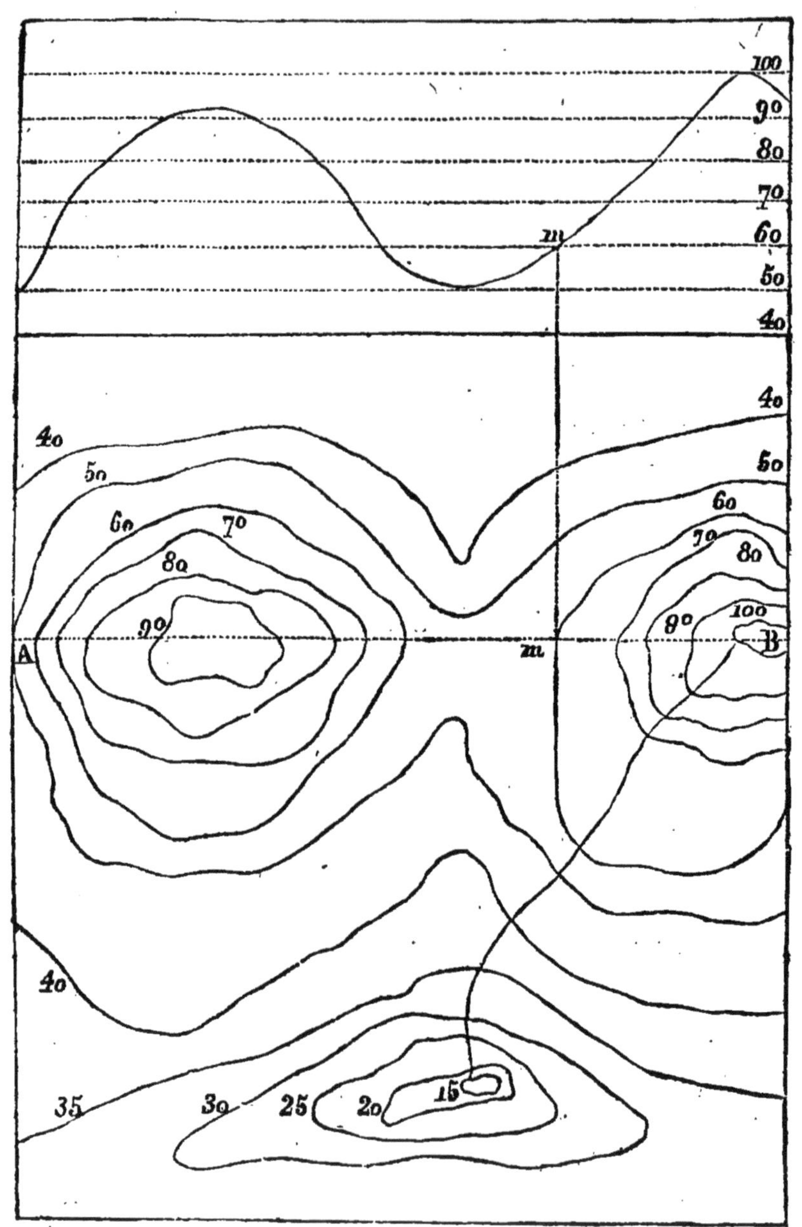
100
90
80
70
60
50
40
40
50
40
50
60
70
80
100
90
40
60
70
80
90
A
m
m
B
40
35
30
25
20
15

plan vertical mené suivant la ligne AB. Cette coupe passe par le sommet des deux montagnes et montre bien la configuration du sol dans ce plan vertical. Voici comment on la construit quand on connaît les projections sur le plan des courbes de niveau. On trace d'abord des lignes parallèles à des hauteurs convenables pour représenter les traces des plans horizontaux sur le plan vertical. Soit m la projection du point où la troisième courbe de niveau est coupée par le plan vertical; on mène de ce point une perpendiculaire mm' à la droite AB jusqu'à la rencontre de l'horizontale marquée 60. Le point m' sera la projection du point correspondant de la coupe verticale.

Notions sur les pentes et sur les rampes.

129. Dans tout ce qui va suivre, nous aurons principalement en vue le tracé d'une route, d'un chemin de fer, d'un canal. Nous renvoyons, pour les développements qui ne peuvent trouver leur place ici, aux ouvrages qui traitent ces questions d'une manière spéciale.

130. Pente. — Rampe. — Lorsqu'un mobile parcourt une ligne droite inclinée à l'horizon, on dit qu'il *descend*, qu'il franchit une *pente*, si la partie de la droite qu'il a devant lui fait un angle obtus avec la verticale du point où il se trouve. On dit de même qu'il *monte*, qu'il gravit une *rampe* ou *contre-pente*, si cet angle est aigu. Il est clair que, si le sens du mouvement vient à changer, les pentes deviennent des rampes, et réciproquement. Toutefois, on emploie souvent le mot *pente* dans un sens plus absolu; alors il est synonyme d'*inclinaison* : c'est dans ce sens qu'on dit *la pente d'un terrain, la pente d'un coteau,* etc.

131. Dans une ligne ab (*fig.* 70) on appelle *pente totale* de a en b la différence de niveau $Aa - Bb = bb'$; le rapport $\dfrac{bb'}{AB}$ prend le nom de *pente par mètre.* Soient, par exemple, $Aa = 6^m,77$; $Bb = 5^m,79$; $AB = 28^m$; la pente totale bb' sera $6^m,77 - 5^m,79 = 0,98$, et la pente par mètre, $\dfrac{0,98}{28} = 0,035$, c'est-à-dire que la pente de a en b est de 35 millimètres par mètre. On dit pareillement, rampe de tant par mètre.

Si la ligne ab (*fig.* 71) n'est pas droite, on entend par pente en un point quelconque m de sa longueur, celle de la tangente mt, menée à la courbe en ce point, d'où il suit que la pente le long d'une courbe est nécessairement variable d'un point au suivant.

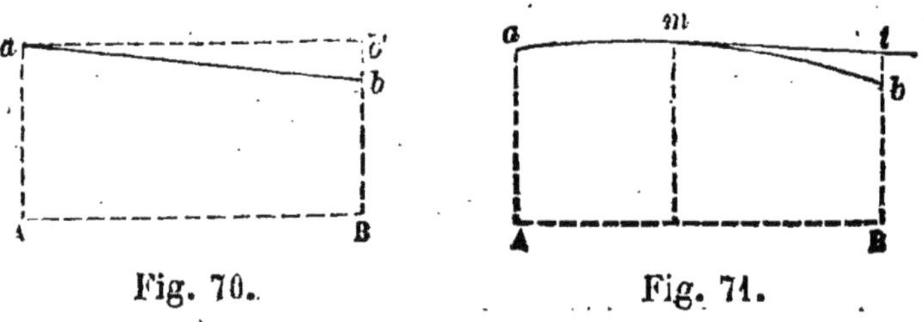

Fig. 70.   Fig. 71.

132. Lorsque l'inclinaison de certaines surfaces planes ou courbes est considérable, comme dans les parois latérales d'un fossé, dans la surface qui limite le *déblai* où le *remblai*[1] d'une route, etc., on lui donne le nom

---

1. On nomme *déblai* tout massif de terre à enlever d'un lieu pour le transporter ailleurs ; les *remblais* sont les terres rapportées et qui sont destinées à être répandues sur les endroits d'un terrain qu'on doit élever.

particulier de *talus*, et plus particulièrement encore celui de *fruit*, quand il s'agit d'un mur à face inclinée.

Daprès un usage constant, les talus se mesurent en comparant leur base à leur hauteur. Ainsi, un talus qui se projette horizontalement en AH et verticalement en

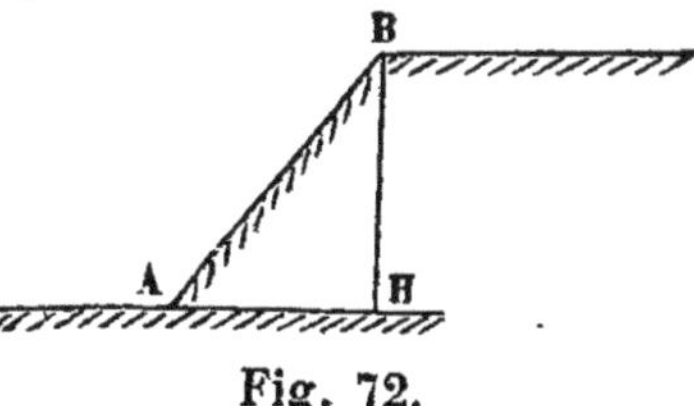

Fig. 72.

BH se mesure par le quotient $\dfrac{BH}{AH}$; et, suivant les longueurs relatives de la base AH et de la hauteur BH, ce *talus* sera de 1 1/2 *de base pour* 1 *de hauteur*, 1/2 *de base pour* 1 *de hauteur*, 1 *de base pour* 1 *de hauteur*, etc. Ce dernier, qui correspond à une inclinaison de 45°, est celui qu'on assigne ordinairement aux tranchées ou déblais; le talus des remblais a 1 1/2 de base pour 1 de hauteur.

De cette mesure du talus on déduit aisément la pente. En effet, le talus $\dfrac{3}{2}$ exprimant que la hauteur étant 2, la base est 3, il s'ensuit que la pente, ou le rapport de la hauteur à la base, est $\dfrac{2}{3}$; c'est l'inverse du talus.

Ces notions étant bien comprises, nous allons résoudre deux questions qui s'y rattachent directement et qui sont d'une application fréquente.

Problème.

133. *Étant données la cote du point a, la pente p par mètre de la droite ab, et la distance horizontale* AB, *trouver la cote du point b (fig. 70).*

Puisque l'on descend, en parcourant *ab*, de la hauteur p par mètre, on est descendu de a en b de $\mathrm{AB} \times p$; par conséquent, la cote de b est :

$$\mathrm{B}b = \mathrm{A}a - \mathrm{AB} \times p. \qquad (1)$$

Si au lieu d'une pente p on avait eu de a en b une rampe r, on aurait trouvé :

$$\mathrm{B}b = \mathrm{A}a + \mathrm{AB} \times r. \qquad (2)$$

En remplaçant dans l'égalité (1) les lignes et les lettres par les valeurs données au n° 131, on trouve bien

$$\mathrm{B}b = 6{,}77 - 28 \times 0{,}035 = 5{,}79.$$

Problème.

134. *Étant données les cotes des points a et b, et la pente p par mètre, trouver la pente horizontale* AB (*fig.* 70).

De l'égalité (1) du problème précédent, on tire

$$\mathrm{AB} = \frac{\mathrm{A}a - \mathrm{B}b}{p}.$$

Soient, par exemple, $\mathrm{A}a = 69{,}22$; $\mathrm{B}b = 68{,}75$; $p = 0{,}046$, on trouve :

$$\mathrm{AB} = \frac{0{,}47}{0{,}046} = 10^{\mathrm{m}}{,}22.$$

Évaluation du cube des déblais et des remblais.

135. Quand un nivellement doit servir à dresser le projet d'une route, d'un chemin de fer ou d'un canal, on commence par tracer sur le sol, dans la direction choisie, à peu près sur le milieu de l'emplacement, une série de droites consécutives. L'ensemble de ces droites forme ce que l'on appelle l'axe du projet. Avec les éléments fournis par le nivellement de cet axe, on construit comme nous l'avons indiqué au n° 124, le profil en long du terrain.

136. Directrice. — Le profil, une fois construit, on trace la *directrice*. C'est une ligne *a'b'c'd'* (*fig*. 73) qui sert à corriger les ondulations du terrain et à déterminer l'inclinaison des rampes et des pentes de la voie projetée. Elle se compose d'une ou plusieurs droites ayant chacune une inclinaison uniforme et une longueur

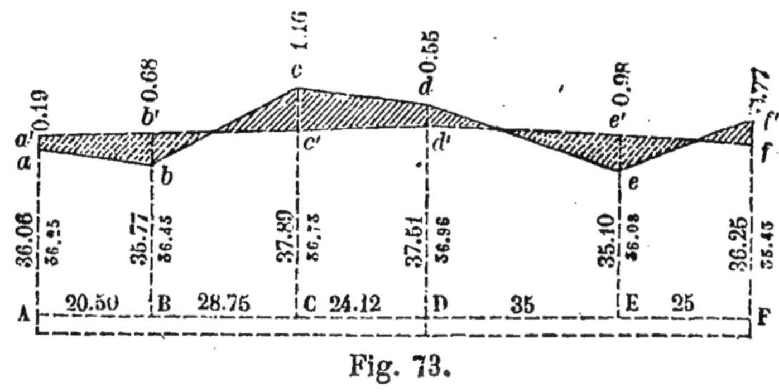

Fig. 73.

d'au moins 200 mètres. Pour la tracer, on choisit sur le profil en long, à partir de la première verticale A*a*, un ensemble de points connus de position que l'on joint deux à deux. Diverses considérations président au choix de ces points : d'abord l'économie qui consiste à se rapprocher autant que possible de la ligne du terrain, afin d'éviter de trop grands mouvements de terre; ensuite la question d'art, qui exige que le cube des remblais soit compensé par celui des déblais et que les pentes et rampes soient d'un parcours facile.

137. Ordonnées rouges. — La directrice étant tracée dans toute l'étendue du profil, on calcule les cotes des points *a'*, *b'*, *c'*, *d'*... de cette ligne correspondant aux points *a*, *b*, *c*, *d*... nivelés sur le terrain. Ce sont ces

nouvelles cotes que dans la pratique on appelle *ordon-*
nées rouges, parce qu'elles se terminent à la directrice
qu'on trace ordinairement à l'encre rouge sur le plan du
profil. Les verticales A*a*, B*b*, C*c*... prennent alors le nom
d'*ordonnées noires*. Par ce moyen la directrice se trouve
rattachée, comme la ligne du terrain, au même plan de
comparaison. Le calcul des ordonnées rouges se fait au
moyen des formules (1) et (2) du n° 133, et elles s'inscrivent à l'encre rouge sur le plan du profil en long [1].

138. Cotes rouges de déblai et de remblai. —
La directrice étant bien déterminée de position, on obtient les cotes de déblai et de remblai à faire sur l'axe
en retranchant l'ordonnée rouge de l'ordonnée noire, et
réciproquement. Les différences entre ces deux espèces
d'ordonnées sont connues sous le nom de *cotes rouges* ;
on les écrit à l'encre rouge sur le plan du profil,
comme nous l'avons indiqué dans la figure 73. On
inscrit ensuite sur une ligne parallèle à l'horizontale
ABCD... du profil en long le taux de l'inclinaison de
chaque pente et de chaque rampe. Lorsque le profil en
long est rapporté à un plan de comparaison inférieur, la
ligne en question est placée en dessous.

139. Profils du projet. — Passant aux profils en
travers, on figure sur chacun d'eux le profil du projet.
On peut se servir des cotes déduites de la cote rouge
connue du profil en long; ou, pour plus de rapidité,
porter successivement sur chaque profil en travers un
panneau en carton représentant avec précision le profil
des dimensions adoptées pour la voie projetée dans les
conditions de déblai et de remblai.

1. Sur la figure les ordonnées rouges sont distinguées par des
chiffres d'un caractère un peu moins fort.

Souvent on ne laisse subsister sur les profils en travers, quand ils ne doivent servir qu'au calcul des terrassements, que les cotes rouges indiquant les hauteurs de déblai et de remblai; cela simplifie beaucoup le dessin de ces profils.

140. Calcul des surfaces de déblai et de remblai. — Ces opérations terminées, on procède au calcul des surfaces de déblai et de remblai comprises dans chaque profil, afin d'arriver au cube de terrassements auxquels donnera lieu le calcul de la voie projetée. On applique ici la méthode de décomposition en triangles et en trapèzes. Prenons un exemple qui renferme la plupart des cas qui peuvent se présenter.

Soient *abcd* le profil du terrain, ABCD le profil du projet. On cherche d'abord la pente par mètre des lignes *ab*, *bc*, *cd*, en poussant le calcul jusqu'au chiffre des

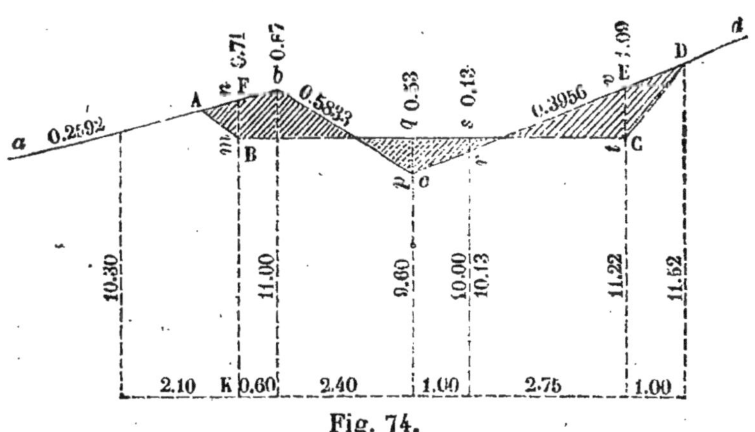

Fig. 74.

dix-millièmes. Cette pente connue, on l'écrit au-dessus des lignes *ab*, *bc*..., puis, à l'aide de ces données nouvelles, on détermine successivement les cotes de déblai et de remblai *mn*, *pq*, *rs*, *tv*. Ces diverses cotes, dont on inscrit les valeurs à l'encre rouge sur les lignes correspondantes, expriment les bases respectives des triangles et des trapèzes; elles se calculent par un procédé semblable à celui qui nous a servi à déterminer les ordonnées rouges. Soit, par exemple, à calculer mn, nous avons :

$$mn = \mathrm{K}n - \mathrm{K}m.$$

Or (133),

$$\mathrm{K}n = 10{,}30 + 0{,}2592 \times 2{,}10 = 10{,}84 ;$$

et puisque $\mathrm{K}m = 10{,}13$, on a donc :

$$mn = 10{,}84 - 10{,}13 = 0{,}71.$$

On aurait eu de même, en partant de l'ordonnée 11,00

$$\mathrm{K}n = 11 - 0{,}2592 \times 0{,}60 = 10{,}84.$$

Il ne nous reste plus maintenant qu'à calculer les hauteurs des triangles et des trapèzes; celles de ces derniers résultent des dimensions connues de la voie projetée; quant à celles des triangles, il y a, pour les déterminer, deux cas à considérer.

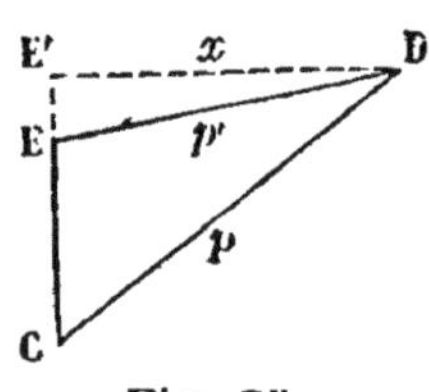

Fig. 75.

1er Cas. — *La pente du terrain et celle du projet vont dans le même sens.*

Soit le triangle CDE dans le profil. Si nous représentons par p la pente par mètre du talus et par p' celle du terrain naturel, la hauteur du triangle étant x, on a :

$$\mathrm{CE}' = p \times x, \quad \text{et} \quad \mathrm{EE}' = p' \times x.$$

Retranchant ces deux égalités l'une de l'autre, il vient

$$\mathrm{CE}' - \mathrm{EE}' = \mathrm{CE} = (p - p') \times x,$$

d'où l'on tire

$$x = \frac{\mathrm{CE}}{p - p'}.$$

C'est-à-dire que *la hauteur du triangle CDE est égale à sa base CE divisée par la différence des pentes.*

2ᵉ Cas. — *La pente du terrain et celle du projet vont en sens contraire.* Soit le triangle ABF. Représentons encore par p la pente par mètre du talus et par p' celle du terrain naturel, la hauteur du triangle étant x', on a :

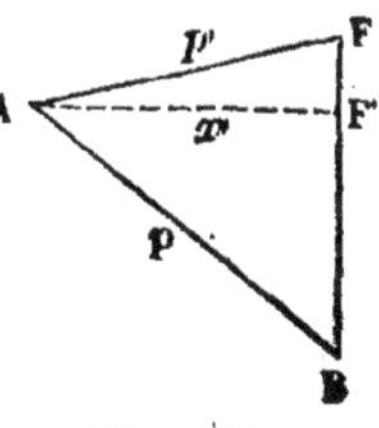
Fig. 76.

$$FF' = p \times x', \quad \text{et} \quad BF' = p' \times x'.$$

Par conséquent,

$$BF' + FF' = BF = p + p') \times x',$$

d'où l'on tire

$$x' = \frac{BF}{p + p'};$$

c'est-à-dire que *la hauteur du triangle est égale à la base divisée par la somme des pentes.*

141. Après avoir calculé les bases et les hauteurs des trapèzes et des triangles d'un ou de plusieurs profils, et avoir inscrit sur chacune d'elles leur valeur numérique, on procède à la mesure des surfaces, en calculant à part les fossés et les banquettes, qui ont presque toujours des dimensions constantes.

Dans tous ces calculs, on opère séparément sur chaque demi-profil en travers afin de rendre plus faciles les méthodes à appliquer pour l'évaluation des remblais et déblais. Les résultats obtenus se placent au bas de chaque profil, tant à droite qu'à gauche de l'axe.

142. Calcul des cubes de déblai et de remblai. — La méthode qui se présente le plus naturellement à l'esprit consiste à former le cube successif de

32.

tous les solides de déblai et de remblai compris entre deux profils consécutifs; mais comme ces solides sont généralement irréguliers, et que, pour obtenir leur volume d'une manière rigoureusement exacte, il faudrait se jeter dans de longs calculs de décomposition, on peut considérer, dans la pratique, ces solides comme des prismes à bases inégales dont on prend la moyenne et qu'on transforme ainsi en corps réguliers équivalents ou à peu près équivalents et faciles à mesurer : c'est la méthode d'évaluation par la *moyenne des aires extrêmes.* Plusieurs cas peuvent se présenter.

1er Cas. — *Le solide à cuber est compris entre deux profils consécutifs tous deux en déblai ou tous deux en remblai.*

On tranforme ce solide en un prisme équivalent en prenant pour base la surface moyenne des deux profils et pour hauteur la distance qui les sépare mesurée sur l'axe. Ainsi, soient D et D' les surfaces de déblai dans le premier et le second profil, R et R' les surfaces de remblai, l la longueur de l'entre-profil, V_d le volume du déblai, V_r celui du remblai, on a

$$V_d = \frac{(D + D') \times l}{2}, \quad \text{ou} \quad V_r = \frac{(R + R') \times l}{2}.$$

2e Cas. — *Le solide à cuber est compris entre deux profils dont l'un est tout en déblai et l'autre tout en remblai et réciproquement.*

On conçoit, à la seule inspection du profil en long, que, dans ce cas, on ne peut employer sans erreur grave la méthode précédente. Ce cas n'a lieu, en effet, que lorsque la surface du projet rencontre la surface du terrain, c'est-à-dire lorsqu'il y a passage du déblai au remblai, et réciproquement; on a donc alors deux solides à mesurer, l'un de déblai, l'autre de remblai. Les formules dont on fait usage sont :

$$V_d = \frac{l}{2} \times \frac{D^2}{D+R}, \quad \text{et} \quad V_r = \frac{l}{2} \times \frac{R^2}{R+D}.$$

3ᵉ Cas. — *Un profil tout en remblai est précédé ou suivi d'un autre, partie en déblai, partie en remblai.*

En menant par le point du profil en travers où il y a passage du déblai au remblai un plan parallèle à l'axe, on décompose le solide en deux autres : l'un compris entre deux profils tous deux en remblai (1ᵉʳ *cas*), l'autre compris entre deux profils dont l'un est en remblai et l'autre en déblai (2ᵉ *cas*).

4ᵉ Cas. — *L'un des profils n'a ni remblai ni déblai.*

Ce cas se présente lorsque les profils en travers n'ont pas la même largeur. Les formules qu'on emploie alors ne sont qu'approximatives; on a

$$V_d = \frac{l \times D}{3}, \quad \text{et} \quad V_r = \frac{l \times R}{3}.$$

5ᵉ Cas. — *Les deux profils consécutifs sont partie en remblai, partie en déblai.*

On a alors deux solides à mesurer, l'un de déblai, l'autre de remblai; de sorte qu'en appliquant les formules du premier cas, on trouve

$$V_d = \frac{(D + D' \times l)}{2}, \quad \text{et} \quad V_r = \frac{(R + R^2 \times l)}{2}.$$

FIN

TABLE DES MATIÈRES

Avertissement VII

PREMIÈRE PARTIE. — GÉOMÉTRIE (THÉORIE).

Notions préliminaires...................................... 1

FIGURES PLANES
LIVRE PREMIER
De la ligne droite.

§ I.   Des angles... 6
§ II.   Des triangles... 11
        Des cas d'égalité de deux triangles et des relations
            entre les trois côtés d'un même triangle........... 12
        Relation entre deux côtés d'un triangle et les deux
            angles opposés.
        Du triangle isocèle.................................. 18
        Simplification des cas d'égalité lorsque les deux
            triangles donnés sont rectangles.
        Des perpendiculaires et des obliques................ 21
        Des cas d'égalité des triangles rectangles.......... 25
        Relation entre les trois angles d'un triangle.
        Théorie des parallèles (70*, 71*, 72*).............. 27
§ III. Des polygones et des parallélogrammes. (76*, 77*.
            78*).. 37
        Exercices sur le premier livre........................ 47

LIVRE DEUXIÈME
Du cercle et de la mesure des angles.

        Définitions.. 49
§ I.   Des arcs et des cordes................................ 50
        De la tangente à une courbe quelconque (118*.)...... 57
        De la normale à une courbe quelconque.............. 58
§ II.   Des arcs et des cordes................................ 59
§ III. Contact et intersection de deux circonférences....... 60
§ IV.   Mesure des angles.................................... 64
        *Notions sur les grandeurs commensurables et incom-
            mensurables* (125*, 126*, 127*, 128*)............. 64
        Mesure des angles à l'aide des arcs................. 67
        Problèmes sur la ligne droite et le cercle.......... 74
        Exercices sur le second livre........................ 89

LIVRE TROISIÈME
Des lignes proportionnelles et des figures semblables.

Notions préliminaires....................................... 92
§ I.   Des lignes proportionnelles (187*, 188*)............. 97
§ II.   Des triangles et des polygones semblables (198*, 199*) 105
§ III. Relations numériques entre les différentes parties
            d'un triangle (209*, 211*)........................ 118

Applications numériques 121
Calcul des hauteurs d'un triangle en fonction des côtés 129
alcul des médianes d'un triangle en fonction des côtés 130
Centre de gravité d'un triangle 131
Lieu des points dont la somme ou la différence des carrés des distances à deux points fixes est constante. 132
Calcul des bissectrices d'un triangle, en fonction des côtés 133
Calcul du rayon du cercle circonscrit à un triangle, en fonction des côtés 135
Calcul des diagonales d'un quadrilatère inscrit, en fonction des côtés 136
§ IV. Problèmes relatifs aux lignes proportionnelles (216*, 217*) 141
§ V. Des polygones réguliers 149
Inscrire un polygone régulier dans un cercle donné (227, 228*, 229*, 230)* 152
Circonscrire un polygone régulier à un cercle donné. 162
§ VI. Mesure de la circonférence 165
Calcul de π par la méthode des périmètres 168
Calcul de π par la méthode des isopérimètres (236, 237*, 238*, 239*)* 171
Exercices sur le troisième livre 176
Problèmes numériques 178

LIVRE QUATRIÈME
De la mesure des surfaces.

Définitions 180
§ I. Aires des polygones. *Rectangle. Parallélogramme.* 182
Triangle. Trapèze ....
§ II. Comparaison des aires (258*, 259*) 189
§ III. Problèmes sur les aires (263*, 264*, 265*, 266*, 267*).. 195
§ IV. Aires des polygones réguliers 201
Aire du cercle, aire du secteur 202
Applications numériques 206
Exercices sur le quatrième livre 210
Problèmes numériques 212

FIGURES DANS L'ESPACE
LIVRE CINQUIÈME.
Du plan et de la ligne droite.

Définitions 214
§ I. Droites et plans perpendiculaires 216
§ II. Droites et plans parallèles 222
§ III. Angles dièdres. Plans perpendiculaires 229
§ IV. Angles trièdres. Angles polyèdres 237
Égalité des angles trièdres 241
Analogie et différence entre les propriétés de l'angle trièdre et celles du triangle 249
Exercices sur le cinquième livre 250

LIVRE SIXIÈME
Des Polyèdres.

Définitions... 251
§ I.   Du prisme.................................... 251
    Propriétés générales du prisme (356, 357*)........... 254*
    Aire latérale et aire totale du prisme (358)......... 258*
    Volume du prisme.................................. 258
§ II. De la pyramide................................ 265
    Propriétés générales de la pyramide................ 266
    Volume de la pyramide............................. 269
    Volume du tronc de pyramide (379)................. 272*
    Volume du tronc de prisme triangulaire (380, 381*, 382*). 279*
    Applications numériques............................ 280
§ III*. Des polyèdres symétriques.................... 288
§ IV. Des polyèdres semblables..................... 293
    Exercices sur le sixième livre..................... 300
    Applications numériques............................ 301

LIVRE SEPTIÈME
Des corps ronds.

§ I.   Du cône..................................... 303
    Surface latérale du cône. Surface latérale du tronc
      de cône... 305
    Volume du cône. Volume du tronc de cône........... 307
§ II. Du cylindre 309
    Surface latérale du cylindre circulaire droit........ 311
    Volume du cylindre 312
    Applications numériques........................... 313
§ III. De la sphère................................. 320
    Sections planes. Grands cercles, petits cercles........ 321
    Trouver le rayon d'une sphère donnée. Plan tangent. 323
    Surface de la sphère.............................. 324
    Mesure de la zone................................ 327
    Volume du secteur sphérique (452, 453*, 454*, 455*)... 333*
    Volume de la sphère (456, 457*).................. 334*
    Volume engendré par un segment circulaire tournant
      autour d'un diamètre (463)..................... 337*
    Volume d'un segment sphérique (464).............. 339*
    Théorème de Guldin (465, 466*, 467*)............. 340*
    Applications numériques........................... 345
§ IV*. Notions sur les triangles sphériques.......... 350
    Propriétés générales des triangles sphériques........ 351
    Égalités des triangles sphériques.................. 356
    Aires des triangles sphériques..................... 357
    Volume de l'onglet sphérique...................... 363
    Exercices sur le septième livre..................... 367
    Problèmes numériques............................. 368

LIVRE HUITIÈME
Des courbes usuelles.

Notions préliminaires.............................. 371
§ I*. De l'ellipse.................................. 371

Construire l'ellipse par points, — d'un mouvement continu 372

Théorème fondamental 379

Mener une tangente à l'ellipse par un point pris sur la courbe, — par un point extérieur 382

Mener à l'ellipse une tangente parallèle à une droite donnée 385

Déterminer les points d'intersection d'une droite et d'une ellipse 387

§ II*. De l'hyperbole 390

Construire l'hyperbole par points, — d'un mouvement continu 390

Théorème fondamental 396

Mener une tangente à l'hyperbole par un point pris sur la courbe, — par un point extérieur 399

Mener à l'hyperbole une tangente parallèle à une droite donnée 403

Déterminer les points d'intersection d'une droite et d'une hyperbole 405

§ III*. De la parabole 405

Construire la parabole par points, — d'un mouvement continu 406

Théorème fondamental 410

Mener une tangente à la parabole, par un point pris sur la courbe, — par un point extérieur 412

Mener à la parabole une tangente parallèle à une droite donnée 414

Déterminer les points d'intersection d'une droite et d'une parabole 414

Sous-normale, sous-tangente 416

§ IV*. Étude de l'ellipse considérée comme projection d'un cercle 419

La projection d'un cercle sur un plan est une ellipse .. 419

Construction de l'ellipse par points, d'un mouvement continu 423

Aire de l'ellipse 424

Problèmes relatifs aux tangentes 428

Des diamètres conjugués de l'ellipse 432

Théorèmes d'Apollonius 433

§ V*. Étude de la parabole considérée comme limite d'une ellipse 436

Aire d'un segment parabolique 439

§ VI*. Des sections coniques 443

§ VII*. De l'hélice 452

Propriétés fondamentales 454

Projections de l'hélice 457

Exercices sur le huitième livre 460

Complément à la mesure des volumes 462

Jaugeage des tonneaux 462

Mesure des bois 463

Cubage des matériaux, moellons, pierres, etc. 464

Volume d'une voûte, de la maçonnerie d'un puits 464

DEUXIÈME PARTIE. — GÉOMÉTRIE APPLIQUÉE

Levé des plans.

Définitions.. 468
§ I*.   Tracé des droites sur le terrain...................... 469
§ II*. Mesure d'une droite sur un terrain.................. 472
§ III*. Tracé des perpendiculaires......................... 475
§ IV*. Tracé des parallèles................................ 478
§ V*.   Mesure des angles................................. 479
      Boussole. — Graphomètre. — Notions préliminaires sur
      le levé des plans.................................... 487
      Echelle du plan. — Echelles de réduction.
§ VI*. Levé des plans sans instruments ou levé au mètre.. 493
§ VII*. Levé des plans avec instruments.................... 496
      Levé à l'équerre. — Levé au graphomètre.
      Levé à la boussole. — Levé à la planchette.
§ VIII*.Problèmes divers................................... 510
      Distance d'un point à un autre inaccessible.......... 510
      Distance de deux points inaccessibles................ 511
      Déterminer la hauteur d'une tour, d'une montagne... 512
      Prolonger une droite au delà d'un obstacle.......... 514
      Trouver le rayon d'une tour, d'un bassin inaccessibles. 516

Arpentage.

§ I*.   Mesure des surfaces.............................. 517
§ II*. Partage des terrains.............................. 521

Levé des plans et arpentage des terrains inclinés

Mesure de la projection d'une droite............... 528
Cercle — Théodolite................................. 529
Mesure de l'angle de la projection de deux droites.. 532

Nivellement.

§ I*.   Niveau d'eau.................................... 535
Mires.. 537
Nivellement simple. Nivellement composé.......... 540
Plan de comparaison 545
Nivellement par rayonnement....................... 549
Nivellement général d'un terrain................... 550
§ II*. Profils de nivellement........................... 553
§ III*. Plans cotés..................................... 557
Notions sur les pentes et sur les rampes........... 561
Evaluation du cube des déblais et des remblais..... 564

ERRATUM

L'étude du no 188, page 104 doit se faire après l'étude du no 194, page 109.

ANGERS, IMP. BURDIN ET Cie, 4, RUE GARNIER.